大学1・2年生のための

すぐわかる電磁気学

田邉 久 著

東京図書

はじめに

大学入試で物理を受験した学生は，力学，熱，電磁気，波動，原子を勉強されたことと思いますが，「電磁気」の印象はどうでしょう？ 力学にはニュートンの運動方程式があり，力学現象は例外なくこの法則に縛られていることを知りましたが，それに相当する電磁気の基本方程式は何かと問われると，クーロンの法則とか，電磁誘導の法則とか，右ネジの法則とか…複数の法則の名前は思い浮かぶけれど，全体を統一するような大基本法則(？)というものを学ばなかったという印象ではないでしょうか．大学でも電磁気学は重要な基礎科目に位置づけられていますが，力学と比較すると，内容が抽象的で難解な科目という印象がもたれているようです．電場や電位，磁場，電束や磁束といった目に見えない抽象概念や，さらに輪をかけるようにベクトル解析の発散，回転といった数学用語が乱舞する世界が繰り広げられ，学習の初期段階で挫折してしまう学生が多いようです．

力学のテーマは，我々の日常にありふれています．広場でボールを投げたり，積み木をして遊んだり，ブランコに乗ったり，人工衛星を飛ばしたり，月食や日食を観測したり，五感でその様子を直接観測できる現象が多いので，身近に感じられます．一方，電磁気学というと，摩擦電気や磁石の働きなど子供の遊び心を刺激する不思議な力という原体験のイメージがありますが，今日の完成された電磁気学のもたらしたものはそんな素朴な味のするものをはるかに超えた，超便利な巨大なブラックボックスという印象ではないでしょうか．その典型的な事例が，個人所有のスマホでしょう．今日では持っていないと疎外感さえ感じる社会インフラの一つになっています．ここに応用されている技術は，200 年ほどの間の電磁気学の進化の歴史が全て組み込まれていると言っても過言ではありません．内部にある IC 集積回路は半導体の特徴を生かしたものですが，元をたどれば，原子の電磁気的な振る舞いに行き着きます．スマホをプラグを通して結線しなくても充電が可能ですが，これはファラデーの電磁誘導の法則が使われています．もちろん情報のやり取りには電波を用いますが，これこそ電磁気学が解明した自然の謎の最高の金字塔と言えるでしょう．電磁気学という学問抜きでは，自然に起こる現象や，人類が作り出した機器のほとんどは説明できなくなるほど我々と密接に関わっていることがわかります．今日のように，便利なものに囲まれ，それを当前のように受け入れることに慣れてしまっている私たちですが，この技術とそれを支える物理的な原理は先駆者達の弛まぬ研究の成果であることに想いを馳せるにつき，電磁気学や電気工学の道を目指す人のみならず，電磁気学が自然の理解という謎解きにいかに貢献してきたかということを少しでも知っておくことは現代人の基礎素養の一つとしてますます必要になってくるでしょう．

この本を出版するにあたり，すでに，多くの権威ある先人たちが優れた電磁気学関連の書籍を送り出されているので，今までにない，この本ならではの特徴を出すべく心がけたことを次に記して，この本の紹介とします．

1．扱うテーマを6章に分割し，初学年用の電磁気としては，十分な内容を盛り込んだ．
2．各章の終りに，電磁気学の発展に貢献した偉人たちのプロフィールを，主に人間的な側面から紹介した．
3．頻繁に使用したり，式変形の要となる数学定理等は，Appendix として1箇所に集め，参照しやすくした．
4．説明のイラストは，イラストレーターを駆使し，必要かつ最適なイメージヒントを提供するように心がけた．
5．例題には，既存の問題からヒントを得たオリジナルな問題を数多く揃えた．

大学の初学年の学生が電磁気学を始めるにあたり，少しでも負担を軽減し，興味を刺激されながら学びを継続でき，気付いたら重厚な電磁気学の門戸が少し開き，その背後に燦然と輝く電磁気学の世界の光景が垣間見える場所に立っていたという風になることを切に願っています．

最後に，この本を執筆するに当たり，本書の執筆を勧めていただいた堀江克己先生，ならびに辛抱強くサポートいただいた東京図書の川上禎久氏に心より感謝致します．

田邉 久

目　次

装幀 岡 孝治

Chapter 1

静電場

ここでは，静止した電荷が相互に及ぼし合う力について調べる．静電気力も万有引力と同じ遠隔力で，距離の２乗に反比例することを発見したのはクーロンであるが，やがてファラデーの力線の着想に端を発し，空間に関する物理である「場」の考え方へと発展していった流れをしっかり理解しよう．

基本事項

1 電荷と電気力（問題 1-[1], [2]）

❶ 摩擦電気

紀元前 600 年の古代ギリシャですでに，琥珀《こはく》を擦るとほこりを吸い寄せる現象は知られていて，この原因を未知の物質に求め，琥珀を表すギリシャ語にちなんで電気(electricity)と名付けた．摩擦などで電気を帯びることを**帯電**という．電気にはプラス，マイナスの符号の違いで 2 種類があり，同じ符号同士は互いに反発し，異なる符号同士は互いに引き合う．この力を**静電気力**，この力の原因になるものを**電荷**，電荷の量を**電気量**という．図 1-1-1 に示すように，摩擦電気を起こす物質を，生じる電気の符号順に並べたものを摩擦帯電列という．例えば羊毛でエボナイト棒を擦れば，羊毛はプラスに，エボナイト棒はマイナスに帯電する．離れた場所のもの同士を擦ると強い静電気が起きる．

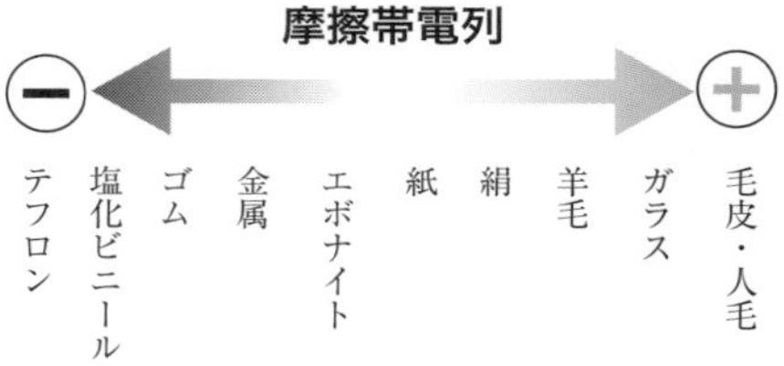

図 1-1-1

❷ 物質の成り立ち

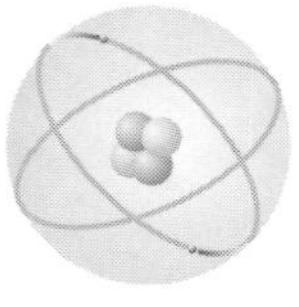

今日では，電気現象の由来は，物質を構成している基本粒子である陽子と電子にあることが知られている．陽子の電荷は $+e$ で，電子の電荷は $-e$ である．ここで，$e = 1.6 \times 10^{-19}$ C を**電気素量**といい，〔C〕(**クーロン**)は電荷の単位である．通常では原子核内部の陽子の数は電子の個数と一致し，原子全体では電気的に中性である．余分の電子の出入りがあると，「イオン」状態になり電気を帯びる．原子の集合体である物質では，電子は物体の表面に薄い雲状で滲み出していると考えられる．物質ごとに電子を引き止める力に違いがあるので，異なる物体を接触させると電子がより力が強い物質へ移ってしまう．こうして現れる電荷の不均衡が摩擦電気である．

❸ 静電誘導

帯電物体を別の物体に近づけると，帯電物体に近い側の物体の表面に帯電物体の電荷とは異符号の電荷が現れ，遠い側の表面に同符号の電荷が現れる．この現象は，金属では顕著だが，金属以外の物質でも見られ，**静電誘導**という．

帯電した物体を小さい紙片やアルミはくなどに近づけると，この静電誘導により分離した電荷との間の静電気力により帯電物体に引き寄せられる．この現象を利用し，静電気の種類やその性質を調べるのに，「電気振り子」や「はく検電器」が用いられる(図 1-1-2)．

電気振り子は，コルク球を絹糸でガラス支柱に吊るしたもので，これに帯電体を近づけるとコルク球は吸い寄せられたり反発したりする．一方，はく検電器は，金属円板に金属棒をつけ，他端に金属はくをつけたものを絶縁したガラス容器に封入したもので，物体の帯電量の計量や符号の判定に用いられる．

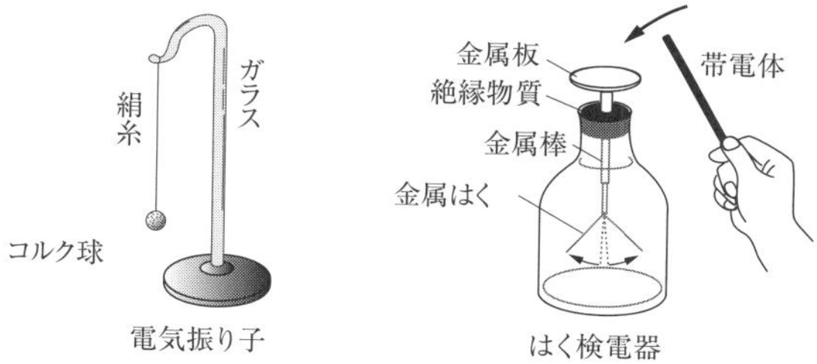

図 1-1-2

絶縁棒付きの 2 つの導体球を接触させた状態で，一方に帯電体を近づけると，静電誘導により，2 つの導体球間で異なる符号の電荷が分離する．この状態で 2 つの導体球を引き離せば，それぞれ正と負に帯電させることができる．

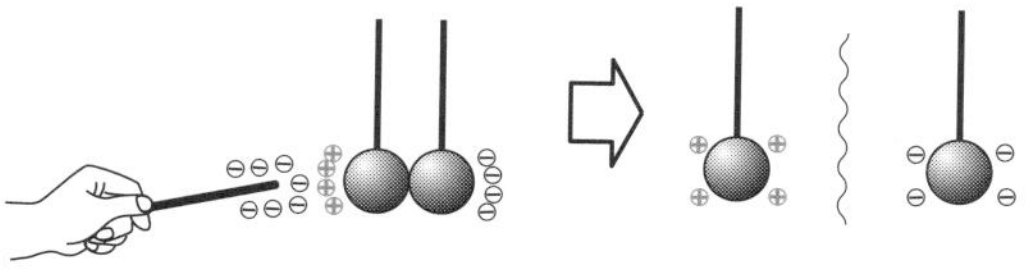

図 1-1-3

❹ 電荷保存則

電気は移動こそすれ，消滅したり生成することはないので，電荷の総量は保たれる．「**電荷の出入りを遮断された系の電荷の総量（電気量の代数和）は変**

化しない」この原理を**電荷保存則**といい，重要な自然法則の一つである．

2 クーロンの法則（問題 1-2, 3）

❶ クーロンの法則

1785 年，クーロン(仏)は，荷電粒子間にはたらく静電気力について調べ，図 1-2-1 のように，「各荷電粒子には，2 つの粒子を結ぶ線分の方向に，2 粒子間の距離の 2 乗に反比例し，電荷の積に比例する大きさの力がはたらく．電荷の符号が異符号なら引力になり，同符号なら斥力になる」ことを発見した．これを**クーロンの法則**といい，この力を**クーロン力**ともいう．

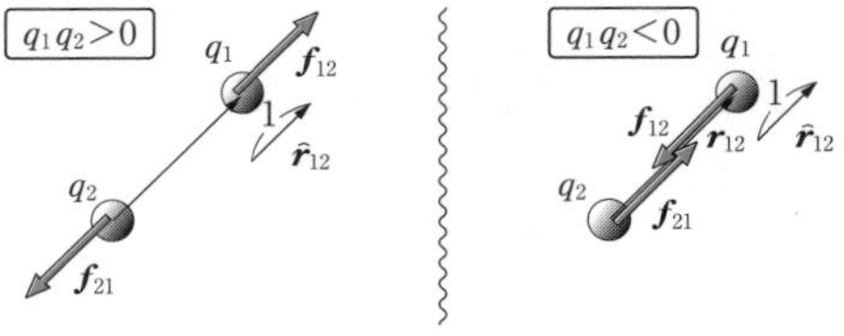

図 1-2-1

この本では，ベクトル量は太文字斜体（例 $\boldsymbol{A}$，$\boldsymbol{a}$）で表し，その大きさは，太文字指定を外した同じ文字（例 A，a）で，同じ向きの単位ベクトルは上にハットをつけて表す（例 $\hat{\boldsymbol{A}}$，$\hat{\boldsymbol{a}}$）ことを原則とする．力はベクトルだから，クーロンの法則もベクトル表現を用いて表すと，

$$\boldsymbol{f}_{12} = k\frac{q_1q_2}{{r_{12}}^2}\hat{\boldsymbol{r}}_{12} \tag{1-1}$$

ここで，電気量の単位は〔C〕(クーロン)とし，$\boldsymbol{f}_{12}$〔N〕は点電荷 q_2〔C〕が点電荷 q_1〔C〕へ作用する力，$\boldsymbol{r}_{12}$ は点電荷 q_2 を基準とした q_1 の相対位置ベクトル，r_{12}〔m〕はその大きさ，$\hat{\boldsymbol{r}}_{12}$ は点電荷 q_2 から点電荷 q_1 に向かう単位ベクトルをそれぞれ表す．このときの比例定数 k は，

$$k = 8.9876 \times 10^9〔\mathrm{N\cdot m^2/C^2}〕 \fallingdotseq 9.0 \times 10^9〔\mathrm{N\cdot m^2/C^2}〕$$

の値をもち，さらに国際単位系では，**真空の誘電率** ε_0 を用いて，$k = \dfrac{1}{4\pi\varepsilon_0}$ と表す．ここで，ε_0 は「イプシロンゼロ」「イプシロンノート」と読み，その値は $\varepsilon_0 \fallingdotseq 8.87 \times 10^{-12}$〔$\mathrm{C\cdot N^{-1}\cdot m^{-2}}$〕となる．これを用いると(1-1)式は，

$$\boldsymbol{f}_{12} = \frac{1}{4\pi\varepsilon_0}\frac{q_1q_2}{{r_{12}}^2}\hat{\boldsymbol{r}}_{12} \tag{1-2}$$

と表現される．(1-2)式は，作用・反作用の法則「$\boldsymbol{f}_{21} = -\boldsymbol{f}_{12}$」を保証している．

❷ クーロン力と万有引力

クーロンの法則の発見に先立つことおよそ100年前にイギリスのニュートンが類似した万有引力の法則を発見していた.

類似点：物理量の積に比例し，距離の2乗に反比例する中心力である.

相違点：電気に正と負の2種類の符号があるために，クーロン力には引力と斥力の2種類が存在するが，万有引力は常に引力のみである．ミクロな世界において，電気力は万有引力より圧倒的に強いので，万有引力は無視できる．クーロン力により，電荷は強く結合し，集合体を作り，その結果電気的には中性になり，他の物質への電気的な作用は弱まる.

一方，万有引力は常に引力なので，物質が集積し始めるとますます周囲に及ぶ万有引力は大きくなっていく．宇宙規模の巨大な質量同士の相互作用は万有引力が支配的になる理由がここにある.

❸ 重ね合わせの原理

N 個の点電荷 q_1, q_2, …, q_N が空間に固定されているとき，空間内の任意の場所（ただし，点電荷のいる場所は除く）に置いた点電荷 q にはたらく力 $\boldsymbol{f}$ は,

$$\boldsymbol{f} = \frac{1}{4\pi\varepsilon_0}\frac{q\,q_1}{{r_1}^2}\hat{\boldsymbol{r}}_1 + \frac{1}{4\pi\varepsilon_0}\frac{q\,q_2}{{r_2}^2}\hat{\boldsymbol{r}}_2 + \cdots + \frac{1}{4\pi\varepsilon_0}\frac{q\,q_N}{{r_N}^2}\hat{\boldsymbol{r}}_N$$

$$\therefore\ \boldsymbol{f} = \frac{1}{4\pi\varepsilon_0}\sum_{i=1}^{N}\frac{q\,q_i}{{r_i}^2}\hat{\boldsymbol{r}}_i \tag{1-3}$$

と表される．これをクーロン力の**重ね合わせの原理**とよぶ．ここで，各 r_i は点電荷 q_i と点電荷 q の距離を表し，$\hat{\boldsymbol{r}}_i$ は点電荷 q_i から点電荷 q に向かう単位ベクトルを表す.

3 電場とクーロン力（問題 1-4, 5, 6, 7）

❶ 電場とは

空間の各点に「ある物理量」が分布しているとき，物理ではその物理量を「**場**」という言葉で表す．例えば，大気圏を「温度の場」,「気圧の場」,「風速の場」などと表現できる．このうち，温度，気圧のように，数値のみで表され,

向きをもたない量の場を**スカラー場**，風速のように，大きさと向きをもつ量の場を**ベクトル場**という．

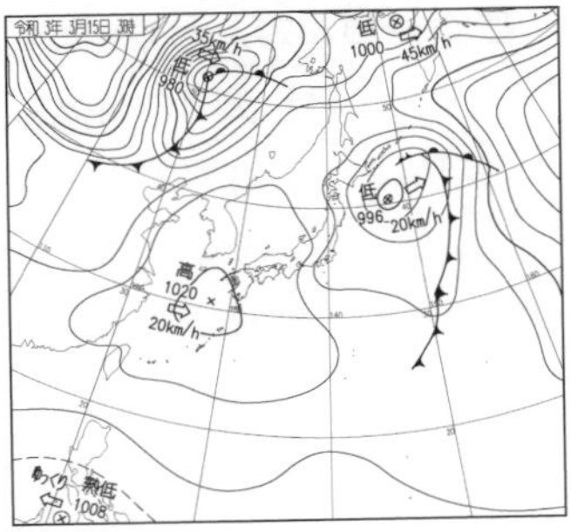

図 1-3-1

スカラー場の場合，値が同じになる点の集合は一般的には曲面をつくる．この曲面をある平面で切った切り口は一つの曲線になる．地表面で気圧の等しい点を結んでできる曲線群は，天気図（図 1-3-1）でお馴染みであり，場を視覚化する有効な手段の一つである．

この「場」は，今日では物理学を支える基本概念であるが，その発案者はファラデー（英）である．磁石の上に広げた紙に鉄粉をまくと，磁石の N 極と S 極を結ぶ曲線群が浮かび上がる．彼はこれを「磁力線」と呼び，離れた位置にある磁石同士が引き合う原因はこの線にあると考えた．途中にある空間を飛び越えて直接作用が及ぶとする「遠隔作用」の解釈は，万有引力の発見者ニュートン本人も違和感を拭いきれなかったもので，力線の着想はファラデーに電磁気現象の解釈に新たな視座を与えた．さて，(1-3) 式を再記し，

$$\boldsymbol{f} = \frac{1}{4\pi\varepsilon_0}\sum_{i=1}^{N}\frac{qq_i}{r_i^{\,2}}\hat{\boldsymbol{r}}_i = q\left(\frac{1}{4\pi\varepsilon_0}\sum_{i=1}^{N}\frac{q_i}{r_i^{\,2}}\hat{\boldsymbol{r}}_i\right)$$

と変形してみれば，括弧の中は q のいる場所で定義される物理量で，q 以外のすべての電荷がその成立に寄与している形式をしている．つまり，これこそ「場」の正体と考えられる．これを $\boldsymbol{E}$ と表記し，**電場**と名付ける．

$$\boldsymbol{E} = \frac{1}{4\pi\varepsilon_0}\sum_{i=1}^{N}\frac{q_i}{r_i^{\,2}}\hat{\boldsymbol{r}}_i \tag{1-4}$$

となる．このとき，クーロン力は，

$$\boldsymbol{f} = q\boldsymbol{E} \tag{1-5}$$

と表される．(1-5) 式は，電荷が正の場合のクーロン力の向きは電場の向きと一致し，電荷が負の場合，逆向きになることを表している．その定義より，電場の単位は〔N/C〕である．

電荷分布が連続とみなされる場合，図 1-3-2 のように領域を点電荷スケールの領域に分割し，それぞれの領域が点 P につくる電場の総和をとればよいが，

この操作は「積分」になる．

$$\boldsymbol{E}(\mathrm{P}) = \sum \Delta\boldsymbol{E} = \frac{1}{4\pi\varepsilon_0}\sum_{i=1}^{\infty}\frac{\Delta q}{r_i^{\,2}}\hat{\boldsymbol{r}}_i \quad\rightarrow\quad \boldsymbol{E}(\mathrm{P}) = \frac{1}{4\pi\varepsilon_0}\iiint\frac{dq}{r^2}\hat{\boldsymbol{r}}_i \qquad (1\text{-}6)$$

ここで，dq は微小領域の電荷，r は微小領域から観測点 P までの距離，$\hat{\boldsymbol{r}}$ は微小領域から観測点 P に引いた向きの単位ベクトル，$\iiint$ は体積積分を表すが，和がベクトル和であることに注意が必要である．

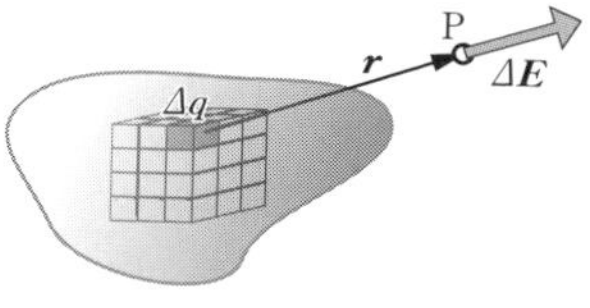

図 1-3-2

式(1-5)を $\boldsymbol{E} = \dfrac{\boldsymbol{f}}{q}$ と書き直してみると，$\boldsymbol{E}$ は「その場所に置いた単位正電荷 q あたりにはたらくクーロン力」という意味をもつ．前述の天気図の気圧の「場」は，空気に関する物理量であるが，電場は真空そのものがもつ物理量である．電荷が静止している場合，遠くの電荷の影響が瞬時に伝わるとする遠隔作用の形式をもつクーロンの法則(1-3)で扱っても，その瞬間のその場所の電場から力を受ける（「近接作用」という）とする形式をもつ電場表現(1-5)で扱っても差はない．しかしながら，電荷が運動するようになると，遠隔作用表現には不都合な事態が起こる．特殊相対論によると，電荷の位置の変化の情報は有限の速度でしか観測点に伝わらないという制約がある．式(1-3)は時間変数を含んでいないので，このことが表現できていない．一方，$\boldsymbol{E}$ を観測時点での電場と解釈すれば，(1-5)式は依然成立している．電荷の運動の電場への影響は，光速度で真空中を伝わる．このことは実験的に確認されていて，電気力の作用においては，場の考えの優位性は明らかである．

例 地球からの距離約 38 万 km の月面上の電荷のつくる電場を地上で観測する場合，月面上の電荷の運動の影響が地上に届くのは，$\dfrac{38 \times 10^4 \times 10^3}{3 \times 10^8} \fallingdotseq 1.3\,\mathrm{s}$ 後となる．

❷ 電気力線

空間の各点を，その場所に置いた単位正電荷(1C)の受ける力の向きをもつ適当な長さの矢印で埋め尽くすと，自然と曲線群が見えてくる．このときの有向曲線が電気力線である．電気力線は目に見えない電場を視覚化してくれる優れものであるが，その本数に関しては任意性が残るので，次のように決める．

・電場 $\boldsymbol{E}$ の場所の，電場に垂直な面の電気力線密度を $|\boldsymbol{E}|$ 本/m^2 とする．

いくつかの場合の電気力線を図 1-3-3[*1] に示す.

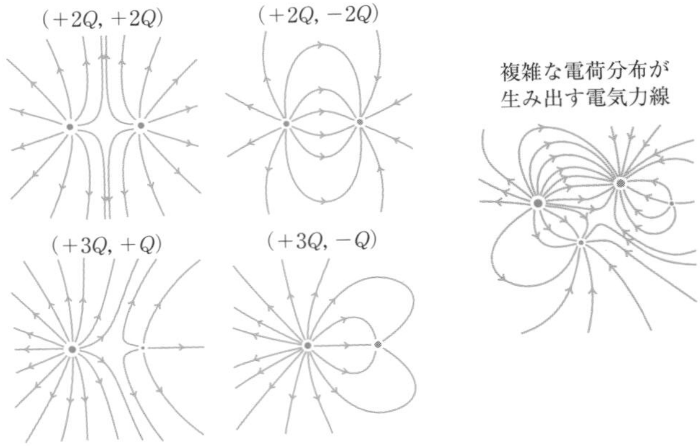

図 1-3-3

電気力線の性質をまとめておく.

1. 電気力線上の各点での接線が, その点での電場の方向を示している.
2. 電気力線の本数密度 (電場に垂直な単位面積を貫く電気力線の本数) がその場所の電場の強さと一致している.
3. 電気力線は正の電荷で発生し, 負の電荷で吸収される. ただし, 電荷の和が 0 でない場合, 無限遠まで伸びている電気力線がある.
4. 空間のどの点でも電場は一意に決まることより, 電気力線が途中で尖った折点をもったり, 交わったり, 枝分かれしたりすることはない.
5. 電気力線は電荷のない場所で生成・消滅することはない.

❸ 様々な電場と電気力線

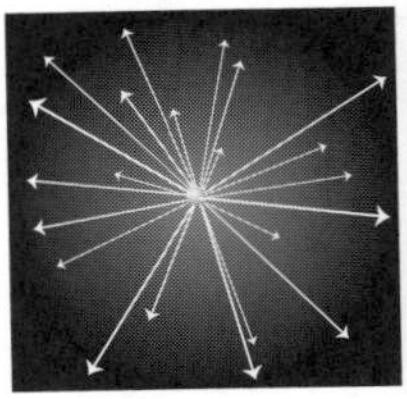

図 1-3-4

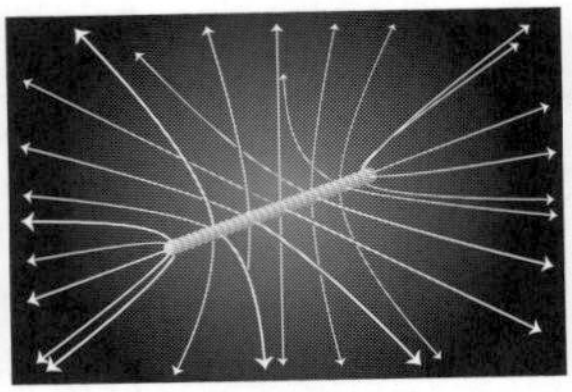

図 1-3-5

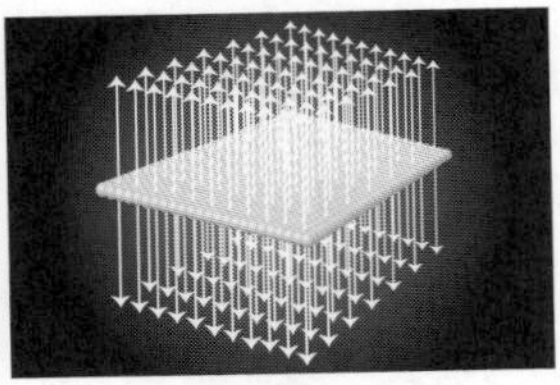

図 1-3-6

[*1] 図 1-3-3 のように, 電気力線の様子を表した 2 次元図を見る場合, 本来は 3 次元空間に分布している図であることを忘れてはならない. したがって, 2 次元図では電気力線の本数や密度が正しく反映されているとは限らない. 図 1-3-3 は, 本数のつじつまを合わせるために 3 次元空間を 2 次元平面に押しつぶした表現となっていると解釈すればよい.

点電荷

原点に電荷 q を固定するとき，位置 $\boldsymbol{r} = r\hat{\boldsymbol{r}}$ にできる電場 $\boldsymbol{E}$ は，

$$\boldsymbol{E} = \frac{1}{4\pi\varepsilon_0}\frac{q}{r^2}\hat{\boldsymbol{r}} \tag{1-7}$$

となる．図 1-3-4 は正の点電荷から出る電気力線の様子を 3D 風に表している．

一様な線電荷

電荷 $Q\,(>0)$ が均一に帯電した長さ L の棒状の帯電体を考える．棒の垂直二等分面上で棒からの距離が r の位置では，電場の向きは棒に垂直で，棒から遠ざかる向きになることが対称性から予想でき，その強さ E_r は，

$$E_r = \frac{Q}{4\pi\varepsilon_0}\frac{1}{r\sqrt{r^2 + (L/2)^2}} \tag{1-8}$$

となる（☞ **問題** 1-5）．さらに，$L \to \infty$ の極限では，$\dfrac{Q}{L} = \lambda$ として，

$$E_r \to \frac{\lambda}{2\pi\varepsilon_0 r} \tag{1-9}$$

となり，原点からの距離に反比例する（☞ p.24 **練習問題 1-5**）．図 1-3-5 は正の線電荷から出る電気力線の様子を 3D 風に表している．

一様な面電荷

電荷密度 $\sigma\,(>0)$ の均一に帯電した十分に広い平面電荷分布を考える．対称性の考察から，この帯電面の近くの電場は，面に垂直に面から離れる向きに均一な大きさで生じることが予測される．その大きさは，

$$E = \frac{\sigma}{2\varepsilon_0} \tag{1-10}$$

となる（☞ p.12 (1-14) 式）．この結果より，電場の大きさは帯電面からの距離に無関係であることが分かる．図 1-3-6 は十分広い正に帯電した面から出る電気力線の様子を 3D 風に表している（一部のみを表す）．

4　ガウスの法則（**問題** 1-8, 9, 10）

❶ 電気力線の本数

点電荷から出た電気力線は，消滅することなく空間に広がる．その本数は，「電気力線の性質 2」（☞ p.8）と (1-7) 式からすでに決定されている．図 1-4-1

のように点電荷 Q〔C〕を中心とした半径 r の球面を考えると，その面積は $4\pi r^2$ で，球面上の電場の強さは，(1-4)式より，

$$E = \frac{1}{4\pi\varepsilon_0}\frac{Q}{r^2}$$

だから，球面を内から外に貫く電気力線数は，

$$E \times 4\pi r^2 = \frac{Q}{\varepsilon_0} \text{ 本}$$

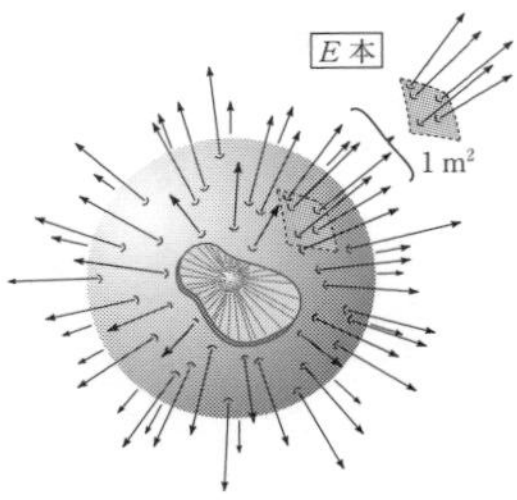

図 1-4-1

この結果が，球の半径に無関係であることで，電気力線は途中で消滅しないことが保証され，点電荷からの電気力線数を決めることを可能にしている．

この結果，電荷 Q〔C〕の点電荷に出入りする電気力線数 N は，電荷の大きさに比例し，その比例係数が $\dfrac{1}{\varepsilon_0}$ となる．

$$N = \frac{|Q|}{\varepsilon_0} \tag{1-11}$$

点電荷のつくる電場中の一つの閉曲線を考え，曲線上の各点を通る電気力線群を想像すると，円錐形の管構造ができる．この管を**電気力管**という．電気力管の側面を通しての電気力線の出入りはない．同じ電気力菅の異なる断面（例えば図 1-4-2 の C_1, C_2）を貫く力線本数は同じである．電気力管は，点電荷のつくる電場のみでなく，一般の電場においても同様に考えられる．

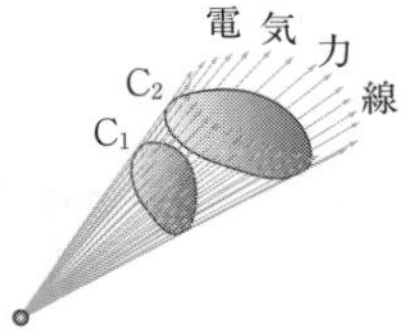

図 1-4-2

次に，任意の面積素片を貫く力線本数の表現法について考えてみよう．電場に対してその法線ベクトルが θ の角度をなす面積素片 $\Delta S'$ を貫く電気力線数は，同じ電気力管内の断面で，電気力線に垂直な面積素片 ΔS を貫く力線本数と同じ本数である．

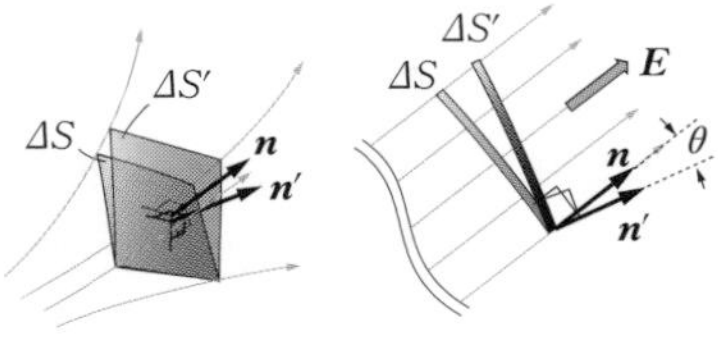

図 1-4-3

$$\Delta N' = \Delta N = E\,\Delta S = E\,\Delta S' \cos\theta = \boldsymbol{E}\cdot\Delta \boldsymbol{S}' \tag{1-12}$$

ここで，$\Delta \boldsymbol{S}'$ は面積ベクトルである（☞ Appendix p.219）．

❷ ガウスの法則

図 1-4-4 の 2 個の点電荷を内部にもつ閉曲面 Σ を考える．Σ 上の微小部分 $\Delta\Sigma$ での電場を $\boldsymbol{E}$，内から外に向かう $\Delta\Sigma$ の面積ベクトルを $\Delta\boldsymbol{S}$ とすると，$\Delta\Sigma$ を内から外に向かって通過する電気力線数 ΔN は，

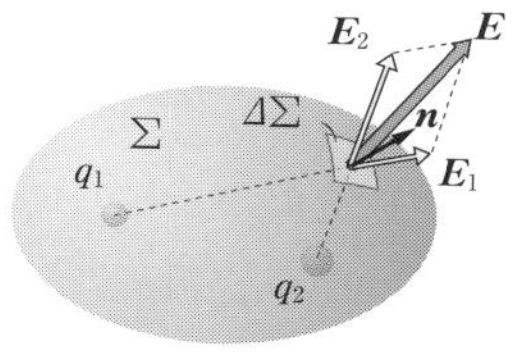

図 1-4-4

$$\Delta N = \boldsymbol{E}\cdot\Delta\boldsymbol{S}$$

点電荷 q_1，q_2 が単独でつくる電場 $\boldsymbol{E}_1$，$\boldsymbol{E}_2$ を用いて，重ね合わせの原理より，

$$\Delta N = (\boldsymbol{E}_1 + \boldsymbol{E}_2)\cdot\boldsymbol{n} = \boldsymbol{E}_1\cdot\boldsymbol{n} + \boldsymbol{E}_2\cdot\boldsymbol{n}$$
$$= \Delta N_1 + \Delta N_2$$

ΔN_1，ΔN_2 は，点電荷 q_1，q_2 がそれぞれ単独で寄与する分である．全ての微小平面に関する和をとると，閉曲面 Σ の表面から出る電気力線の本数 N は，

$$N = \sum\Delta N = \sum(\Delta N_1 + \Delta N_2) = \sum\Delta N_1 + \sum\Delta N_2 = \frac{q_1}{\varepsilon_0} + \frac{q_2}{\varepsilon_0}$$

微小部分 $\Delta\Sigma$ を 0 にした極限では，積分記号を用いて，

$$N = \oiint_{\Sigma}\boldsymbol{E}\cdot d\boldsymbol{S} = \frac{q_1}{\varepsilon_0} + \frac{q_2}{\varepsilon_0}$$

$\oiint_{\Sigma}$ は，閉曲面全体で和をとることを，$\boldsymbol{E}\cdot d\boldsymbol{S}$ は，$\boldsymbol{E}$ と $d\boldsymbol{S}$ の内積を表す．

例 $+3Q$，$+Q$〔C〕が単独にあるときの電気力線と，合成電場の電気力線の様子を描いている．電場中の勝手な場所に設置した面 S を貫く電気力線の本数は，電場の合成前と合成後で変化しないことを示している．この図ではともに 3 本である．

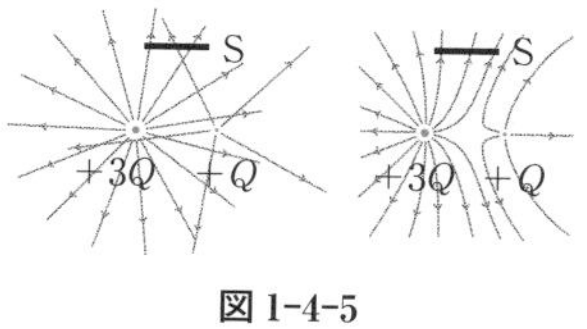

図 1-4-5

この関係は，電荷の個数によらないので，一般に，内部に n 個の点電荷をもつ閉曲面 Σ（**ガウス曲面**と呼ぶ）に関して，内から外に貫く電気力線の本数は，$N = \dfrac{1}{\varepsilon_0}\sum_{i=1}^{n} q_i$ と書ける．この式は，電荷の符号を負に拡張しても成立する．$q_i < 0$ の場合は，自動的に $\Delta N_i < 0$（閉曲面を外から内へと貫く）となる．

ガウス曲面の外部にある電荷もこの曲面上の電場に影響を与えるので，上の結果に影響を与える心配があるが，実は，曲面の外部にある電荷の影響はない．その理由は右の図を見れば大雑把には理解できる．図の直線矢印は，点電荷から出る電気力管を表している．この図より，閉曲面の外部の点電荷から出た力管は何回かこの領域に入り，同じ回数だけこの領域から出ていく．すなわち，出入りの本数の総和は0である．一方，閉曲面の内部の点電荷から出た力管も何回かこの領域に出入りするが，出る回数が1回だけ多いので境界面を1回だけ通る前ページの計算に帰着する．以上の理由で，この閉曲面を内側から外へ向かって出ていく電気力線本数は，閉曲面内部のみの電荷 q_i を用いて次の式で与えられる．

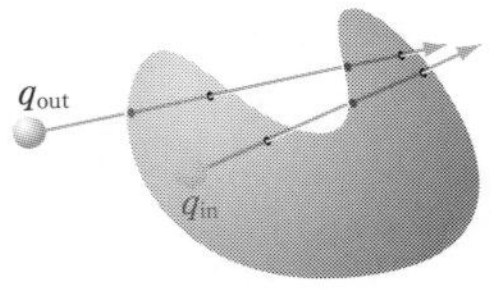

図 1-4-6

$$N = \oiint_{\Sigma} \boldsymbol{E}\cdot d\boldsymbol{S} = \frac{1}{\varepsilon_0}\sum_i q_i \tag{1-13}$$

これを**ガウスの法則**という．

❸ ガウスの法則の利用例

クーロンの法則と電場の重ね合わせの原理を利用すれば，任意の電荷分布による任意の場所の電場が原理的には求められるが，電荷の個数が増えるとベクトル和の計算が煩雑になる．ところが，上で得られたガウスの法則を用いると，電場の計算が驚くほど容易になる(正確に言うと，なる場合がある)．対称性が高い電荷配置の場合にこの傾向が顕著である．次に具体例を示す．

一様に帯電した無限に広い平面がつくる電場

図1-4-7のように，ガウス曲面として，底面積 S の直円柱面を考える．均一な帯電面が上下底面の二等分面となる位置に配置する(以後，この円柱を「ガウス円柱」とよぶ)．電荷分布の対称性より，面近傍の電場は帯電面に垂直で，その大きさは均一である．力線は，円柱面の上下底面のみから内から外に垂直に貫くので，電場の強さを E，電荷面密度を σ とすると，ガウスの法則より，

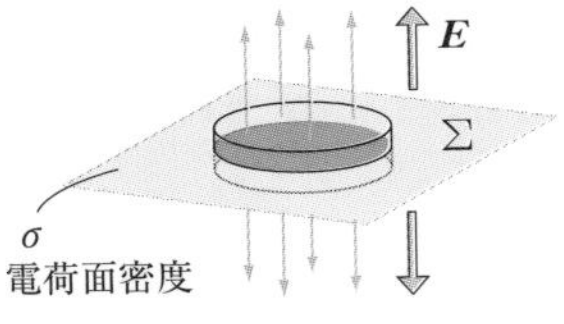

図 1-4-7

$$E\cdot 2S = \frac{|\sigma|\,S}{\varepsilon_0} \qquad \therefore\ E = \frac{|\sigma|}{2\varepsilon_0} \tag{1-14}$$

一様に帯電した無限に長い線電荷がつくる電場

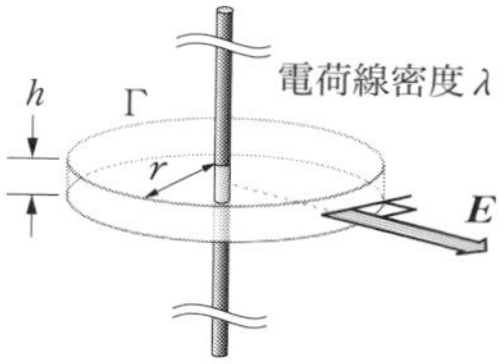

図 1-4-8

p.9 で扱った問題であるが，ガウスの法則を適用すると次のようになる．図 1-4-8 のように，ガウス曲面として棒を中心軸とし，半径 r の円形の上下底面をもつ高さ h の直円柱面をとる．棒の長さが無限より，対称性から，電場は半径延長方向しか可能性はないと判断できる．この電場の強さを E_r とすると，電荷線密度 λ を用いて，ガウスの法則より，

$$E_r \cdot 2\pi r h = \frac{\lambda h}{\varepsilon_0} \qquad \therefore\ E_r = \frac{\lambda}{2\pi\varepsilon_0 r} \tag{1-15}$$

となり，(1-9) 式が容易に得られる．

一様に帯電した球殻がつくる電場

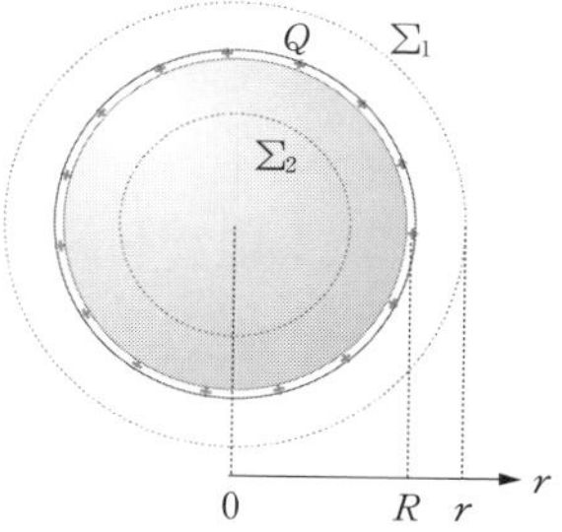

図 1-4-9

半径 R の薄い球面（球殻）上に電荷 Q ($Q > 0$) が一様に固定分布*2 している場合の電場を求めてみよう．球の中心から距離 r ($> R$) の位置（球の外部）の電場の向きは，高い対称性のために球の中心から放射状外向きと判断でき，その強さ E は，半径 r の球面をガウス曲面 Σ_1 とし，ガウスの法則を適用して，

$$4\pi r^2 E = \frac{Q}{\varepsilon_0} \quad \therefore\ E = \frac{Q}{4\pi\varepsilon_0 r^2} \ \text{（球の外部）}$$

球殻を取り除き，球の中心に点電荷 Q を置いたときにできる電場と一致する．

球の中心から距離 r ($< R$) の球の内部の電場は，球面をガウス曲面 Σ_2 とし，ガウスの法則を適用して，

$$4\pi r^2 E = \frac{0}{\varepsilon_0} \qquad \therefore\ E = 0 \ \text{（球の内部）}$$

*2 電荷が固定分布していることに注意．もし球殻が導体の場合は，試験電荷の影響で球殻上の電荷分布が勝手に変化し，上の結果とは一致しない．

5 電位と静電エネルギー（問題 1-11, 12, 13, 14, 15, 16）

❶ 電位とは

静電気力は万有引力と同様に距離の 2 乗に反比例する中心力である．万有引力は常に「引力」であり，数学的には異符号の電荷間の静電気力と同等である．したがって，万有引力で成立した関係式は，全て，文字だけ変換すればそのまま静電気力の世界でも成立する．力学で学習したように，万有引力は「保存力」の一種であり，静電気力も「保存力」である．

保存力の最大の特徴が，「位置エネルギーという，場所のスカラー関数が存在し，それを利用できる」ことである．具体例として，図 1-5-1 で，電荷 1C を空間内の任意の点 P から基準点 O まで任意の曲線経路に沿ってゆっくり移動させるとき，電場からの力がする仕事は，経路に依存せず同じ値をもち，出発地点 P の関数とみなせる．この関数を P 点の**電位**といい，$\phi(\mathrm{P})$ と表す．電荷 1C[*3] がもっているクーロン力による位置エネルギーと表現してもよい．

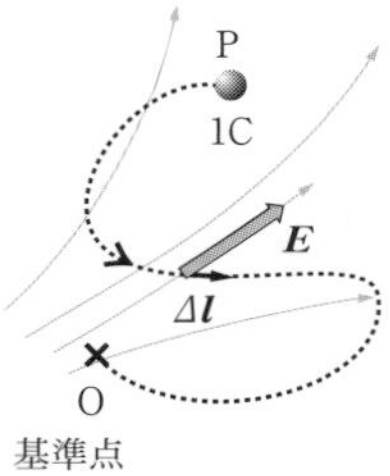

図 1-5-1

上の定義より，電位は電場の線積分で与えられ，

$$\phi(\mathrm{P}) = \sum_{\mathrm{P}\to 0} \boldsymbol{E}\cdot\Delta\boldsymbol{l} \quad\Rightarrow\quad \phi(\mathrm{P}) = \int_{\mathrm{P}}^{0} \boldsymbol{E}\cdot d\boldsymbol{l} \qquad (1\text{-}16)$$

となる．電位の単位は定義から〔J/C〕であるが，これを〔V〕（ボルト）と表す．

点電荷のつくる電位

(1-16)式に点電荷のつくる電場の式(1-7)を代入し，基準点としては無限遠をとり，位置 P の原点 O からの距離を r_{P} として線積分すると，

$$\phi(\mathrm{P}) = \int_{\mathrm{P}}^{0} \boldsymbol{E}\cdot d\boldsymbol{r} = \int_{\mathrm{P}}^{0} \frac{Q}{4\pi\varepsilon_0}\frac{\hat{\boldsymbol{r}}}{r^2}\cdot d\boldsymbol{r} = \frac{Q}{4\pi\varepsilon_0}\int_{r_{\mathrm{P}}}^{\infty}\frac{dr}{r^2} = \frac{1}{4\pi\varepsilon_0}\frac{Q}{r_{\mathrm{P}}}$$

これより，原点の点電荷 Q が位置 $\boldsymbol{r} = r_{\mathrm{P}}\hat{\boldsymbol{r}}$ につくる電位は，

$$\phi(\mathrm{P}) = \frac{1}{4\pi\varepsilon_0}\frac{Q}{r_{\mathrm{P}}} \qquad (1\text{-}17)$$

(1-17)式は，点電荷 Q が負でもそのまま有効な式である．

[*3] 電場は「1Cにはたらく力（ベクトル）」，電位は「1Cのもつ静電エネルギー（スカラー）」と「キーワード 1C」に着目して整理しておくとよい．いずれも空間の電気的な歪み（電場）を表現する物理量であるが，地形に関連付けると，電場は「勾配」に，電位は「高度」に相当する．

複数の電荷分布のつくる電位

N 個の点電荷 q_1，$q_2, \cdots, q_N$ が空間に固定されているとき，空間内の任意の点 P（ただし，点電荷のいる場所は除く）の電位を求めてみよう．電位は電場の線積分であり，電場は重ね合わせの原理が成立するので，

$$\phi(\mathrm{P}) = \int_{\mathrm{P}}^{0} \boldsymbol{E}\cdot d\boldsymbol{r} = \int_{\mathrm{P}}^{0} \sum_{i}^{N} \boldsymbol{E}_i\cdot d\boldsymbol{r}$$

ここで，$\boldsymbol{E}$ は点 P の電場，$\boldsymbol{E}_i$ は点電荷 q_i が点 P につくる電場を表す．

(1-17)式より，

$$\phi(\mathrm{P}) = \int_{\mathrm{P}}^{0} \sum_{i}^{N} \boldsymbol{E}_i\cdot d\boldsymbol{r} = \sum_{i=1}^{N} \int_{\mathrm{P}}^{0} \boldsymbol{E}_i\cdot d\boldsymbol{r} = \sum_{i=1}^{N} \frac{1}{4\pi\varepsilon_0} \frac{q_i}{r_{\mathrm{P}_i}}$$

ここで，r_{P_i} は電荷 q_i と点 P の距離を表す．これより，電場のみならず，電位においても重ね合わせの原理が適用できることが示された．

$$\phi(\mathrm{P}) = \sum_{i=1}^{N} \frac{1}{4\pi\varepsilon_0} \frac{Q}{r_{\mathrm{P}_i}} \qquad (1\text{-}18)$$

電荷分布が連続とみなされる場合，図 1-3-2 と同様に電荷の分布する領域を点電荷スケールの無数の領域に分割し，それぞれの領域がつくる電位の総和をとればよいが，この場合，「和」は「積分」となる．ただし，(1-6)式の電場の導出がベクトル和であったのに対し，電位の計算はスカラー和だから，計算の煩雑さは軽減される．

$$\phi(\mathrm{P}) = \sum_{i=1}^{\infty} V_i = \frac{1}{4\pi\varepsilon_0} \sum_{i=1}^{\infty} \frac{\Delta q}{r_i} \quad \Rightarrow \quad \phi(\mathrm{P}) = \iiint \frac{dq}{4\pi\varepsilon_0 r} \qquad (1\text{-}19)$$

ここで，dq は微小領域の電荷，r は微小領域から観測点 P までの距離，$\iiint$ は電荷が分布する領域の**体積積分**を表す．

等電位面と等電位線

$\phi(\mathrm{P})$ = 一定となる点 P の集合は一般に 3 次元空間での曲面となるが，これを**等電位面**といい，等電位面上の任意の曲線を**等電位線**という．

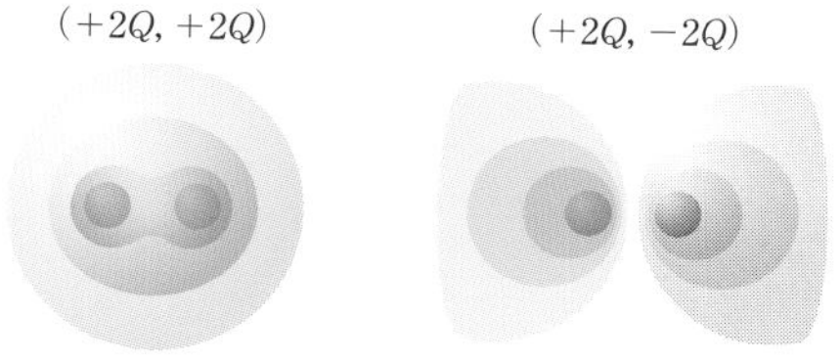

図 1-5-2

p.8 図 1-3-3 で示した電荷分布（$+2Q$, $+2Q$）と（$+2Q$, $-2Q$）の場合の等電位曲面群を図 1-5-2 に 3D 風に示す．ピンク色は正の電位を，グレーは負の電位の場所を表している．

重なった 3 次元の等電位曲面群を表示するのは容易ではないので，等電位曲面のある断面の等電位線群で代用することが多い．一例として，図 1-5-3 は，（$+2Q$, $+2Q$）の場合の等電位曲線群を示したものである．図 1-5-2 の左側の曲面群の 2 つの電荷を通る平面での断面に相当する．

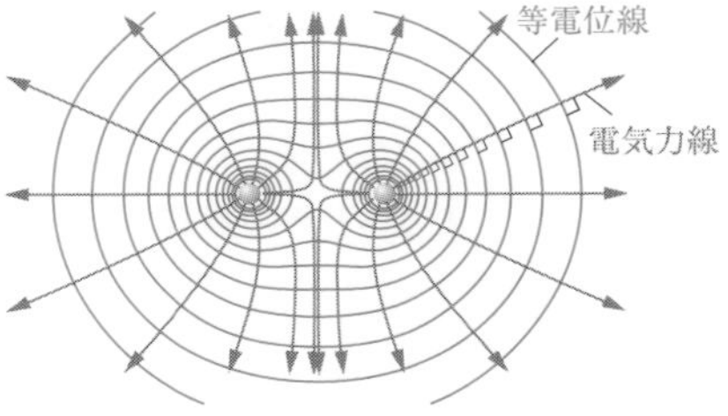

図 1-5-3

図 1-5-2 と図 1-5-3 を見ると，2 つの電荷に極めて近い高電位の場所は独立した 2 つの球面群があり，電荷から遠ざかるにしたがってピーナッツの形になり，さらに遠ざかると大きな一つの球面になることが読みとれる．

さらに教科書などでよく使われる図として，x-y 平面上の電荷分布に対し，平面上の各点での電位を z 軸にとって表した曲面（単に電位曲面と呼ぶ）がある．p. 8 図 1-3-3 で紹介した 2 次元電荷分布に対する電位曲面*4 と等電位線の分布を 3D 風に表したものが次の図 1-5-4 である．

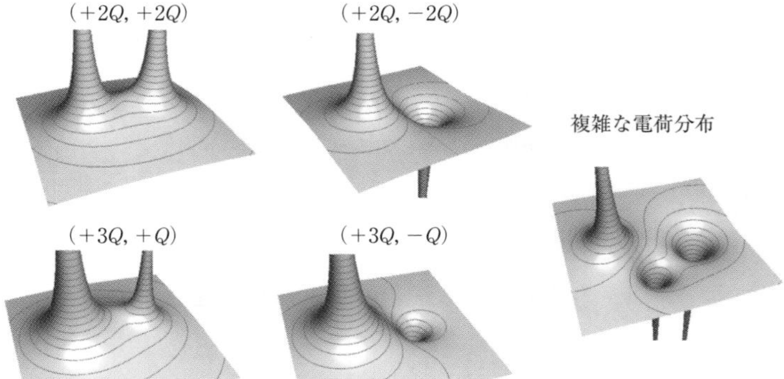

図 1-5-4

*4 電位曲面のおおよその形を想像する簡易な方法がある．薄いゴム膜を 1 枚用意し，正の電荷がいる場所では，下からその電荷の大きさに比例する力で指で押し上げ，負の電荷がいる場所では，その大きさに比例する力で指で押し下げる．そのときできるゴム膜の起伏がおおよその電位曲面の様子を与える．

注意しなくてはならないのは，x-y は空間座標であるが，z 軸はポテンシャルを表していることである．その意味で，同じ曲面でも図 1-5-2 とは異質のものである．したがって，この曲面が等電位曲面を表すものではない．縦軸は電位を示しているので，曲面上の曲線模様は等電位線を表している．図 1-5-4 の（$+2Q$，$+2Q$）の等電位線の x-y 平面上へ射影したものが，図 1-5-3 の色のついた閉曲線群に相当し，地形地図の等高線に相当するものである．

❷ 電位と電場

電位と電場の関係

点 $\mathrm{P}(x, y, z)$ からすぐ近傍の $\mathrm{P}'(x + \Delta x,\ y + \Delta y,\ z + \Delta z)$ に移動するとき，$\Delta\boldsymbol{l} = (\Delta x, \Delta y, \Delta z)$ だから，ポテンシャルの変化 $\Delta\phi$ は，(1-16)式より，

$$\begin{aligned}\Delta\phi &= \phi(\mathrm{P}') - \phi(\mathrm{P}) = \int_{\mathrm{P}'}^{0} \boldsymbol{E}\cdot d\boldsymbol{l} - \int_{\mathrm{P}}^{0} \boldsymbol{E}\cdot d\boldsymbol{l} = -\int_{\mathrm{P}}^{\mathrm{P}'} \boldsymbol{E}\cdot d\boldsymbol{l} \\ &= -\boldsymbol{E}\cdot\Delta\boldsymbol{l} = -(E_x, E_y, E_z)\cdot(\Delta x, \Delta y, \Delta z) \\ &= -E_x\Delta x - E_y\Delta y - E_z\Delta z\end{aligned}$$

(1) $\Delta y = \Delta z = 0$(x 軸に沿った微小変位)とすると，$E_x = -\dfrac{\Delta\phi}{\Delta t} \Rightarrow -\dfrac{\partial\phi}{\partial x}$

(2) $\Delta z = \Delta x = 0$(y 軸に沿った微小変位)とすると，$E_y = -\dfrac{\partial\phi}{\partial y}$

(3) $\Delta x = \Delta y = 0$(z 軸に沿った微小変位)とすると，$E_z = -\dfrac{\partial\phi}{\partial z}$

この結果を整理すると，

$$\boldsymbol{E} = (E_x, E_y, E_z) = \left(-\frac{\partial\phi}{\partial x}, -\frac{\partial\phi}{\partial y}, -\frac{\partial\phi}{\partial z}\right)$$

$\dfrac{\partial}{\partial x}\phi$ は偏微分を表す．微分演算子 ∇（Appendix p.217）を用いると

$$\boldsymbol{E} = -\nabla\phi \tag{1-20}$$

電位から電場を導出する例

原点にある点電荷 Q が位置 $\boldsymbol{r}$ につくる電位を与える(1-17)式から，(1-20)式を用いて，電場を与える(1-7)式が得られることを示しておこう．

式(1-17)を式(1-20)に代入すると，

$$\boldsymbol{E} = -\nabla\phi = -\nabla\left(\frac{1}{4\pi\varepsilon_0}\frac{Q}{r}\right) = -\frac{Q}{4\pi\varepsilon_0}\nabla\left(\frac{1}{r}\right) = \frac{Q\hat{\boldsymbol{r}}}{4\pi\varepsilon_0 r^2}$$

等電位面(線)と電気力線

i) (1-20)式で，点 P′ が点 P を通る等電位面上にある場合，

$$\Delta\phi = 0 \text{ より，} \boldsymbol{E}\cdot\Delta\boldsymbol{l} = 0 \quad \Leftrightarrow \quad \boldsymbol{E} \perp \Delta\boldsymbol{l}$$

点 P′ は点 P を通る等電位面上で点 P の近傍の任意の点だから，点 P での電場 $\boldsymbol{E}$ は等電位面と直交することを示している．これは同時に**電気力線が等電位面や等電位線と直交**することを意味する．

ii) (1-20)式で，点 P′ が点 P から見て電場の向きにある場合，

$$\Delta\phi = -\boldsymbol{E}\cdot\Delta\boldsymbol{l} = -E\Delta l \qquad \therefore\ -\frac{\Delta\phi}{\Delta l} = E$$

これは，空間のある地点から電場の向きに（すなわち電気力線に沿って）移動すると，移動に伴う電位の減少率がその場の電場の強さと等しいことを表している．電場の強さが大きい場所で電場の向きへ場所を移動すると，移動に伴いより多くの等電位面を通過することを意味する．等電位面の接近しているところでは電場は強く，間隔がまばらなところでは電場は弱いことが分かる．

❸ 静電エネルギー

移動する電荷に電場がする仕事は，電位関数を用いれば計算が容易になる．図 1-5-5 で，位置 1 にある電荷 q を位置 2 まで移動するときに静電気力がする仕事(これを $W_{\boldsymbol{E}}^{1\to2}(q)$ と略記する)は，電位関数 ϕ を用いて，

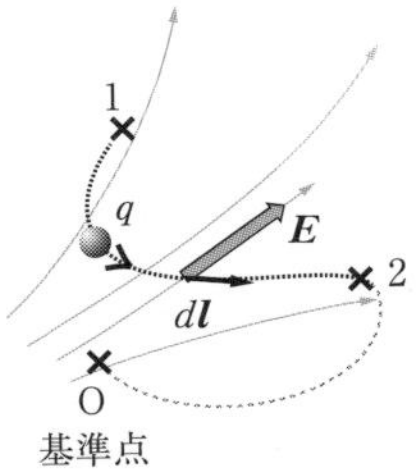

図 1-5-5

$$W_{\boldsymbol{E}}^{1\to2}(q) = \int_1^2 q\boldsymbol{E}\cdot d\boldsymbol{l}$$

$$= q\left(\int_1^{\mathrm{O}} \boldsymbol{E}\cdot d\boldsymbol{l} - \int_2^{\mathrm{O}} \boldsymbol{E}\cdot d\boldsymbol{l}\right) = q\{\phi(1) - \phi(2)\}$$

この式で，$\int_1^{\mathrm{O}} \cdots$ は位置 1 から基準点までの線積分を表す．

そこで改めて，

$$U(\boldsymbol{r}) = q\phi(\boldsymbol{r}) \tag{1-21}$$

とおくと，

$$W_{\boldsymbol{E}}^{1\to2}(q) = U(1) - U(2) \tag{1-22}$$

この $U(\boldsymbol{r})$ はクーロン力による位置エネルギーのことであり，**静電エネルギー**という[*5]．

---

*5 原子物理で用いられるエネルギーの実用単位として，電子が 1 V の電位差で受ける仕事「**1 eV(電子ボルト)**」がある．1〔eV〕= e〔J〕= 1.6×10^{-19}〔J〕である．

荷電粒子の力学的エネルギー保存則

力学分野で学習した「エネルギーの原理」より，物体が位置 1 から位置 2 まで移動する間の運動エネルギーの変化 $K_2 - K_1$ は，物体に作用したすべての力（保存力も非保存力も含めて）のした仕事に等しい．(1-22)式より，クーロン力の仕事は静電エネルギーの差で表されるので，

$$\begin{aligned} K_2 - K_1 &= W_{\text{all}}^{1\to2} \\ &= W_{\text{保存}}^{1\to2} + W_{\text{非保存}}^{1\to2} \\ &= U(1) - U(2) + W_{\text{非保存}}^{1\to2} \end{aligned}$$

ここで，静電エネルギー項を移項すると，

$$\{K_2 + U(2)\} - \{K_1 + U(1)\} = W_{\text{非保存}}^{1\to2}$$

$K + U = E$ と書くとき，E を**力学的エネルギー**という．上の結果は，

$$E(2) - E(1) = W_{\text{all}}^{1\to2} \quad \Leftrightarrow \quad \varDelta E = W_{\text{非保存}}^{1\to2}$$

と変形でき，これを「エネルギー保存則」という．

もし，摩擦に代表されるような非保存力が作用しない運動では，

$$E(2) - E(1) = 0 \quad \Leftrightarrow \quad E(1) = E(2)$$

が成立し，この状況を「**力学的エネルギー保存則**が成立する」と表現する．電位 $\phi(1)$ の位置を速さ v_1 で通過した質量 m で電気量 q の荷電粒子が，クーロン力のみ受けて，電位 $\phi(2)$ の位置を速さ v_2 で通過する場合，力学的エネルギー保存則は，

$$\frac{1}{2}m{v_1}^2 + q\phi(1) = \frac{1}{2}m{v_2}^2 + q\phi(2) \tag{1-23}$$

となる[*6]．

*6 (1-23)式は，重力場での質点の運動における力学的エネルギー保存則 $\frac{1}{2}m{v_1}^2 + mgh_1 = \frac{1}{2}m{v_2}^2 + mgh_2$ に対応している．gh は「重位」に相当する．

問題 1-1 ▼はく検電器・静電誘導

先端に金属球のついた絶縁体棒を２つ用意し，２つの金属球を触れさせた状態で，符号が未知の帯電体を近づけた．金属球を引き離した後，帯電体を引き離し，帯電体に近かった方の金属球をはく検電器にこすりつけたら，はくが開いた状態になった．次に毛皮で摩擦したエボナイト棒を検電器に近づけるとはくが閉じた．これらから，最初に近づけた帯電体の電荷の符号を判断せよ．p.2 の摩擦電気の帯電列表を利用せよ．

●考え方●

それぞれの操作での電荷の動きを，静電誘導を通してイメージする．

解答

下の説明図のように，近づけた帯電体の符号を負と仮定してみよう．２つの金属球を触れさせた状態で，帯電体を近づけると，静電誘導で，近い側の金属球が正に帯電する．これをはく検電器にこすりつけたら，はく検電器が正に帯電し，はくが開いたままになる．毛皮で摩擦したエボナイト棒は p.2 の帯電列表より負に帯電していることが分かっている．正に帯電しているはく検電器に負の電荷が近づくと，はくの部分の正の電荷が引き寄せられるので，はくは閉じる．この結果は本文と合致しているので，最初の仮定は正しかったことが分かる．もし，帯電体が正に帯電している場合は，図中のプラス・マイナスの符号をすべて逆転すればよく，最後の図で，はく検電器の金属板上のマイナス電荷がはくの方へ追いやられ，はくを押し広げる結果になる．　負 答

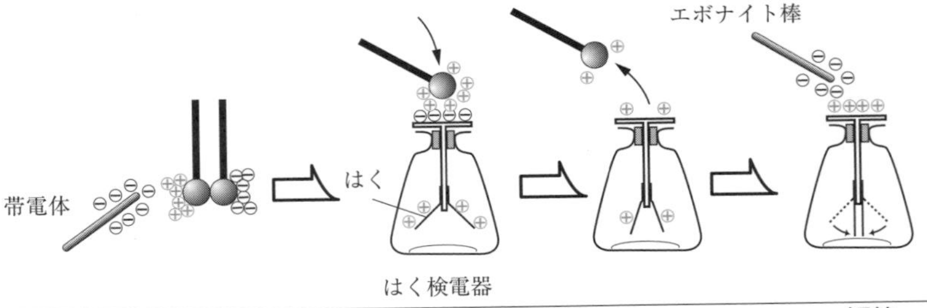

練習問題　1-1	解答 p. 234

(1) p.3 の図 1-1-3 の実験で，導体球が１個しかない場合，この導体球を正に帯電させるためにどう工夫すればよいかを考えよ．

(2) 電気振り子のコルク球の表面に電導性の塗料を塗り，帯電体を近づけるとどのような動きをするか予想せよ．

問題 1-2 ▼電荷保存則・クーロン力

長さ l の絶縁糸を 2 本用意し，それぞれの先端に同じ金属球をとり付け，電気量 $-Q$，$+2Q$ の電荷をもたせ，他端を水平でなめらかな絶縁体面上の支柱に固定した．このとき，2 つの点電荷の距離は l であり，糸は水平であった。この後，2 つの荷電粒子を金属線で短絡させた後，再び静止した状態になったときの糸の張力は，初めの糸の張力の何倍か．支柱や糸は荷電粒子の移動を邪魔しないものとする．

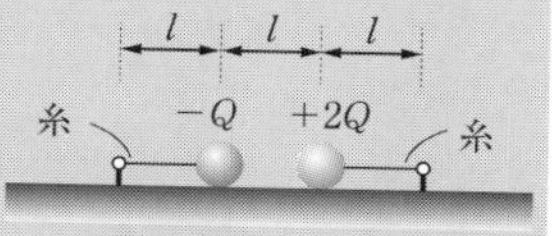

●考え方●

電荷保存則，およびクーロン力が距離の何乗に比例するかを押さえる．

解答

最初のつり合い状態での糸の張力を T_1㋐ とすると，力のつり合いより，

$$T_1 = k\frac{Q \times 2Q}{l^2} = \frac{2kQ^2}{l^2}$$

短絡後は，それぞれの電荷は電荷保存則を満足するように等分割されるので共に $\dfrac{Q}{2}$ になり，力が斥力㋑になるので，荷電粒子間の距離が $5l$ に伸びる．糸の張力を T_2 とすると，力のつり合いは，

$$T_2 = k\frac{\frac{1}{2}Q \times \frac{1}{2}Q}{(5l)^2} = \frac{1}{100}\frac{kQ^2}{l^2}$$

これより，

$$\frac{T_2}{T_1} = \frac{1}{200}$$ 答

ポイント

㋐ 作用・反作用の法則より，2 つの荷電粒子にはたらくクーロン力の大きさは等しいので糸の張力も等しい．

㋑ 電荷が等分割されることに注意．

練習問題　1-2

解答 p. 234

(1) 長さが 13 cm の 2 本の細い絹糸の一端に質量 12 g の小球をつけ，他端をまとめて一箇所からつるし，2 つの小球に等量の電荷を与えたら，両者は反発し合って 10 cm 離れてつり合った．小球上の電気量を求めよ．

(2) 一方の小球の電荷を 2 倍にし，他方を半分にして同じ実験を行うと，つり合いの位置での小球間の距離は何倍になるか．

問題 1-3 ▼電気双極子

正負等量の電荷が極めて短い距離を隔てて存在するとき，これをひとまとめにして電気双極子とよぶ．z 軸上の $z=a$，$z=-a$ の位置に，それぞれ電荷 $+q$，$-q$ の点電荷があり，電気双極子をなしている．このとき，ベクトル $\boldsymbol{p}=2qa\hat{\boldsymbol{z}}$ を電気双極子モーメントとよぶ．

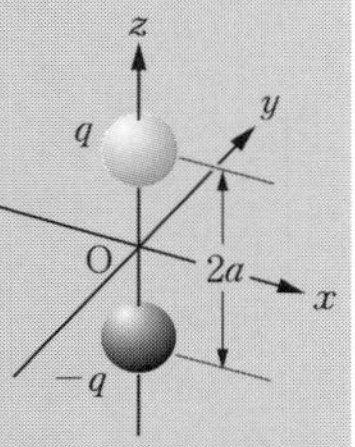

(1) z 軸上の座標 z の位置に置いた点電荷 q' にはたらくクーロン力 $\boldsymbol{F}_z$，および x 軸上の座標 x の位置に置いた点電荷 q' にはたらくクーロン力 $\boldsymbol{F}_x$ を求め，$\boldsymbol{p}$ を用いて表せ．

(2) $|z|\to\infty$，$|x|\to\infty$ の極限での $\boldsymbol{F}_z$ および $\boldsymbol{F}_x$ を求めよ．

●考え方●

電荷 q と $-q$ から受ける力のベクトルを図示し，和を丁寧に計算する．

解答

(1) $$\boldsymbol{F}_z=\frac{1}{4\pi\varepsilon_0}\left\{\frac{qq'}{(z-a)^2}+\frac{-qq'}{(z+a)^2}\right\}\hat{\boldsymbol{z}}$$

$$=\frac{qq'4za}{4\pi\varepsilon_0(z^2-a^2)^2}\hat{\boldsymbol{z}}$$

$$=\frac{q'z(2qa)\hat{\boldsymbol{z}}}{2\pi\varepsilon_0(z^2-a^2)^2}=\frac{q'z\boldsymbol{p}}{2\pi\varepsilon_0(z^2-a^2)^2}$$ ㋐ 答

$$\boldsymbol{F}_x=\frac{1}{4\pi\varepsilon_0}\frac{qq'}{x^2+a^2}\cdot\cos\theta\cdot 2\cdot(-\hat{\boldsymbol{z}})$$

$$=-\frac{pq'}{4\pi\varepsilon_0(x^2+a^2)^{3/2}}\hat{\boldsymbol{z}}$$

$$=-\frac{q'\boldsymbol{p}}{4\pi\varepsilon_0(x^2+a^2)^{3/2}}$$ 答

(2) $z\to\infty$，$x\to\infty$ の極限では，

$$\boldsymbol{F}_z=\frac{q'z\boldsymbol{p}}{2\pi\varepsilon_0 z^4(1-a^2/z^2)^2}\fallingdotseq\frac{q'\boldsymbol{p}}{2\pi\varepsilon_0 z^3}$$ ㋑ 答

$$\boldsymbol{F}_x=-\frac{q'\boldsymbol{p}}{4\pi\varepsilon_0(x^2+a^2)^{3/2}}=-\frac{q'\boldsymbol{p}}{4\pi\varepsilon_0 x^3(1+a^2/x^2)^{3/2}}$$ ㋑

$$\fallingdotseq-\frac{q'\boldsymbol{p}}{4\pi\varepsilon_0 x^3}$$ 答

ポイント

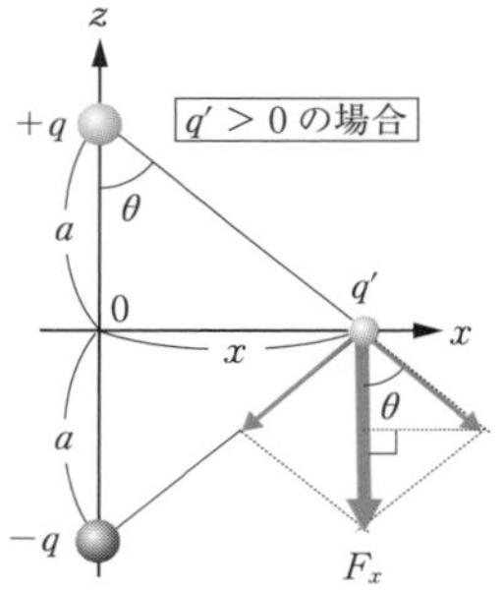

㋐ $(2qa)\hat{\boldsymbol{z}}=\boldsymbol{p}$ より，双極子モーメントを用いて表す．

㋑ 高次微小量を 0 にする．

$\dfrac{a^2}{z^2}\fallingdotseq 0$，$\dfrac{a^2}{x^2}\fallingdotseq 0$

練習問題 1-3 解答 p. 234

正三角形の頂点の位置にそれぞれ電気量 Q，$2Q$，$3Q$ の帯電した点電荷 A，B，C を固定した．このとき，A，B，C にはたらく力の大きさの比を求めよ．

問題 1-4 ▼電気四極子の電場

1辺が a の正方形ABCDの4つの頂点に，電気量 q, $-q$ の点電荷を図のように交互に配置する．

(1) 各頂点において，他の3つの頂点にある電荷がつくる電場の向きを表示せよ．

(2) 上の電場の強さを求めよ．

(3) この4つの電荷にはたらくクーロン力を表示せよ．

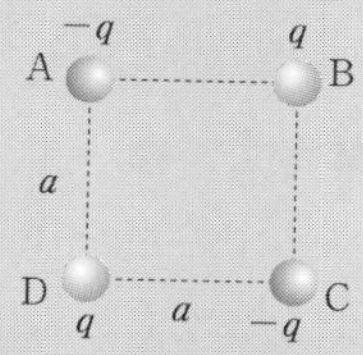

●考え方●

3つの電荷がそれぞれつくる電場の合成になる．これらの向きや大きさに関して，対称性を考慮しながら整理してみる．

解答

(1) A点，C点につくられる電場は，正方形の中心から離れる向き．B点，D点に作られる電場は，正方形の中心に向かう向き．

(2) 電荷の大きさが等しく，図形の対称性から，各頂点の電場の強さは同じである．A点につくられる電場の強さを求めると，

$$\boldsymbol{E}_{\mathrm{A}} = \frac{1}{4\pi\varepsilon_0}\frac{q}{a^2}\times\sqrt{2} - \frac{1}{4\pi\varepsilon_0}\frac{q}{(\sqrt{2}a)^2}$$

$$= \frac{1}{4\pi\varepsilon_0}\left(\sqrt{2}-\frac{1}{2}\right)\frac{q}{a^2}$$ 答

(3) 各点電荷にはたらくクーロン力の向きは，全て正方形の中心に向かう．㋐ その大きさは全て等しく，

$$\boldsymbol{F}_{\mathrm{A}} = \frac{1}{4\pi\varepsilon_0}\left(\sqrt{2}-\frac{1}{2}\right)\frac{q^2}{a^2}$$ 答

ポイント

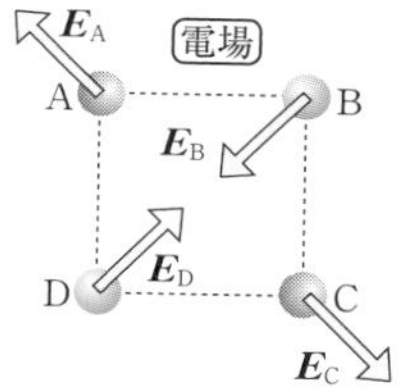

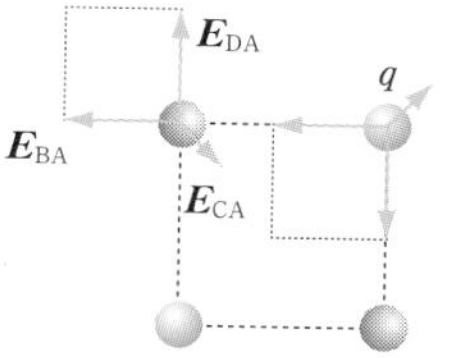

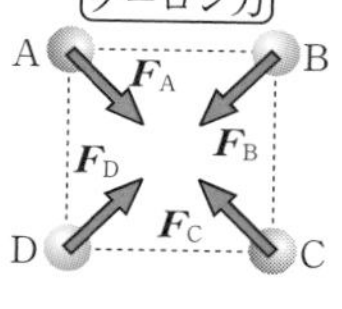

㋐ 4つの電荷は，接近するほど安定になり，電気四極子をつくる．

練習問題　1-4

解答 p. 234

等しい電荷 q に帯電した6つの点電荷が，正6角形の頂点の位置に配置されている．このとき，各点電荷が受ける力の大きさを求めよ．

問題 1-5 ▼一様な線電荷のつくる電場

一様な線電荷のつくる電場の式(1-8)を導け.

●考え方●

棒の中心から棒に沿って等距離にある2つの微小部分の電荷が x 軸上の点Pにつくる電場を求める．このとき，電荷分布のもつ対称性を考慮し，消える電場成分を見抜く．そのあと y に関して和をとる（積分する）.

解答

棒の中心を原点に，棒に沿って y 軸を，棒に対して垂直に x 軸をとる．対称性から，電場の y 成分は消える．$y \sim y+\Delta y$ および $y \sim -y-\Delta y$ の微小部分の電荷による x 軸正の向きの電場の強さを ΔE とする．

電荷線密度を $\lambda = \dfrac{Q}{L}$ とし，図中の θ を用いると，

$$E_r = \sum \Delta E = \sum \underset{㋐}{2} \times \frac{1}{4\pi\varepsilon_0} \frac{\lambda \Delta y}{(r/\cos\theta)^2} \cos\theta$$

$$\rightarrow \frac{\lambda}{2\pi\varepsilon_0 r^2} \int_0^{\frac{L}{2}} \cos^3\theta\, dy$$

$$= \frac{\lambda}{2\pi\varepsilon_0 r^2} \int_0^{\frac{L}{2}} \cos^3\theta\, d\underset{㋑}{(r\tan\theta)}$$

$$= \frac{\lambda}{2\pi\varepsilon_0 r} \int_0^{\theta_0 ㋒} \underset{㋓}{\cos\theta\, d\theta} = \frac{\lambda}{2\pi\varepsilon_0 r} [\sin\theta]_0^{\theta_0}$$

$$= \frac{\lambda \sin\theta_0}{2\pi\varepsilon_0 r} = \frac{\lambda}{2\pi\varepsilon_0 r} \frac{L/2}{\sqrt{r^2+(L/2)^2}}$$

$$= \frac{Q}{4\pi\varepsilon_0} \frac{1}{r\sqrt{r^2+(L/2)^2}} \quad 答$$

証明終

ポイント

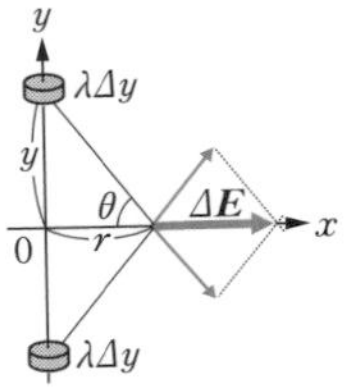

㋐ 微小部分が2箇所あることによる2倍である.

㋑ $y = r\tan\theta$ と置換することを意味する.

㋒ θ_0 は，$L/2 = r\tan\theta_0$ から決まる角度のことである．このとき，

$$\sin\theta_0 = \frac{L/2}{\sqrt{r^2+(L/2)^2}}$$

が成立する.

㋓ $y = r\tan\theta$ とすると

$$dy = r(\tan\theta)' d\theta = r\frac{1}{\cos^2\theta} d\theta$$

練習問題 1-5 解答 p. 235

上記，一様な線電荷のつくる電場において，$L \to \infty$ の極限では，p.9 の式(1-9)が成立することを導け.

問題 1-6 ▼一様な円環電荷のつくる電場

半径 a〔m〕のドーナツ状の細い絶縁体リング上に電荷が均一に帯電している．電荷線密度を λ〔C/m〕とする．リングの中心 O を通るリング面の法線上で，中心 O から距離 z〔m〕の点 P の電場の大きさ E_{P}〔N/C〕を求めよ．

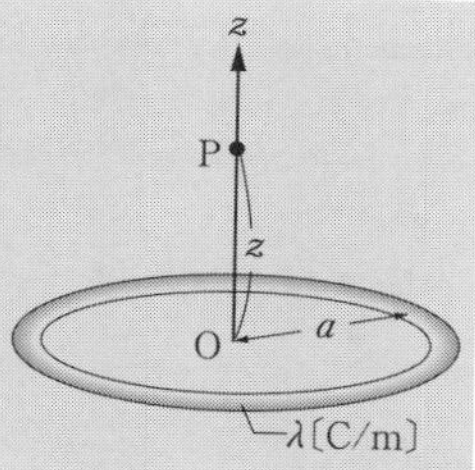

●考え方●

リング上の微小部分を点電荷とみなし，それらが P 点につくる電場のベクトルを考える．最後に対称性に注意しながら総和をとる（線積分する）．

解答

(1) リング上の長さ Δl〔m〕の微小線分が P 点につくる電場の強さ ΔE〔N〕は，

$$\Delta E = \frac{\lambda \Delta l}{4\pi\varepsilon_0 (z^2 + a^2)}$$

全ての微小部分の寄与を考えると，対称性より z 軸に垂直な成分は消えるので，合力は z 成分のみで，

$$E_{\mathrm{P}} = \sum (\Delta E)_z = \sum \Delta E \frac{z}{\sqrt{z^2 + a^2}}$$

$$= \sum \underbrace{\frac{\lambda z \Delta l}{4\pi\varepsilon_0 (z^2 + a^2)^{3/2}}}_{㋐}$$

$$= \frac{\lambda z}{4\pi\varepsilon_0 (z^2 + a^2)^{3/2}} \underbrace{\sum \Delta l}_{㋑}$$

$$\rightarrow \frac{\lambda z}{4\pi\varepsilon_0 (z^2 + a^2)^{3/2}} \int_0^{2\pi a} dl$$

$$= \frac{\lambda a z}{2\varepsilon_0 (z^2 + a^2)^{3/2}} \text{〔N/C〕}$$ 答

ポイント

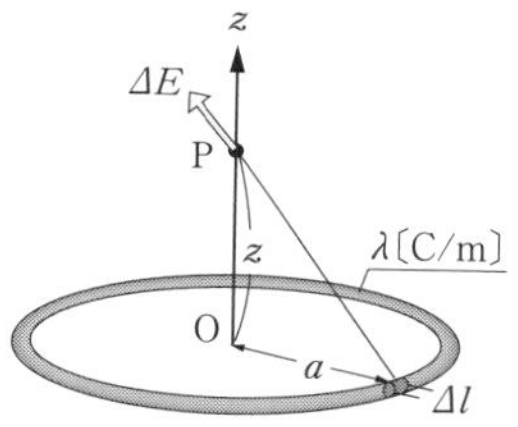

㋐ Δl 以外は総和をとるときに定数である．

㋑ 円周の長さに相当する．

練習問題　1-6

解答 p. 235

単位面積当たり σ〔$\mathrm{C/m^2}$〕の電荷が一様に分布している半径 R〔m〕の薄い円盤がある．この円盤の中心軸上の面から距離 z〔m〕の位置にある点での電場の強さを求めよ．

問題 1-7 ▼一様な球殻電荷がつくる電場

半径 R の薄い球面上に電荷面密度 $\sigma\ (>0)$ の分布がある．球の中心から距離 r の位置の電場を求めよ．

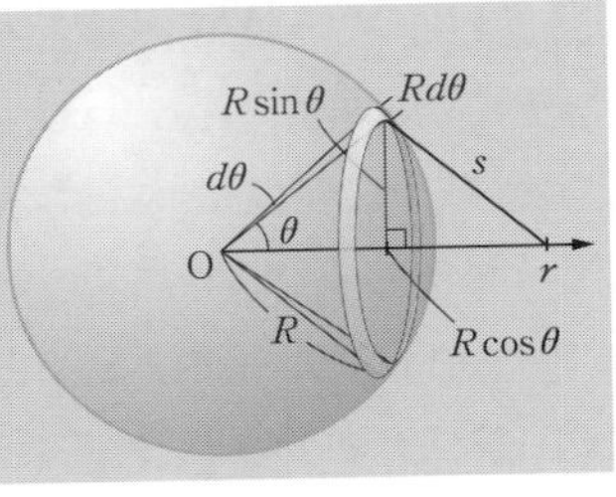

●考え方●　問題 1-6の結果を利用する．

ポイント

㋐ ②式より $s>0$

解答

問題 1-6 の結果で，$z \to r - R\cos\theta$，$a \to R\sin\theta$，$\lambda \to \sigma R d\theta$ の置き換えをして，$\theta : 0 \sim \pi$ で足し合わせる．

$$E = \int_0^{\pi} \frac{\sigma R\, d\theta\, R\sin\theta (r - R\cos\theta)}{2\varepsilon_0 \{(r - R\cos\theta)^2 + (R\sin\theta)\}^{3/2}} \quad \cdots ①$$

$$(r - R\cos\theta)^2 + (R\sin\theta)^2 = r^2 - 2rR\cos\theta + R^2 = s^2 (s>0) \quad \cdots ②$$

と置換すると，$2rR\sin\theta\, d\theta = 2sds$，　$r - R\cos\theta = \dfrac{r^2 - R^2 + s^2}{2r}$　$\cdots ③$

②，③式を①式に代入して，

$$E = \frac{\sigma R}{2\varepsilon_0} \int_0^{\pi} \frac{2rR\sin\theta\, d\theta (r - R\cos\theta)}{2rs^3}$$

$$= \frac{\sigma R}{2\varepsilon_0} \int_{s_1}^{s_2} \frac{2s\,ds}{2rs^3} \frac{r^2 - R^2 + s^2}{2r} = \frac{\sigma R}{4\varepsilon_0 r^2} \int_{s_1}^{s_2} \left(\frac{r^2 - R^2}{s^2} + 1 \right) ds$$

$$= \frac{\sigma R}{4\varepsilon_0 r^2} \left\{ (r^2 - R^2) \left[-\frac{1}{s} \right]_{s_1}^{s_2} + [s]_{s_1}^{s_2} \right\}$$

$$= \frac{q}{16\pi\varepsilon_0 r^2 R} \left\{ (r^2 - R^2) \left[-\frac{1}{s} \right]_{s_1}^{s_2} + [s]_{s_1}^{s_2} \right\}$$

ここで球面上の電荷 $q = 4\pi R^2 \sigma$ を使った．

i) $r > R$ のとき，積分の範囲は，$s_1 = r - R$，㋐ $s_2 = r + R$ となり，

$$E = \frac{\sigma R^2}{\varepsilon_0 r^2} = \frac{q}{4\pi\varepsilon_0 r^2}$$ 答

ii) $r < R$ のとき，積分の範囲は，$s_1 = R - r$，㋐ $s_2 = r + R$ となり，

$$E = 0$$ 答

練習問題　1-7

解答 p. 235

半径 R の球の内部に電荷 Q が一様に分布しているとき，球の中心から距離 $r\ (>R)$ の位置（球の外部）の電場の大きさを求めよ．

問題 1-8 ▼一様な球状電荷がつくる電場

半径 a の球の内部に電荷 Q が一様に分布しているとき，球の内外での電場をガウスの法則を利用して求め，**練習問題 1-7** の結果と比較せよ．

●考え方●

対称性 ＋ ガウスの法則で対処する．

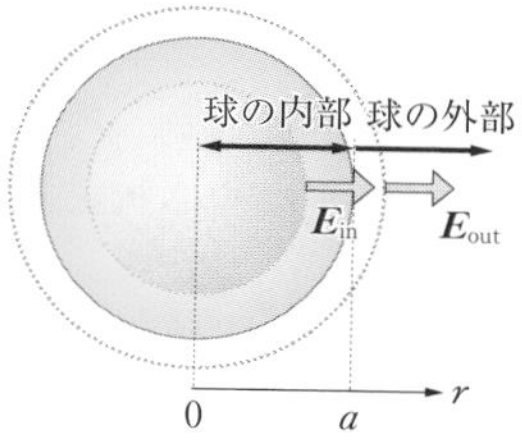

解答

電荷が球内部に一様分布していることから，球対称性より，電気力線の伸びる方向は，円の中心から放射状に広がる向きのみが可能である．また，その密度も均等でなくてはならない．球の中心からの距離を r とする．

i) $0 \leqq r < a$ のとき，ガウスの法則より，

$$4\pi r^2 \cdot E_{in} = \underbrace{\frac{Q}{\varepsilon_0} \times \left(\frac{r}{a}\right)^3}_{㋐㋑} \qquad \therefore\ E_{in} = \frac{Qr}{4\pi\varepsilon_0 a^3}$$ 答

あるいは，電荷密度 $\rho = \dfrac{Q}{\frac{4}{3}\pi a^3}$ を用いると，

$E_{in} = \dfrac{\rho}{3\varepsilon_0} r$ とも書ける．

ii) $a < r$ のとき，ガウスの法則より，

$$4\pi r^2 \cdot E_{out} = \frac{Q}{\varepsilon_0} \qquad \therefore\ E_{out} = \frac{Q}{4\pi\varepsilon_0 r^2}$$ 答

この結果は，**練習問題 1-7** の結果と一致し，全電荷 Q が点電荷として球の中心に集中している（点電荷の）場合と同じである．電場の大きさを，横軸に距離 r をとってグラフに描くと次のようになる．

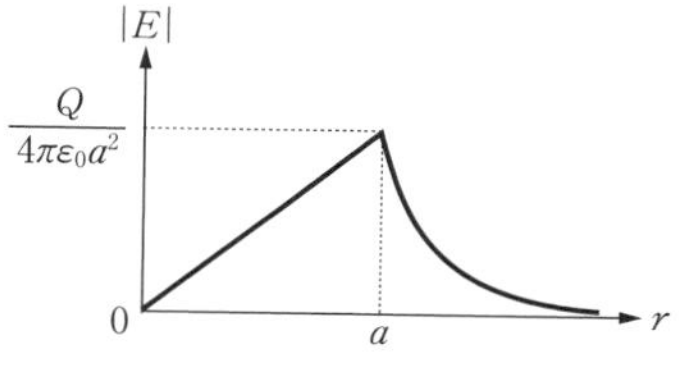

> **ポイント**
>
> ㋐ 体積比は相似比の 3 乗に比例する．
>
> ㋑ 半径 r 内の電荷のみ考える．

練習問題　1-8　　解答 p. 235

上記，球の内部の電荷密度が，中心からの距離に比例するように分布させたとき，球の内外での電場を求めよ．

問題 1-9 ▼２重の球殻電荷をつくる電場

中心を同じくする異なる半径の２つの球殻がある．小さい方の球殻の半径は a で正電荷 Q_1 を均等に帯電させ，大きい方の球殻の半径は b で正電荷 Q_2 を均等に帯電させた．球殻の中心から距離 r の場所の電場の強さ $E(r)$ を求めよ．

●考え方●

対称性 ＋ ガウスの法則より電場 $\boldsymbol{E}$ が決まる．

解答

電荷分布のもつ球対称性により，電気力線は全て，球殻の中心から放射状に出る線上にあり，かつ均一である．電場は球の中心を原点とする位置ベクトルと同じ向きで，その強さは r のみの関数となる．球殻の中心とする半径 r のガウス球面を考える．ガウスの法則より，

i) $0 \leqq r < a$ のとき，　$E(r)\cdot 4\pi r^2 = \dfrac{0}{\varepsilon_0}$　$\therefore\ E(r) = 0$ 答

ii) $a < r < b$ のとき，ガウス曲面内の電荷は Q_1 だから，

$$E(r)\cdot 4\pi r^2 = \frac{Q_1}{\varepsilon_0} \qquad \therefore\ E(r) = \frac{Q_1}{4\pi\varepsilon_0 r^2}$$ ㋐ 答

iii) $b < r$ のとき，ガウス曲面内の電荷は $Q_1 + Q_2$ だから，

$$E(r)\cdot 4\pi r^2 = \frac{Q_1 + Q_2}{\varepsilon_0} \qquad \therefore\ E(r) = \frac{Q_1 + Q_2}{4\pi\varepsilon_0 r^2}$$ ㋐ 答

結果をグラフ化すると，次の図のようになる．

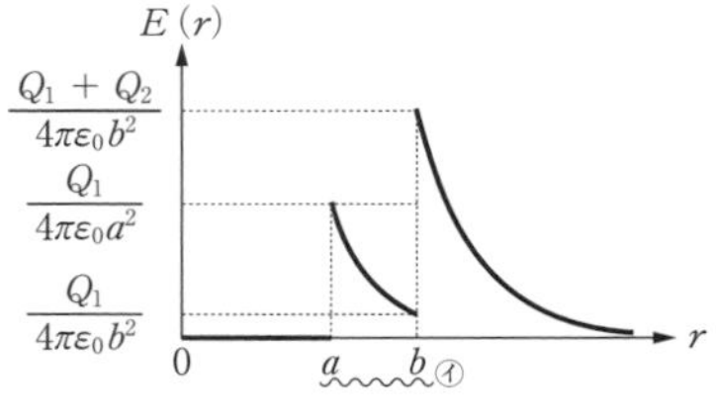

ポイント

㋐ ii, iii) 両区域では，中心に点電荷を配置した場合と同じ距離の２乗に反比例する場になっている．

㋑ $r = a, b$ の位置のように境界面で電場は不連続になる（電位は連続である）．

練習問題　1-9

解答 p. 236

一様な密度 ρ と $-\rho$ をもつ半径 a の２つの球状電荷分布を，中心を微小距離 $\delta(\ll a)$ だけ離して重ねた場合，球内部および外部の電場を求めよ．

問題 1-⑩ ▼直線上点電荷の描く電気力線

x 軸上の 2 つの点電荷 q_1，q_2 によってつくられる x-y 平面上の電気力線がある．この曲線上の任意の点 P と各電荷を結ぶ線分が x 軸の正の向きとなす角をそれぞれ θ_1，θ_2 とすると，

$$q_1\cos\theta_1 + q_2\cos\theta_2 = \text{一定}$$

が成立することを証明せよ．

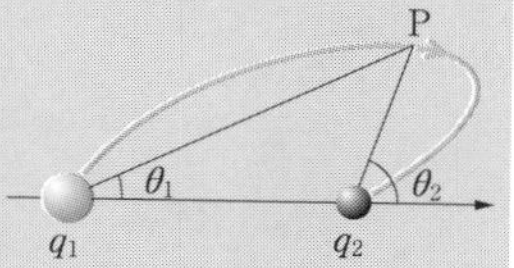

●考え方●

1 本の電気力線の一部を x 軸の周りに回転してできる立体は電気力管（☞図 1-4-2）を形成する．この関係は 3 個以上の点電荷についても成立する．

解答

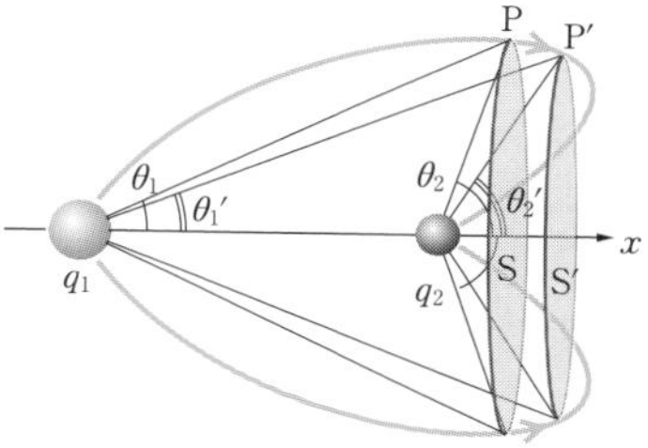

一本の電気力線上の 2 点を P，P′ とし，曲線 PP′ を x 軸の周りに回転してできる円盤を考え，これをガウス曲面として，ガウスの法則を適用する．電気力管の性質から，この円盤の側面からの力線の出入りはなく，図のガウス曲面内部には電荷はないので，P を縁にもつ底面から入り込む電気力線数と，P′ を縁にもつ底面から出る電気力線数は等しい．各底面を出入りする電気力線の本数は，点電荷 q_1，q_2 それぞれから出入りする力線数の和に等しいので（☞図 1-4-5），立体角の定理（☞式 A-22）を用いてこれを表すと，

$$-\frac{q_1}{\varepsilon_0}\times\frac{2\pi(1-\cos\theta_1)}{4\pi}-\frac{q_2}{\varepsilon_0}\times\frac{2\pi(1-\cos\theta_2)}{4\pi}+\frac{q_1}{\varepsilon_0}\times\frac{2\pi(1-\cos\theta_1{}')}{4\pi}$$

$$+\frac{q_2}{\varepsilon_0}\times\frac{2\pi(1-\cos\theta_2{}')}{4\pi}=0$$

$$\Leftrightarrow\ q_1(1-\cos\theta_1)+q_2(1-\cos\theta_2)=q_1(1-\cos\theta_1{}')+q_2(1-\cos\theta_2{}')$$

$$\Leftrightarrow\ q_1\cos\theta_1+q_2\cos\theta_2=q_1\cos\theta_1{}'+q_2\cos\theta_2{}'$$

証明終

練習問題　1-10

解答 p. 236

x 軸上の，原点に点電荷 $-q$ が，$x>0$ の位置に点電荷 $Q\,(>0)$ がある．点電荷 $-q$，Q に出入りする電気力線が x 軸の正の向きとなす角を θ_1，θ_2 とする．

(1) $Q=2q$，$\theta_1=90^\circ$ のとき，θ_2 を求めよ．

(2) $Q=2q$，$\theta_2=90^\circ$ のとき，θ_1 を求めよ．$\theta_2>90^\circ$ の電気力線はどうなるか．

(3) $\theta_1=\theta_2=135^\circ$ となれば，電気力線でハート形を描ける．これを実現するための点電荷 Q を求めよ．

問題 1-11 ▼有限な一様な線電荷のつくる電位

電荷線密度 λ で一様に帯電した長さ L の一様な棒がある．棒の先端から棒に直角に距離 d 離れた点 P の電位を求めよ．電位の基準は無限遠とする．必要ならば，積分公式

$$\int \frac{dx}{\sqrt{x^2 + d^2}} = \log\left(x + \sqrt{x^2 + d^2}\right)$$

を用いよ．

●考え方●

連続電荷分布による電位計算式(1-20)を適用する．

解答

図のように棒の先端に原点 O をとり，棒に平行な方向に z 軸を，垂直な方向に x 軸をとる．x 軸上の座標 d の位置に点 P をとる．棒上の位置 $z \sim z + dz$ にある電荷が P 点につくる電位は㋐，無限遠を電位の基準として，

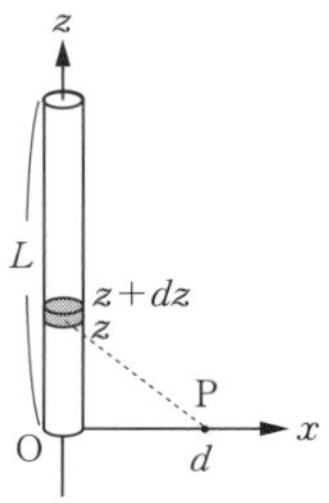

$$d\phi = \frac{\lambda\,dz}{4\pi\varepsilon_0}\frac{1}{\sqrt{z^2 + d^2}}$$

棒全体では，

$$\phi = \int d\phi = \int_0^L \frac{\lambda\,dz}{4\pi\varepsilon_0}\frac{1}{\sqrt{z^2 + d^2}} = \frac{\lambda}{4\pi\varepsilon_0}\int_0^L \frac{dz}{\sqrt{z^2 + d^2}}$$

与えられた積分公式を使うと，

$$\phi = \frac{\lambda}{4\pi\varepsilon_0}\left[\log\left(z + \sqrt{z^2 + d^2}\right)\right]_0^L \text{㋑}$$

$$= \frac{\lambda}{4\pi\varepsilon_0}\log\frac{L + \sqrt{z^2 + d^2}}{d}$$ 答

ポイント

㋐ 棒を微小部分に分割し，各微小部分が周りにつくる電位は，点電荷のつくる電位公式を適用する．

㋑ $\left[\log\left(z + \sqrt{z^2 + d^2}\right)\right]_0^L$
$= \log\left(L + \sqrt{L^2 + d^2}\right) - \log\left(0 + \sqrt{0^2 + d^2}\right)$
$= \log\left(L + \sqrt{L^2 + d^2}\right) - \log d$
$= \log\dfrac{L + \sqrt{L^2 + d^2}}{d}$

練習問題 1-11 解答 p. 236

問題 1-6 と同じ設定で，リングの中心 O を通るリング面の法線上で，中心 O から距離 z〔m〕の点 P の電位 $\phi(z)$〔V〕を求めよ．

問題 1-12 ▼一様な球殻電荷のつくる電位

問題 1-7 と同じ，半径 R の薄い球面上に電荷面密度 σ (>0) の分布がある．球の中心から距離 r の位置の電位を求めよ．

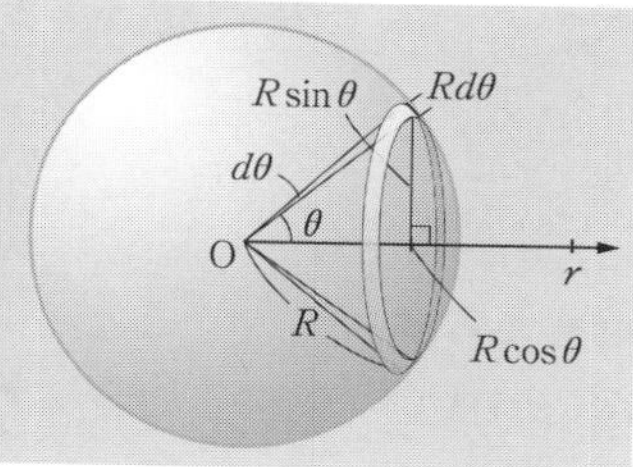

●考え方●　問題 1-7 と同様に，**練習問題 1-11** の結果を利用して，積分する．

解答

練習問題 1-11 の結果に $z \to r - R\cos\theta$，$a \to R\sin\theta$，$\lambda \to \sigma R d\theta$ の置き換えをして，$\theta：0 \sim \pi$ で足し合わせる．

$$\phi = \int_0^{\pi} \frac{\sigma R^2 \sin\theta \, d\theta}{2\varepsilon_0\{(r - R\cos\theta)^2 + (R\sin\theta)^2\}^{1/2}} \quad \cdots ①$$

$$(r - R\cos\theta)^2 + (R\sin\theta) = r^2 - 2rR\cos\theta + R^2$$

$$= s^2 (s > 0) \quad \cdots ②$$ ㋐

と置換すると，$2rR\sin\theta \, d\theta = 2s\,ds$ ㋑　$\cdots ③$

③式を①式に代入して，

$$\phi = \frac{\sigma R}{4\varepsilon_0 r}\int_0^{\pi} \frac{2rR\sin\theta\, d\theta}{s} = \frac{\sigma R}{4\varepsilon_0 r}\int_{s_1}^{s_2} \frac{2s\,ds}{s}$$

$$= \frac{\sigma R}{2\varepsilon_0 r}\int_{s_1}^{s_2} ds = \frac{\sigma R}{2\varepsilon_0 r}(s_2 - s_1) = \frac{q}{8\pi\varepsilon_0 rR}(s_2 - s_1)$$

ただし，球面上の電荷 $q = 4\pi R^2 \sigma$ を使った，

i ）$r > R$ では積分範囲は，$s_1 = r - R$，$s_2 = r + R$ となり，

$$\phi = \frac{q}{4\pi\varepsilon_0 r}$$ 答

これは球の中心に置いた点電荷のつくる電位と同じである．

ii ）$r < R$ では積分範囲は，$s_1 = R - r$，$s_2 = r + R$ となり，

$$\phi = \frac{q}{4\pi\varepsilon_0 R}$$ 答

$\phi =$ 定数となり，これは球の内部は等電位領域であることを示している．

ポイント

㋐ ②は積分変数 θ，s 間の関係を表している．

㋑ θ と s 以外は定数である．
$d(\cos\theta) = -\sin\theta \cdot d\theta$
$d(s^2) = 2s\,ds$

練習問題　1-12

解答 p. 237

一様な球殻電荷がつくる電場や電位の複数の導出方法について整理してみよ．

問題 1-13 ▼電位からの電場の導出（点電荷）

点電荷がつくる電位の式(1-17)から，(1-20)式を利用して，電場の式(1-7)を導け．

●考え方●

(1-20)式は，電位というスカラー関数が既知ならば，grad（グラジエント）という数学的演算を施せば電場が得られることを表している．

解答

原点にある電荷 Q が位置 $\boldsymbol{r}$ につくる電場 $\boldsymbol{E}(\boldsymbol{r})$，および電位 $\phi(\boldsymbol{r})$ に関係する基本公式をまとめると，

$$\phi(\boldsymbol{r}) = \frac{1}{4\pi\varepsilon_0}\frac{Q}{r} \cdots (1\text{-}17) \quad \boldsymbol{E} = \frac{1}{4\pi\varepsilon_0}\frac{Q}{r^2}\hat{\boldsymbol{r}} \cdots (1\text{-}7) \quad \boldsymbol{E} = -\nabla\phi \cdots (1\text{-}20)$$

■数学的準備

$$\frac{\partial}{\partial x}\left(\frac{1}{r}\right)_{㋐} = \frac{d}{dr}\left(\frac{1}{r}\right)\cdot\frac{\partial}{\partial x}\sqrt{x^2+y^2+z^2}$$

$$= -\frac{1}{r^2}\frac{2x}{2\sqrt{x^2+y^2+z^2}} = -\frac{x}{r^3}$$

同様に，$\dfrac{\partial}{\partial y}\left(\dfrac{1}{r}\right) = -\dfrac{y}{r^3}$，$\dfrac{\partial}{\partial z}\left(\dfrac{1}{r}\right) = -\dfrac{z}{r^3}$ より，

$$\nabla\left(\frac{1}{r}\right) = -\frac{1}{r^3}\begin{pmatrix} x \\ y \\ z \end{pmatrix} = -\frac{1}{r^2}\hat{\boldsymbol{r}}_{㋑} \quad \cdots ①$$

①の結果を利用すると，(1-22)式は，

$$\boldsymbol{E} = -\nabla\phi = -\nabla\left(\frac{1}{4\pi\varepsilon_0}\frac{Q}{r}\right)$$

$$= -\frac{Q}{4\pi\varepsilon_0}\nabla\left(\frac{1}{r}\right) = \frac{Q}{4\pi\varepsilon_0}\frac{1}{r^2}\hat{\boldsymbol{r}}$$

となり，(1-7)式が示された．

ポイント

㋐ $\dfrac{\partial A}{\partial x}$ は偏微分といい，x 以外は定数として，A を x で微分することを意味する．

㋑ Appendix(A-12)式参照．

練習問題 1-13

解答 p. 237

静電ポテンシャルが次のように与えられている．このとき，電場 $\boldsymbol{E}(\boldsymbol{r})$ を求めよ．

(1) $\phi(\boldsymbol{r}) = c(x^2 + xy)$ (2) $\phi(\boldsymbol{r}) = \dfrac{c}{r^2}$

問題 1-⑭ ▼電気双極子のつくる電位

双極子モーメント $\boldsymbol{p} = (0, 0, qd)$ をもつ電荷 $\pm q$ の双極子を，その中心を原点に合わせて図のように置いた．このとき，原点より十分離れた位置 $\boldsymbol{r} = (x, y, z)$ での電位を求めよ．

$|x| \ll 1$ のときの近似式

$$(1+x)^{\alpha} \fallingdotseq 1 + \frac{1}{2}\alpha x$$

を用いよ．

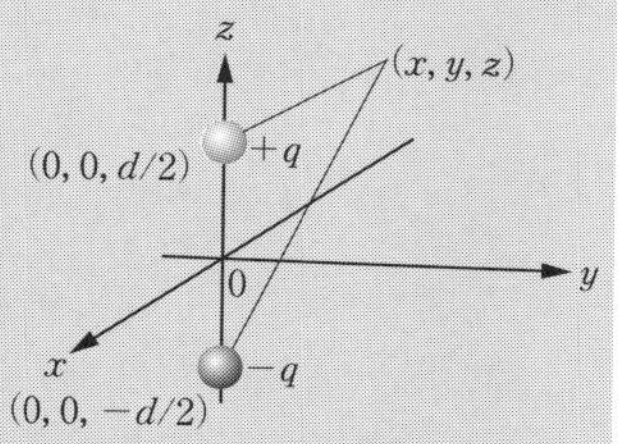

●考え方●

式(1-17)を適用し，近似式を用いる．

解答

$+q$ の電荷がつくる電位 ϕ_+ は，

$$\phi_+ = \frac{1}{4\pi\varepsilon_0}\frac{q}{\sqrt{\{x^2+y^2+\underbrace{(z-d/2)^2}_{㋐}\}}}$$

$$\fallingdotseq \frac{q}{4\pi\varepsilon_0}\frac{1}{\sqrt{r^2-dz}} = \frac{q}{4\pi\varepsilon_0}\frac{1}{r}\times\frac{1}{\sqrt{1-\dfrac{dz}{r^2}}}$$

$$= \frac{q}{4\pi\varepsilon_0}\frac{1}{r}\times\left(1-\frac{dz}{r^2}\right)^{-\frac{1}{2}}$$

$$\fallingdotseq \frac{q}{4\pi\varepsilon_0}\frac{1}{r}\underbrace{\left(1+\frac{dz}{2r^2}\right)}_{㋑} = \frac{q}{4\pi\varepsilon_0 r} + \frac{qdz}{8\pi\varepsilon_0 r^3}$$

同様に $-q$ の電荷がつくる電位 ϕ_- は，上の結果で $\underbrace{q \to -q,\ d \to -d}_{㋒}$ として得られるので，

$$\phi_- = \frac{-q}{4\pi\varepsilon_0 r} + \frac{qdz}{8\pi\varepsilon_0 r^3}$$

これより，双極子のつくる電位は，

$$\phi = \phi_+ + \phi_- = \frac{qdz}{4\pi\varepsilon_0 r^3} = \frac{\boldsymbol{p}\cdot\boldsymbol{r}}{4\pi\varepsilon_0 r^3}$$ 答

ポイント

㋐ $(d/2)^2 \ll 1$ だから，高次微小量とし省略する．

㋑ 与えられた近似式を利用する．

㋒ 同様の計算を繰り返すのではなく，直前の結果を利用すると効率化が図れる．

練習問題　1-14

解答 p. 237

上記 問題 1-⑭の結果を(1-20)式に代入することで，電気双極子が位置 $\boldsymbol{r} = (x, y, z)$ につくる電場を求めよ．

問題 1-15 ▼等電位線と電気力線

(1) 図の曲線群は等電位線を表している．図の点 a と点 b でどちらの電場が強いか．また，各点を通る電気力線を向きを示して図示せよ．

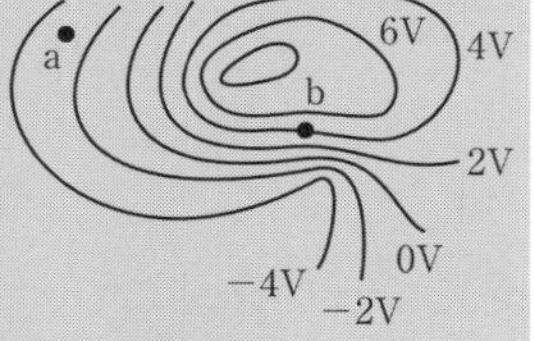

(2) 点 a を速さ 1.24×10^6〔m/s〕で通過した電子が点 b を通過した場合，点 b を通過するときの電子の速度の大きさを求めよ．数値計算においては，次の数値を用いよ．

電子の電荷 $(-e)$：-1.6×10^{-19}〔C〕　電子の質量(m_e)：9.1×10^{-31}〔kg〕

●考え方●

(1) 等電位線の密度と電場の強さの関係を利用する．等電位線と電気力線は常に直交する．

(2) 荷電粒子の力学的エネルギー保存則を用いる．

解答

(1) 等電位線の密集度が電場の強さに比例しているので，点 b 答 での電場の方が強い．電気力線の様子は図のようになる．等電位線と電気力線は直交し，電位の低い向きに向かう．

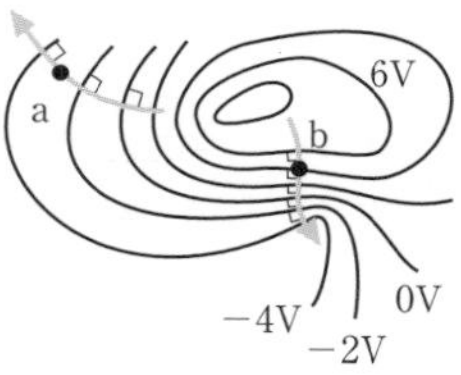

(2) 力学的エネルギー保存則より，

$$\frac{1}{2}mv_a{}^2 + (-e)\phi(\mathrm{a}) = \frac{1}{2}mv_b{}^2 + (-e)\phi(\mathrm{b})$$

$$\therefore\ v_b = \sqrt{v_a{}^2 - \frac{2e}{m}\{\phi(\mathrm{a}) - \phi(\mathrm{b})\}}$$

$$= \sqrt{(1.24 \times 10^6)^2 - \frac{2 \times 1.6 \times 10^{-19}}{9.1 \times 10^{-31}}(-3 - 4)}$$

$$= \sqrt{\left(1.24^2 + \frac{2 \times 1.6 \times 7}{9.1}\right) \times 10^{12}} \fallingdotseq 2.0 \times 10^6 \text{〔m/s〕}$$ 答

練習問題　1-15　解答 p. 237

2 本の等電位線が示してある．$V_1 \sim V_2$ 間の領域の電場のおおよその様子を，密度や向きに注意して，8 本の電気力線で図示せよ．

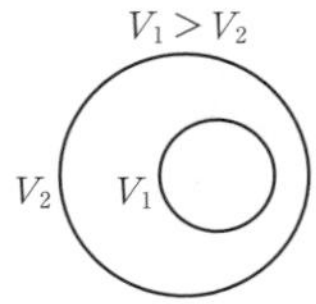

問題 1-16 ▼点電荷と一様電場の合成電位

x 軸上のみ自由に動ける正の荷電粒子がある．x 軸の正の向きに一様な電場 E_0 をかけ，原点に正電荷 q を固定したとき，荷電粒子が $x = x_0$ の位置でつり合って静止した．

(1) x 軸上の電位 $\phi(x)$ を求めよ．ただし，電位の基準を $x = x_0$ とする．

(2) x_0 を求めよ．

●考え方●

薄いゴム膜をイメージし，電位曲面の起伏の様子を㋐つかむとよい．

解答

x 軸上の任意の位置での電位 $\phi(x)$ は，一様な電場 E_0 による項と，点電荷による項の和になる．

$$\phi(x) = -E_0x + \phi_0 + \frac{q}{4\pi\varepsilon_0|x|} \quad (\phi_0 \text{ は定数})$$

$\phi(x_0) = 0$ より，

$$0 = -E_0x_0 + \phi_0 + \frac{q}{4\pi\varepsilon_0|x_0|}$$

$$\therefore\ \phi_0 = E_0x_0 - \frac{q}{4\pi\varepsilon_0|x_0|}$$

$$\therefore\ \phi(x) = -E_0x + E_0x_0 - \frac{q}{4\pi\varepsilon_0|x_0|} + \frac{q}{4\pi\varepsilon_0|x|}$$

$$= E_0(-x + x_0) + \frac{q}{4\pi\varepsilon_0}\left(\frac{1}{|x|} - \frac{1}{|x_0|}\right)$$ ㋑ 答

グラフの形から，極小値をとる位置は，$x_0 < 0$ で㋒

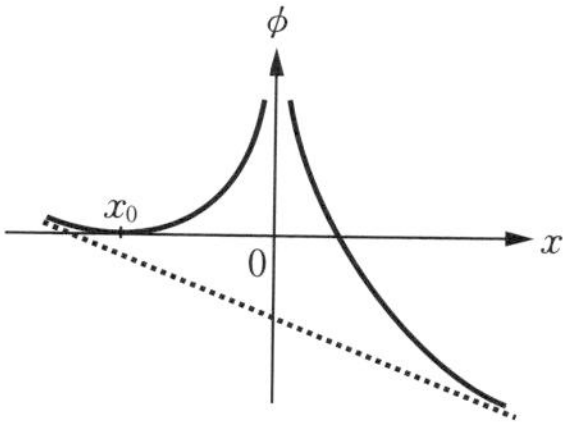

電場 $= 0$ より，

$$0 = \frac{d}{dx}\phi(x)\bigg|_{x=x_0} = -E_0 + \frac{q}{4\pi\varepsilon_0}\frac{1}{{x_0}^2}$$

$x_0 < 0$ より，　$x_0 = -\sqrt{\dfrac{q}{4\pi\varepsilon_0E_0}}$　答

ポイント

㋐ $x > 0$ の向きに下るゴム膜平面を，原点で下から突き上げるときの様子をイメージする．

㋑ $x = x_0$ で 0 となることを確認しよう．

㋒ $x_0 < 0$ であることを正しく判断する必要がある．

練習問題　1-16

解答 p. 238

真空中に電荷 Q の重い粒子がいる．質量が m で電荷が q の（Q と同じ符号）荷電粒子が初速度 v で重い粒子に向かって打ち出された．重い粒子は静止しているものとし，2 つの粒子は衝突することはないものとする．

(1) 2 つの粒子の距離が r のときの軽い粒子の速度の大きさを求めよ．

(2) 2 つの粒子の距離の最小値を求めよ．

column1 ◆ガウス

ドイツの数学者，天文学者，物理学者．人類史上最強の数学者との評判が高く，「数学王」の異名をとる．

ガウスの死後40年ほどして遺稿が整理されると，「何か隠してる」との噂を遙かに凌駕する内容の研究成果が眠っていた．発見する喜びで満ち足りていたガウスは，世に発表することに興味がなかった．もし彼が研究を世に発表していたら，おおよそ50年数学を進めていただろうとの調査報告もある．彼の天才ぶりを語るさまざまな逸話が残っている．

小学生のとき，足し算の勉強中に先生が「では，$1 + 2 + \cdots + 100$ がいくつになるかやってみなさい」と課題を出すと，ガウス少年は即座に「5050」と答えて，先生を困らせたという逸話は有名である．ガウス少年は，$100 + 99 + \cdots + 1$ を同時に考えて，$101 \times 100 \div 2$ と等しいことを利用したのである．反則的な天才ぶりである．また，数学の道を進んでいいのか悩んでいた19歳のある日の朝，夢うつつの中，正十七角形の作図法を思いつき，これをきっかけに数学への道を選択することを決意したという．このテーマは，数学の歴史で多くの数学者が挑戦し，断念してきたもので，定規とコンパスのみで作図可能な正多角形が加わったのは，古代ギリシャ以来2000年ぶりの快挙であった．

多岐の分野にわたる，ガウスの名を冠する用語の多さも彼の貢献度をよく物語っている．整数論での「ガウスの素数定理」，複素数での「ガウス平面」，統計学の「ガウス分布」，物理学での「ガウスの法則」と，いずれもその分野の礎になるものばかりである．彼は天文学者としても重要な功績を遺していて，30歳でゲッティンゲンの天文台長に就任して以来，40年以上にわたってその職を務めた．

カール・フリードリヒ・ガウス（独）
1777年〜1855年

Chapter 2

導体と誘電体

導体は，自由電子のはたらきで，外部電場に対し
完璧な防御策をとり，内部への侵入を許さない．
一方，誘電体は，外部電場に対し
誘電分極を起こすことで侵入する電場を弱める．
電場に対するリスポンスという観点から，
この２種類の物質の違いを理解しよう．

1 導体
2 キャパシター
3 静電場のエネルギー
4 誘電体

基本事項

1　導体（問題 2-1, 2, 3, 4, 5）

❶ 導体と不導体

電気の通しやすさの目安に**電気抵抗率**がある．これは一辺 1 m の立方体の物質のもつ電気抵抗値として定義される．この抵抗率で身近な物質を分類した表が図 2-1-1 である．電気を通しやすい**導体**(**金属**)から，電気を通しにくい**不導体**(**絶縁体**)まで，実に 10^{-10}～10^{15}〔Ω·m〕の広範囲に分布している．

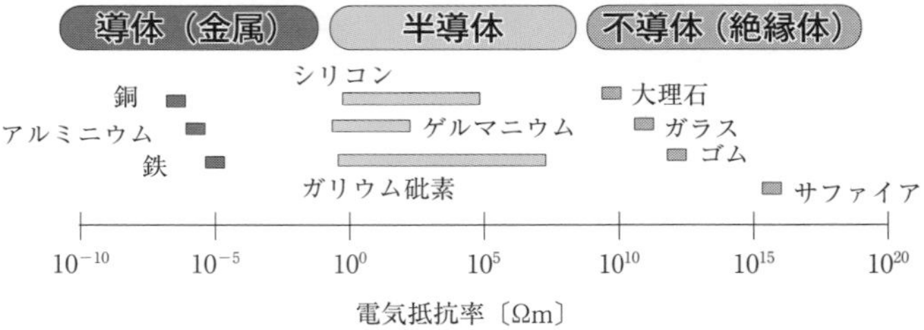

図 2-1-1

単独の原子中の電子は不連続なエネルギー状態をもつが，これらの原子が密集し結晶をつくると，原子同士の相互作用により，各エネルギー準位は，接近したエネルギー準位からなる帯状構造をもつようになり，電子が存在できる許容帯と，電子が存在できない禁止帯が形成される(図 2-1-2)．そこに電子が再配置される．

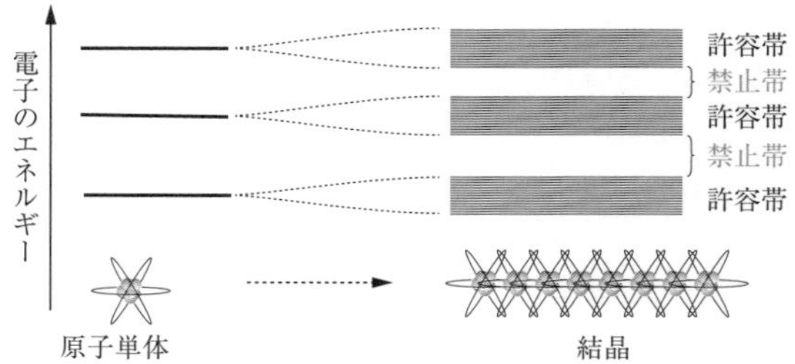

図 2-1-2

電子はエネルギーの低い状態から順次配置されていくが，導体・不導体・半導体の違いはこの配置の結果の違いから生じる．図 2-1-3(a)のように，エネルギー最大の電子のいる許容帯にまだ空席がある場合，電子は弱い電場によってすぐ上のわずかに高いエネルギー準位に移り運動を開始できる．この状態の電子を**自由電子**と呼び，このエネルギー帯を**伝導帯**と呼ぶ．伝導帯をもつ物質を**導体**と呼び，導体は電気をよく通す．一方，図2-1-3(b)のように，エネルギー最大の電子のいる許容帯に空席がない場合，このエネルギー帯を**充満帯**と呼ぶ．充満帯とその上の許容帯の間の禁止帯の幅が大きい場合，移動が禁止され，電流は流れない．この場合，**不導体**(**絶縁体**)になる．さらに，図2-1-3(c)のように，充満帯とその上の許容帯の間の禁止帯の幅が比較的狭い物質があり，熱運動のエネルギー程度で電子が禁止帯を飛び越えられる場合がある．このとき，電子が上の伝導帯に移り，その抜け殻（ホール）が充満帯に残される．電場を加えると，電導帯に上がった電子と，充満帯に生じたホールの両方が伝導に寄与する．このような物質を(**真性**)**半導体**という．

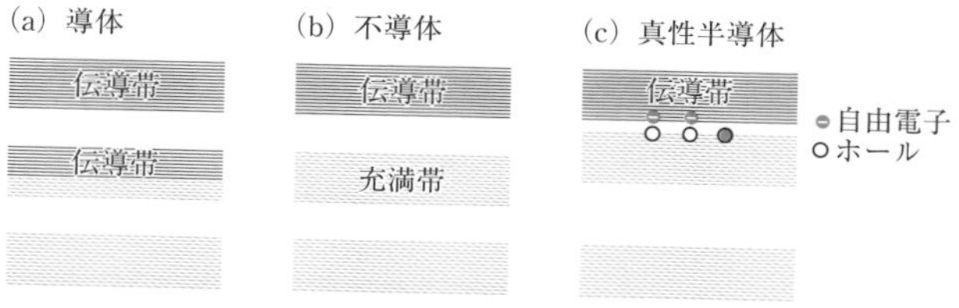

図 2-1-3

❷ 静電誘導

1章1節❸で紹介した静電誘導をミクロな視点からもう一度見てみよう．

導体の静電誘導

導体を電場中に入れると(図a)，導体中の自由電子が外部の電場 $\vec{E}_{\mathrm{out}}$ に反応して，電場とは逆向きに一斉移動し，導体の左端表面に集積し，導体内の電荷分布に偏りが生じる．やがて**静電平衡**に達すると，導体全体が電気双極子のような電荷分布をもつようになる(図b)．この電荷は周りに新たに電場 $\vec{E}_{\mathrm{ind}}$ をつくる(図c)．その結果，導体付近にできる最終的な電場は $\vec{E}_{合} = \vec{E}_{\mathrm{ind}} + \vec{E}_{\mathrm{out}}$ となる(図d)．この電荷移動は極めて短時間で完了するので，導体は通常，平衡状態にあると考えてよい．この場合，特徴が2つある．まず，金属の内部の電

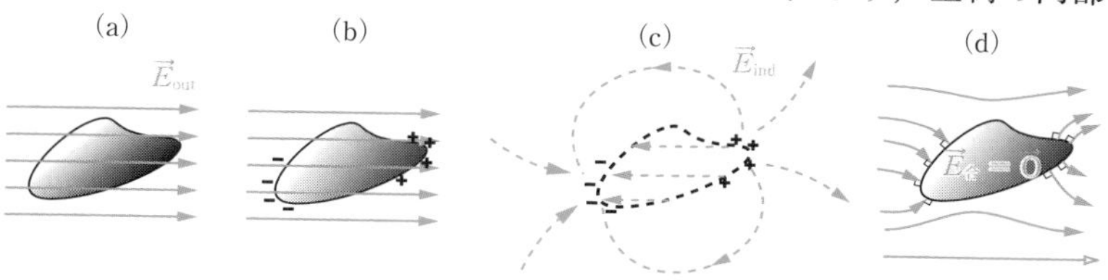

図 2-1-4

場は消えてしまう．内部に残った自由電子の移動が止まっていることより，論理的に必然の結果である．内部の電場を消すように自由電子たちは集団として位置を決定するといった方が適切かも知れない．さらに，導体外部の合成電場を表す電気力線が，導体表面に垂直に出入りする．導体全体が等電位であるから，その表面は等電位面となり，電気力線と直交する．

絶縁体の静電誘導

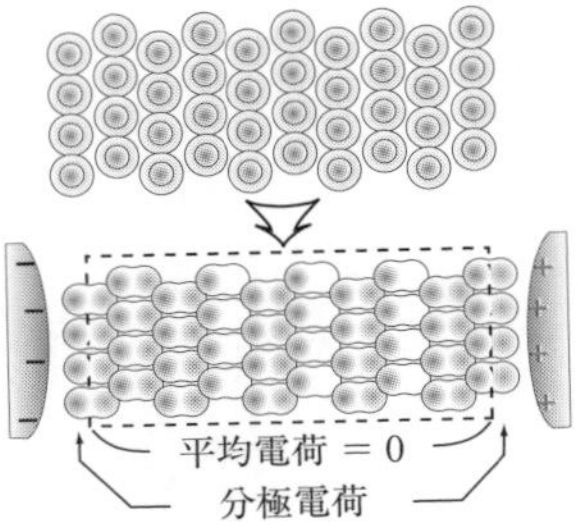

図 2-1-5

絶縁体の場合，すべての電子が個々の原子に束縛されていて，自由な移動は起きない．しかし，個々の原子内では，外部電場の影響で軽い電子の分布が電場とは逆側に偏り，不動の核の正の電荷分布とのズレが生じる[*1]．この現象を**分極**という．絶縁体内部では正負の電荷が平均すると打ち消し合うが，絶縁体表面では，それぞれ正負の電荷層が外に滲み出し帯電する．これを**分極電荷**という．絶縁体に起こるこのような静電誘導を**誘電分極**ともいう．ただし，導体の表面電荷とは異なり，分極電荷は絶縁体の外部に取り出せない．

❸ 導体の電荷分布

動かない点電荷分布がつくる電場の導出は，原理的には解決されている．

□ 個々の点電荷は，クーロンの法則に従って観測地点に独立に電場をつくるので，重ね合わせの原理を適用し，これらのベクトル和を求める．

□ 個々の点電荷のつくる電位のスカラー和を求め，勾配(グラディエント)を計算し，符号を変えておく．

もし，空間に固定された点電荷以外に導体も混在する場合，導体の静電平衡が実現されると，電場の計算は上記の方法で可能となるが，ここで厄介なことは，導体表面の電荷分布も未知である点である．結局，導体表面の電荷分布まで含めての解を模索しなければならない．幾つかの手がかりがあるのでそれを整理してみよう．

手がかり 1.　導体の内部には電荷や電場が存在しない．

自由電子の動きが止まっているという事実から $\vec{E}_{\text{inside}} = \vec{0}$ が導ける．また，導体内部の任意の閉曲面にガウスの法則を当てはめると，その領域内

*1 丸い原子が殻付きピーナツ形状に変形するといった印象で捉えると分かりやすい．

からの流束 = 0 となることより，$q_{\rm inside} = 0$ が導ける．

手がかり 2.　導体内部は等電位領域になっている．

さらに，一般的に，「一意性の原理」と呼ばれる次のような定理がある．

手がかり 3.　分布する導体の電位を決めると，電場分布は一通りに決まる．

表現を変えると，電場の 1 つの等電位面を導体面で置き換えても，導体外部の電場に影響はないとも解釈できる．

これらの手がかりを元に電場が決定できる例をいくつか見てみよう．

一様電場中の導体球の周囲の電場

図 2-1-6 のように，一様電場 E_0 内に導体球を置くと，周囲の電場はどう変化するだろうか．静電誘導により，概観的には電気双極子に似た電荷分布が加わると考えられる．その結果，導体内部は外部電場 E_0 との重ね合わせで消えなければならない．

図 2-1-6

図 2-1-7 のように，電荷密度 $\pm\rho$ の正と負に一様に帯電した球電荷 1 組を用意し，それらの中心をわずかに δ だけずらすと，全体で電気双極子に似た電場をつくる．球体内部の重なった場所の電場について調べる．2 つの球体の重なっている領域内に点 P をとり，それぞれの球の中心からの位置ベクトルを $\boldsymbol{r}_+$, $\boldsymbol{r}_-$ とする．**問題** 1-8 の結果を参考にすると，点 P での電場 $\boldsymbol{E}_{\rm in}$ は，

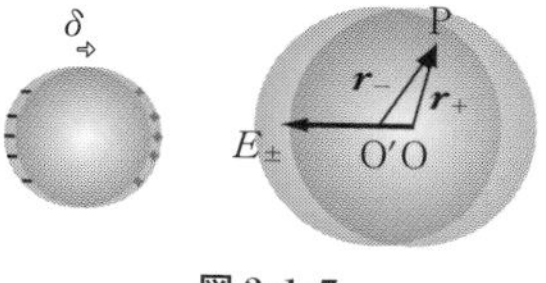

図 2-1-7

$$E_{\rm in} = \frac{\rho}{3\varepsilon_0}\boldsymbol{r}_+ + \left(-\frac{\rho}{3\varepsilon_0}\boldsymbol{r}_-\right) = -\frac{\rho}{3\varepsilon_0}\overrightarrow{\rm O'O}$$

$\boldsymbol{E}_{\rm in} /\!/ \boldsymbol{E}_0$ となったので，$|\boldsymbol{E}_{\rm in}| = \boldsymbol{E}_0$ となるように δ を選べば，$\boldsymbol{E}_{\rm in} + \boldsymbol{E}_0 = \boldsymbol{0}$ が実現する．このとき，2 球のつくる双極子モーメントは，$Q\delta = 4\pi\varepsilon_0 E_0 R^3$ となる．

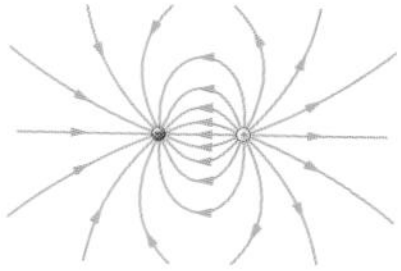

図 2-1-8

球体外部には，この双極子がつくる電場(図 2-1-8)が加わるため，一様電場が導体球近傍で大きく歪み，導体球に垂直に出入りする電気力線が見られる．合成された電場の様子は，図 2-1-9 のようになる．

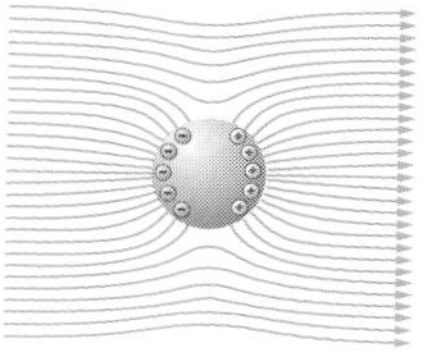

図 2-1-9

静電遮蔽

図 2-1-10(a)のように，内部に空洞をもつ導体に外部から電場を加えた場合，電荷はどのように分布するであろうか．

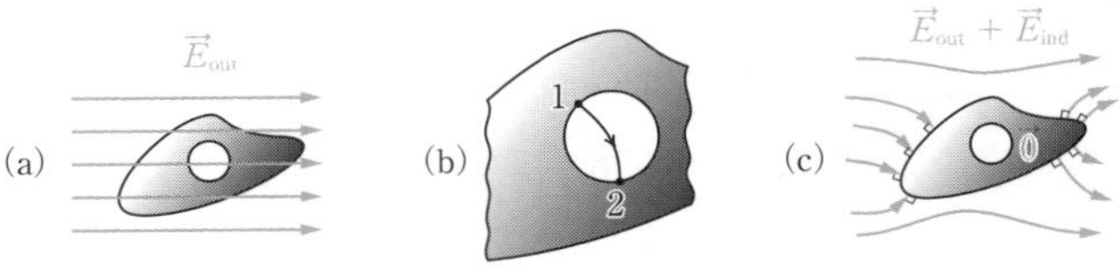

図 2-1-10

もし図 2-1-10(b)のように空洞の表面上の場所 1 に正電荷が現れたとすると，(b)のように空洞内に電気力線が出るが，途中で分岐，消滅はせず，空洞表面上の例えば場所 2 に達する．このとき電気力線に沿った電位は単調に下がるので，場所 2 の電位は場所 1 より低くなり，「導体内は等電位」の原則に矛盾する．したがって，空洞表面上には電荷は現れないという結論になる．このとき，導体周辺の電場は(c)のようになり，導体内部の空洞領域は，電気的に完全に孤立している．この現象を**静電遮蔽**[*2]という．導体で囲み，外部電場を遮断する装置を一般に**ファラデーケージ**という．静電遮蔽にはもう一つの型がある．それは，電荷の周囲を導体で囲み，その電気力線を領域内に閉じ込めてしまう場合である．図 2-1-11 の上は，導体で囲まれた空洞領域内の A 点には，外部の B 点にある電荷の影響が及ばないことを示し，下は，A 点にある電荷は外部の B 点に影響は及ばないことを示している．この場合，静電誘導による正の電荷は地球に逃げてしまうので，導体閉殻の外表面に電荷は現れない．

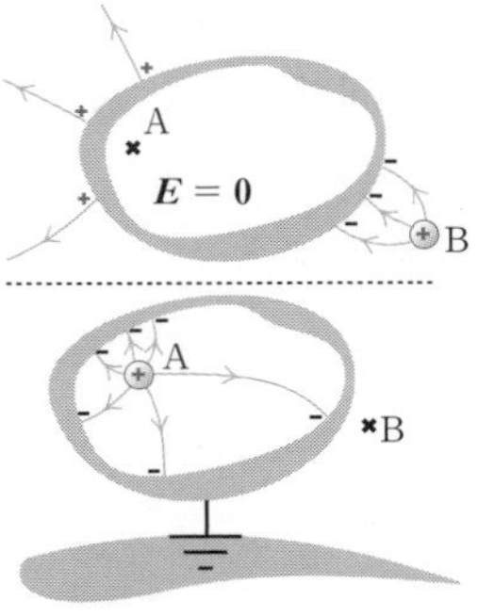

図 2-1-11

身近に経験する静電遮蔽の現象を挙げると，

□ トンネルや鉄筋コンクリートの建物内部でラジオや携帯がうまく作動しない．これは，コンクリート内部の鉄線がファラデーケージになっているからである．

□ 航空機や自動車など金属製の乗り物に落雷があっても乗客は安全である．

[*2] クーロンの法則の距離逆 2 乗則の帰結としてこの現象があるのだから，逆に，実験結果として，導体に囲まれた部分での電場が観測にかからないことより，距離逆 2 乗則の成立を精度高く保証している．

電気映像法（鏡像法）

導体を取り除き，仮想的な電荷を配置することで，同じ電場を再現する方法を**電気映像法**(**鏡像法**)という．このときに導入する仮想的な電荷を**仮想電荷**，あるいは**鏡像電荷**と呼ぶ．具体的な例を2つあげよう．

i）平面導体と点電荷

図2-1-12の上のように，接地した導体表面から距離dだけ離れた位置に電荷を置くと，電荷から出た電気力線は，静電誘導で導体表面に現れた負の電荷に吸収される．導体は等電位領域だから，電気力線は導体表面に垂直である．このとき空間にできる電場を$\boldsymbol{E}$とする．一方，図2-1-12の下は，上記の導体を取り除き，元の導体表面に対し，電荷qと面対称な位置に電荷$-q$を置いた図である．電荷q，$-q$の垂直二等分面は無限遠を基準にして0V等電位面になっている．この等電位面の右側の空間の電場を$\boldsymbol{E}'$とする．上図は，下図の0V等電位面にその境界面を一致させるように導体領域で置き換えているので，手がかり3より，$\boldsymbol{E}'=\boldsymbol{E}$となる．

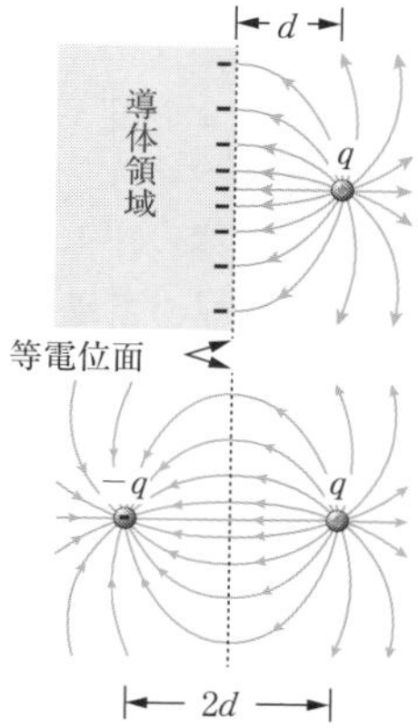

図2-1-12

ii）接地された導体球と点電荷

図2-1-13のように，x軸上の点Aにq_1，点Bに$-q_2$($q_1>q_2>0$)の点電荷を置いたときの，電位0の等電位線を求めておこう．点A，Bからそれぞれ距離r_1，r_2だけ離れた点Pを考える．無限遠を基準とすると，点Pの電位は，

$$\phi(\mathrm{P})=\frac{1}{4\pi\varepsilon_0}\left(\frac{q_1}{r_1}-\frac{q_2}{r_2}\right)$$

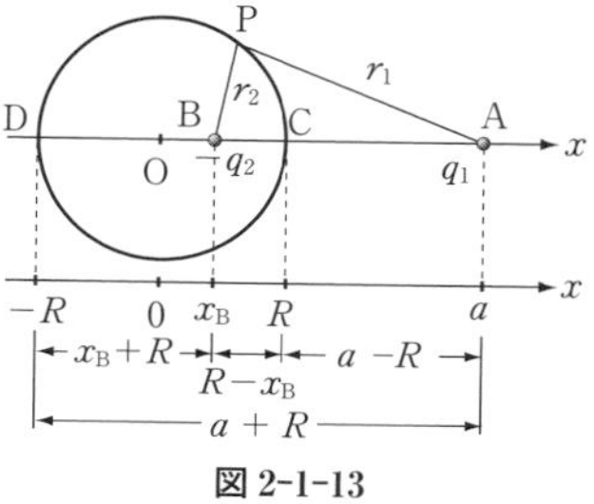

図2-1-13

$\phi(\mathrm{P})=0$を満たす点Pは，$\dfrac{q_1}{r_1}=\dfrac{q_2}{r_2}$ $\Leftrightarrow$ $r_1:r_2=q_1:q_2$の関係を満たす．この条件を満たす点の集合は，幾何学で**アポロニウスの円**[*3]として知られている．この円とx軸との交点をC，Dとすると，CDは直径であり，アポロニウスの円の性質から，

[*3] 平面上に2定点A・Bをとり，点PをAP：BP＝一定（≠1）となるようにしたときの点Pの軌跡は円になり，これをアポロニウスの円という．

$$\mathrm{BC}:\mathrm{AC}=\mathrm{BD}:\mathrm{AD}=q_2:q_1$$

このとき，点 C は線分 AB の $q_1:q_2$ 内分点，点 D は線分 AB の $q_1:q_2$ 外分点である．したがって，この円の半径を R，A および B の x 座標をそれぞれ a，x_B とすると，

$$q_2=\frac{R}{a}q_1,\quad x_\mathrm{B}=\frac{R^2}{a}\qquad\cdots(*)$$

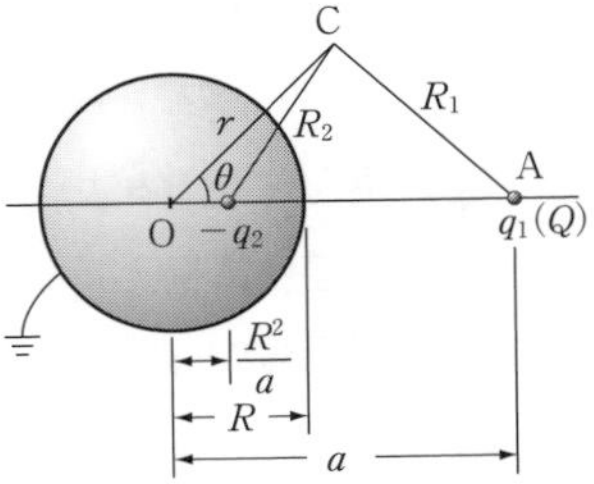

図 2-1-14

次に図 2-1-14 のように，接地された半径 R の導体球の中心 O から距離 $a(>R)$ の点 A に点電荷 $Q(>0)$ を置くとき，導体球外部の電場を考えよう．球面は接地されているので電位は 0 である．この境界条件は，式$(*)$で $q_1=Q$ として得られる $-q_2$ の電荷を位置 x_B に設置したときの電位と同じである．したがって，鏡像法の原理より，導体球外部の空間の電場や電位は，2 つの点電荷 Q，$-q_2$ がつくるものと同じになる．電気力線の様子は，図 2-1-15 のようになる．鏡映電荷も表記してある．電気力線が導体球に垂直に交わっていることに注目したい．

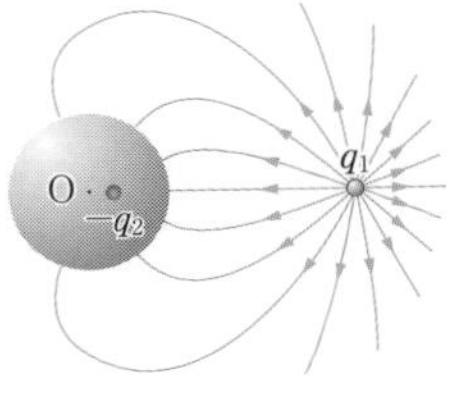

図 2-1-15

❹ 静電張力

導体表面近傍の電場

図 2-1-16 のように，空間にいくつかの帯電した導体があり，そのうちある導体の表面近傍の電場の強さを考えてみよう．電場を考える場所の近傍で，ガウス円柱を考える．電場は導体表面に垂直であることと，導体内部に電場はないことを考え，このガウス円柱にガウスの法則を適用してみよう．導体表面の電荷密度を σ とすると，電気力線は円柱の上面から垂直に出るので，

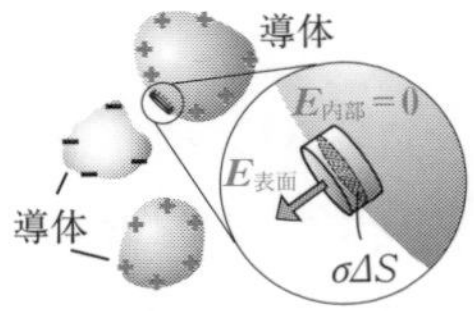

図 2-1-16

$$|\boldsymbol{E}_{表面}|=\frac{\sigma}{\varepsilon_0}\tag{2-1}$$

となり，すぐ近傍の導体表面の電荷密度のみで決まることが分かる．その理由を次に考えよう．図 2-1-17 のように，導体表面がガウス円柱により切り取られる微小部分の面積を

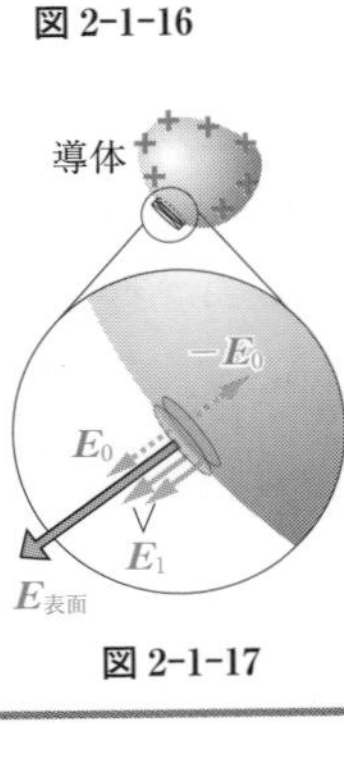

図 2-1-17

ΔS とする．この微小部分の電荷がつくるガウス円柱上下底面上の電場は，面に垂直で，強さは $\dfrac{\sigma}{2\varepsilon_0}$ である（☞式 1-10）．これらを，$\pm\boldsymbol{E}_0$ と書くことにする．ガウス円柱の両底面できる電場の原因は，面積 ΔS の微小断面上の電荷と，それ以外のすべての電荷にある．前者がつくる電場は $\pm\boldsymbol{E}_0$ のことで，後者のつくる電場を $\boldsymbol{E}_1$ と書くことにする．実はこの $\boldsymbol{E}_1$ は容易に求められる．ガウス円柱の下面は導体内部だから電場はないことに着目する．

$$-\boldsymbol{E}_0+\boldsymbol{E}_1=\boldsymbol{0}\quad\cdots(*)$$

ガウス円柱の上下面は非常に近く，そこでの $\boldsymbol{E}_1$ は近似的に等しいとしてよい．

$$E_{\text{表面}}=\boldsymbol{E}_0+\boldsymbol{E}_1\quad\cdots(**)$$

（$*$），（$**$）式より，

$$|\boldsymbol{E}_{\text{表面}}|=2\,|\boldsymbol{E}_0|=\frac{\sigma}{\varepsilon_0}$$

となり，(2-1) 式が成立することが再び示された．導体表面の電場が，すぐ近傍の導体表面電荷のみで決まり，それ以外の導体上のあらゆる電荷からの影響を受けないという一見奇妙な結論だが，導体表面の電荷密度 σ には，すぐ近傍の導体表面電荷以外の電荷の影響が組み込まれているわけで，その影響が反映された後の σ を用いると (2-1) 式が成立するという意味だから不思議ではない．

導体表面に作用する力

図 2-1-17 の面積 ΔS の微小断面上の電荷 $\sigma\Delta S$ は，自身がつくる電場 $\boldsymbol{E}_0$ ではなく $\boldsymbol{E}_1$ から力を受ける．その静電気力の大きさ ΔF は，

$$\Delta F=(\sigma\Delta S)E_1=(\sigma\Delta S)E_0=\sigma\Delta S\frac{\sigma}{2\varepsilon_0}=\frac{\sigma^2}{2\varepsilon_0}\Delta S$$

単位面積あたりの静電気力を p とすると，

$$p=\frac{\sigma^2}{2\varepsilon_0}\qquad(2\text{-}2)$$

p の次元は圧力の次元であり，これを**静電張力**あるいは**静電圧力**という．その向きは，導体外部に向かう向きである．表面付近の電場 $\boldsymbol{E}_{\text{表面}}$ を用いて表すと，

$$p=\frac{1}{2}\varepsilon_0\left(\frac{\sigma}{\varepsilon_0}\right)^2=\frac{1}{2}\varepsilon_0{E_{\text{表面}}}^2\qquad(2\text{-}3)$$

例 面積が $1\,\mathrm{m}^2$ の 2 枚の金属平板を，互いに平行にその間隔を 1 mm で保持し，電圧 1 kV をかけた場合，平板間の引力は，$\varepsilon_0\fallingdotseq 9\times10^{-12}$〔m·N/C〕で近似すると，

$$F=pS=\frac{1}{2}\varepsilon_0\left(\frac{V}{d}\right)^2S=\frac{9\times10^{-12}}{2}\left(\frac{10^3}{1\times10^{-3}}\right)^2\times1=4.5\,〔\mathrm{N}〕$$

2 キャパシター（問題 2-6, 7, 8）

❶ キャパシター

図 2-2-1 のように，一方の導体に $+Q$，他方の導体に $-Q$ の電荷を蓄える装置を**キャパシター**(蓄電装置)*4 という．単に 2 つの導体を近づけ，絶縁を確保して保持するだけで，原理的には単純な構造をしている．日本ではまだ，ドイツ語起源のコンデンサーというよび方が使われているが，国際的にはキャパシターという呼名が一般的である．この本ではキャパシターと呼ぶことにする．

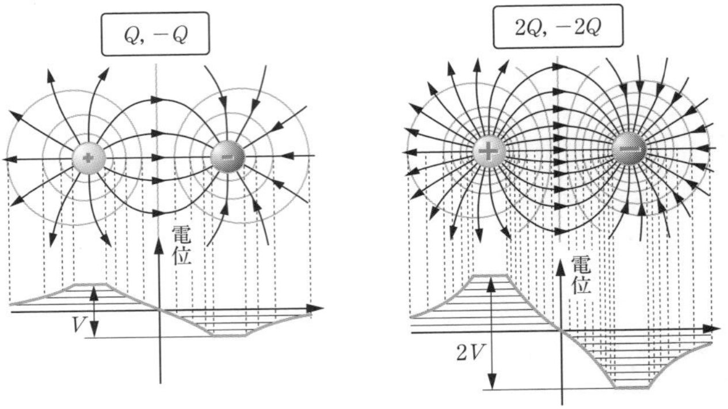

図 2-2-1

図で，蓄える電荷を 2 倍に増やして $\pm 2Q$ にすると，電気力線の密度が 2 倍になり(ガウスの法則)，電場が 2 倍になり，電位差が 2 倍になる．このように，導体に蓄えられる電気量と導体間の電位差は一般に比例する．この比例係数を**電気容量**，**静電容量**，あるいは**キャパシタンス**といい，文字 C で表すのが慣例である．

$$Q = CV \qquad (2\text{-}4)$$

電気容量の単位はファラド(〔F〕)で，1〔F〕*5 のキャパシターは，1〔V〕の電圧で充電すると 1〔C〕が蓄電できる．具体的なキャパシターの例を見てみよう．

平行板キャパシター

真空中で，面積 S の同形の導体板 2 枚を距離 d 離して向かい合わせに設置し，それぞれ $\pm Q$ の電荷を蓄えると，静電誘導で板上の電荷は全て向かい合っ

*4 図では，導体を同じ大きさの球形に描いてあるが，形状や大きさは任意で構わない．

*5 キャパシタンスの単位として 1〔F〕は大きすぎる．電気回路に組み込まれるキャパシターの容量として，〔μF〕=〔10^{-6} F〕，〔pF〕=〔10^{-12} F〕などが用いられる．

た内側表面だけに分布する．導体板の大きさに比べ d が十分小さいときには，全ての電気力線は板に垂直に出ると近似できる．このとき，極板間の電場の強さは，式(2-1)より，

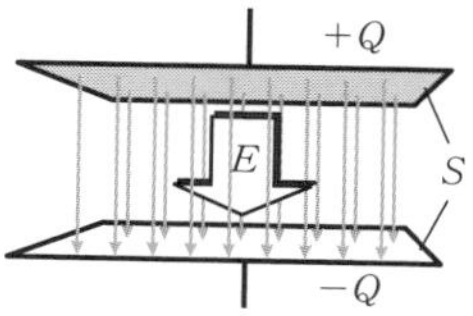

図 2-2-2

$$E = \frac{Q/S}{\varepsilon_0} = \frac{Q}{\varepsilon_0 S} \qquad (2\text{-}5)$$

電場は，電圧勾配だから，

$$E = \frac{V}{d} \qquad (2\text{-}6)$$

(2-4)，(2-5)，(2-6)式より，

$$C = \frac{Q}{V} = \frac{Q}{Ed} = \frac{Q}{(Q/\varepsilon_0 S)\,d} = \frac{\varepsilon_0 S}{d} \qquad (2\text{-}7)$$

このように，容量は板の面積に比例し，極板間距離に反比例する．

球形キャパシター

図 2-2-3 のように，導体球，およびそれを取り囲む同心の球殻導体からなるキャパシターを球形キャパシターという．導体球の半径を a，球殻の半径を $b\ (> a)$ とし，導体球に電荷 Q を帯電させ，球殻を接地した場合，内部の空間にできる電場の様子は，球の中心に置かれた点電荷 Q が周りにつくる電場と同じだから，キャパシタンスは，

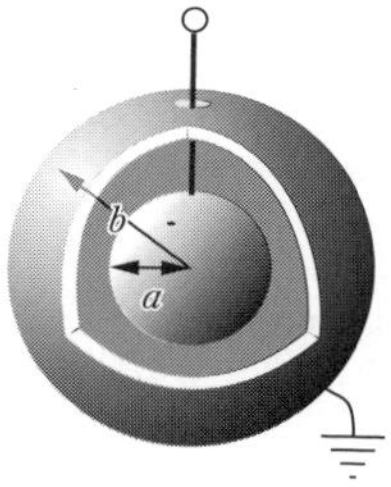

図 2-2-3

$$C = \frac{Q}{V} = \frac{Q}{\dfrac{Q}{4\pi\varepsilon_0}\left(\dfrac{1}{a} - \dfrac{1}{b}\right)} = \frac{4\pi\varepsilon_0 ab}{b-a} \qquad (2\text{-}8)$$

ちなみに，$b \to \infty$ とすると，導体球単体のもつキャパシタンスが得られる．

$$C = \lim_{b\to\infty} \frac{4\pi\varepsilon_0 ab}{b-a} = 4\pi\varepsilon_0 a \qquad (2\text{-}9)$$

例 地球を半径 6400 km の導体球とみなしたときのキャパシタンスは，真空の誘電率を $\varepsilon_0 \fallingdotseq 9 \times 10^{-12}$〔m·N/C〕で近似すると，

$$C = 4\pi\varepsilon_0 a = 4 \times 3.1 \times 9 \times 10^{-12} \times 6400 \times 10^3 \fallingdotseq 7.1 \times 10^{-4}\ \mathrm{F} = 0.71\ \mathrm{mF}$$

❷ キャパシターの接続

2 つ以上のキャパシターを接続すると，全体として異なる容量をもつ一つのキャパシターとしてはたらく．このときの電気容量を合成容量という．その接続の基本形は，図 2-2-4 のように，直列と並列の 2 種類がある．並列接続する

と，合成容量は個々の容量の和になる．一方，直列接続すると，合成容量は個々の容量の逆数の和の逆数となり*6，その結果，その値は必ず減少する．個数が増えても，合成容量を求める式の形式は変化しない．頻出する2個の直列合成式は，

$$C = \frac{C_1 C_2}{C_1 + C_2}\left(\frac{積}{和}\right)$$

の形で覚えておく方が利用しやすい．

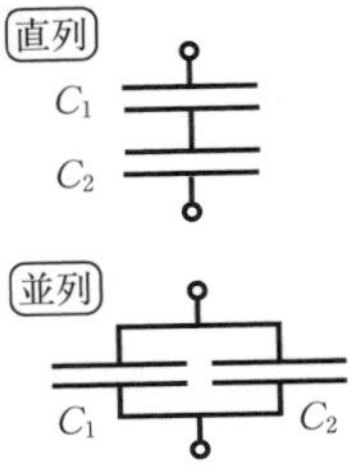

図 2-2-4

$$並列：C = C_1 + C_2,\ 直列：\frac{1}{C} = \frac{1}{C_1} + \frac{1}{C_2} \tag{2-10}$$

例 1 μF，2 μF，3 μF の3つのキャパシターの直列接続，および並列接続の容量を求めると，

$$\frac{1}{C_{直}} = \frac{1}{1\mu} + \frac{1}{2\mu} + \frac{1}{3\mu} \qquad \therefore\ C_{直} = \frac{6}{11}\mu\mathrm{F} \qquad C_{平} = 1\mu + 2\mu + 3\mu = 6\ \mu\mathrm{F}$$

キャパシターに蓄えられる電気量は，極板間の電圧に比例するので，大きい電圧をかければそれだけ電気量は増加するが，極板間の絶縁体にかけられる電場には限度があり，やがて絶縁破壊が起こり始める．キャパシターにかけられる最大電圧を**耐電圧**という．空気の絶縁破壊電界は約 3×10^6〔V/m〕である．

3 静電場のエネルギー（問題 2-9, 10, 11）

❶ 電荷分布のもつ静電エネルギー

点電荷のもつ静電エネルギー

真空中に電荷 q_1，q_2 が距離 r_{12} 離れて存在するとき，この状態がもっている静電エネルギー U_e は式(1-21)で述べたが，

$$U_e = q_2 \times \frac{1}{4\pi\varepsilon_0}\frac{q_1}{r_{12}} = \frac{1}{4\pi\varepsilon_0}\frac{q_1 q_2}{r_{12}}$$

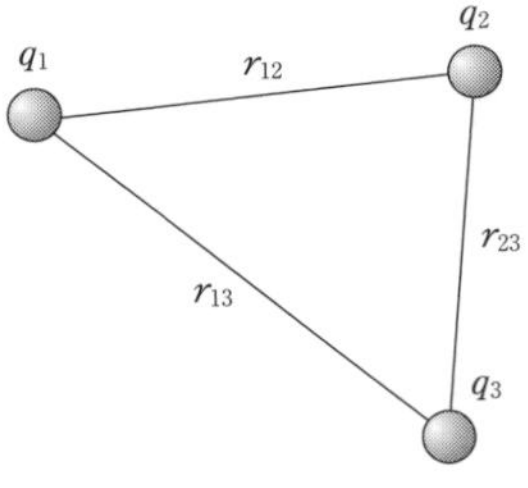

図 2-3-1

となる．点電荷が3個以上あるときの静電エネルギーの形式はどうなるか考えよう．手始めに，電荷が q_1，q_2，q_3 の3個の場合を考えよう（図 2-3-1）．まず，電荷 q_1，q_2 のペアがもっている静電エネルギーが $\dfrac{1}{4\pi\varepsilon_0}\dfrac{q_1 q_2}{r_{12}}$ で，この2個の荷電粒子が，q_3 の電荷が来

*6 C_1 の下極板と C_2 の上極板上の電気量の総和は0でなくてはならない．

る位置につくる電位が $\dfrac{1}{4\pi\varepsilon_0}\left(\dfrac{q_1}{r_{13}}+\dfrac{q_2}{r_{23}}\right)$ だから，その位置に電荷 q_3 をもち込む仕事が $\dfrac{1}{4\pi\varepsilon_0}q_3\left(\dfrac{q_1}{r_{13}}+\dfrac{q_2}{r_{23}}\right)$ となる．したがって，3つの電荷が互いに無限遠にいるときを基準にすると，静電エネルギー U_e は，

$$U_\mathrm{e}=\frac{1}{4\pi\varepsilon_0}\left(\frac{q_1q_2}{r_{12}}+\frac{q_2q_3}{r_{23}}+\frac{q_1q_3}{r_{13}}\right) \qquad (2\text{–}11)$$

となる．同様に，電荷 $q_1, q_2, \cdots, q_n$ が分布する場合も次の式で与えられる．

$$U_\mathrm{e}=\frac{1}{4\pi\varepsilon_0}\sum_{i<j}^{n}\frac{q_iq_j}{r_{ij}}=\frac{1}{4\pi\varepsilon_0}\frac{1}{2}\sum_{i\neq j}^{n}\frac{q_iq_j}{r_{ij}}=\frac{1}{2}\sum_{i}q_i\frac{1}{4\pi\varepsilon_0}\sum_{j\neq i}^{n}\frac{q_j}{r_{ij}}$$

ここで，$\dfrac{1}{4\pi\varepsilon_0}\sum_{j\neq i}^{n}\dfrac{q_j}{r_{ij}}\Rightarrow\phi(\boldsymbol{r}_i)$ と表記すると，$\phi(\boldsymbol{r}_i)$ は q_i のいる場所に，q_i 以外の電荷がつくる電位のことを表し，

$$U_\mathrm{e}=\frac{1}{2}\sum_{i}^{n}q_i\phi(\boldsymbol{r}_i) \qquad (2\text{–}12)$$

となる．

連続電荷のもつ静電エネルギー

図 2-3-2 のように，電荷分布が連続なら(2-12)の和を積分に変えて，

$$U_\mathrm{e}=\frac{1}{2}\iiint\frac{\rho(\boldsymbol{r}_1)\rho(\boldsymbol{r}_2)}{4\pi\varepsilon_0|\boldsymbol{r}_1-\boldsymbol{r}_2|}dV_1dV_2 \qquad (2\text{–}13)$$

とすればよい．これも，$\boldsymbol{r}_1$ での電位，

$$\phi(\boldsymbol{r}_1)=\iiint\frac{\rho(\boldsymbol{r}_2)}{4\pi\varepsilon_0|\boldsymbol{r}_1-\boldsymbol{r}_2|}dV_2$$

を用いると，$\boldsymbol{r}_1\rightarrow\boldsymbol{r}$ と表し，次のように書ける．

$$U_\mathrm{e}=\frac{1}{2}\iiint\rho(\boldsymbol{r})\phi(\boldsymbol{r})dV \qquad (2\text{–}14)$$

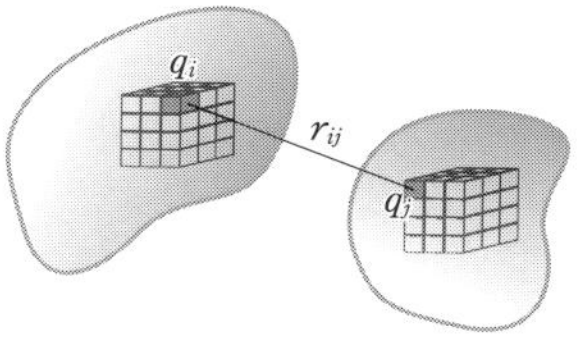

図 2-3-2

特に電荷 Q に帯電した導体の静電エネルギーは，導体の電位 ϕ を用いて，

$$U_\mathrm{e}=\frac{\phi}{2}\iiint\rho(\boldsymbol{r})dV=\frac{1}{2}\phi Q \qquad (2\text{–}15)$$

と表される．

キャパシターの静電エネルギー

(2-15)式を，電荷 Q の帯電した容量 C の平行板キャパシターに当てはめると，

$$U_{\mathrm{e}} = \frac{1}{2}\phi_1 Q + \frac{1}{2}\phi_2(-Q) = \frac{1}{2}Q(\phi_1 - \phi_2)$$

式(2-4)より，$Q = C(\phi_1 - \phi_2)$ だから，

$$\therefore \quad U_{\mathrm{e}} = \frac{Q^2}{2C} \qquad (2\text{-}16)$$

❷ 静電場のエネルギー密度

ばねの弾性エネルギーの蓄積されている場所は，ばねの先端の小球にあるのではなく，よじれ，たわんでいるばねそのものにあると考えられる．同様に，キャパシターの静電エネルギーのある場所は，極板表面の電荷ではなく，極板間の電場という歪んだ空間にあると考えるのが妥当であろう．静電エネルギーは，「静電場のエネルギー」の意味である．平行板コンデンサー中の静電場のエネルギーの式(2-16)を変形してみると，

$$U = \frac{Q^2}{2C} = \frac{Q^2}{2\dfrac{\varepsilon_0 S}{d}} = \frac{1}{2}\varepsilon_0\left(\frac{Q}{\varepsilon_0 S}\right)^2 dS = \frac{1}{2}\varepsilon_0 E^2 dS$$

この結果を見ると，静電エネルギーは極板間の空間の体積 dS に比例していることがわかり，エネルギーの居場所が空間であることを裏付ける形式である．

$$u = \frac{U}{dS} = \frac{1}{2}\varepsilon_0 E^2 \ [\mathrm{J/m^3}] \qquad (2\text{-}17)$$

は極板間の空間の単位体積あたりの静電場のエネルギー(静電場のエネルギー密度)に相当することがわかる*7．この関係は，平行板内部の電場のみならず，任意の電場に適用できることが証明されている．

4 誘電体 (問題 2-12, 13, 14, 15, 16)

❶ 誘電体

ファラデーは，キャパシターの極板間に絶縁体を挟むとキャパシタンスが増加することを発見した．これは絶縁体のもつ電気的性質の表れのひとつである．

導体は電気を通す性質があるが，絶縁体はその名の通り，電気の流れを遮断

*7 (2-3)式と(2-17)式は同じであることに注意したい．次元解析的には，「圧力(単位面積当たりの力)」=「エネルギー体積密度」である．

させる性質がある．導体に外部電場をかけても，導体内部には電場は侵入しないが，絶縁体の場合は，外部電場の影響で**誘電分極**が起き，物質内部の電場は複雑な分布になる．絶縁体の電気的な性質に着目している場合，絶縁体を**誘電体**とよぶ．

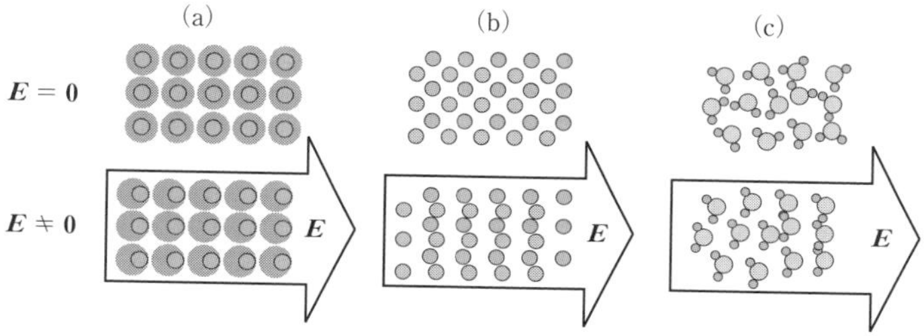

図 2-4-1

誘電分極にも，そのミクロスケールでの原因の違いにより，大きく分けて3種類があり，それぞれ（a）電子分極，（b）イオン分極，（c）配向分極と呼ばれる．

（a）**電子分極**

誘電体内部では電子は自由に動くことができない．このような誘電体に外から電界を与えると，誘電体中の原子（あるいは分子）のプラス電荷の重心とマイナス電荷の重心にずれが生じる．これを**電子分極**とよぶ．

（b）**イオン分極**

NaClのようなイオン結晶の場合，外から電界を与えるとNa^+とCl^-とが相対的に変位して電気双極子が発生する．これを**イオン分極**とよぶ．

（c）**配向分極**

水分子のように，分子中のプラスの電荷の重心とマイナスの電荷の重心にずれがあり，もともと双極子モーメントをもっている場合がある．電場がかかっていない場合，個々の分子はランダムな方向を向いているため，全体としては電気双極子モーメントは現れないが，電場をかけると，双極子モーメントが電場の向きに揃うので，分極が生じる．これを**配向分極**とよぶ．配向分極の双極子モーメントは，電子分極やイオン分極よりも一般的に大きい．

❷ 誘電体中の静電場

分子スケールの双極子モーメント$\boldsymbol{p}$は実験にもかからないミクロな量である．そこで，分子スケールからすると十分大きく，物質全体からすると十分小

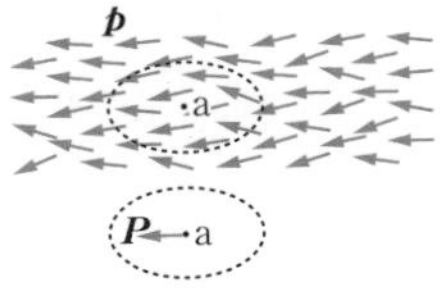

図 2-4-2

さい領域での平均値を，その位置での**分極ベクトル** $\boldsymbol{P}(\boldsymbol{r})$ と定義する．図 2-4-2 の点 a での分極ベクトルは，点 a を囲む点線領域内の双極子モーメントの平均値と定義する．こうすることで，誘電体全体に $\boldsymbol{P}(\boldsymbol{r})$ というベクトル場が定義できる．ベクトル $\boldsymbol{P}(\boldsymbol{r})$ の単位は〔C/m^2〕で，電荷面密度と同じである．分極ベクトル場にも，電場のときに考えた「力管」に相当するものを考えることができ，図 2-4-3 はその一本を表している．さらに，管の途中に管に垂直な 3 つの等間隔で近接する断面 L，M，N，および誘電体の表面での断面(法線ベクトル $\boldsymbol{n}$) が示してある．M の断面積を ΔS とする．

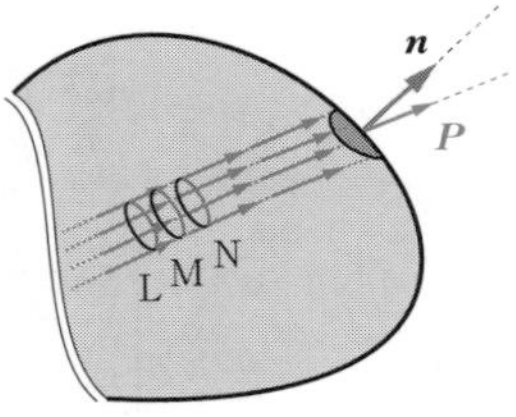

図 2-4-3

ML 間の分極の強さを P〔C/m^2〕，LN 間の分極の強さを $P+\Delta P$〔C/m^2〕とすると，M の面には L 側から $P\Delta S$〔C〕が，N 側から $-(P+\Delta P)\Delta S$〔C〕が運ばれるので，M の面には差し引き $-\Delta P\Delta S$〔C〕が現れる．このように，誘電体内部に新たな電荷分布が生じる．これを分極電荷の体積分布と呼ぶ．一方，この管の誘電体の表面による断面には，$\boldsymbol{P}\cdot\boldsymbol{n}=P\cos\theta$〔C/m^2〕の密度の電荷が分布する．これを分極電荷の面積分布と呼ぶ．

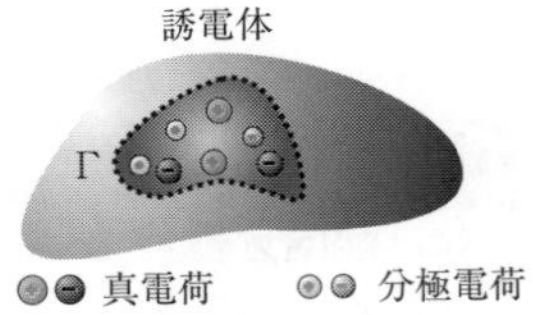

図 2-4-4

図 2-4-4 のように，誘電体内部にガウス曲面 Γ を考える．分極の結果，ガウス曲面 Γ から出ていった電荷の総量は，曲面 Γ 上での分極ベクトルの面積分(Flux)に相当するので，逆に，電荷保存則より，この領域に新たに生じた分極電荷 q' は，

$$q' = -\iint_S \boldsymbol{P}(\boldsymbol{r})\cdot d\boldsymbol{S} \tag{2-18}$$

曲面 Γ 内部の真電荷を q とすると，ガウスの法則より

$$\oiint_\Gamma \boldsymbol{E}(\boldsymbol{r})\cdot d\boldsymbol{S}=\frac{q+q'}{\varepsilon_0}=\frac{q}{\varepsilon_0}+\frac{-\oiint_\Gamma \boldsymbol{P}(\boldsymbol{r})\cdot d\boldsymbol{S}}{\varepsilon_0} \Leftrightarrow \oiint_\Gamma \{\varepsilon_0\boldsymbol{E}(\boldsymbol{r})+\boldsymbol{P}(\boldsymbol{r})\}\cdot d\boldsymbol{S}=q$$

ここで左辺の { } 内を，

$$\varepsilon_0\boldsymbol{E}(\boldsymbol{r})+\boldsymbol{P}(\boldsymbol{r})=\boldsymbol{D}(\boldsymbol{r}) \tag{2-19}$$

と表記し，$\boldsymbol{D}(\boldsymbol{r})$ を**電束密度**，または**電気変位**という．$\boldsymbol{D}(\boldsymbol{r})$ を用いると，誘電体に対応したガウスの法則は，

$$\oint\!\!\oint_{S} \boldsymbol{D}(\boldsymbol{r}) \cdot d\boldsymbol{S} = q \qquad (2\text{-}20)$$

となる．右辺の電荷が真電荷のみでよいところがこの式の強みである．

さらに，ここでは多くの誘電体でそうであるように，双極子モーメント $\boldsymbol{P}(\boldsymbol{r})$ が電場 $\boldsymbol{E}(\boldsymbol{r})$ に比例する場合のみを扱うこととする．そこで，**電気感受率**という無次元の定数 χ_{e} を次のように定義する．

$$\boldsymbol{P}(\boldsymbol{r}) = \chi_{\mathrm{e}}\varepsilon_0 \boldsymbol{E}(\boldsymbol{r}) \qquad (2\text{-}21)$$

(2-19)，(2-21)式を用いると，

$$\boldsymbol{D}(\boldsymbol{r}) = \varepsilon_0(1 + \chi_{\mathrm{e}})\boldsymbol{E}(\boldsymbol{r}) \qquad (2\text{-}22)$$

となるが，ここで，**比誘電率** ε_{r}，および物質の**誘電率** ε を，

$$1 + \chi_{\mathrm{e}} = \varepsilon_{\mathrm{r}} \qquad (2\text{-}23)$$

$$\varepsilon_0\varepsilon_{\mathrm{r}} = \varepsilon \qquad (2\text{-}24)$$

で定義すると，これらの記号を用いて，

$$\boldsymbol{D}(\boldsymbol{r}) = \varepsilon \boldsymbol{E}(\boldsymbol{r}) \qquad (2\text{-}25)$$

と書ける．流れを整理してみよう．真電荷分布 q がわかれば，式(2-20)で $\boldsymbol{D}$ が決まり，式(2-22)，(2-19)により $\boldsymbol{E}(\boldsymbol{r})$，$\boldsymbol{P}(\boldsymbol{r})$ が次々に決定する．具体例を見てみよう．

平行板キャパシター

図 2-4-5 のように，比誘電率 ε_{r} の誘電体が挿入された平行板キャパシターを考える．極板上の真電荷密度を σ とし，ガウス閉曲面として，図の点線のような，上極板内部と，誘電体内にそれぞれ上下底面をもつ円柱面を考える．電束密度 D についてのガウスの法則より，

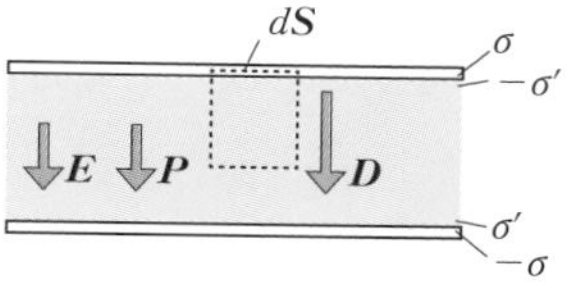

図 2-4-5

$$DdS = \sigma dS \qquad \therefore\ D = \sigma$$

これより，電場，および双極子モーメントは，

$$E = \frac{D}{\varepsilon} = \frac{\sigma}{\varepsilon} \qquad P = D - \varepsilon_0 E = (\varepsilon - \varepsilon_0)E = (\varepsilon - \varepsilon_0)\frac{\sigma}{\varepsilon} = \left(1 - \frac{1}{\varepsilon_{\mathrm{r}}}\right)\sigma$$

平行板キャパシターの場合，その容量 C は，極板上の真電荷 $Q\ (=\sigma S)$ と極板間の電圧 $V=Ed$ との比として定義されているので，

$$C=\frac{Q}{V}=\frac{\sigma S}{Ed}\propto\frac{1}{E}$$

誘電体がない場合の容量を C_0 とすると，

$$\frac{C}{C_0}=\frac{E_0}{E}=\frac{\sigma/\varepsilon_0}{\sigma/\varepsilon}=\frac{\varepsilon}{\varepsilon_0}=\varepsilon_{\mathrm{r}}(>1) \tag{2-26}$$

これより，誘電体を挿入することにより，キャパシターの容量は増加することがわかる．いろいろな物質の比誘電率を表に示す．

雲母	4.5〜7.5	チタン酸バリウム[*8]	1200
ガラス	3.7〜10	水	80
紙	2.0〜2.5	酢	37.6
空気	1.0006	大理石	3.5〜9.3

❸ 誘電体の表面の境界条件

異なる誘電率をもつ誘電体の接触面での電場や電束の変化を考察する．誘電体の境界面上には真電荷はないものとする．まず面積 ΔS の上下底面をもつ境界面上の微小円筒面をガウス曲面とするガウスの法則から

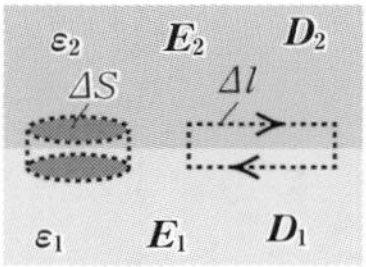

図 2-4-6

$$\iint_{\mathrm{S}}\boldsymbol{D}(\boldsymbol{r})\cdot d\boldsymbol{S}=0$$

$$\Leftrightarrow\quad(\boldsymbol{D}_1-\boldsymbol{D}_2)\cdot\boldsymbol{n}=0\quad\Leftrightarrow\quad\boldsymbol{D}_{1\mathrm{n}}=\boldsymbol{D}_{2\mathrm{n}}$$

ここで，$\boldsymbol{n}$ は，上底面の法線ベクトルである．これより，電束密度の法線成分は境界面の両側で連続であることがわかる．次に長辺 Δl が境界面に平行である境界面上の微小長方形で電場の線積分を考えると，静電場は保存場だから，

$$\oint\boldsymbol{E}(\boldsymbol{r})\cdot d\boldsymbol{l}=0$$

$$\Leftrightarrow\quad(\boldsymbol{E}_{1/\!/}-\boldsymbol{E}_{2/\!/})\cdot dl=0\quad\Leftrightarrow\quad\boldsymbol{E}_{1/\!/}=\boldsymbol{E}_{2/\!/}$$

これより，電場の平行成分は境界面の両側で連続であることがわかる．以上より，

$$\begin{cases}\varepsilon_1E_1\cos\theta_1=\varepsilon_2E_2\cos\theta_2\\ E_1\sin\theta_1=E_2\sin\theta_2\end{cases}$$

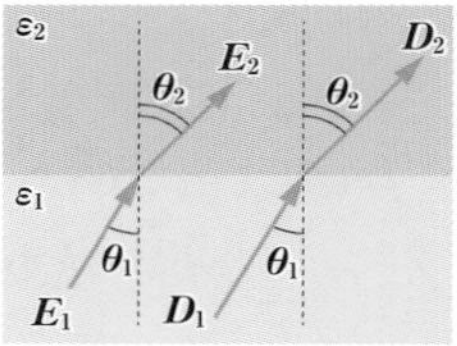

図 2-4-7

[*8] 俗称「チタバリ」と呼ばれ，これを利用したコンデンサーを「チタコン」と呼ぶ．「チタキャパ」とは言わないようである．

が成り立ち，両方の式を辺々割って次のような電場の屈折の法則を得る．

$$\frac{\tan\theta_1}{\varepsilon_1} = \frac{\tan\theta_2}{\varepsilon_2} \qquad (2\text{-}27)$$

例 空気中から水面に対し，$\theta_1 = 45°$ 入射した電場は，$\varepsilon_2/\varepsilon_1 \fallingdotseq 80$ を代入すると，

$$\theta_2 = \tan^{-1}(\varepsilon_2/\varepsilon_1)\tan 45° \fallingdotseq \tan^{-1}80 = 89.3°$$

水中に入った電場は，ほぼ水面に平行になることが分かる．

❹ 誘電体中の静電エネルギー

内部に誘電体を挿入した電気容量 C〔F〕のキャパシターに，電荷 0 の状態から出発して，外力を作用させて両極板に $\pm Q$〔C〕の電荷が蓄えられている状態にするまでに，外力がする仕事を計算してみよう．途中，すでに q〔C〕移動し終わった時点で，さらに Δq〔C〕を移動させる仕事は，$\frac{q}{C}\Delta q$〔V〕となる．この微小区間での仕事を加え合わせればよい．

$$W = \sum_i \frac{q}{C}\Delta q_i \to \int_0^Q \frac{q}{C}dq = \frac{1}{2C}[q^2]_0^Q = \frac{Q^2}{2C} \text{〔J〕}$$

これが，誘電体の挿入された，容量 C〔F〕のキャパシターのもつ静電エネルギーである．つまり形式的には，真空キャパシターと何も変わらない．この結果を，誘電体内部の電場のエネルギーにふさわしい形に変形しよう．

電束密度 D〔C/m^2〕に関するガウスの法則より，

$$DS = Q$$

電場は電位の傾きだから，

$$V = Ed$$

これらを利用すると，キャパシターの静電エネルギーは，

$$U = \frac{Q^2}{2C} = \frac{1}{2}\frac{DSQ}{C} = \frac{1}{2}D\frac{SQ}{C} = \frac{1}{2}DSV = \frac{1}{2}D\frac{V}{d}dS = \frac{1}{2}DEdS$$

と表すことができる．dS は誘電体の体積だから，これより，誘電体内の電場のエネルギー密度*9 が，

$$u = \frac{1}{2}DE \qquad (2\text{-}28)$$

で表されることがわかる．真空においては，$D = \varepsilon_0 E$ だから，式(2-17)に帰着する．

*9 平行板コンデンサーに限らず，式(2-27)は，一般的に電場のエネルギー密度を表す式であることが証明されている．

問題 2-1 ▼球体 ＋ 導体球殻の電場と電位

半径 a の球内に，電荷 Q が一様に分布している．内径が b，外径が c の同心の導体球殻が球を囲んでいる．このとき，半径 a の球外の電場と電位を，球の中心からの距離 r の関数として表せ．無限遠を電位の基準とする．導体球殻の初期電荷は 0 である．

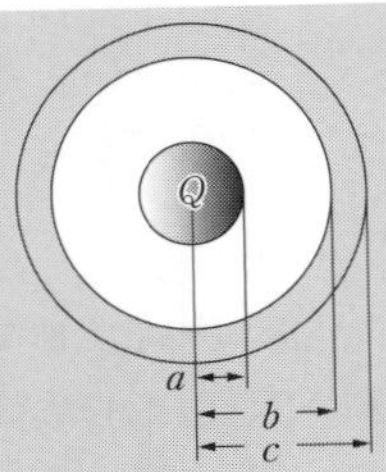

●考え方●

ガウスの法則と対称性を組み合わせて電場を求め，電位は，電場を積分して求める．

ポイント

㋐ 導体球殻の内外表面に誘導電荷が出現しているが，その事実に気付かなくても問題は解ける．

㋑ 導体球殻は等電位領域である．

解答

場の球対称性から，球の中心を原点とした 3 次元極座標をとる．電場は，原点から放射状に分布し，その大きさは原点からの距離 r のみに依存するので，

(1) $c < r$ のとき，ガウスの法則より，

$$4\pi r^2 E(r) = \frac{Q}{\varepsilon_0}\ \text{㋐} \qquad \therefore\ E(r) = \frac{Q}{4\pi\varepsilon_0 r^2}$$ 答

電位は電場を無限遠まで積分して得られるので

$$\phi(r) = \int_r^{\infty} E(r')dr' = \int_r^{\infty} \frac{Q}{4\pi\varepsilon_0 r'^2}dr' = \frac{Q}{4\pi\varepsilon_0 r}$$ 答

(2) $b < r < c$ のとき，導体内の電場はないので，$E(r) = 0$ 答

$r = c$ で電位が連続より，$\phi(r) = \dfrac{Q}{4\pi\varepsilon_0 c}$ 答

(3) $a < r < b$ のとき，再びガウスの法則より，

$$4\pi r^2 E(r) = \frac{Q}{\varepsilon_0} \qquad \therefore\ E(r) = \frac{Q}{4\pi\varepsilon_0 r^2}$$ 答

$$\phi(r) - \phi(b) = \int_r^{b} E(r')dr' = \int_r^{b} \frac{Q}{4\pi\varepsilon_0 r'^2}dr' = \frac{Q}{4\pi\varepsilon_0}\left(\frac{1}{r} - \frac{1}{b}\right)$$

$$\therefore\ \phi(r) = \frac{Q}{4\pi\varepsilon_0}\left(\frac{1}{r} - \frac{1}{b}\right) + \phi(b) = \frac{Q}{4\pi\varepsilon_0}\left(\frac{1}{r} - \frac{1}{b}\right) + \phi(c)\ \text{㋑} = \frac{Q}{4\pi\varepsilon_0}\left(\frac{1}{r} - \frac{1}{b} + \frac{1}{c}\right)$$ 答

練習問題 2-1 解答 p. 238

上の問題で，半径 a の球内での電場とポテンシャルを，球の中心からの距離 r の関数として表せ．

問題 2-2 ▼導体球の大きさと電場

半径がそれぞれ a，b $(a > b)$ の大きさが異なる2つの帯電していない導体球A，Bを用意する．球A，Bを十分離し，Aに電荷 Q を帯電させた後，導線で2球をつなぎ，充分時間をおいた後，導線を切った．

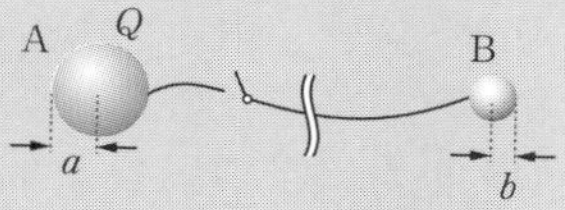

(1) 各球の電荷を求めよ．

(2) 各球の表面での電場の強さを比較せよ．

●考え方●

導線で結ばれた2つの導体球は等電位である．十分離れているので，個々の導体球は単独の荷電球体と考えてよい．

解答

(1) 導体球A, Bの電荷を q_A, q_B とすると，電荷保存則より，

$$q_A + q_B = Q \quad \cdots①$$

球A, Bの電位が等しいことより，

$$\frac{1}{4\pi\varepsilon_0}\frac{q_A}{a} = \frac{1}{4\pi\varepsilon_0}\frac{q_B}{b} \text{㋐} \qquad \therefore\ q_A : q_B = a : b \cdots②$$

①，②式より，

$$q_A = \frac{a}{a+b}Q,\quad q_B = \frac{b}{a+b}Q$$ 答

(2) 導体表面近傍の電場の式㋑ $E = \dfrac{\sigma}{\varepsilon_0}$ より，

$$\frac{E_A}{E_B} = \frac{q_A/4\pi a^2}{\varepsilon_0} \Big/ \frac{q_B/4\pi b^2}{\varepsilon_0} = \frac{b}{a}$$ 答

ポイント

㋐ 点電荷が距離 r の位置につくる電位の式(1-17)を利用できる．

㋑ (p.44の(2-1))式参照．

Memo 不規則な形状の導体表面の電荷密度は，凸領域の曲率半径が小さい場所（尖っている場所）ほど大きい性質がある．凹領域（凹んでいる場所）の表面には電荷はない．フランクリンは，電荷が主に尖った点から外に逃げていくことを発見し，最初の避雷針をつくり，多くの雷被害を未然に防いだ．

練習問題 2-2

解答 p. 238

容量が C_1，C_2 で，無限遠を基準にした電位がそれぞれ ϕ_1，ϕ_2 の2つの十分離れた導体1，導体2がある．細い導線でこれらをつないだとき，最終的な電位と移動する電気量を求めよ．

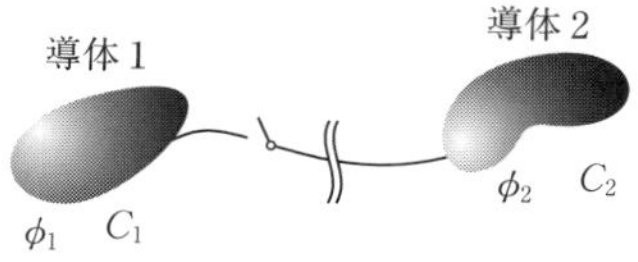

問題 2-3 ▼ファラデーケージ

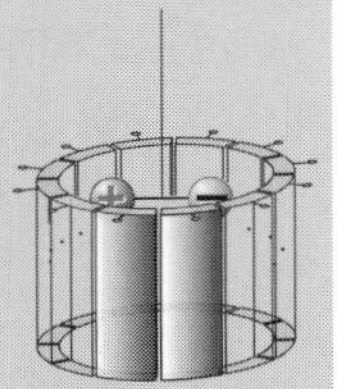

図のように，円筒形の導体板を縦に分割し部分側板を作り，互いにわずかに隙間を開け，電気的絶縁を保って円筒形に保持した（図は側板の一部のみ示している）．各部分側板には突起状のスイッチがあり，リング状導線で互いが電気的に接続できるようになっている．電気双極子の重心を絶縁糸でつるし，円筒内部の電場の有無を検知する．(a)が初期状態を示す．

(b) 正の帯電体を近づける．

(c) 初期状態に戻し，リング状導線で各部分側板をつなげた後，正の帯電体を近づける．

(d) この状態からリング状導線を外し，帯電帯を遠ざける．

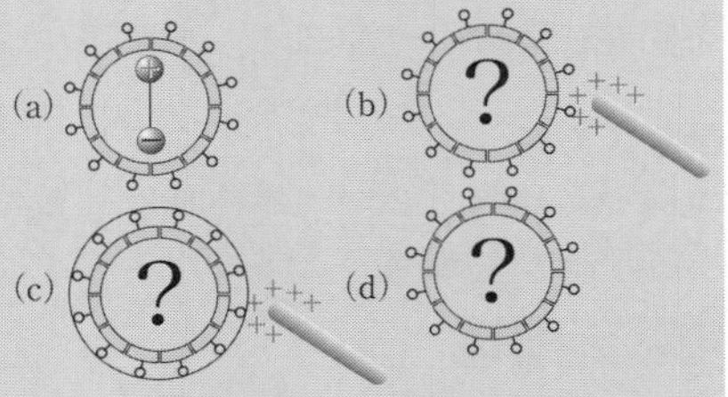

(b)～(d)の操作の後の電気双極子の向きを下の（イ・ロ・ハ・ニ）から選んで答えよ．電気双極子の電場への影響は無視する．

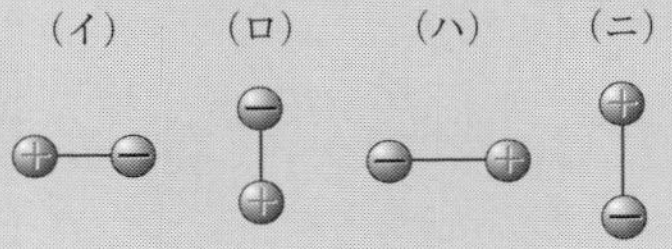

●考え方●　静電誘導と静電遮蔽の違いに注意する．

解答

(b) 帯電体に近い側板が静電誘導を起こし，円筒内部表面に正の電荷が現れるので，電気双極子の負の電荷が引き寄せられる．⇒ イ 答

(c) 円筒全体がファラデーケージの働きをするので，外部電場の影響は無くなる．⇒ ニ 答

(d) リング状導線を外すと，左側の側板は正に，右側の側板は負に帯電しているので，電場が右向きにできる．⇒ ハ 答

ポイント

(b) 静電誘導の問題である．
(c) 静電遮蔽の問題である．
(d) 円筒内部は双極子電場に近い電場ができている．

練習問題　2-3

解答 p. 238

次の図は，不自然な電荷分布をしている．間違っている部分を指摘せよ．アミのかかっている部分は導体を表す．

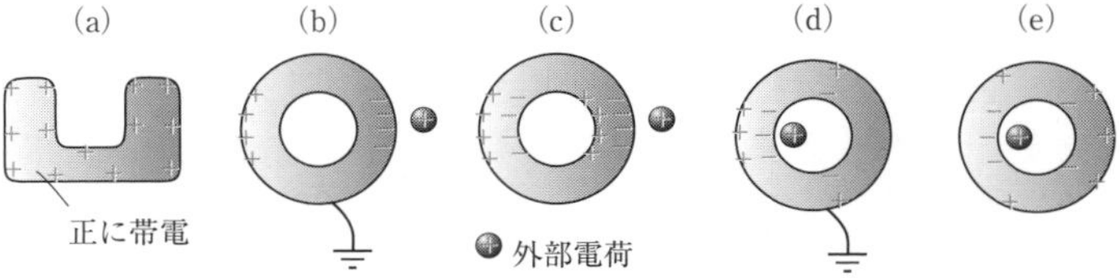

問題 2-4 ▼球形導体と外部点電荷（接地しない場合）

接地されていない半径 R の導体球に電荷 q_0 を与え，その中心から距離 $a\ (>R)$ の点に点電荷 q_1 を置いた．電場を鏡像法で解くとき，鏡像電荷の電気量とその場所を全て求めよ．

●考え方●

接地されている場合の結果をうまく利用することを考える．導体球全体は等電位であることは満足しているはずであるが，0 V とは限らない．また，必要な鏡像電荷は複数個あってもよい．まず，導体球表面を 0 V にするための鏡像電荷 1 を考え，ガウスの定理の要請から鏡像電荷 2 の電気量を求め，最後にこの電荷を「導体球の電位一定」の条件を保てる位置に置く．

解答

まず，導体球表面を 0 V の等電位面にするための鏡像電荷 1 を考える．「接地された導体球と点電荷」の結果㋐より，必要な鏡像電荷を $-q_2$，その位置の，球の中心からの距離を $x_{\rm B}$ とすると，

$$q_2 = \frac{R}{a}q_1 \ 答, \qquad x_{\rm B} = \frac{R^2}{a} \ 答 \quad \cdots ①$$

さらに，ガウスの法則より，導体球を取り囲む閉領域内の電荷が q_0 でなくてはならないので，$-q_2$ 以外に付加的な電荷 q_3 を考える必要がある．電荷保存則より，

$$(-q_2) + q_3 = q_0 \quad \cdots ②$$

①，②式より，付加的な電荷 q_3 は，

$$q_3 = q_0 + q_2 = q_0 + \frac{R}{a}q_1 \ 答$$

この電荷を加えても，導体球表面での電位の値が一定であるという要請を満たす必要がある．これを満たす点は，電位の球対称性から㋑，**導体球の中心** 答 以外にはありえない．

ポイント

㋐ p.44 の(＊)式参照．

㋑ 原点に置かれた点電荷は，球対称な電位をつくる．このとき，導体球の電位は，

$$\phi = \frac{1}{4\pi\varepsilon_0 R}\left(q_0 + \frac{R}{a}q_1\right)$$

となる．

練習問題　2-4　　解答 p. 239

$x<0$ の領域に導体領域がある．点 $(a, b, 0)$ と点 $(a, -b, 0)$ にそれぞれ，電荷 q，$-q$ を固定した．$a>0$，$b>0$ とする．

(1) $z=0$，$x>0$ の領域での電気力線のおおよその様子を表す図を描け．

(2) $x>0$ の領域での電場 $\boldsymbol{E}(x, y, z)$ を求めよ．

問題 2-5 ▼鏡像法（平面導体と点電荷）

p.43 の鏡像法で扱った，平面導体と点電荷の間にはたらくクーロン力が $F = \dfrac{1}{4\pi\varepsilon_0}\dfrac{q^2}{(2d)^2}$ で与えられることを，導体表面の静電圧力を与える式(2-3)を利用して直接証明せよ．

●考え方●

導体表面の静電圧力は，ローカルな電荷密度で決まることを利用する．導体表面の電荷密度は電場から求められる．

解答

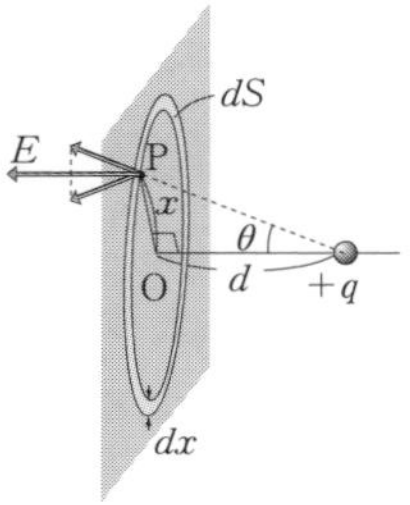

図において，点電荷から導体表面に引いた垂線の足 O から距離 x だけ離れた導体表面上の点を P とする．P 点での導体表面近傍での電場の強さ E は，図の角度 θ を用いて，

$$E = 2\frac{1}{4\pi\varepsilon_0}\frac{q}{x^2+d^2}\cos\theta = \frac{qd}{2\pi\varepsilon_0(x^2+d^2)^{3/2}}$$

で，その向きは水平左向きとなる．

導体表面の静電圧力を与える式(2-3)を利用して導体面全面にはたらく静電気力は，

$$F = \iint p\,dS = \int_0^\infty \frac{1}{2}\varepsilon_0\left(\frac{qd}{2\pi\varepsilon_0(x^2+d^2)^{3/2}}\right)^2 2\pi x\,dx$$

$$= \frac{(qd)^2}{4\pi\varepsilon_0}\underbrace{\int_0^\infty \frac{x\,dx}{(x^2+d^2)^3}}_{㋐}$$

$x^2 + d^2 = X$ と変数変換すると，$dX = 2x\,dx \quad x : 0 \to \infty \Rightarrow X : d^2 \to \infty$ より，

$$F = \frac{(qd)^2}{4\pi\varepsilon_0}\int_{d^2}^\infty \frac{dX}{2X^3} = \frac{(qd)^2}{8\pi\varepsilon_0}\left[\frac{1}{-2X^2}\right]_{d^2}^\infty = \frac{(qd)^2}{8\pi\varepsilon_0}\frac{1}{2d^4} = \underbrace{\frac{q^2}{16\pi\varepsilon_0 d^2}}_{㋐}$$ 証明終

ポイント

㋐ この結果は，鏡像電荷との直接的なクーロン力の形式と一致している．電場の様子が同じだから当然といえる．

Memo 鏡像法のメリットは，導体領域を等価な点電荷に置き換え，その結果，電場の計算が容易になる点であるが，静電エネルギーにもこの結果を適用しようとすると落とし穴が待っている．導体領域には現実には電場がないので，その部分に相当するエネルギー排除しなくてはならない．

練習問題 2-5

解答 p. 239

半径 a の導体球を，中心を通る平面で切り離した．元の位置に重ねたのち，球全体に Q を帯電させた．この状態で保持するために必要な外力を求めよ．

問題 2-6 ▼平行導体棒の電気容量

直径 $2d$ で無限に長い 2 の導線を間隔 $R(\gg d)$ だけ離して平行に置いた．単位長さあたりの電気容量を求めよ．

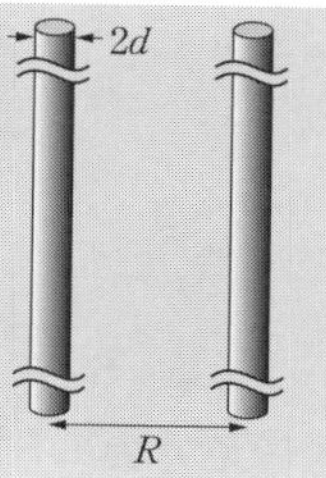

●考え方●

電荷を帯電させたときの電位差を求める．均一に電荷分布した無限に長い線電荷のつくる電場の式を利用する．

解答

単位長さあたりの電荷を $+\lambda$ とする．両中心軸を直角に結ぶ線分上で，$+\lambda$ の電荷密度の導体棒の中心からの距離 x の位置での電場の強さ $E(x)$ は，

$$E(x) = \frac{\lambda}{2\pi\varepsilon_0 x} + \frac{\lambda}{2\pi\varepsilon_0 (R-x)} \quad ㋐$$

導体棒間の電位差 V は，

$$V = \int_d^{R-d} E(x)\,dx \ ㋑ = \frac{\lambda}{2\pi\varepsilon_0}\int_d^{R-d}\left(\frac{1}{x} + \frac{1}{R-x}\right)dx$$

$$= \frac{\lambda}{2\pi\varepsilon_0}\left[\ln x - \ln(R-x)\right]_d^{R-d} = \frac{\lambda}{\pi\varepsilon_0}\ln\frac{R-d}{d}$$

これより，単位長さあたりの電気容量 C は，

$$C = \frac{\lambda}{V} = \frac{\pi\varepsilon_0}{\log\left(\dfrac{R-d}{d}\right)}$$ 答

ポイント

㋐ p.13 の (1-15) 式参照．2 本の導体棒間の電場は，それぞれの導体棒のつくる電場が同じ向きを向くので単純な和になる．

㋑ 電位差は電場の積分で求める．

練習問題　2-6

解答 p. 240

(1) 半径 a〔m〕，b〔m〕，長さ l〔m〕の十分に長い共軸円筒の間の電気容量はいくらか．ただし，$a < b$ とし，筒の端での電場の染み出しは無視する．

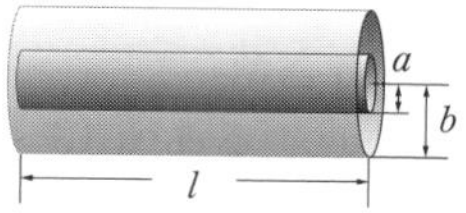

(2) 共軸円筒間隔 $d(= b - a)$ が十分小さくなると，平行板コンデンサーの容量と一致することを示せ．

近似式：　$|x| \ll 1$ のとき，$\ln(1 + x) \fallingdotseq x$

を利用せよ．

問題 2-7 ▼コンデンサーの接続（1）

(1) 容量が 1〔μF〕，2〔μF〕，3〔μF〕の 3 個のキャパシターを適当に接続することで得られる容量を全て求めよ．初期電荷は 0 とする．

(2) 容量が同じキャパシターを何個か使って，容量と耐電圧が全て 3 倍となるキャパシターにするには，最低何個のキャパシターが必要となるか．

●考え方●

並列と直列の接続を組み合わせる．並列と直列の合成容量の式を利用する．直列では耐電圧は個々の和になるので，増加する．

解答

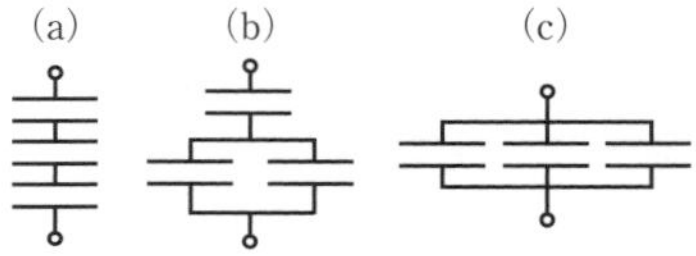

(1) 接続の仕方は，図の (a), (b), (c) の 3 パターンが可能である．それぞれの合成容量は，

(a) $\dfrac{1}{C} = \dfrac{1}{1\mu} + \dfrac{1}{2\mu} + \dfrac{1}{3\mu}$ ㋐ $\quad \therefore\ C = \dfrac{6}{11}$〔$\mu$F〕 答

(b) 直列キャパシターをどれにするかで 3 通りある．

$$C = \frac{1 \times 5}{1 + 5}\mu = \frac{5}{6}\text{〔}\mu\text{F〕}$$ 答

$$C = \frac{2 \times 4}{2 + 4}\mu = \frac{4}{3}\text{〔}\mu\text{F〕}$$ 答

$$C = \frac{3 \times 3}{3 + 3}\mu = \frac{3}{2}\text{〔}\mu\text{F〕}$$ 答

(c) $C = 1\mu + 2\mu + 3\mu$ ㋑ $= 6$〔μF〕 答

(2) まず，3 個直列にし，耐電圧 3 倍を実現しておく．このとき容量が 3 分の 1 倍になるので，並列に 9 個並べることで容量 3 倍を確保すればよい．必要なコンデンサーは，27 個 答

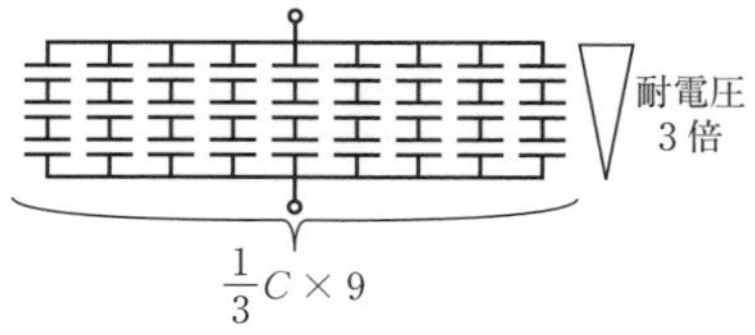

ポイント

㋐ 直列合成容量公式を用いる．

㋑ 並列合成容量公式を用いる．

(2) 直列に接続すれば容量は減少し，耐電圧は増加する．並列に接続すれば容量は増加し，耐電圧は変化しない．

練習問題 2-7

解答 p. 240

(1) 容量 C_1，C_2 を用いた右図の回路の端子 ab 間の合成容量を求めよ．初期電荷は 0 とする．

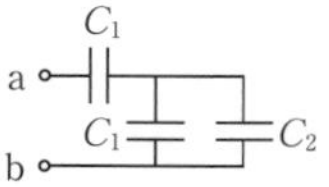

(2) 容量 C のキャパシターを多数長く配列した右図の回路の端子 cd 間の合成容量を求めよ．初期電荷は 0 とする．

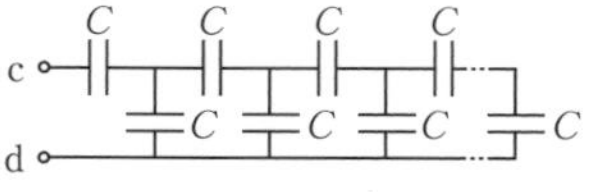

問題 2-8 ▼コンデンサーの接続（2）

$2.0\,\mu$F，$3.0\,\mu$F，$5.0\,\mu$F の 3 種類のキャパシターでブリッジ回路を組み，端子 a，b に 15.0 V の電圧をかけるとき，中央のキャパシター C に蓄えられる電荷を求めよ．初期電荷はないものとする．

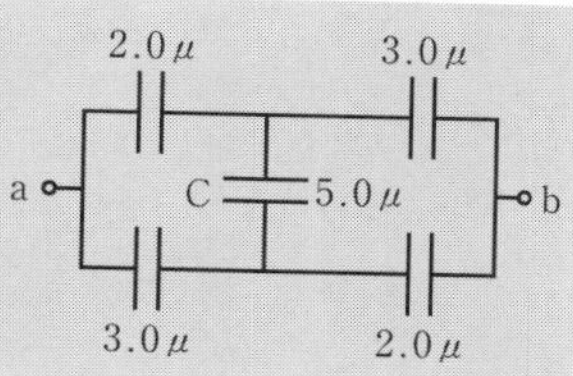

●考え方●

合成容量公式を直接に使うことはできない．回路線で結ばれている領域は，「導体内部は等電位」という原則が適用される．

解答

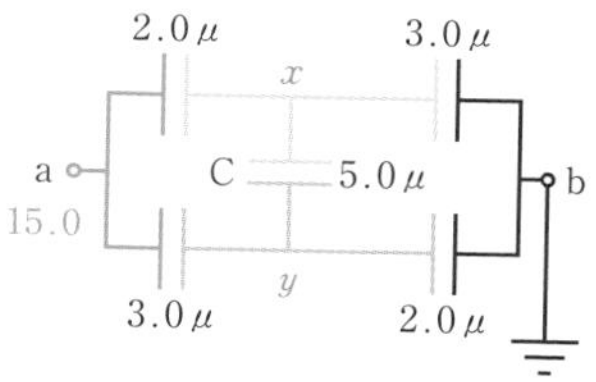

$5.0\,\mu$F のキャパシターの上極板の電位を x〔V〕，下極板の電位を y〔V〕とする．電位 x〔V〕の領域の電荷保存則より，

$$3.0\mu(x-0)\ ㋐ + 5.0\mu(x-y)\ ㋐ + 2.0\mu(x-15.0)\ ㋐ = 0 \quad \cdots①$$

電位 y〔V〕の領域の電荷保存則より，

$$2.0\mu(y-0)\ ㋐ + 5.0\mu(y-x)\ ㋐ + 3.0\mu(y-15.0)\ ㋐ = 0 \quad \cdots②$$

①，②式より，$x = 7.0$ V，$y = 8.0$ V

これより，キャパシター C に蓄えられる電荷は，

$$Q = |5.0\mu(x-y)| = 5.0\,\mu\text{C}$$ 答

ポイント

㋐ キャパシターのある極板に蓄えられる電荷は，その極板から見た向かいの極板の電位降下量に電気容量をかけることで得られる．

別解　回路の対称性より，図のように，各キャパシターの電荷を Q_1, Q_2, Q_3〔C〕とおくと，電荷保存則より，

$$-Q_1 + Q_2 + Q_3 = 0 \quad \cdots③$$

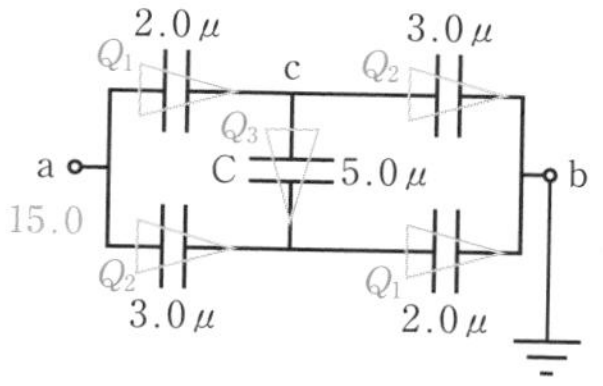

c 点の電位を 2 通りに表して，

$$\frac{Q_1}{2.0\mu} + \frac{Q_3}{5.0\mu} = \frac{Q_2}{3.0\mu} \quad \cdots④$$

a 点の電位が，15.0 V より，

$$\frac{Q_1}{2.0\mu} + \frac{Q_2}{3.0\mu} = 15.0 \quad \cdots⑤$$

③,④,⑤式より，$Q_1 = 16$〔μC〕，$Q_2 = 21$〔μC〕，$Q_3 = -5$〔μC〕となる．

練習問題　2-8

解答 p. 240

$1\,\mu$F のキャパシター 3 個と，$2\,\mu$F のキャパシター 5 個を用いた図のようなキャパシター回路がある．端子 a，b 間の合成容量を求めよ．初期電荷は 0 とする．

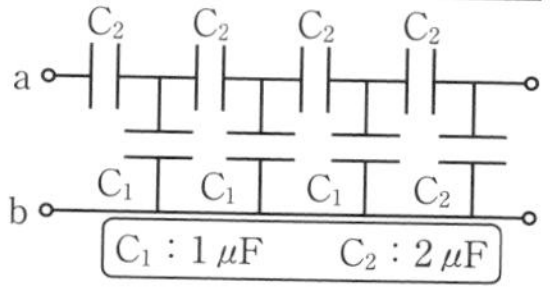

問題 2-9 ▼4つの点電荷がつくる静電エネルギー

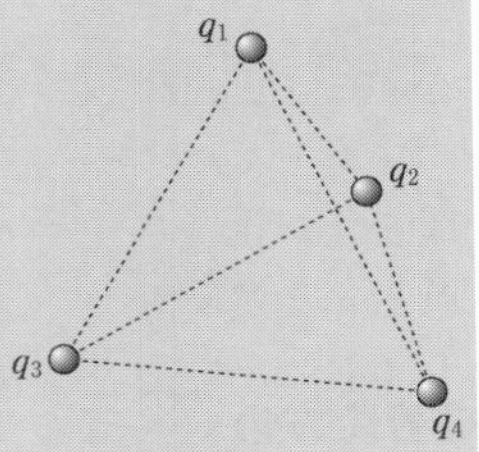

1辺の長さが a の正四面体の頂点に，点電荷 q_1，q_2，q_3，q_4 を固定した．

(1) 静電エネルギー U_e を求めよ．

(2) $q_1 = q$，$q_2 = 2q$，$q_3 = 3q$ のときに，この静電エネルギーが0となるように q_4 を定めよ．

●考え方●

点電荷群のつくる静電エネルギーの式(2-11)を用いる．

解答

(1) 静電エネルギーの式(2-11)より，

$$U_e = \frac{1}{4\pi\varepsilon_0}\sum_{i<j}^{n}\frac{q_iq_j}{r_{ij}}$$

$$= \frac{1}{4\pi\varepsilon_0}\left(\frac{q_1q_2}{a} + \frac{q_1q_3}{a} + \frac{q_1q_4}{a} + \frac{q_2q_3}{a} + \frac{q_2q_4}{a} + \frac{q_3q_4}{a}\right)$$

$$= \frac{1}{4\pi\varepsilon_0 a}(q_1q_2 + q_1q_3 + q_1q_4 + q_2q_3 + q_2q_4 + q_3q_4)$$ 答

(2) $q_1 = q$，$q_2 = 2q$，$q_3 = 3q$ のとき

$$U_e = \frac{1}{4\pi\varepsilon_0 a}(2q^2 + 3q^2 + qq_4 + 6q^2 + 2qq_4 + 3qq_4) = \frac{1}{4\pi\varepsilon_0 a}q(11q + 6q_4)$$

だから，

$$U_e = 0 \quad \Leftrightarrow \quad q_4 = -\frac{11}{6}q$$ 答

Memo　トムソンの定理

導体系に電荷を与えると，電荷は互いに静電気力を及ぼし合いながら導体内を移動して，最終的には静電エネルギー U が最小値をもつ電荷分布に落ち着く．例えば，導体球に4個の同じ電荷をもつ点電荷を帯電させると，静電エネルギー最小の条件を満たす配置は，4つの電荷が導体表面上にあり，正四面体の頂点の位置の分布する場合であることが示せる．

練習問題　2-9　解答 p. 240

帯電も接地もされていない半径 R の導体球がある．点電荷 $q(>0)$ を無限遠方から，導体球の中心Oから d の距離にある点まで運ぶのに要する仕事を求めよ．静電誘導の効果は無視できないことに注意せよ．

問題 2-⑩ ▼球形キャパシターの静電エネルギー

球形キャパシターの導体球の半径を a，球殻の半径を $b(>a)$ とし，導体球に電荷 Q を帯電させ，球殻を接地した．このときの静電エネルギーを次の方法で求めよ．

(1)　(2-8)式を(2-16)式に適用する．

(2)　帯電していない状態から始めて，球殻から導体球までわずかずつ電荷 Q を運ぶ仕事を計算する．

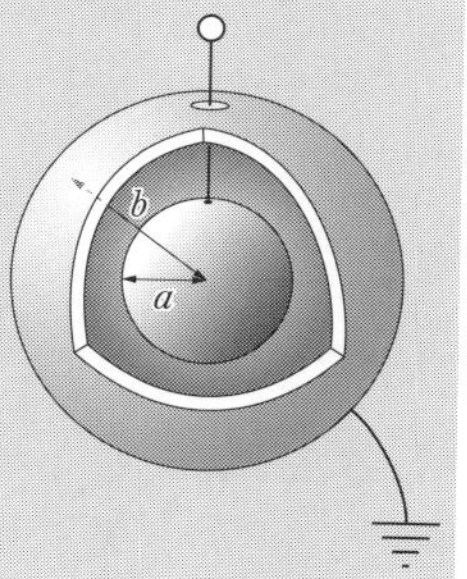

●考え方●

・球形キャパシターの電気容量の式を利用する．

・電荷を $q \to q + dq$ と変化させるのに必要な仕事を求め，その総和をとる．

解答

(1)　球形キャパシターの容量は，(2-8)式より，

$$C = \frac{4\pi\varepsilon_0 ab}{b-a}$$

キャパシターの静電エネルギーの式(2-16)より，

$$U = \frac{Q^2}{2C} = \frac{Q^2}{2\left(\dfrac{4\pi\varepsilon_0 ab}{b-a}\right)} = \frac{Q^2}{8\pi\varepsilon_0}\left(\frac{1}{a} - \frac{1}{b}\right)$$ 答

(2)　電荷を $q \to q + dq$ と変化させる仕事 dw は，

$$dw = \{\phi(a) - \phi(b)\}dq = \left\{\frac{q}{4\pi\varepsilon_0}\left(\frac{1}{a} - \frac{1}{b}\right) - 0\right\}dq$$ ㋐

電荷を $0 \to Q$ と変化させるのに必要な仕事 W は，

$$W = \int_0^Q dw = \int_0^Q \frac{q}{4\pi\varepsilon_0}\left(\frac{1}{a} - \frac{1}{b}\right)dq = \frac{Q^2}{8\pi\varepsilon_0}\left(\frac{1}{a} - \frac{1}{b}\right)$$ 答

ポイント

㋐ 導体球と球殻の間には，点電荷の周りにできる電場と同じものができるので，点電荷のつくる電位の式が使える．

練習問題　2-10　解答 p. 241

電気容量 C_1 のキャパシターに電荷 Q_1 を，電気容量 C_2 のキャパシターに電荷 Q_2 を蓄える．その後，

ｉ）正極どうしと負極どうしを接続する．ⅱ）反対符号極どうしを接続する．という操作をした．ｉ），ⅱ）で，定常状態になった後の静電エネルギーを求め，接続前と比較せよ．

問題 2-11 ▼一様な球状電荷のもつエネルギー

半径 a の球の内部に電荷 Q が一様に分布しているとき，静電場のエネルギーを求めよ（問題 1-8 で扱った一様な球状電荷がつくる電場を参照せよ）．

●考え方●

静電場のエネルギー密度を表す(2-17)式を適用する．

解答

問題 1-8 の結果より，帯電球体の内外の電場はそれぞれ，

$$E_{\rm in}=\frac{Qr}{4\pi\varepsilon_0 a^3},\qquad E_{\rm out}=\frac{Q}{4\pi\varepsilon_0 r^2}$$

電場の分布は球の中心に関して球対称だから，静電場のエネルギーは，

$$\underbrace{U=\iiint\frac{1}{2}\varepsilon_0 E^2 dV}_{㋐}=\frac{\varepsilon_0}{2}\int E^2(r)\cdot 4\pi r^2 dr$$

のように，距離 r に関しての積分に帰着する．

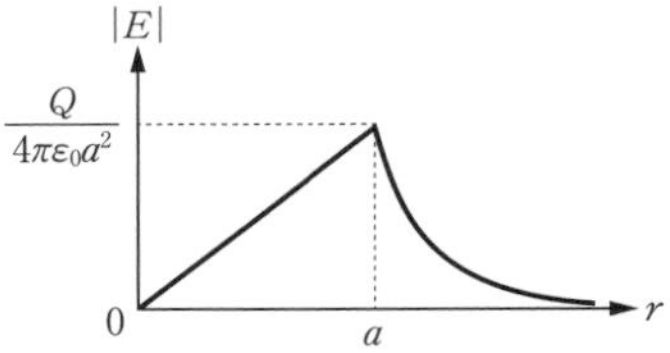

$$\begin{aligned}U&=\iiint\frac{1}{2}\varepsilon_0 E^2 dV\\&=\frac{\varepsilon_0}{2}\int_0^a E_{\rm in}^2\cdot 4\pi r^2 dr+\frac{\varepsilon_0}{2}\int_0^\infty E_{\rm out}^2\cdot 4\pi r^2 dr\\&=\frac{\varepsilon_0}{2}\int_0^a\left(\frac{Qr}{4\pi\varepsilon_0 a^3}\right)^2\cdot 4\pi r^2 dr+\frac{\varepsilon_0}{2}\int_0^\infty\left(\frac{Q}{4\pi\varepsilon_0 r^2}\right)^2\cdot 4\pi r^2 dr\\&=\frac{1}{8\pi\varepsilon_0}\left(\frac{Q}{a^3}\right)^2\int_0^a r^4 dr+\frac{Q^2}{8\pi\varepsilon_0}\int_0^\infty\frac{1}{r^2}dr\\&=\frac{1}{8\pi\varepsilon_0}\left(\frac{Q}{a^3}\right)^2\frac{1}{5}a^5+\frac{Q^2}{8\pi\varepsilon_0}\left[-\frac{1}{r}\right]_a^\infty=\underbrace{\frac{Q^2}{8\pi\varepsilon_0 a}\left(\frac{1}{5}\right.}_{㋑}\left.+1\right)=\frac{3Q^2}{20\pi\varepsilon_0 a}\end{aligned}$$

答

ポイント

㋐ 静電エネルギーは電場に蓄えられている．電場を用いたエネルギー密度の式を利用する．

㋑ 球の外の電場の 1/5 が球体内部に染み込んでいることがわかる．

練習問題 2-11

解答 p. 241

測定によると，地球表面には，地球中心に向かう強さ 100〔V/m〕の電場がある．地表に分布する電荷の総量を求めよ．また，地表付近の電場のエネルギー密度を求めよ．地球の半径 6400〔km〕，空気の誘電率 8.9×10^{-12}〔F/m〕とせよ．

問題 2-12 ▼誘電体球殻で囲まれた導体球

半径 a の導体球を，誘電率 ε，外径 $b(>a)$ の誘電体殻で包み込み，導体球に電荷 Q_0 を与えた．導体球の中心からの距離を r で表す．

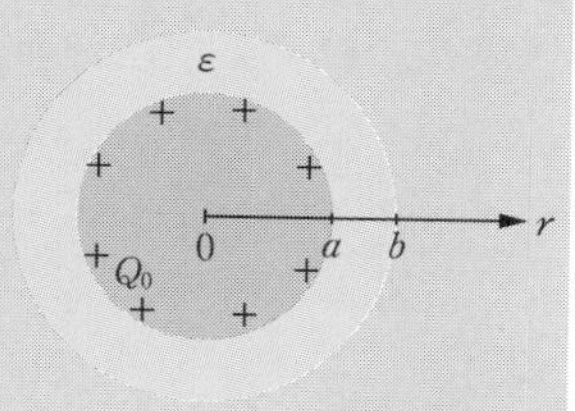

(1)　i）$0<r<a$,　ii）$a<r<b$,　iii）$b<r$ のそれぞれで，電場の強さ $E(r)$ を求めよ．

(2)　i），ii），iii）それぞれで，電位 $\phi(r)$ を求めよ．ただし，無限遠を基準とする．

●考え方●

電束密度に関してのガウスの法則と，電場と電束密度の関係を利用する．

解答

電束密度に関してのガウスの法則(2-20)より，

$$4\pi r^2 D(r)=Q_0 \ ㋐ \qquad \therefore\ D(r)=\frac{Q_0}{4\pi r^2}$$

(1)　電場 i）$0<r<a$ のとき，導体内部には電場はないので，$E(r)=0$　答

(2-25)式より，

ii）$a<r<b$：　$E(r)=\dfrac{D(r)}{\varepsilon}=\dfrac{Q_0}{4\pi\varepsilon r^2}$　答

iii）$b<r$：　$E(r)=\dfrac{D(r)}{\varepsilon_0}=\dfrac{Q_0}{4\pi\varepsilon_0 r^2}$　答

(2)　電位　電場と電位の関係は，$E(r)=-\dfrac{d\phi}{dr} \Leftrightarrow \phi=-\displaystyle\int_\infty^r E(r)dr$ ㋑ より，

iii）$b<r$：$\phi_{\text{iii}}(r)=-\displaystyle\int_\infty^b \frac{Q_0}{4\pi\varepsilon_0 r^2}dr=\frac{Q_0}{4\pi\varepsilon_0}\frac{1}{r}$　答

ii）$a<r<b$：$\phi_{\text{ii}}(r)=-\displaystyle\int_b^r \frac{Q_0}{4\pi\varepsilon r^2}dr+\phi_{\text{iii}}(b)$ ㋒ $=\dfrac{Q_0}{4\pi\varepsilon}\dfrac{1}{r}+\dfrac{Q_0}{4\pi b}\left(\dfrac{1}{\varepsilon_0}-\dfrac{1}{\varepsilon}\right)$　答

i）$0<r<a$：$\phi_{\text{i}}(r)=\phi_{\text{ii}}(a)=\dfrac{Q_0}{4\pi a}\dfrac{1}{\varepsilon}+\dfrac{Q_0}{4\pi b}\left(\dfrac{1}{\varepsilon_0}-\dfrac{1}{\varepsilon}\right)$　答

ポイント

㋐ この関係は，i），ii），iii）の全領域に有効である．

㋑ 電位は電場の定積分で定義されている．

㋒ 電位を境界で連続にするための積分定数．

練習問題　2-12　解答 p. 241

上の 問題 2-12で，誘電体中の分極ベクトルの大きさ $P(r)$ を求め，誘電体表面の分極電荷の大きさを求めよ．

問題 2-⑬ ▼誘電体中の導体球

誘電率 ε の無限に広い誘電体中におかれた半径 a の導体球を電位 ϕ_0 に保った．このとき，

(1) 導体球の中心からの距離 $r(>a)$ の位置での電場，および球上の真電荷 Q を求めよ．

(2) 導体球の中心からの距離 $r(>a)$ の位置での電束密度，および真電荷 Q に接する誘電体表面の電荷密度 σ' を求めよ．

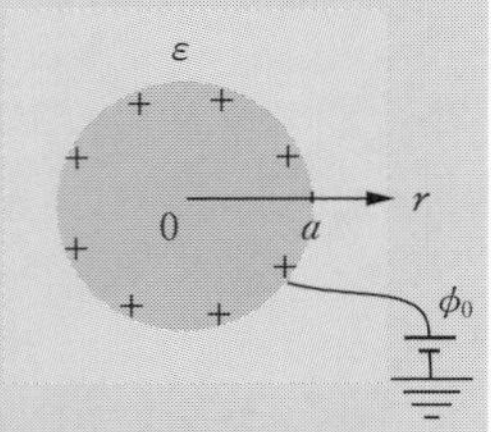

●考え方●

電場の球対称性，および $\boldsymbol{D} = \varepsilon_0\boldsymbol{E} + \boldsymbol{P} = \varepsilon\boldsymbol{E}$ …① に着目する．

解答

(1) 電場の球対称性，およびガウスの法則より，電位は $\dfrac{1}{r}$ に比例する．㋐ $r = a$ での電位が ϕ_0 より，

$$\phi(r) = \frac{a}{r}\phi_0$$

$$\therefore\ E(r) = -\frac{d}{dr}\phi(r) = \frac{a}{r^2}\phi_0 \quad \text{答} \quad \cdots②$$

電束密度に関するガウスの法則より，

$$D(r)\cdot 4\pi r^2 = Q \qquad \therefore\ D(r) = \frac{Q}{4\pi r^2} \quad \cdots③$$

②，③式より，

$$D(a) = \varepsilon E(a) \quad \Leftrightarrow \quad \frac{Q}{4\pi a^2} = \varepsilon\frac{\phi_0}{a}$$

$$\therefore\ Q = 4\pi\varepsilon a\phi_0 \quad \text{答} \quad \cdots④$$

(2) ④式を③式に代入して，$D(r) = \dfrac{\varepsilon a}{r^2}\phi_0$ 答

誘電分極による表面電荷密度 σ' は，

$$\sigma' = \boldsymbol{P}\cdot\boldsymbol{n} = -P(a) = \varepsilon_0 E(a) - D(a)$$ ㋑

$$= -(\varepsilon - \varepsilon_0)E(a) = -(\varepsilon - \varepsilon_0)\frac{\phi_0}{a} \quad \text{答}$$

ポイント

㋐ 電束密度が r の 2 乗に反比例するので，電場も同様である．そのため，電位も r に反比例することが分かる．

㋑ 分極ベクトルは法線ベクトルとは逆向きである．

練習問題 2-13 解答 p. 241

誘電率 ε の無限に広い誘電体中におかれた点電荷 Q が周囲につくる電場の強さと電束密度を求めよ．

問題 2-14 ▼誘電体を詰めた平行板キャパシター

面積 S，極板間隔 d のキャパシターに，次の(A)，(B)のように，誘電率 ε_1，ε_2 の誘電体を挿入した．電池に接続して $+Q$，$-Q$ の電荷を与えたとき，それぞれの誘電体中の電場の強さ E_1，E_2，およびキャパシターの電気容量 C_A，C_B を求めよ．

(A)

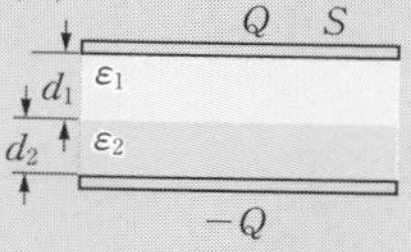

(B)

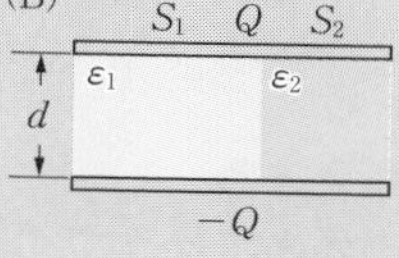

●考え方●

それぞれ，誘電体を詰めた平行板キャパシターの，直列および並列接続とみなせる．

解答

$$E = \frac{D}{\varepsilon} = \frac{Q/S}{\varepsilon} = \frac{Q}{\varepsilon S}$$ より，㋐

(A)　$E_1 = \dfrac{Q}{\varepsilon_1 S}$ 答，　$E_2 = \dfrac{Q}{\varepsilon_2 S}$ 答

$$V_A = E_1 d_1 + E_2 d_2 = \left(\frac{d_1}{\varepsilon_1 S} + \frac{d_2}{\varepsilon_2 S}\right)Q \Rightarrow C_A = \frac{Q}{V_A} = \frac{\varepsilon_1\varepsilon_2 S}{\varepsilon_1 d_2 + \varepsilon_2 d_1}$$ 答

(B)　S_1，S_2 上の電荷をそれぞれ q_1，q_2 とすると，

$$E_1 = \frac{q_1}{\varepsilon_1 S_1},\ E_2 = \frac{q_2}{\varepsilon_2 S_2} \quad \cdots ①　\qquad q_1 + q_2 = Q\ (電荷保存則) \quad \cdots ②$$

・電位差 V_B は，

$$V_B = E_1 d = E_2 d \quad \cdots ③$$ ㋑

・①，②，③式より，

$$Q = q_1 + q_2 = \varepsilon_1 S_1 E_1 + \varepsilon_2 S_2 E_2 = \left(\frac{\varepsilon_1 S_1}{d} + \frac{\varepsilon_2 S_2}{d}\right)V_B$$

$$\Rightarrow C_B = \frac{Q}{V_B} = \frac{\varepsilon_1 S_1}{d} + \frac{\varepsilon_2 S_2}{d}$$ 答

$$E_1 = E_2 = \frac{V_B}{d} = \frac{Q}{\varepsilon_1 S_1 + \varepsilon_2 S_2}$$ 答

ポイント

㋐ 電束密度に関するガウスの法則を適用する．

㋑ 電場は電位の勾配である．

練習問題　2-14

解答 p. 242

上の結果は，キャパシターの直列および並列接続とみなせる．合成容量の公式に当てはめた結果と一致していることを確かめよ．

問題 2-⑮ ▼誘電体を詰めた円筒形キャパシター

内径が a, 外径が c, 長さが l の円筒形のキャパシターの中に，その中心軸から半径 $b(a < b < c)$ の円筒を境として，その内側に誘電率 ε_1, 外側に誘電率 ε_2 の誘電体をつめた場合の電気容量を求めよ．

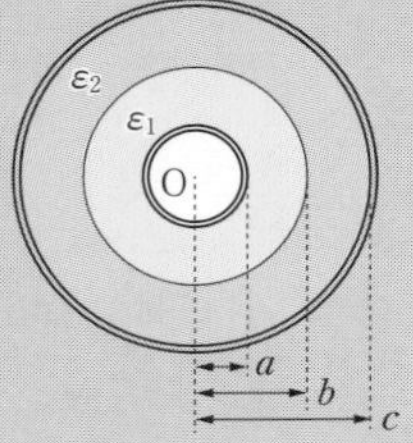

●考え方●

誘電体の境界面で，電束の半径方向成分は連続であることに注意し，電束密度に関するガウスの法則を用いる．

解答

電極板に単位長さあたり λ の電荷を与えると，電束は円の中心から放射状に分布し，その大きさは半径 r のみに依存し，$D(r)$ とする．半径 $r(a < r < c)$ の円筒面について，電束密度に関するガウスの法則より，

$$2\pi rl\cdot D(r) = \lambda l \qquad \therefore\ D(r) = \frac{\lambda}{2\pi r}$$

それぞれの誘電体中での電場の強さ E_1, E_2 は，

$$E_1(r) = \frac{D(r)}{\varepsilon_1} = \frac{\lambda}{2\pi\varepsilon_1 r}, \quad E_2(r) = \frac{D(r)}{\varepsilon_2} = \frac{\lambda}{2\pi\varepsilon_2 r}$$

電位は電場を r で積分して得られるので，誘電体中での電位 ϕ_1, ϕ_2 は，

$$\phi_1(r) = \int E_1(r)dr = \frac{\lambda}{2\pi\varepsilon_1}\ln r + C_1, \quad \phi_2(r) = \int E_2(r)dr = \frac{\lambda}{2\pi\varepsilon_2}\ln r + C_2$$

ここで C_1, C_2 は積分定数である．電位の連続条件，$\phi_1(b) = \phi_2(b)$ より，

$$\frac{\lambda}{2\pi\varepsilon_1}\ln b + C_1 = \frac{\lambda}{2\pi\varepsilon_2}\ln b + C_2 \qquad \therefore\ C_2 - C_1 = \frac{\lambda\ln b}{2\pi}\left(\frac{1}{\varepsilon_1} - \frac{1}{\varepsilon_2}\right)$$

これより電気容量は，

$$C = \frac{\lambda l}{|\phi_2(c) - \phi_1(a)|} = \frac{\lambda l}{\left|\frac{\lambda}{2\pi}\frac{\ln c}{\varepsilon_2} - \frac{\lambda}{2\pi}\frac{\ln a}{\varepsilon_1} + (C_2 - C_1)\right|} = \frac{2\pi l}{\frac{1}{\varepsilon_1}\ln(b/a) + \frac{1}{\varepsilon_2}\ln(c/b)}$$ 答

練習問題　2-15

解答 p. 242

上のキャパシターで，右図のように，極板間に，円筒の軸を含む面を境界面とするように誘電体を詰めた場合の合成容量を求めよ．

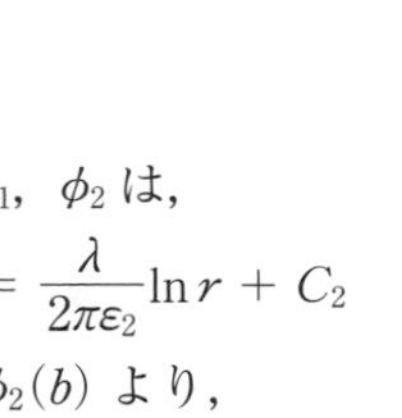

問題 2-16 ▼誘電体板内の分極

誘電率 ε で厚さが一定の誘電体板を真空中に置き，その表面の法線に対して角度 θ_0 をなす向きに一様な電場 $\boldsymbol{E}_0$ をかけた．

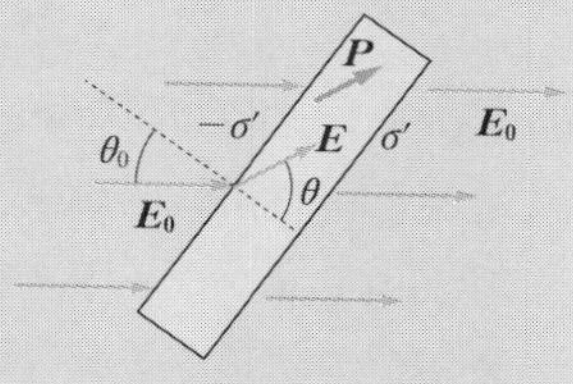

(1) 誘電体中の電場 $\boldsymbol{E}$，および分極 $\boldsymbol{P}$ を求めよ．

(2) 表面に現れる分極電荷面密度 σ' を求めよ．

●考え方●

$\boldsymbol{D} = \varepsilon_0\boldsymbol{E} + \boldsymbol{P} = \varepsilon\boldsymbol{E}$，および誘電体表面の $\boldsymbol{E}$，$\boldsymbol{D}$ の境界条件に着目する．

解答

(1) 誘電体表面で $\boldsymbol{E}$ の面に平行な成分，および $\boldsymbol{D}$ の法線成分が連続より，

$$\begin{cases} E\sin\theta = E_0\sin\theta_0 & \cdots① \\ \varepsilon E\cos\theta = \varepsilon_0 E_0\cos\theta_0 & \cdots② \end{cases}$$

①，②式より，誘電体内電場は，$\tan\theta = \dfrac{\varepsilon}{\varepsilon_0}\tan\theta_0$ 答

を満たす角度 θ の向きで，強さ E は，

$$E^2 = {E_0}^2\left\{\sin^2\theta_0 + \left(\frac{\varepsilon_0}{\varepsilon}\right)^2\cos^2\theta_0\right\} \quad \therefore\ E = E_0\sqrt{\sin^2\theta_0 + \left(\frac{\varepsilon_0}{\varepsilon}\right)^2\cos^2\theta_0}$$ 答

また，分極の定義より，向きは $\boldsymbol{E}$ の向き 答 で，その大きさは，

$$P = (\varepsilon - \varepsilon_0)E_{㋐} = (\varepsilon - \varepsilon_0)E_0\sqrt{\sin^2\theta_0 + \left(\frac{\varepsilon_0}{\varepsilon}\right)^2\cos^2\theta_0}$$ 答

(2) 分極電荷面密度 σ' は，②式を使って，

$$\sigma' = P\cos\theta_{㋑} = (\varepsilon - \varepsilon_0)E\cos\theta = (\varepsilon - \varepsilon_0)\frac{\varepsilon_0}{\varepsilon}E_0\cos\theta_0$$

$$= \varepsilon_0\left(1 - \frac{\varepsilon_0}{\varepsilon}\right)E_0\cos\theta_0$$ 答

ポイント

㋐ 分極ベクトルは電場ベクトルに比例する．

㋑ $\sigma' = \boldsymbol{P}\cdot\boldsymbol{n}$ を用いる．

練習問題　2-16

解答 p. 242

強さ P で一様に分極している誘電体内に，球形の空隙をつくる．その内面に現れた分極電荷によって球形内部にどのような電場ができるか．

column2 ◆エルステッド

デンマークの物理学者，化学者である．電流が磁場をつくる原因となることを発見し，電磁気学が生まれる端緒となった．

1820 年，デンマークのコペンハーゲン大学のエルステッドは，学生を相手にした電流の熱現象を調べる実験の最中に，回路のスイッチが開閉されるたびに，回路線の近くに置いていた方位磁針が，その向きを変える現象に偶然気づいた．

事の重要性を察知したのか，即座に実験を中断し，その後，集中的な研究を開始し，電流の流れる導線の周囲に渦巻き状の磁場（当時はまだこの概念がない）が形成されることを発見した．エルステッドはこの現象について，いろいろ合理的解釈を試みたが成功しなかった．当時知られていた万有引力やクーロン力は全て，距離の二乗に反比例する中心力であった事実との整合性が取れないことに悩んでいた．仕方なく，取り急ぎ「電流の方位磁針に対する作用についての実験」と称したラテン語のパンフレットを学会に公表した．これが電気と磁気の直接的関係を示す最初の証拠となった．発表したこの実験レポートは，瞬く間にヨーロッパ中の研究者に知れ渡り，多くの追実験が行われ，新しい電磁気学の発展のうねりが始まった．

彼の肖像はデンマークの旧 100 クローネ紙幣に採用されていたし，コペンハーゲン大学の建物や，1999 年に打ち上げられたデンマーク初の人工衛星にもその名が記された．今日，風力発電を中心に世界 10 カ国以上で事業を展開しているデンマークの国際的な電力会社オーステッドも，その社名は物理学者エルステッドにあやかってつけられた名前である．偉大な科学者として今日でも国民的人気を博している．

ハンス・クリスティアン・エルステッド（デンマーク）
1777 年～1851 年

Chapter 3

電流と磁場

静止した電荷は周りの空間に電場をつくり，他の電荷に対しクーロン力を及ぼす．電荷が運動を開始すると，空間には電場とは異なる磁場という新たな場も加わる．磁場は，運動中の電荷のみにローレンツ力という不思議な力を及ぼす．このように磁場は，運動する電荷によって生み出され，運動する電荷によってのみ感知される．この「静」と「動」の電荷が織りなす空間の場のドラマを覗いてみよう．

1 電流と磁気
2 電流が磁場から受ける力
3 ローレンツ力
4 静磁場の基本法則
5 磁性体

基本事項

1 電流と磁気（問題 3-1, 2, 3）

❶ 電流

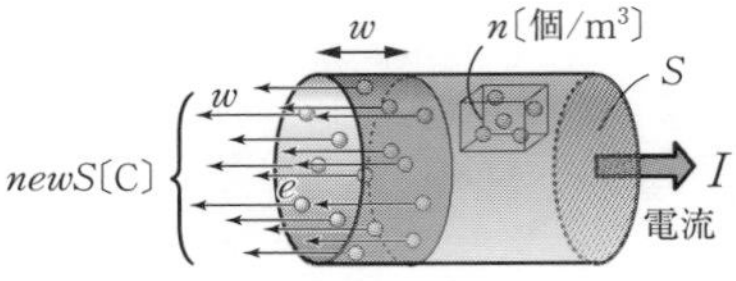

図 3-1-1

自由電子やイオンなどの荷電粒子の集団の巨視的な移動を**電流**という．その大きさは，ある断面を毎秒通過する電気量で定義され，その単位は〔C/s〕であり，これを〔A〕（アンペア）と略記する．図 3-1-1 のように，断面積 S〔m^2〕の導線を，電荷 $-e$〔C〕で密度 n〔個/m^3〕の電子群が平均速度 w〔m/s〕で通過するときの電流 I は，

$$I = newS \text{〔A〕}^{*1} \tag{3-1}$$

となる．向きは電子の移動速度とは逆向きになる．

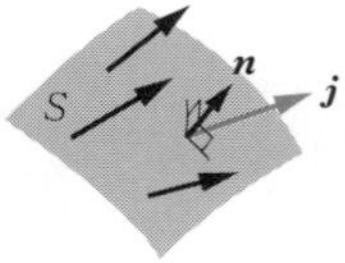

図 3-1-2

さらに，電流が不均一の場合，**電流密度**（単位面積当たりの電流）を導入し，ベクトル $\boldsymbol{j}$ と記す．電流密度は一般には場所と時間の関数となり，ベクトル場をなす．ある曲面を通過する電流 I は，電流密度 $\boldsymbol{j}$ の流束（flux）として再定義される．

$$I = \iint_S \boldsymbol{j} \cdot d\boldsymbol{A} \text{〔A〕} \tag{3-2}$$

電流が流れる原因は電場であり，電流密度はその場所の電場に比例する（しない場合もあるが，ここでは扱わない）．この比例係数を σ と書き，**電気伝導率**とよぶ．

$$\boldsymbol{j}(\boldsymbol{r}) = \sigma \boldsymbol{E}(\boldsymbol{r}) \tag{3-3}$$

電流密度が時間に依存しないときを**定常電流**という．この章では，原則，定常電流を扱う．

（3-1）～（3-3）式より，w は E に比例する．この比例定数を**易動度**とよび，μ で表す．

$$w = \mu E \tag{3-4}$$

長さ l で断面積 S の均一な導線に沿った方向の電位降下（電圧）を V とすると，電場は電位の勾配だから，導線の電流の強さ I は，

[*1]「電流を表す news 公式」だから，「電光ニュース」とでも覚えるとよい．

$$I = jS = \sigma ES = \sigma \frac{V}{l} S = \sigma \frac{S}{l} V \propto V$$

となり，電位降下(電圧) V に比例する．

比例係数を $\dfrac{1}{R}$ と書くと，

$$\frac{1}{R} = \frac{\sigma S}{l} \tag{3-5}$$

$$V = IR \tag{3-6}$$

(3-6)式は経験則で**オームの法則**といい，R は**電気抵抗**と呼ばれる定数であり，電気の通しにくさを表す．電気抵抗の単位は〔V/A〕で，これを〔Ω〕(オーム)と略記する．また，σ の逆数を**抵抗率**といい，ρ〔Ω·m〕で表す．

これより，

$$R = \rho \frac{l}{S} \tag{3-7}$$

抵抗率は，物質ごとに異なる値をもつが，温度にも依存する．

❷ 磁気の研究

英国のギルバートは球形磁石(図 3-1-3)を作成し，航海で得られた地磁気データと比較し，地球が巨大な磁石であることを突き止めた．磁石を切断しても単磁極の磁石にはならないなどの発見を 1600 年に出版した『磁石論』に記し，電気と磁気は異なるものであるとの立場をとった．

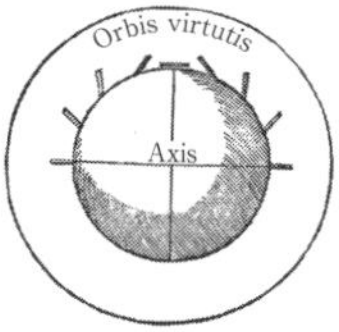

図 3-1-3

❸ エルステッドの発見

1820 年にデンマークのエルステッドは電流の発熱実験の最中に，導線のそばに置かれていた方位磁針が，回路のスイッチの切り替えに連動してわずかに動くことに気づいた(図 3-1-4)．電気と磁気が相互作用をもつことが偶然発見された瞬間であった．この発見は世界中の科学者の関心を引き，多くの追試実験がなされた．その中に，イギリスのファラデーやフランスのアンペールがいた．

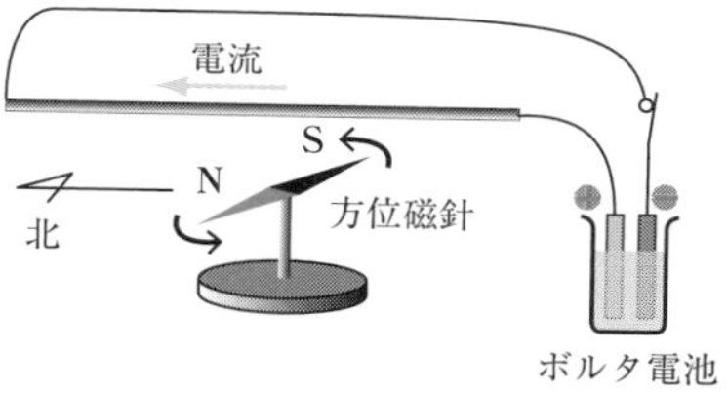

図 3-1-4

❹ 磁力線

磁気現象の研究において，ファラデー(英)は，紙の上に鉄粉を撒き，その模様を観測する手法をとった．ファラデーには，この線が一種の弾性力をもった紐のように感じられ，この線を「Lines of force 力(を伝える)線」とよんだ．

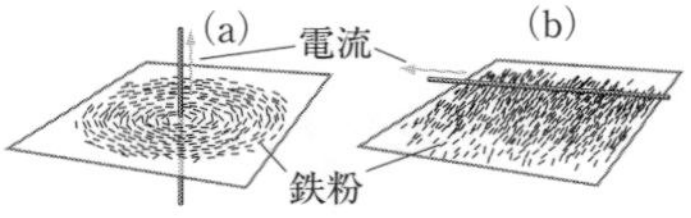

図 3-1-5

1820 年，エルステッドの発表を受け，ファラデーは電流の近くの鉄粉の様子を観測した．その結果は図 3-1-5 のようになった．(a)は，電流に垂直な面内での鉄粉の分布を，(b)は，電流に平行な面内での鉄粉の分布を示す．これより，電流の周りに同心円状の力線が分布することを理解した．

2 電流が磁場から受ける力（問題 3-4, 5, 6）

❶ アンペールの力

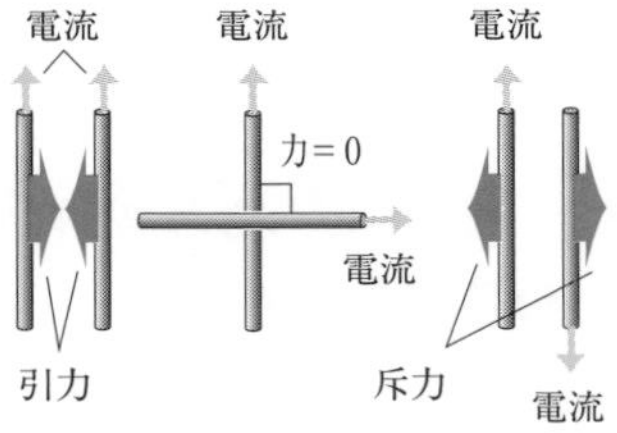

図 3-2-1

アンペール(仏)はエルステッドの発見を受け，磁気の原因は電流にあると考え，磁石の近くに電流を置くと力を受けること，電流同士の間にも力が作用することなどを実験で確認した．図 3-2-1 に示すように，2 本の平行な直線電流について，電流が同じ向きの場合引力になり，反対向きの場合斥力になること，また，電流がねじれの位置にあると力がはたらかないなどの事実を発見し，従来の遠隔力とは性格の異なるものであることを示した．距離 r〔m〕離れた長い 2 本の直線電流 I_1, I_2〔A〕間には，長さ l〔m〕あたり，

$$F = k\frac{lI_1I_2}{r}\text{〔N〕}$$

の力 F〔N〕がはたらき，電流の単位を〔A〕(アンペア)にとると，比例定数は，$k = 2 \times 10^{-7}$〔N/A^2〕となる．

$$k = \frac{\mu_0}{2\pi}\text{〔N/A}^2\text{〕} \quad \Leftrightarrow \quad \mu_0 = 2\pi k = 4\pi \times 10^{-7}\text{〔N/A}^2\text{〕} \qquad (3\text{-}8)$$

で定義される**真空の透磁率**とよばれる定数 μ_0 を用いると，

$$F = \frac{\mu_0}{2\pi}\frac{lI_1I_2}{r}\text{〔N〕}^{*2} \qquad (3\text{-}9)$$

となる．電気のクーロンの法則に匹敵する式と捉えることもできる．

*2 この式を利用して，電流の大きさ 1[A] を定義してきたが，2019 年の基本単位系の変更に伴い，1[s] に 1[C] の電荷が通過する電流を 1[A] と再定義された．

さらに，磁場中の電流にはたらく力（**アンペールの力**という）について，緻密な実験を行った．その結果を次の図 3-2-2 に示す．

図のように磁場内に原点および x-y-z 軸をとる．磁場の向きは小磁針の指す向きのことで，$+z$ の向きである．強さ I の電流を流した長さ l の導線を，$+z$ から角度 θ だけ回転させたときの導線にはたらく力の向きと大きさの変化を示している．

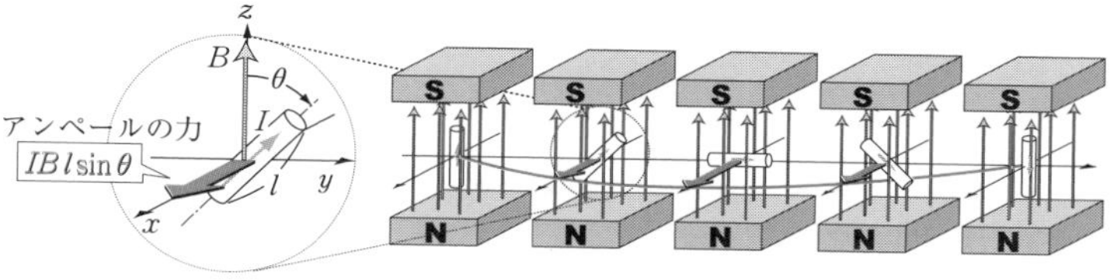

図 3-2-2

この実験の結果をまとめると，

1.　角度 θ の値にかかわらず，力は常に x 軸正の向きとなる．この結果は右ねじの法則と呼ばれ，図 3-2-3 のように，右ねじや右手を使い，力の向きを判断するやり方が伝統的に採用されている．

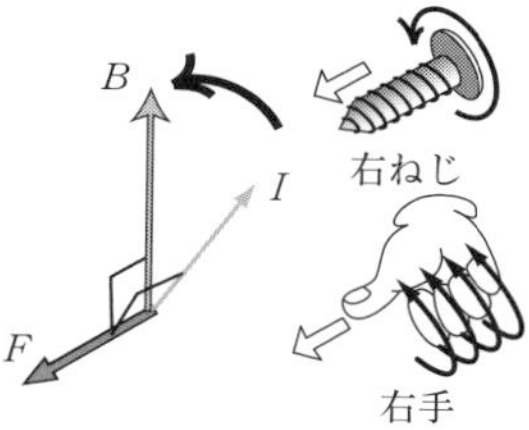

図 3-2-3

2.　力の大きさは，磁場の強さ(仮に B と表す)，電流 I，導線の長さ l，および $\sin\theta$ の積に比例する．

❷ 磁束密度の定義

1〔C〕あたりに作用する力で，その場所の電場の定義としたように，電流に力がはたらくとき，そこに「磁場」があると考え，その力そのものでその場所の磁場とする…とすればスッキリするが，そう単純ではない．まず，電荷の場合は，試験電荷をどの向きに(？)置くかは問題にならないのに対し，「単位試験電流（正式名称ではないが，長さ 1 m で 1 A の電流が流れる導線のこととする)」の場合は，図 3-2-2 に示されるように，どの向きに設置するかで大きさが変化するので，設置の向きについて約束しておく必要がある．磁場の影響が最大に現れる向きに置くのが測定上好ましいので，測定場所の磁場の向きを方位磁針で

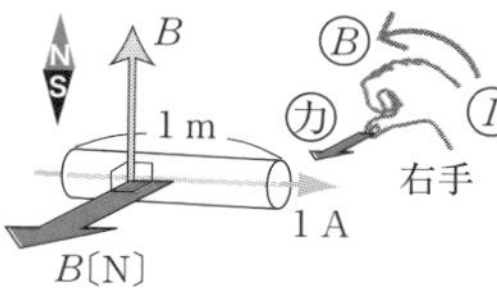

図 3-2-4

決定し，その向きに直角に置いた単位試験電流に加わる力の大きさでその場所の磁場の強さを定義する．この手順で決められた磁場を**磁束密度**といい，改めて文字 $\boldsymbol{B}$ で表す．すなわち，$\boldsymbol{F}$ は $\boldsymbol{I}$ と $\boldsymbol{B}$ のベクトル積で表され，

$$\boldsymbol{F} = l\boldsymbol{I} \times \boldsymbol{B} \tag{3-10}$$

磁束密度の単位は〔N/(A·m)〕となり，これを〔T〕(**テスラ**)ともいう．

(3-9)式を，$F = lI_2 \times \dfrac{\mu_0 I_1}{2\pi r}$ と変形し(3-10)式と比較すると，直線電流 I_1 が距離 r の位置につくる磁束密度 $\boldsymbol{B}$ の大きさは，次のように読み取れる．

$$B = \frac{\mu_0 I_1}{2\pi r}\text{〔T〕} \tag{3-11}$$

例 1 A の電流から 1 m 離れた場所での磁束密度は，$B = \dfrac{\mu_0}{2\pi} = 2 \times 10^{-7}$〔T〕$= 200$〔nT〕．日本における地磁気の強さは～30000〔nT〕だから，150 分の 1 に過ぎない．

❸ 磁場中の電流にはたらく力

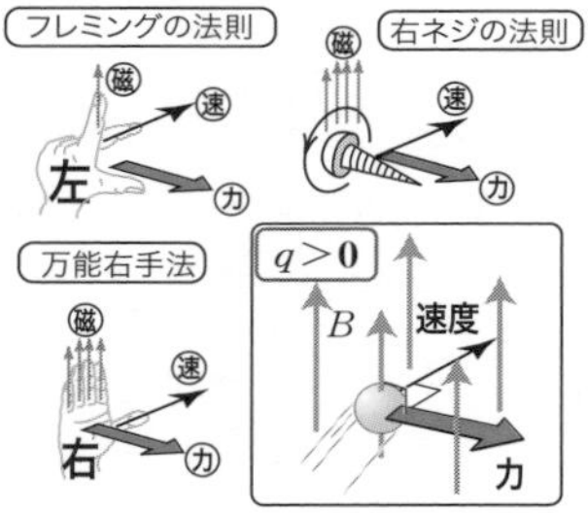

図 3-2-5

(3-10)式より，$\boldsymbol{F}$ は，$\boldsymbol{I}$ と $\boldsymbol{B}$ のベクトル積で与えられることより，$\boldsymbol{F}$ の向きを判断するいろいろな手段がある．個人の好みで選べばよいが，筆者のオススメは，直感と合致し，記憶に頼る割合が少ない「万能右手法」である．親指以外はまっすぐ揃えたまま右手をパッと広げ，平行な 4 本指を磁場の向き(平行磁束線のイメージ)に合わせ，「原因となる動き」に親指を合わせれば，答は手のひらの向きである*3．後述するローレンツ力，導体棒に発生する起電力の判断でも有効である．

正方形コイルに生じるトルク

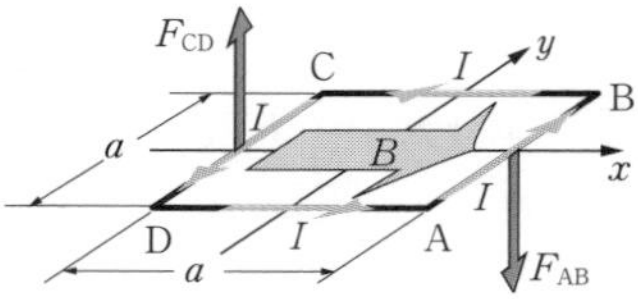

図 3-2-6

図 3-2-6 のように，x 軸正の向きに磁束密度の大きさ B〔T〕の磁場があり，電流 I〔A〕を流した 1 辺の長さが a〔m〕の正方形コイルをその中心を原点と一致させ，各辺を x-y 軸に平行に置く．正方形の各辺にはたらく磁場からの力をそれぞれを $F_{AB}, F_{BC}, \cdots$ とすると，回路全体にかかる力は偶力となり，そのトルク(力のモーメント)$\boldsymbol{N}$ は，

$$\boldsymbol{N} = \frac{a}{2}\hat{\boldsymbol{x}} \times \boldsymbol{F}_{AB} + \left(-\frac{a}{2}\hat{\boldsymbol{x}}\right) \times \boldsymbol{F}_{CD} = -IBa^2(\hat{\boldsymbol{x}} \times \hat{\boldsymbol{z}}) = IBa^2\hat{\boldsymbol{y}}$$

*3 「手のひらの向きで」を「最後に 4 本の指の根元を直角に曲げることで示される向きで」答えを知るというダイナミックなバージョンもお薦めである．

ここで $a^2\hat{\boldsymbol{z}} \Rightarrow \boldsymbol{S}$（面積ベクトル），$B\hat{\boldsymbol{x}} \Rightarrow \boldsymbol{B}$ と略記すると，

$$\boldsymbol{N} = IBa^2(\hat{\boldsymbol{z}} \times \hat{\boldsymbol{x}}) = I(a^2\hat{\boldsymbol{z}}) \times B\hat{\boldsymbol{x}} = I\boldsymbol{S} \times \boldsymbol{B}\text{〔Nm〕} \quad (3\text{-}12)$$

と表される．この式は正方形コイルについて得られたが，微小面積であれば閉ループの形には依存しない（問題 3-6）．$I\boldsymbol{S}$ は電流の流れている回路に固有な物理量であり，**磁気モーメント**とよばれ，文字 $\boldsymbol{m}$ で表されるベクトル量である．

$$\boldsymbol{m} = I\boldsymbol{S} \quad (3\text{-}13)$$

コイルにはたらくトルクは，磁気モーメントを用いてベクトル積で表現できる．

$$\boldsymbol{N} = \boldsymbol{m} \times \boldsymbol{B}\text{〔Nm〕} \quad (3\text{-}14)$$

例 断面積 S の N 回巻きコイルに電流 I が流れているときの磁気モーメントは，$\boldsymbol{m} = NI\boldsymbol{S}$ となる．面積が NS，あるいは電流が NI の 1 巻コイルと考えても同じ結果となる．

3　ローレンツ力（問題 3-7, 8, 9）

❶ ローレンツ力

磁場中の導体棒に電流が流れ始めるとアンペール力がはたらき始める．電流は自由電子の集団移動だから，このことは，荷電粒子の移動が力の原因ではないかと考えられる．実験によると，静磁場中で運動する荷電粒子は磁場から力を受けることが確認され，速度 v〔m/s〕をもつ電荷 q〔C〕が磁束密度 $\boldsymbol{B}$〔T〕から受ける力 $\boldsymbol{F}_{\mathrm{B}}$〔N〕は，

$$\boldsymbol{F}_{\mathrm{B}} = q\boldsymbol{v} \times \boldsymbol{B}\text{〔N〕} \quad (3\text{-}15)$$

となることが知られている．この力をローレンツ力という．

$q > 0$ の場合のローレンツ力の様子を図 3-3-1 の右側に示す．$q < 0$ でも (3-15) 式は成立し，力の向きは逆向きになる．一方，静電場中では，同図左側のように，運動状態に無関係に荷電粒子は電場からクーロン力を受ける．電荷 q〔C〕が電場 $\boldsymbol{E}$〔N/C〕から受けるクーロン力 $\boldsymbol{F}_{\mathrm{E}}$〔N〕は，

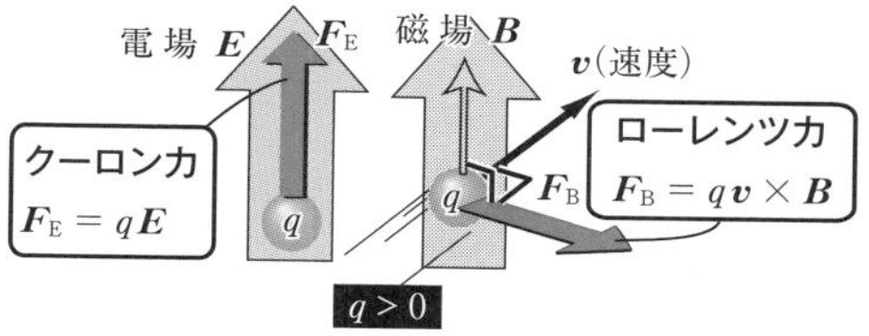

図 3-3-1

$$\boldsymbol{F}_{\mathrm{E}} = q\boldsymbol{E}\text{〔N〕}$$

である．けっきょく，静電磁場中の荷電粒子は，

$$\boldsymbol{F} = \boldsymbol{F}_{\mathrm{E}} + \boldsymbol{F}_{\mathrm{B}} = q(\boldsymbol{E} + \boldsymbol{v} \times \boldsymbol{B})\,〔\mathrm{N}〕 \qquad (3\text{-}16)$$

という力を受ける．これを（広義の）**ローレンツ力**[*4] という．

次に（3-10）式のアンペール力がローレンツ力から導かれることを示そう．

単位体積あたりの自由電子数を n, 自由電子の電荷を $-e$, 平均移動速度を v, 導線の断面積を S とすると，各電子にはたらくローレンツ力の総和をとって，

$$\boldsymbol{F} = n(-e)\boldsymbol{v} \times \boldsymbol{B} \cdot Sl = -ne\boldsymbol{v}Sl \times \boldsymbol{B} = l\boldsymbol{I} \times \boldsymbol{B}\,〔\mathrm{N}〕$$

❷ 電磁場中での荷電粒子の運動

放物運動（一様電場中の運動）

電場中の荷電粒子は常に電場の方向に力を受け，電場から仕事をされるので速さが変化する．特に，一様な電場 $\boldsymbol{E}$ 中の荷電粒子の場合，電場と平行な一定の力を受ける運動だから，地表付近の放射体の運動と同じ放物運動となる．数式で表すと，

$$\boldsymbol{r}(t) = \boldsymbol{v}_0 t + \frac{1}{2}\frac{q\boldsymbol{E}}{m}t^2, \quad \boldsymbol{v}(t) = \frac{d\boldsymbol{r}(t)}{dt} = \boldsymbol{v}_0 + \frac{q\boldsymbol{E}}{m}t$$

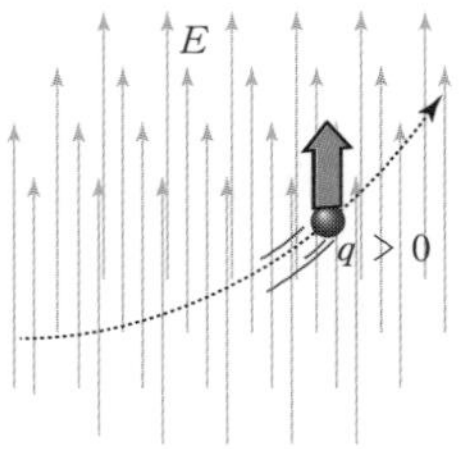

図 3-3-2

らせん運動（一様磁場中の運動）

一様磁場中の荷電粒子には，荷電粒子の速度に直交するローレンツ力がはたらく．z 軸正の向きに磁束密度 $\boldsymbol{B}$ をとり，荷電粒子の速度を，磁場に対して平行な成分 $\boldsymbol{v}_{/\!/}$ と垂直な成分 $\boldsymbol{v}_{\perp}$ に分けると，運動方程式は，

$$m\ddot{\boldsymbol{r}} = q\boldsymbol{v} \times \boldsymbol{B} = q(\boldsymbol{v}_{/\!/} + \boldsymbol{v}_{\perp}) \times \boldsymbol{B} = q\boldsymbol{v}_{\perp} \times \boldsymbol{B} \quad (\because\ \boldsymbol{v}_{/\!/} \times \boldsymbol{B} = \boldsymbol{0})$$

成分で表し，時間で積分すると，C_1, C_2, C_3 を積分定数として

$$\begin{cases} m\dot{v}_x = qv_yB \\ m\dot{v}_y = -qv_xB \\ m\dot{v}_z = 0 \end{cases} \Leftrightarrow \begin{cases} mv_x = qyB + C_1 \ \cdots① \\ mv_y = -qxB + C_2 \ \cdots② \\ mv_z = C_3 \ \cdots③ \end{cases}$$

この式の形より，運動の z 成分は他の成分と独立していて，$v_z = v_{z0}$（初期速度の z 成分で一定）の等速度運動であることがわかる．

次に x-y 面内の運動について調べよう．運動の初期位置を原点に，初速度が x-z 面内になるように座標軸をとり，$t = 0$ で $\boldsymbol{r}(0) = \boldsymbol{0}$, $\boldsymbol{v}(0) = (v_{x0}, 0)$ とする．この初期条件より，$C_1 = mv_{x0}$, $C_2 = 0$ となるので，①，②式は，$\dfrac{qB}{m} \Rightarrow \omega$ とすると，

*4 $\boldsymbol{F}_{\mathrm{B}}$ の部分を狭義の意味でローレンツ力と呼ぶ場合もある．

$$v_x - v_{x0} = \frac{qB}{m}y = \omega y \quad \cdots ①', \qquad v_y = -\frac{qB}{m}x = -\omega x \quad \cdots ②'$$

①′ の両辺を時間で微分して，②′ 式を代入すると，

$$m\ddot{x} = -\omega^2 x$$

これは単振動の運動方程式と一致する．$x_0 > 0$ として，

$$\therefore\ x = x_0 \sin\omega t \qquad \therefore\ v_x = x_0\omega\cos\omega t \quad \cdots ④$$

④式を ①′ 式に代入して，

$$y + \frac{1}{\omega}v_{x0} = x_0\cos\omega t \quad \cdots ⑤$$

④，⑤式より，$x^2 + \left(y + \frac{1}{\omega}v_{x0}\right)^2 = {x_0}^2$ となるが，原点を通ることより，$x_0 = \frac{1}{\omega}v_{x0}$ となり，運動は，$\left(0, -\frac{v_{x0}}{\omega}, 0\right)$ を中心とした，半径 $\frac{v_{x0}}{\omega}$ の等速円運動となる．この磁場中での円運動を**サイクロトロン運動**，その半径を**サイクロトロン半径**，その周期を**サイクロトロン周期**とよぶ．

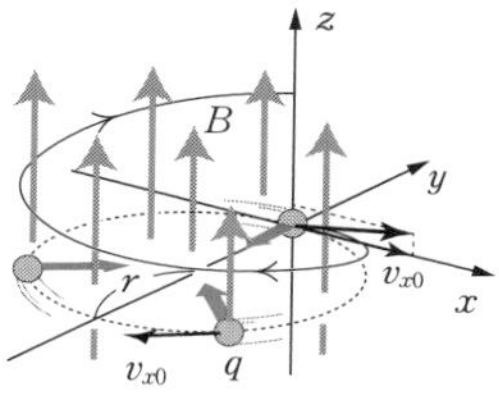

図 3-3-3

$$\text{サイクロトロン半径}：r = \frac{v_{x0}}{\omega} = \frac{mv_{x0}}{qB} \tag{3-17}$$

$$\text{サイクロトロン周期}：T = \frac{2\pi}{\omega} = \frac{2\pi m}{qB} \tag{3-18}$$

サイクロトロン周期は，磁束密度の大きさと比電荷 (q/m) のみに依存し，電荷の速度や軌道の半径とは無関係である．まとめると，一様な磁場中の荷電粒子は，磁場に垂直な面内では等速円運動（サイクロトロン運動）し，磁場に平行な方向は等速度運動となる．合成結果は「らせん運動」になる（図 3-3-3）．

サイクロトロン

図 3-3-4 は，1930 年，ローレンス(米)により考案された**サイクロトロン**とよばれる粒子加速器である．中空半円筒を 2 分割した「ディー」とよばれる電極 2 個を，分割面にわずかな隙間を空けて向かい合わせ，隙間に電場をかける．イオン源から出た荷電粒子は隙間の電場で加速され，ディー内部の磁場により半円軌道を描いた後にディーから出て，向かいのディーに飛び移る間にふたた

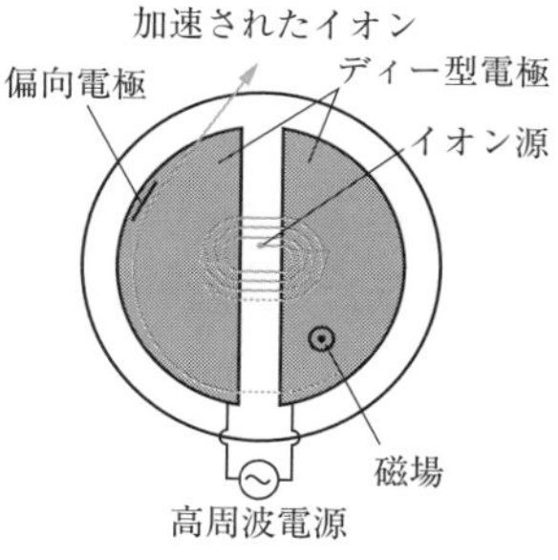

図 3-3-4

び隙間で加速され…を繰り返す．加速のたびに円運動の半径は増加するが，その周期は不変である．ディー間にサイクロトロン周波数の交流電圧をかけておけば，自動的に加速が繰り返される．

4　静磁場の基本法則（問題 3-10, 11, 12, 13）

❶ 磁束

電気力線と同様に，磁束密度ベクトル $\boldsymbol{B}$ が，そこでの接線の向きと一致するような曲線を**磁束線**という．ある曲面を貫く磁束密度 $\boldsymbol{B}$ の流束を**磁束**といい，Φ で表す．磁束の単位を〔Wb〕（ウェーバー）とし，その結果，磁束密度の単位は〔Wb/m^2〕となる．磁束も磁束密度同様，重ね合わせの原理が成立する．

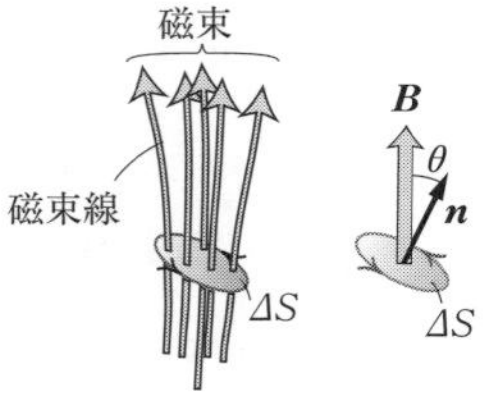

図 3-4-1

$$\Phi = \sum \Delta\Phi = \int_S \boldsymbol{B}\cdot\boldsymbol{n}dS \qquad (3\text{-}19)$$

❷ ガウスの法則

電流はその周りに磁場をつくる．直線電流の周りの磁場であれ，円形電流のつくる磁場であれ，磁力線は必ず閉曲線になっている．これは単磁極が存在しないという事実と呼応する．このような力線の場合，任意の閉曲面を通過した力線は，いずれもう一度逆向きに通過するので，流束は差し引き 0 本になる．

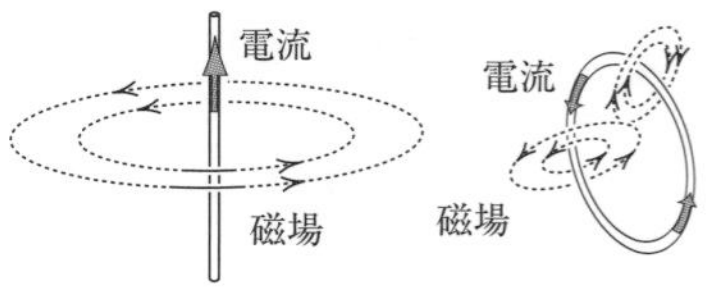

図 3-4-2

$$\oiint_S \boldsymbol{B}\cdot d\boldsymbol{S} = 0 \qquad (3\text{-}20)$$

これが，磁束密度に関する**ガウスの法則**（積分形）である．

❸ ビオ・サバールの法則

静電場においては，各電荷のつくる電場の重ね合わせで任意の電場がえられたように，任意の形状の電流がつくる磁場も，電流の微小部分がつくる磁場の重ね合わせとして得られるとの大胆な仮説を提唱したのが，ジャン＝バティスト・ビオとフェリックス・サバール（仏 1820）であった．その内容は，「電流 i と

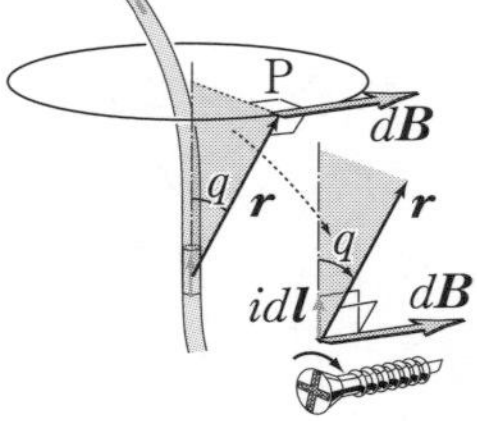

図 3-4-3

導線に沿った微小部分 $d\boldsymbol{l}$ の積を**電流素片**といい，電流素片が電流外の点Pにつくる磁束密度 $d\boldsymbol{B}$ は，電流素片 $id\boldsymbol{l}$ と点Pに向かう方向ベクトル $\vec{\boldsymbol{r}}$ とのベクトル積に比例し，距離の2乗に反比例する．比例係数は $\frac{\mu_0}{4\pi}$ である．

$$d\boldsymbol{B} = \frac{\mu_0}{4\pi}\frac{id\boldsymbol{l}\times\hat{\boldsymbol{r}}}{r^2} = \frac{\mu_0}{4\pi}\frac{id\boldsymbol{l}\times\boldsymbol{r}}{r^3} \tag{3-21}$$

電流 i が点Pにつくる磁束密度 $\boldsymbol{B}$ は，「電流素片のつくる(3-21)の磁束密度を，導線全体Cにわたり線積分して得られる」というものである．

$$\boldsymbol{B} = \int_{\mathrm{C}}\frac{\mu_0}{4\pi}\frac{id\boldsymbol{l}\times\boldsymbol{r}}{r^3} \tag{3-22}$$

これを**ビオ・サバールの法則**という．物理の法則としては珍しく，この式は直接的な検証が不可能である．電流の微小部分は取り出せないからである．この原理が正しいかどうかは，この原理から導かれる結果をみて評価されることになる．

有限線分電流のつくる磁場

直線電流 I の有限の長さの部分が，電流から距離 R にある点Pにつくる磁束密度を求めてみよう．有限導線の両端から，点Pを見込む角を図3-4-4のように θ_1，θ_2 とする．点Pから導線へ下した垂線の足から電流素片までの距離を l，点Pから電流素片までの距離を r，電流素片と点Pを結ぶ線が導線となす角度を θ とする．回路上の電流素片 Idl がP点につくる磁束密度 dB は，紙面表から裏に大きさ，

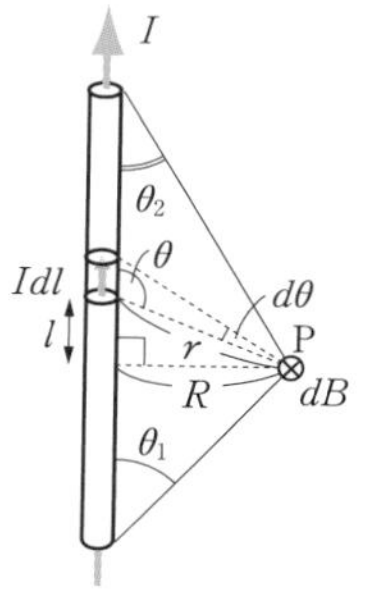

図 3-4-4

$$dB = \frac{\mu_0}{4\pi}\frac{Idl\sin\theta}{r^2} \quad \cdots ①$$

となる．幾何学的関係から，

$$l\tan\theta = -R \qquad \therefore\ dl = \frac{R}{\sin^2\theta}d\theta \quad \cdots ②$$

また，$r = \frac{R}{\sin\theta}$ の関係を使うと，①，②式より，

$$dB = \frac{\mu_0 I}{4\pi}\frac{R}{\sin^2\theta}d\theta\frac{\sin\theta}{\left(\frac{R}{\sin\theta}\right)^2} = \frac{\mu_0 I}{4\pi R}\sin\theta d\theta$$

$$\therefore\ B = \int dB = \frac{\mu_0 I}{4\pi R}\int_{\theta_1}^{\pi-\theta_2}\sin\theta d\theta = \frac{\mu_0 I}{4\pi R}(\cos\theta_1 + \cos\theta_2) \tag{3-23}$$

電流が無限に長い場合，$\theta_1 \to 0$，$\theta_2 \to 0$ とすればよく，(3-11)式が得られる．

$$B = \frac{\mu_0 I}{2\pi R} \tag{3-24}$$

例 日本での地磁気の水平成分がおよそ 30,000 nT である．電流が流れる直線導線から 10 cm の位置で，同じ値の磁場を得るのに必要な電流は，

$$I = \frac{2\pi RB}{\mu_0} = \frac{2\pi \times 10^{-1} \times 3 \times 10^{-9+4}}{4\pi \times 10^{-7}} = 15\ \mathrm{A}$$

円形電流の中心軸上の磁束密度

半径 a の円形電流 I が，円の中心軸上につくる磁束密度を求めてみよう．円周上に図のようにとった電流素片 $Id\boldsymbol{l}$ のつくる磁場 $d\boldsymbol{B}$ は，中心軸 OP と OM を含む面内にあって，PM に垂直である．この $d\boldsymbol{B}$ を OP 方向の成分 $d\boldsymbol{B}_z$ とそれに垂直な成分$d\boldsymbol{B}_\perp$ に分解する．円周上のすべての電流素片の寄与を考えると，$d\boldsymbol{B}_\perp$ の総和は消え，点 P での磁束密度 $\boldsymbol{B}$ は O → P の向きでその大きさは，

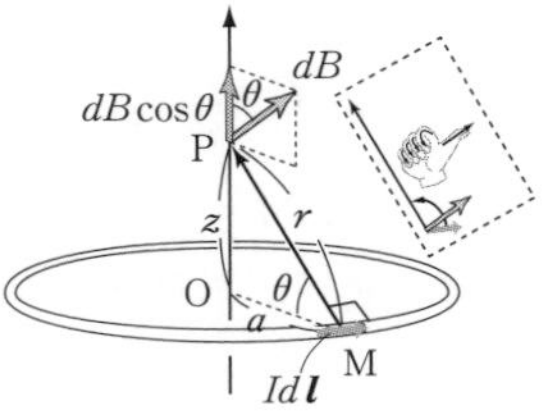

図 3-4-5

$$B = \int \frac{\mu_0 I dl}{4\pi r^2}\cos\theta = \frac{\mu_0 I}{4\pi r^2}\frac{a}{r}\cdot 2\pi a = \frac{\mu_0 I a^2}{2r^3} = \frac{\mu_0 I a^2}{2(z^2 + a^2)^{3/2}} \tag{3-25}$$

特に，円の中心では，次のようになる．

$$B = \frac{\mu_0 I}{2a} \tag{3-26}$$

例 半径 2 cm の円形コイルに 1 A の電流を流したとき，円の中心での磁束密度は，

$$B = \mu_0 \frac{I}{2a} = 4\pi \times 10^{-7} \times \frac{1}{2 \times 0.02} \fallingdotseq 3.1 \times 10^{-5}\ \mathrm{T}$$

ソレノイド内部の磁場

らせん状に導線を密，かつ一様に巻きつけたものを**ソレノイド**という．巻き数密度 n で有限の長さのソレノイドに電流 I が流れているとき，ソレノイド軸上の点 P での磁束密度を求めよう．点 P から軸に沿って距離 x で長さ dx 部分の導線の円電流 $ndxI$ が点 P につくる磁

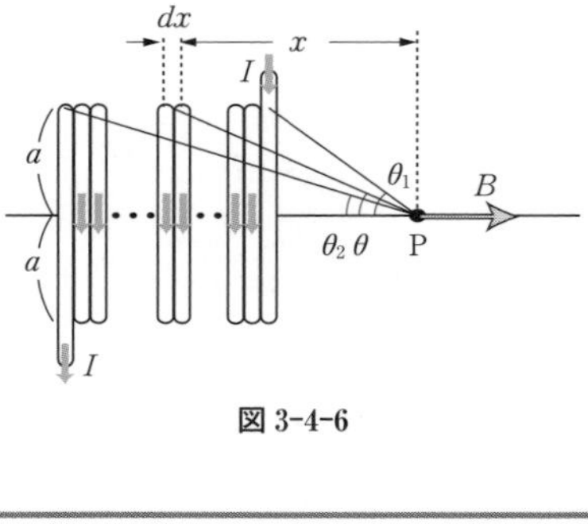

図 3-4-6

束密度は，(3-25)式より，

$$dB = \frac{\mu_0 nIa^2 dx}{2(x^2 + a^2)^{3/2}}$$

図のように角度 θ をとると，$x = \dfrac{a}{\tan\theta}$　$\therefore\ dx = -\dfrac{a}{\sin^2\theta}d\theta$ だから

$$\therefore\ dB = -\frac{\mu_0 nIa^2}{2(x^2 + a^2)^{3/2}}\frac{a}{\sin^2\theta}d\theta = -\frac{\mu_0 nI}{2}\sin\theta\, d\theta$$

電流がコイルの手前を下向きに流れる場合，磁束密度の向きは，図 3-4-6 のように右向きになる．コイル全体の寄与を足し合わせると，

$$B = \int dB = -\int_{\theta_1}^{\theta_2}\frac{\mu_0 nI}{2}\sin\theta\, d\theta = \frac{\mu_0 nI}{2}(\cos\theta_2 - \cos\theta_1) \qquad (3\text{-}27)$$

十分に長いコイルの内部の軸上では，$\theta_1 \fallingdotseq \pi$，$\theta_2 \fallingdotseq 0$ と置け，次のようになる．

$$B = \frac{\mu_0 nI}{2}(\cos 0 - \cos\pi) = \mu_0 nI \qquad (3\text{-}28)$$

例 長さ 20 cm，巻き数 1000 回の中空ソレノイドに 5 A の電流を流すと，内部の磁束密度は，

$$B = \mu_0 nI = 4\pi \times 10^{-7} \times \frac{1000}{0.5} \times 5 = 4\pi \times 10^{-3} \fallingdotseq 1.3 \times 10^{-2}\ \mathrm{T}$$

❹ アンペールの法則

無限に長い直線電流が周囲につくる磁場は(3-11)式で与えられるが，この式を，

$$B \times 2\pi r = \mu_0 i$$

と書き直すと，左辺は磁束密度の大きさと，半径 r の円周との積になっている．この関係はもう少し一般化できる．

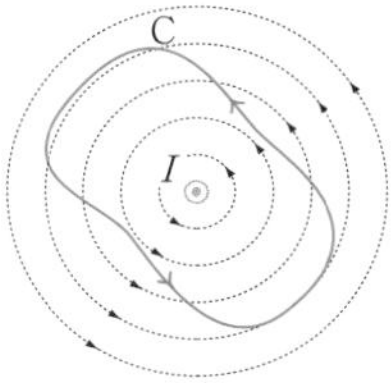

図 3-4-7

図 3-4-7 は，中心の電流 I（紙面裏から表に向かう）の周りにできる磁場(点線)と，電流に垂直な平面内で電流を取り囲む閉経路 C を表している．C に沿って反時計回りに 1 周するときの磁束密度 $\boldsymbol{B}$ の線積分を求めよう．

経路 C での積分を直接実行する代わりに，図 3-4-8 のように，電流を中心とした同心円群と放射線群上の変位からなる近似曲線経路 C′ についての線積分を考えてみる．経路に沿った微小変位を $\Delta\boldsymbol{l}$ と表すと，

ⅰ）$A_0 \to A_1$ では $\boldsymbol{B} \perp \Delta\boldsymbol{l}$ だから，$\boldsymbol{B}\cdot\Delta\boldsymbol{l} = 0$ となる．$A_2 \to A_3$，$A_4 \to A_5$，$A_6 \to A_7$，$A_8 \to A_9$ も同様である．

ii）$A_1 \to A_2$ では $\boldsymbol{B} /\!/ \Delta \boldsymbol{l}$ だから，

$$\boldsymbol{B}\cdot\Delta\boldsymbol{l} = \frac{\mu_0 I}{2\pi r_1} \times r_1\alpha = \frac{\mu_0 I}{2\pi}\alpha \text{ となる．}$$

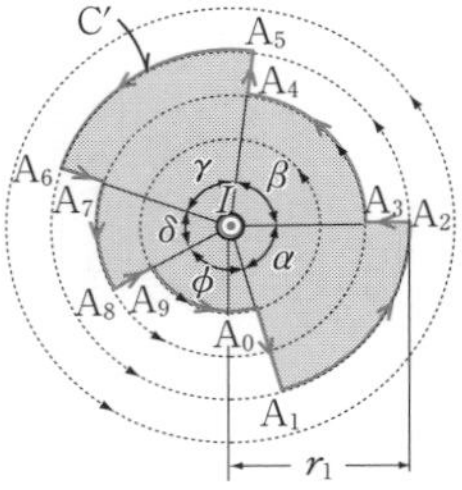

図 3-4-8

$A_3 \to A_4$，$A_5 \to A_6$，…でも同様に，

$$\boldsymbol{B}\cdot\Delta\boldsymbol{l} = \frac{\mu_0 I}{2\pi}\beta,\quad \frac{\mu_0 I}{2\pi}\gamma,\quad \frac{\mu_0 I}{2\pi}\delta,\quad \frac{\mu_0 I}{2\pi}\phi$$

以上をまとめると，

$$\sum_{\text{cycle}} \boldsymbol{B}\cdot\Delta\boldsymbol{l} = \frac{\mu_0 I}{2\pi}(\alpha+\beta+\gamma+\delta+\phi) = \frac{\mu_0 I}{2\pi}\cdot 2\pi = \mu_0 I$$

図 3-4-9 のように電流を中心とするわずかに半径の異なる同心円群と，わずかに角度の異なる放射線群のメッシュに沿った経路で任意の曲線閉経路を近似すれば，上と同様の計算から，$\sum_{\text{cycle}} \boldsymbol{B}\cdot\Delta\boldsymbol{l} = \mu_0 I$ となることは明らかである．

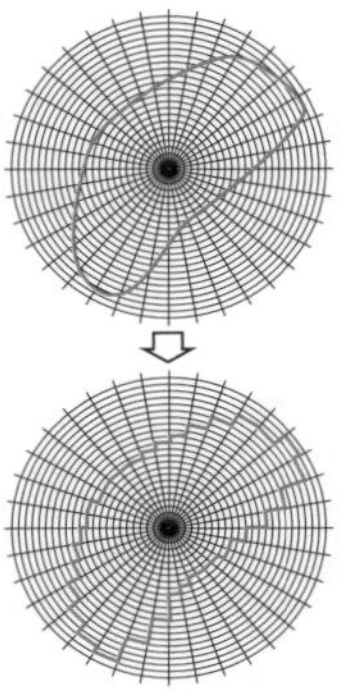

図 3-4-9

さらに，この経路が電流に垂直な面内から離れて，電流に平行な方向の変位も許す 3 次元的な経路になっても，$\boldsymbol{B}\cdot\Delta l = 0$ が成立しているので，結論に影響はない．では，この曲線の内部を複数の直線電流が貫いている場合や，電流の周りを複数回回転するような経路を考えた場合はどう修正すればよいだろうか．各電流のつくる磁束密度はベクトル的に足し合わされて合成磁束密度をつくっていて，内積という演算の性質から，

$$(\boldsymbol{B}_1 + \boldsymbol{B}_2)\cdot\Delta\boldsymbol{l} = \boldsymbol{B}_1\cdot\Delta\boldsymbol{l} + \boldsymbol{B}_2\cdot\Delta\boldsymbol{l} \quad \text{（分配則）}$$

が成立するので，「無限に長い複数の直線電流を取り囲む任意の曲線に沿っての $\boldsymbol{B}$ の線積分は，「$\mu_0 \times$（符号付き電流総和）」となる．また，周回回数が増えれば，その回数倍の値になることは明らかである．メッシュの刻みが 0 の極限では，

$$\oint_{\mathrm{C}} \boldsymbol{B}\cdot d\boldsymbol{l} = \mu_0 \sum_{\text{内部}} I_i \qquad (3\text{-}29)$$

となる．ただし，積分経路の向きに右ねじを回すとき，ネジの進む向きと一致する向きの電流を正，逆向きを負とする．例として図 3-4-10 の場合の結果を示す．

$$\oint_{\mathrm{C}} \boldsymbol{B}\cdot d\boldsymbol{l} = \quad \text{(a)}\ \mu_0(I_1 + I_2),\quad \text{(b)}\ \mu_0(I_1 - I_2)\quad \text{(c)}\ 2\mu_0 I$$

無限に長い直線電流の前提で議論してきたが，(3-29)式は電流の形状に依存せず，任意の電流分布で広範囲に適用できることが証明されている．改めてこれを**アンペールの法則**という．対称性の高い電流配置の場合には，ビオ・サバールの法則の面倒な計算をせずに，アンペールの法則だけで磁場が決定する．その好例を次に見てみよう．

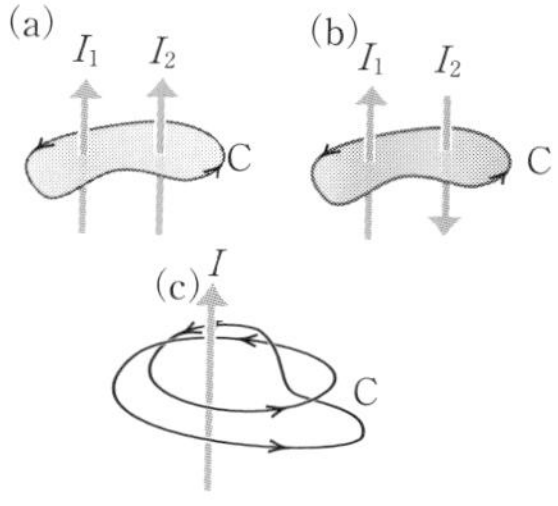

図 3-4-10

十分長いソレノイドのつくる磁場

十分に長いソレノイドコイルの，内部の軸上の磁場は(3-28)式ですでに求めたが，アンペールの法則を利用して再度求めてみよう．

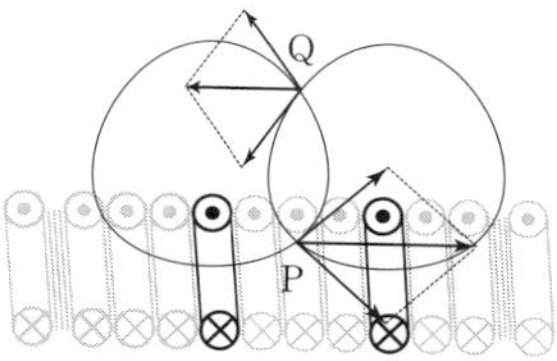

図 3-4-11

コイルの十分内部の任意の点 P から見て，対称な位置にある任意の 2 つの円電流を選び，その円電流が点 P につくる磁場の様子を示したのが図 3-4-11 である．この結果はソレノイドの中心軸に平行になる．任意に選んだ円電流ペアで同様の結果が得られるので，ソレノイド内の磁場は軸に平行であるといえる．同様のことがソレノイド外の点 Q についてもいえるので，ソレノイド外の磁場も，もしあるとすれば軸に平行である．さて，図 3-4-12 のようにソレノイドの中心軸を含む平面内で，ソレノイド内部に中心軸に平行な長さ l の 1 辺をもち，その対辺がソレノイドから十分離れている長方形経路 C_1 を考え，この経路にアンペールの法則を適用してみよう．ソレノイド外部では磁場が経路に直交していること，また，十分遠方の経路上では磁場 = 0 としてよいことより，ソレノイド内の磁束密度の大きさ B は，

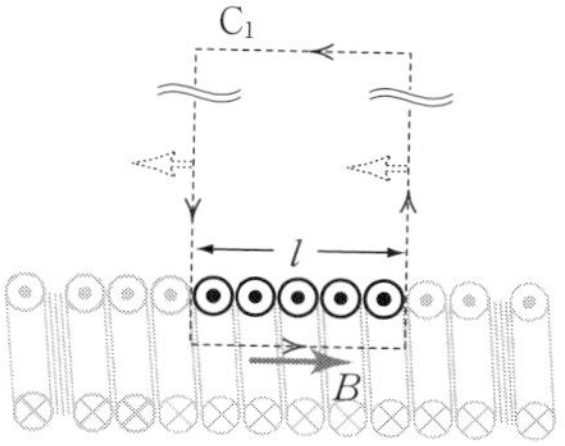

図 3-4-12

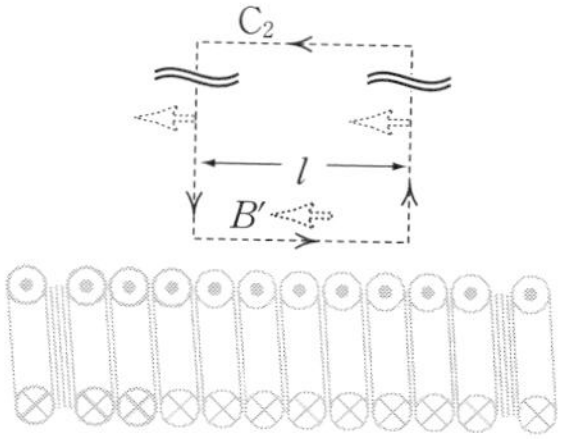

図 3-4-13

$$B \times l = \mu_0 nlI \quad \therefore\ B = \mu_0 nI$$

となり，あっけなく(3-28)式が示される．

次に図 3-4-13 のようにソレノイドの軸を含む平面内で，ソレノイド外部に

軸に平行な長さ l の1辺をもち，その対辺が十分ソレノイドから離れている長方形経路にアンペールの法則を適用してみよう．長さ l 以外の辺では磁場が経路に直交していること，また，十分遠方の経路上では磁場 $=0$ としてよいことと，この経路の内部に電流はないことより，ソレノイド外部の磁束密度 B' は，

$$B' \times l = 0 \quad \therefore \ B' = 0$$

これより，ソレノイド外部には磁場の漏れはないことが示された．

5 磁性体（問題 3-14, 15）

❶ 磁石

磁石はその両端部分で磁気的な性質が特に強く，ここを**磁極**とよぶ．電気力の元が電荷であることと対応して，磁極に**磁荷**というものがあると考えられた．磁荷も2種類があり，同種の磁荷同士は反発し，異種の磁荷同士は引き合う点は電荷と類似している．正電荷 ⇔ N 極の磁荷，負電荷 ⇔ S 極の磁荷と対応させれば，電気現象と磁気現象は類似した性質をもつと考えられるが，磁気の場合，経験上，単一の符号の磁荷だけを取り出すことができない．磁石は何回分割しても必ず N-S のペアが両端に現れる(図 3-5-1)．これは磁気現象が電気現象とは本質的に異なるものであることを表している．なぜこのようなことが起こるのだろうか．

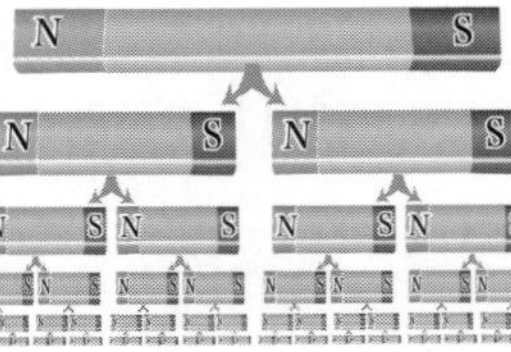

図 3-5-1

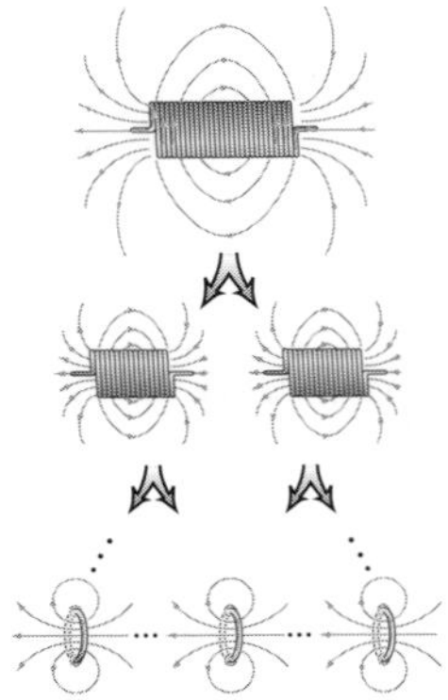

図 3-5-2

その答えのヒントは，電流が流れているコイルのまわりの磁力線にある．図 3-5-2 はその磁力線の様子を描いたものであるが，見慣れた棒磁石の周囲の磁力線の様子と酷似している．実際，電流の流れているコイルの働きは，まさに棒磁石そのものであり，電磁石と呼ばれている．そこで，棒磁石を多数回巻いたコイルだと考えてみる．コイルを二分割してもコイルである．個々のコイルは分割前のコイルと同様の磁力線をそれぞれの周りにつくる．この分割をどんどん進めていくと最後に1巻きコイルに行き着くであろう．同様に，磁石をどんどん等分割していくと，磁石の性質は保たれたまま最後は原子に至るだろう．で

は，原子は1巻のコイルに相当する作用をもつのであろうか．

今日では，原子内部の核の周りの電子の運動や電子自身の回転運動(スピンという)が一種の円電流の作用をし，この円電流が磁石の磁気の原因である(これを原子磁石と呼ぶ)ことが分かっている．

❷ 磁性体

棒磁石を近づけたり，ソレノイド内に物質を詰め電流を流すと，物質が磁気を帯びるようになる．これは物質中に磁気モーメント(☞p.79，(3-13)式)が誘発されることが原因で，これを**磁化**という．原子や分子中の電子が微視的な磁石のような振る舞いをするためである．磁化する物質を**磁性体**という．磁化現象は，電場中の誘電体に生じる誘電分極と対比される．ミクロ的には誘電分極にもいくつか種類があったように(☞p.51)，磁気モーメントが生じる機構の違いで，磁性体も反磁性体，常磁性体，強磁性体などに分類される．

(a) 反磁性 (dia-magnetism)

多くの物質内の電子は，符号が逆の磁気モーメントをもつものとペアを組んで存在しているので，通常では磁気モーメントは0である．水や生体などの物質は，外部磁場が侵入してくると，ペア電子の磁気モーメントのバランスが壊れ，一般に外部磁場とは逆向きの磁気モーメントが勝るようになる．4章で出てくるレンツの法則に現象的には似ている(☞**問題**3-14)．したがって，ほとんどの物質は外部磁場に対し逆向きに軽く磁化する．この性質を**反磁性**とよぶ．反磁性が生じると，物質は近づく磁石から遠ざかろうとする．反磁性は一般的には非常に弱いが，原子の熱運動に左右されないので，高温でも反磁性は消えない．

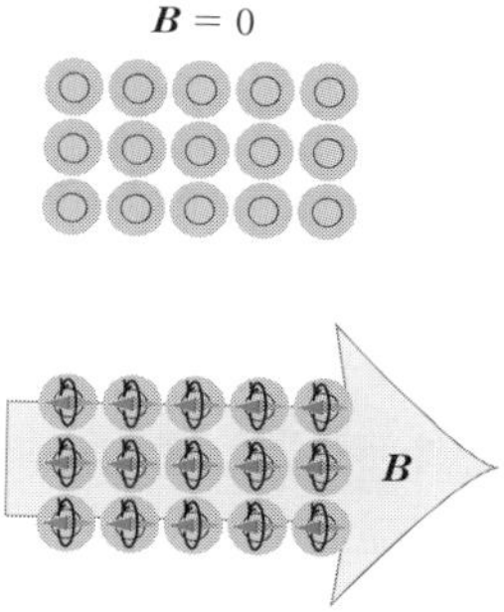

図 3-5-3

(b) 常磁性 (para-magnetism)

アルミや酸素など一部の物質では，軌道の電子がペアを形成せず，磁気モーメントが消えないものもあり，元来，原子固有の磁気モーメントをもつ．しかし，外部磁場がないときには，各原子の向きは乱

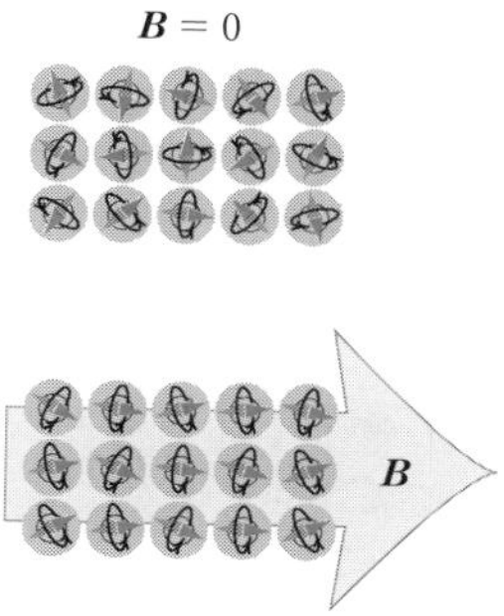

図 3-5-4

雑で，全体としては磁気モーメントは現れない(誘電体の「配向分極」に相当すると考えてよい)．磁場が作用すると，誘電分極のときのように，各原子の磁気モーメントが外部磁場の向きに揃おうとするために磁化が起こる．

通常この効果は，共存する反磁性より大きいので，巨視的には外部磁場に対し同じ向きに磁化する．この性質を**常磁性**とよぶ．磁性が生じると，物質は近づく磁石に引き寄せられる．常磁性で現れる力は通常弱い．さらに，外部磁場が取り除かれると磁性を失う．また，原子の熱運動に左右されるので，低温ほど常磁性は観測されやすくなる．

(c) 強磁性 (ferro-magnetism)

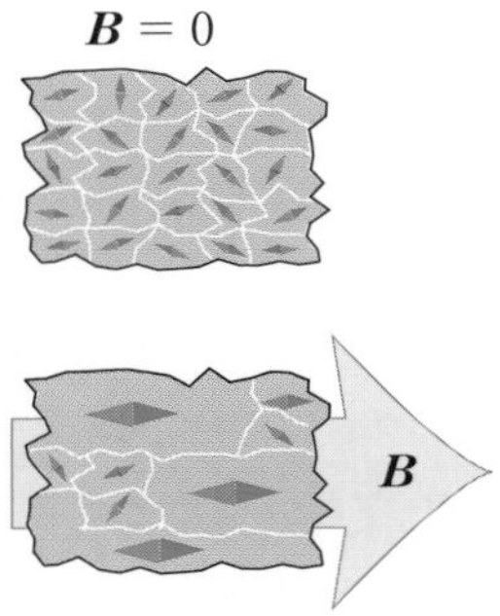

図 3-5-5

鉄，コバルト，ニッケルなどは常温で「磁石に強く引かれる」，すなわち強い常磁性を示し，とくにこれを**強磁性**という．原子が固有の磁気モーメントをもつ物質の中には，特に相互作用が強く，同じ向きを向いた原子磁石のグループが1 mm^3 程度の**磁区**(ドメイン)とよばれる小さな区域に別れている．同一磁区内では磁気モーメントは完全に揃っているが，磁区ごとにその向きはまちまちなので，全体としては磁気モーメントは相殺している．しかし，一旦外部磁場の中に置くと，外部磁場と同じ向きの磁気モーメントをもつ磁区が，隣接磁区の併合をくり返し領域を広げていく．その結果，物質全体の磁気モーメントが急増し，強い磁化が観測される．外部磁場を取り除いても磁区の配列が性質が強いものは永久磁石となる．強磁性体も高温に熱すると，磁気モーメントの向きが熱振動で揺らぎ，ある温度(**キュリー温度**という)を境に相転移が起こり，常磁性体となる．

❸ 磁場の強さ

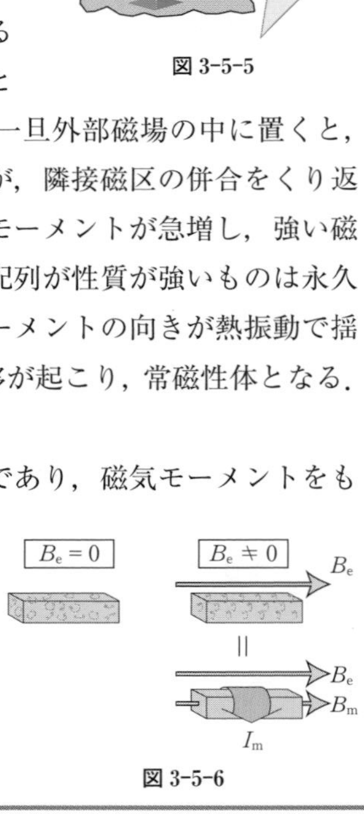

図 3-5-6

磁気の立場からすると個々の原子がループ電流であり，磁気モーメントをもち磁場の発生源となっている．この集合体が磁性体であるが，磁性体中に，原子スケールからすると十分大きく，磁性体全体からすると十分値の小さい領域での磁気モーメント平均値を，その位置での**磁化ベクトル** $\boldsymbol{M}(\boldsymbol{r})$ と定義する．磁化ベクトルは，ベクトル場をつくる．磁性体は，微小体積あたり，$\boldsymbol{M}\Delta V$ の磁気モーメントをもつ磁化電流(**分子電流**とよぶ)の集合体と等価である．磁化ベクトル M に相当する磁化電流 I_{m} を求めよう．断面積を S，長さを Δl とすると，磁気モーメントは，$\boldsymbol{M}\Delta V = (\boldsymbol{M}\Delta l)S$ となるが，これより磁化電流は，単位長さあたり，$I_{\mathrm{m}} = \boldsymbol{M}\Delta l$ であることがわかる．磁性体があるときに任意の点の磁束密度は，真の電流（コイルを流れる電流）と分子電流のつくるものの合成となる真空中電流の集合と考えれば，任意の閉曲面についてガウスの法則(3-19)が成立する．

$$\oiint_{\mathrm{S}} \boldsymbol{B}\cdot d\boldsymbol{S} = 0$$

真空中のアンペールの法則(3-29)に現れる積分経路が磁性体を通過する場合，この経路は分子電流も貫くので，(3-29)式の右辺には，この磁化電流も含まれる．

$$\oint_{\mathrm{C}} \boldsymbol{B}\cdot d\boldsymbol{l} = \mu_0\left(\sum_{\text{真電流}} I_i + \oint_{\mathrm{C}} \boldsymbol{M}\cdot d\boldsymbol{l}\right) \ \Rightarrow\ \oint_{\mathrm{C}} (\boldsymbol{B} - \mu_0\boldsymbol{M})\cdot d\boldsymbol{l} = \mu_0 \sum_{\text{真電流}} I_i$$

ここで，

$$\boldsymbol{B} - \mu_0\boldsymbol{M} \ \Rightarrow\ \mu_0\boldsymbol{H} \qquad \therefore\ \boldsymbol{H} = \frac{\boldsymbol{B}}{\mu_0} - \boldsymbol{M} \tag{3-30}$$

と置き換え，ベクトル場 $\boldsymbol{H}(\boldsymbol{r})$ を定義し，**磁場の強さ**(あるいは単に**磁場**)とよぶ．

一般的には $\boldsymbol{B}$ と $\boldsymbol{M}$ は比例しないので，$\boldsymbol{H}$ も $\boldsymbol{B}$ や $\boldsymbol{M}$ とは比例関係にあるとはいえない．この $\boldsymbol{H}$ を用いると，次が成立する．

$$\oint_{\mathrm{C}} \boldsymbol{H}\cdot d\boldsymbol{l} = \sum_{\text{真電流}} I_i \tag{3-31}$$

「磁界 $\boldsymbol{H}$」は磁化電流密度に影響されず，真電流のみでアンペールの法則が表されるところが特徴である．これは，静電気学での(2-20)式(p.53)に相当する．

❹ 磁化率・透磁率

磁性体が等方的で，強磁性体のような履歴現象を伴わない場合を考える．この場合，$\boldsymbol{B} /\!/ \boldsymbol{M} /\!/ \boldsymbol{H}$ が成立する．$\boldsymbol{M}$，$\boldsymbol{H}$ は同次元なので，

$$\chi_{\mathrm{m}} = \frac{\boldsymbol{M}}{\boldsymbol{H}} \tag{3-32}$$

は，無次元の定数となり，これを**磁化率**という．χ はギリシャ文字で，「カイ」と読む．(3-30)，(3-32)式より，

$$\boldsymbol{B} = \mu_0\chi_{\mathrm{m}}\boldsymbol{H} + \mu_0\boldsymbol{H} = \mu_0(\chi_{\mathrm{m}} + 1)\boldsymbol{H}$$

ここでさらに

$$\chi_m + 1 = \mu_r \tag{3-33}$$

と置き換えると，$\boldsymbol{B} = \mu_0\mu_r\boldsymbol{H}$ となる．μ_r を**相対透磁率**（**比透磁率**）という．

さらに，$\mu_0\mu_r = \mu$ と書いて，μ を単に磁性体の**透磁率**という．

$$\boldsymbol{B} = \mu\boldsymbol{H} \tag{3-34}$$

各磁性体の磁化率の値を表にしておく．

	Dia	Para	Ferro
$\lvert\chi\rvert$	小	小	大
χ の符号	負	正	正
物質例	Cu $\sim -10^{-5}$ H_2O $\sim -10^{-5}$ N_2 $\sim -5 \times 10^{-9}$	Al $\sim 2 \times 10^{-5}$ O_2 $\sim 2 \times 10^{-6}$ O_2(Liq) $\sim 3.5 \times 10^{-3}$	Fe $\sim 2 \times 10^{5}$ Co ↓ Ni $\sim 6 \times 10^{2}$

❺ 磁場 H の導入と境界条件

図で LM は磁性体 I，II の境界面である．LM 上にとった小面積 ΔS を通る磁束管を考え，ΔS の近くで，磁性体 I，II 内部の磁束密度をそれぞれ $\boldsymbol{B}_1$，$\boldsymbol{B}_2$ とする．ガウスの法則より，

$$B_1 \cdot \Delta S \cos\theta_1 = B_2 \cdot \Delta S \cos\theta_2 \quad \therefore\ B_{1n} = B_{2n}$$

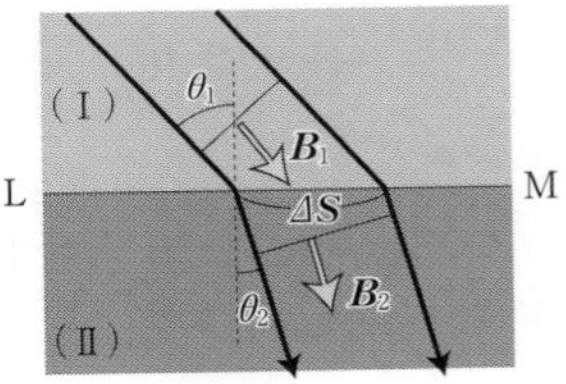

図 3-5-7

（B_{1n} は $\boldsymbol{B}_1$ の法線成分を表す）

磁束密度の法線成分が連続であることが示された．

次に，LM に接近して，磁性体 I，II の両方にまたがる長方形経路 abdca を考える．

この経路に従って，磁界の線積分をとる．磁性体 I，II 内部の磁界をそれぞれ $\boldsymbol{H}_1$，$\boldsymbol{H}_2$ とするとアンペールの法則より，

$$H_{1t} \cdot \Delta l + (\text{bd 上での線積分}) - H_{2t} \cdot \Delta l + (\text{ca 上での線積分}) = 0$$

となるが，$\overline{\text{bd}}, \overline{\text{ca}} \to 0$ の極限をとれば，

$$H_{1t} \cdot \Delta l = H_{2t} \cdot \Delta l \quad \Leftrightarrow \quad H_{1t} = H_{2t}$$

（H_{1t} は $\boldsymbol{H}_1$ の接線成分を表す）

磁場の接線成分が連続であることが示された．

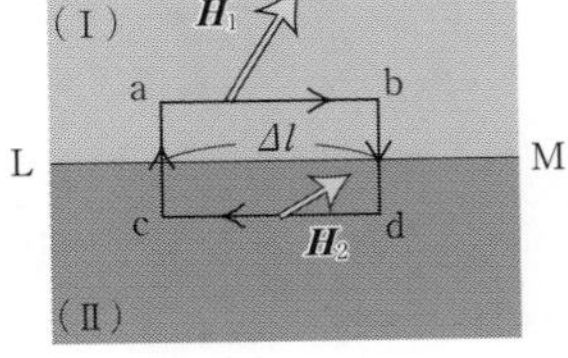

図 3-5-8

問題 3-1 ▼金属内の電子論

銅は1原子あたり1個の自由電子をもつ．直径が1.0 mm の銅線に1.0 A の電流が流れているとき，下の数値を用いて，次の量を求めよ．

(1) 自由電子の密度 n を求めよ．

(2) 銅線内の電子の移動速度 v_{d} を求めよ．

(3) 電子の易動度 μ を求めよ．

銅の原子量　63.5　　　銅の密度　$8.93\ \mathrm{g/cm^3}$

抵抗率　$\rho = 1.70 \times 10^{-8}\ \Omega\cdot\mathrm{m}$　　アボガドロ数　$N_{\mathrm{A}} = 6.02 \times 10^{23}$

電気素量　$e = 1.60 \times 10^{-19}$〔C〕

●考え方●

原子量と密度の情報から，自由電子の密度を求めておく．(3-4)式を利用して移動速度を求める．

解答

(1) 銅 $1\ \mathrm{cm^3}$ 中の銅原子の個数 N は，

$$N = \frac{8.93}{\underset{㋐}{63.5}} \times \underset{㋑}{6.02 \times 10^{23}} \fallingdotseq 8.5 \times 10^{22}$$

自由電子密度 n〔個/m^3〕は，

$$n = \underset{㋒}{(10^2)^3 N} \fallingdotseq 8.5 \times 10^{28}\ \text{個}/\mathrm{m^3}$$ 答

(2) (3-1)式より，

$$\underset{㋓}{v_{\mathrm{d}} = \frac{I}{neS}}$$

$$= \frac{1.0}{8.47 \times 10^{28} \times 1.60 \times 10^{-19} \times 3.14 \times (0.5 \times 10^{-3})^2}$$

$$= 9.4 \times 10^{-5}\ \mathrm{m/s}$$ 答

(3) μ の定義より，

$$\underset{㋔}{\mu = \frac{v_{\mathrm{d}}}{E} = \frac{v_{\mathrm{d}}}{i/\sigma} = \frac{v_{\mathrm{d}}\sigma S}{iS} = \frac{v_{\mathrm{d}} S}{I\rho}}$$

$$\fallingdotseq \frac{9.39 \times 10^{-5} \times 3.14 \times (0.5 \times 10^{-3})^2}{1.0 \times 1.70 \times 10^{-8}} \fallingdotseq 4.3 \times 10^{-3}\ \mathrm{m^2\,s^{-1}\,V^{-1}}$$ 答

ポイント

㋐ 原子量は1モルの単体の重さ(グラム数)を表す．銅は1モル63.5 g である．

㋑ 物質1 mol の原子数はアボガドロ数である．

㋒ $1\ \mathrm{m^3} = 10^6\ \mathrm{cm^3}$ である．

㋓ (3-1)式　電光ニュース！

㋔ (3-4)，(3-3)式，$\sigma\rho = 1$ 等を用いた．

練習問題　3-1

解答 p. 242

半径がそれぞれ $a, b\,(a > b)$ で，長さが l の同軸円筒間に，電気伝導率 σ の媒質を一様に充填する．この円筒間の電気抵抗はいくらか．

問題 3-2 ▼光電効果の極板間電流密度

図は光電管を示す．陰極 C に光が照射され，毎秒陰極から N 個の電子が初速 0 で放出されている．電子は電極 CP 間の電場で加速され，陽極 P に到達し，回路に光電流が流れている．両極板の面積は共に S で，間隔は d である．電子どうしのクーロン力は無視する．

(1) 陰極から距離 x の位置での電流及び電子密度を求めよ．

(2) CP 間の電子数を求めよ．

(3) 電池の供給する電力を求めよ．

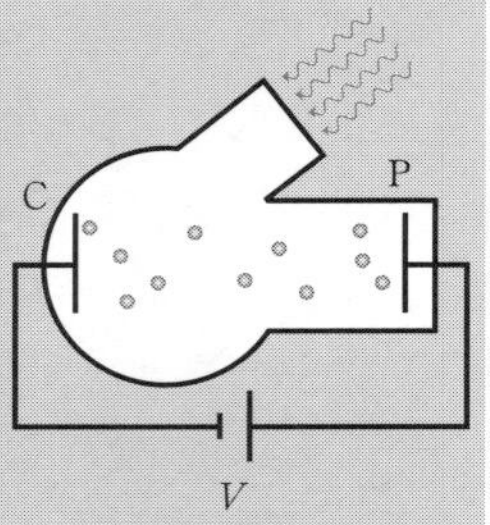

●考え方●

平衡状態では，C から送り出される電子数は，P に届く電子数と等しい．電気伝導率 σ と電流密度の関係を用いる．

解答

(1) 電流保存則より，CP 間どこでも電流は一定だから，

$I = Ne$ 答 …①

位置 x での電子の密度を n，速さを v とすると，

$I = nevS$ ㋐ …②

力学的エネルギー保存則より，

$$\frac{1}{2}mv^2 = e \times V \times \frac{x}{d} \qquad \therefore\ v = \sqrt{\frac{2eVx}{md}} \quad \cdots ③$$

①，②，③式より，

$$n = \frac{I}{evS} = \frac{N}{S}\sqrt{\frac{md}{2eVx}}$$ ㋑ 答

(2) CP 間の電子数 N_{CP} は，

$$N_{\mathrm{CP}} = \int_0^d nSdx = N\sqrt{\frac{md}{2eV}}\int_0^d \frac{1}{\sqrt{x}}dx = N\sqrt{\frac{md}{2eV}}\left[2\sqrt{x}\right]_0^d = Nd\sqrt{\frac{2m}{eV}}$$ 答

(3) 電池の供給電力 P_{V} は，

$P_{\mathrm{V}} = VI = VNe$ 答

ポイント

㋐ (3-1)式　電光ニュース！

㋑ C から離れるほど電子密度は薄くなっている！

練習問題　3-2

解答 p. 242

面積 S，間隔 d の平行板キャパシターの極板間を，誘電率 ε，抵抗率 ρ の電解質溶液で満たし，極板間に電圧をかけると，電流 I が流れた．

(1) 電流密度を求めよ．

(2) 溶液中の電場の強さを求めよ．

(3) 極板間の抵抗はいくらか．

(4) 極板上の電荷の大きさを求めよ．

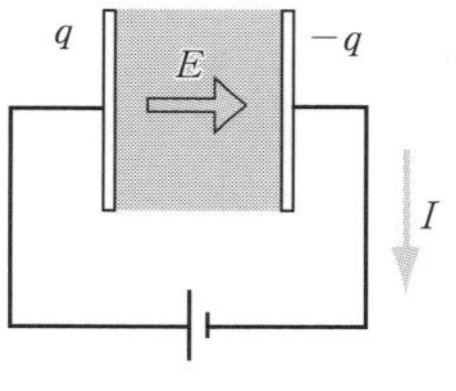

問題 3-3 ▼半円電流の作る磁場

水平なテーブルの上に置いた小さな方位磁針の真上に導線を水平に張って電流を流すと，N 極が導線から左に 30° 傾いて静止した (図 A)．次に電流の強さは同じで，向きを変えると，N 極が導線から逆側に 60° 傾いて静止した (図 B)．この場所の北を示す向きを求めよ．

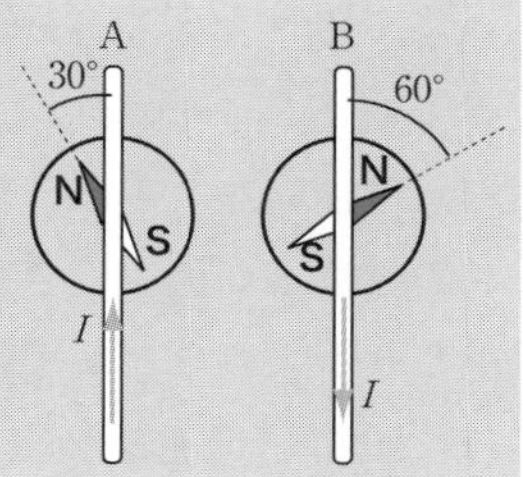

●考え方●

磁場をベクトル表現し，図形的に最適解を予想してみよう．方位磁針は，地球磁場と，電流のつくる磁場の合成磁場の向きを示す．

解答

方位磁針の位置での地磁気の磁場を $\boldsymbol{B}_0$, A の電流による磁場を $\boldsymbol{B}_1$ とすると, B の電流による磁場は $-\boldsymbol{B}_1$ となる．A および B での合成磁場をそれぞれ $\boldsymbol{B}_\mathrm{A}, \boldsymbol{B}_\mathrm{B}$ とすると，

$$\boldsymbol{B}_\mathrm{A} = \boldsymbol{B}_0 + \boldsymbol{B}_1, \quad \boldsymbol{B}_\mathrm{B} = \boldsymbol{B}_0 - \boldsymbol{B}_1$$ ㋐

与えられた条件より，

$$\boldsymbol{B}_\mathrm{A} \perp \boldsymbol{B}_\mathrm{B} \Leftrightarrow \boldsymbol{B}_\mathrm{A}\cdot\boldsymbol{B}_\mathrm{B} = 0 \qquad \therefore\ |\boldsymbol{B}_0| = |\boldsymbol{B}_1|$$

となり，$\boldsymbol{B}_\mathrm{A}$，$\boldsymbol{B}_0$，$\boldsymbol{B}_1$ は，右図㋑のように正三角形をなす．これより，地球磁場の向きは，

導線上向きから右へ 30° 傾いた向き 答 である．

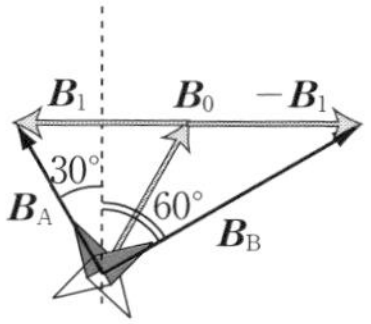

ポイント

㋐ 磁場は，重ね合わせの原理が適用できる．
㋑ エルステッド磁場の向きは，右ねじルール．

Memo　地磁気の 3 要素

偏角とは，地理学的子午面と磁気子午面（地球磁場の方向を含む鉛直平面）とのなす角のこと．地球の磁極が地軸の極とは一致していないため，本州では 6～8° 西に傾いている．

伏角とは，重心で一点保持された磁針が，水平面となす角をいう．磁石の磁極が地球の内部にあるため，日本では約 50 度(！)位もある．日本で使われる方位磁石では，針が水平になるように S 極側を重く作ってある．磁場の**水平成分**は，およそ 30000 nT（ナノテスラ）である．

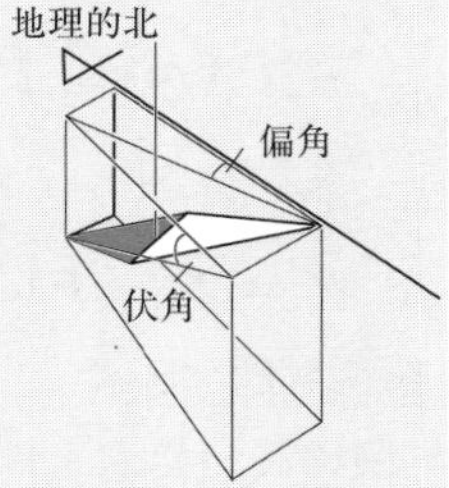

練習問題　3-3　解答 p. 242

地球を大きな磁石と考えると，この磁石の N 極は，地球の南極，北極のどちらか．また，地磁気が地球の内部を流れている円電流によるものだとすれば，この円電流の向きを，地球の自転の向きと比較せよ．

問題 3-4 ▼3本の直線電流の相互作用

水平面内にある一辺 l の正三角形 ABC の各頂点を通り，鉛直に伸びる3本の無限に長い導線それぞれに，同じ大きさの電流 I が図の向きに流れている．次の各力の単位長さ当たりの大きさと，その向きを求めよ．

(1) 頂点 C を通る導線　　(2) 頂点 A を通る導線

(3) 頂点 A，B，C を通る導線にはたらく力の合力

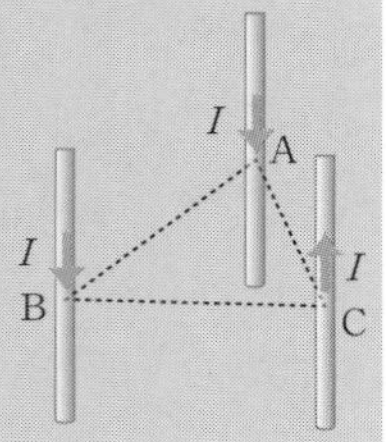

●考え方●

右ねじの法則で，各導線の場所にできる磁場を正確に作図する．磁場と電流の向きから，例えば右手ルール等でアンペール力の向きを決める．

解答

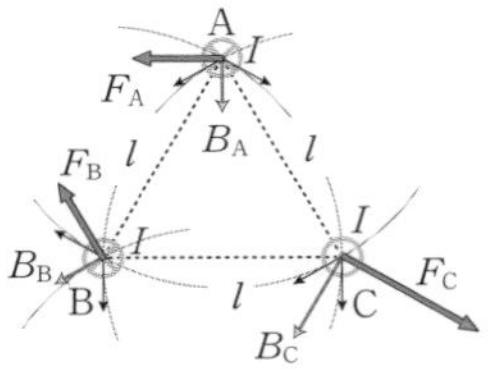

(1) 頂点 C には，A，B を通る電流の両方が磁場をつくる．このときの合成磁場の強さ B_C は，

$B_C = \sqrt{3} \times \dfrac{\mu_0 I}{2\pi l} = \dfrac{\sqrt{3}\mu_0 I}{2\pi l}$ 答 で，向きは $\overrightarrow{AB}$ の向き 答．これより，導線 C の単位長さあたりのアンペール力の大きさ F_C は，

$F_C = I \times B_C \times 1 = \dfrac{\sqrt{3}\mu_0 I^2}{2\pi l}$ 答 で，その向きは辺 AB に垂直で，辺 AB から遠ざかる向き 答．

(2) 同様に，頂点 A には図の向きに合成磁場 $B_A = \dfrac{\mu_0 I}{2\pi r}$ をつくる．これより，導線 A の単位長さあたりのアンペール力の大きさ F_A は $\overrightarrow{CB}$ の向きに 答，大きさが $F_A = I \times B_A \times 1 = \dfrac{\mu_0 I^2}{2\pi r}$ 答 となる．

(3) $\boldsymbol{F}_A + \boldsymbol{F}_B + \boldsymbol{F}_C = \boldsymbol{0}$ 答 となる．

練習問題　3-4　　解答 p. 243

無限に長い鉛直上向き直線電流 I と，同じ鉛直面内に辺の長さが a，b の長方形の回路 PQRS がある．辺 PS を直線電流に平行に距離 l の位置に配置し，電流 i を時計回りに流した．この長方形回路に作用する力を求めよ．ただし，電流 i のつくる磁場の影響は考えないものとする．

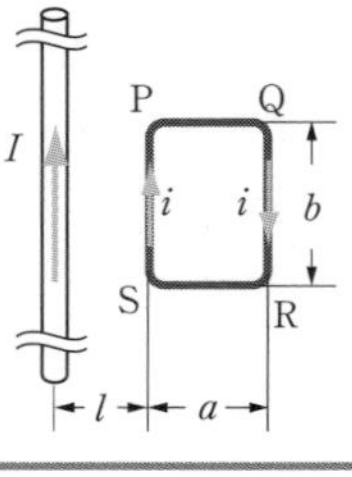

問題 3-5 ▼回路の形状に無関係なアンペールの力

鉛直上向きに磁束密度の大きさ B の磁場がある．水平面内に直線導線を張り，一部を変形して，$\overline{\mathrm{ad}} = l$ のコの字型の回路 abcd をつくり，鉛直面内に保持し，回路に電流 I を図の向きに流すとき，回路 abcd にはたらく磁場からの力を求めよ．また，回路 abcd 部分を鉛直面内で，下の図のように回路を変形すると，変形後の回路にはたらく力はどう変化するか．

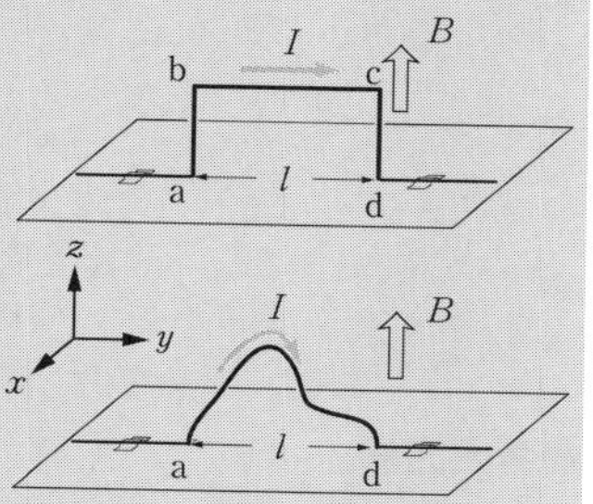

●考え方●

前半は，アンペールの力の公式を利用すればよい．後半は，回路を矩形メッシュ近似すると結論が見えてくる．

解答

辺 ab，cd 部分の電流は磁場に平行だから，アンペール力ははたらかない．辺 bc にはたらく力は，大きさが IBl で，向きは，図の x 軸正の向きである．したがって，a-d 間の回路に働く力は，x 軸正の向きに IBl 答 である．

次に，回路の a-d 間を変形した場合，その経路を，磁場に平行と垂直な微小線分群で近似すると，磁場に平行な電流部分は力に寄与しないので無視できる．回路に加わる力に寄与する部分は，回路のうち，磁場に垂直な部分のみになり，結局，どんな曲線で結ぼうと，端点 a，d が固定ならば，㋐ a-d 間の回路にはたらく力は 変化はせず 答，x 軸正の向きに IBl である．

ポイント

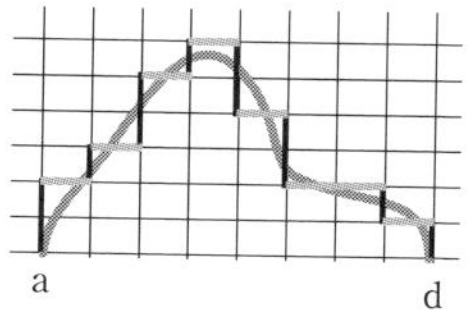

㋐ a から始まり d で終わる任意の電流にはたらく力も全て同じ値になることがわかる．例えば，a, d を何回か巻いたコイルで結んでも成立する．

練習問題　3-5

解答 p. 243

1 辺 a の正 N 角形の一つの辺を切り取った形のコイルに電流 I を流し，コイル面内で端点どうしを結ぶ線分に直交する向きに磁束密度 B の一様磁場をかけた．このコイルにはたらく力を求めよ．

問題 3-6 ▼円形コイルのトルク

y 軸正の向きに磁束密度の大きさ B〔T〕の磁場がある．電流 I〔A〕を流した半径 r〔m〕の円形コイルを，その中心を原点と一致させ，x-y 平面内に置く．回路が磁場から受けるトルクを求めよ．

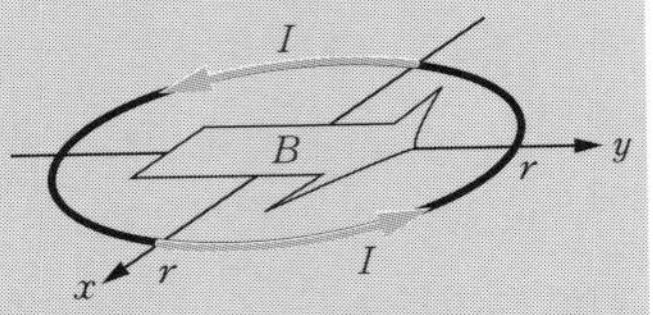

●考え方●

位置 $\boldsymbol{r}$ に作用する力 $\boldsymbol{F}$ のもつトルクの定義は $\boldsymbol{r} \times \boldsymbol{F}$ である．ここでも電流素片についてのトルクを求め，その総和をとる．

解答

磁束密度は $\boldsymbol{B} = (0, B, 0)$ と表される．図の円形回路上の電流素片 Idl にはたらく力 $d\boldsymbol{F}$ は，

$$d\boldsymbol{F} = \boldsymbol{I} \times \boldsymbol{B}dl = (0, 0, -IBdl\sin\phi)$$

この力のトルクは，

$$\begin{aligned} d\boldsymbol{N} = \boldsymbol{r} \times d\boldsymbol{F} &= (r\cos\phi, r\sin\phi, 0) \\ &\quad \times (0, 0, -IBdl\sin\phi) \\ &= -IB\underbrace{rdl}_{㋐}(\cos\phi, \sin\phi, 0) \times (0, 0, \sin\phi) \\ &= -IBr^2(\sin^2\phi d\phi, -\sin\phi\cos\phi d\phi, 0) \end{aligned}$$

全体では，

$$\begin{aligned} \boldsymbol{N} &= \int d\boldsymbol{N} \\ &= -IBr^2\left(\int_0^{2\pi} \sin^2\phi d\phi, -\int_0^{2\pi} \sin\phi\cos\phi d\phi, 0\right) \\ &= -IBr^2\left(\int_0^{2\pi} \frac{1-\cos 2\phi}{2} d\phi, -\int_0^{2\pi} \frac{\sin 2\phi}{2} d\phi, 0\right) \\ &= (-\pi IBr^2, 0, 0) = \underbrace{(-IBS, 0, 0)}_{㋑} \end{aligned}$$ 答

(3-12)，(3-14)式が円形電流でも成立していることが示された．

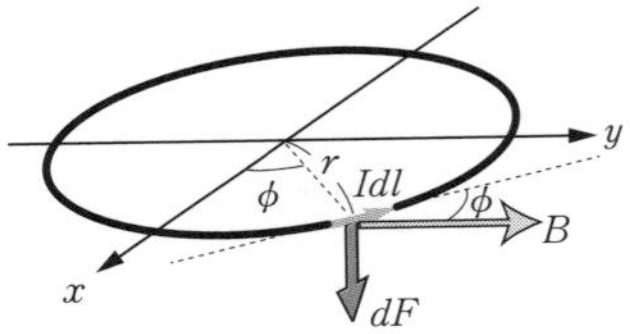

ポイント

㋐ $dl = rd\phi$ である．

㋑ x 軸負の向きに右ねじを進めるときのねじの回転する向きのトルクをもつことを示している．
円形電流のつくる磁力線と同じ磁力線をもつ小磁石はN極が上を向いているので，この磁石は $+y$ 向きの磁場 $\boldsymbol{B}$ の向きに揃えようとすると考えても同じ結論に達する．

練習問題 3-6

解答 p. 243

原子内の軌道運動に関する電子の磁気モーメントの大きさ m を，電子の質量 m_e，電気素量 e，および軌道角運動量 L を用いて表せ．

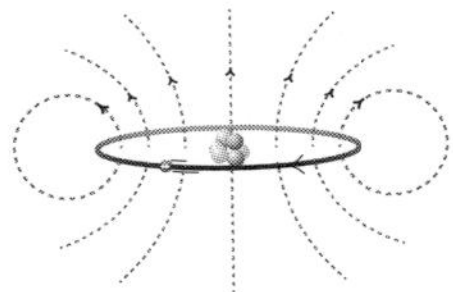

問題 3-7 ▼質量分析器

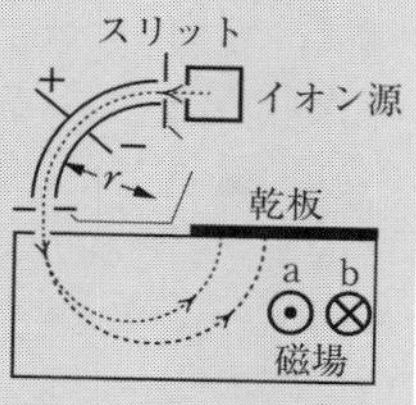

$E = 2 \times 10^6$ V/mの電場のかかった半径 $r = 0.2$ m の図のような円筒電極を通して，質量数 20 と 21 の 1 価のイオンを質量分析器にかけた．乾板上で 2 cm 以上の間隔をあけて分離するのに必要な磁束密度を求めよ．

電気素量：$e \fallingdotseq 1.6 \times 10^{-19}$〔C〕

原子質量単位：$1\mathrm{u} \fallingdotseq 1.6 \times 10^{-27}$〔kg〕

●考え方●

円筒電極中はクーロン力が，磁場中はローレンツ力が向心力となる．

解答

ポイント

㋐ イオンの速度を消去する．

㋑ 原子の質量は，核子の質量で近似する．

イオンの質量を M，電気素量を e とするとイオン源から出た後の円運動の半径が r より，その速度の大きさ v が決まる．

$$eE = M\frac{v^2}{r} \qquad \therefore\ v = \sqrt{\frac{eEr}{M}} \quad \cdots①$$

磁束密度 B の磁場中の円運動の半径を R，直径を L とすると，

$$evB = M\frac{v^2}{R} \qquad \therefore\ L = 2R = \frac{2Mv}{eB} \quad \cdots②$$

①，②式より，㋐ $L = \dfrac{2M}{eB}\sqrt{\dfrac{eEr}{M}} = \dfrac{2}{B}\sqrt{\dfrac{Er}{e}}\sqrt{M}$

質量数 20 と 21 のイオンの場合の直径の差は，

$$\varDelta L = \frac{2}{B}\sqrt{\frac{Er}{e}}(\sqrt{M_2} - \sqrt{M_1}) \qquad \therefore\ B = \frac{2}{\varDelta L}\sqrt{\frac{Er}{e}}(\sqrt{M_2} - \sqrt{M_1})$$

数値を代入して，

$$B = \frac{2}{2 \times 10^{-2}}\sqrt{\frac{2 \times 10^6 \times 0.2}{1.6 \times 10^{-19}}}(\sqrt{21 \times 1.6 \times 10^{-27}}_{㋑} - \sqrt{20 \times 1.6 \times 10^{-27}})$$

$$\fallingdotseq 7.0 \times 10^{-1}〔\mathrm{T}〕$$ 答

練習問題 3-7

解答 p. 243

放射線を検出する霧箱で，β 線（電子線）が半径 12 cm の円を描いて運動していた．かけている磁場は円軌道に垂直に 8.0 mT であった．β 線の運動エネルギーを求め，KeV 単位で答えよ．

電子の質量　$m = 9.1 \times 10^{-31}$〔C〕　　電気素量　$e = 1.6 \times 10^{-19}$〔C〕

問題 3-8 ▼サイクロトロン

図は，電極 D，D′ からなるサイクロトロン装置である．磁束密度の大きさ B の磁場が，紙面表から裏の向きにあり，電極 D，D′ 間には，高周波の交流電圧をかける．D の点 P_0 から質量 m，電荷 q の正イオンが速度 0 で動き出す．電極間のイオンの移動時間は無視できる．

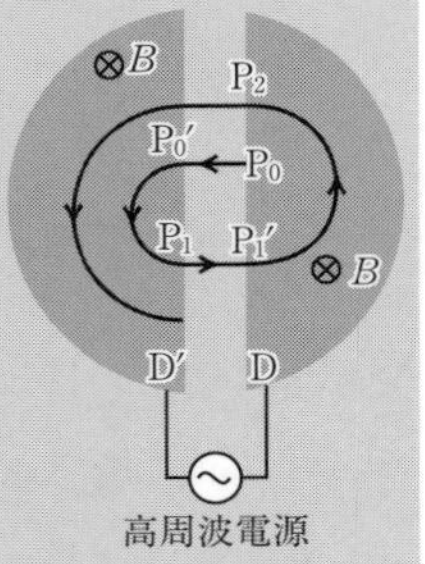

(1) 図の $P_0' \to P_1$ 軌道の半径と運動の時間を求めよ．

(2) 交流電圧の周波数の最小値を求めよ．

(3) 軌道半径が R になると外部に取り出すとすると，加速後の荷電粒子の運動エネルギーを求めよ．
ただし D，D′ 間の移動時の加速電圧は V_0（一定）とする．

●考え方●

正イオンは，D，D′ 間の移動ごとに qV_0 のエネルギーを受けとる．

解答

(1) $P_0' \to P_1$ での円運動の速度を v とすると，力学的エネルギー保存則より，

$$\frac{1}{2}mv^2 = qV_0 \quad \therefore\ v = \sqrt{\frac{2qV_0}{m}}$$

円運動の半径は，(3-17)式より，

$$r = \frac{mv}{qB} = \frac{1}{B}\sqrt{\frac{2mV_0}{q}} \quad \text{答}$$

周期の半分は，(3-18)式より，$\dfrac{T}{2} = \dfrac{\pi m}{qB}$㋐ 答

(2) 荷電粒子の円運動と同期すればよいので，$\dfrac{1}{T} = \dfrac{qB}{2\pi m}$㋑ 答

(3) サイクロトロン半径 $r = \dfrac{mv}{qB}$ より，運動エネルギー $K = \dfrac{1}{2}mv^2$ を用いると，

$$qBr = mv = \sqrt{2m \cdot \frac{1}{2}mv^2} = \sqrt{2mK}$$

半径が R のとき $K_{\max}$ より，㋒ $qBR = \sqrt{2mK_{\max}} \quad \therefore\ K_{\max} = \dfrac{(qBR)^2}{2m}$ 答

ポイント

㋐ m/qB の値のみで決まり，加速後の速度には無関係である．

㋑ 実際にはこの値の倍数でも可能である．

㋒ 運動エネルギーと軌道半径の直接的な関係を求めるとよい．

練習問題 3-8　解答 p. 243

図のような磁場分布のある x-y 平面に，点 $(-a, 0)$ から $+y$ 向きに速さ v で電荷 $q(>0)$ の荷電粒子が飛び込んで，点 $(0, a)$ を $+x$ 向きに通過した．この後の運動を論ぜよ．

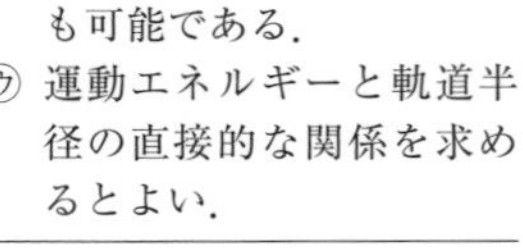

問題 3-9 ▼回転導体棒に発生する電位差

磁束密度 B_0 の一様な磁場中に，磁場に垂直に長さ l の導体棒を配置した．その一端を固定し，他端を角速度 ω で，磁場に垂直な平面内で反時計回りに回転させた．このとき，導体棒の両端に発生する電位差を求めよ．

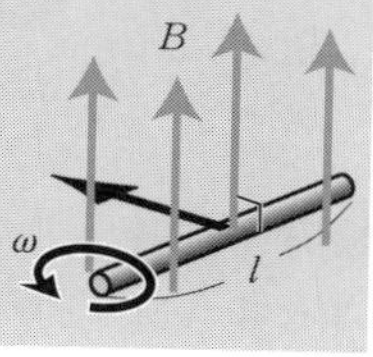

●考え方●

ローレンツ力を受けた自由電子は回転棒の回転中心に向かう．その結果，棒の中心部分は負に帯電し，回転先端部分は正に帯電する．自由電子の移動が終了した平衡状態では，棒の両端に出現した正負の電荷分布による電場が生じ，両端間に電位差が生じる．

解答

回転中心から距離 r の位置にある電子の円運動の速さ v は，

$$v = r\omega \quad \cdots①$$

電子にはたらくローレンツ力の向きは，円運動の中心を向き，㋐ その大きさは，evB であり，平衡状態でこの場所の電場 $E(r)$ からの力とつり合う．

$$eE(r) = er\omega B \qquad \therefore\ E(r) = r\omega B \quad \cdots②$$

電場の向きは，導体棒に沿って中心を向いている．したがって，導体棒の両端間の電位差 $\Delta\phi$ は，

$$\Delta\phi = \int_0^l E(r)dr = \int_0^l \omega Brdr = \frac{1}{2}\omega Bl^2$$ ㋑ 答

ポイント

㋐ 右手ルール等で確認しよう．電子は電荷の符号が負だから，注意を要する．

㋑ 電場の，位置による積分が電位である．導体棒の先端ほど電位差が強く現れることがわかる．電池のイメージ図を示す．

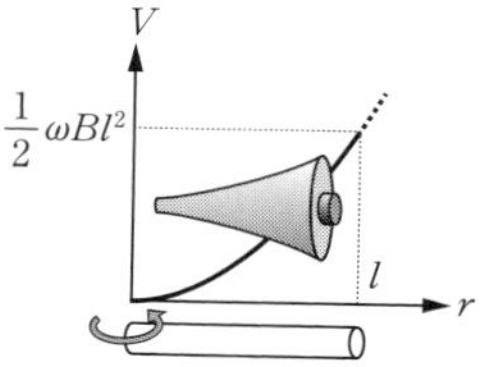

練習問題　3-9

解答 p. 243

速度 $\boldsymbol{v}$ で運動する電荷 q の荷電粒子が，相対位置 $\boldsymbol{r}$ の位置につくる磁場は，$B = \dfrac{\mu_0 q\boldsymbol{v}}{4\pi} \times \dfrac{\boldsymbol{r}}{r^3}$ となる．ある時刻に電荷 q_1 の荷電粒子 1 が位置 $(a, 0, 0)$ で速度 $(v_0, 0, 0)$ で運動し，電荷 q_2 の荷電粒子 2 が位置 $(0, a, 0)$ で速度 $(0, v_0, 0)$ で運動している．このとき，荷電粒子 1，2 が磁場から受けるローレンツ力をそれぞれ求め，静電気力との大きさも比較せよ．

問題 3-⑩ ▼正方形コイルの電流のつくる磁場

1 辺が $2a$ の正方形コイルに電流 I が流れている．コイルの中心 O を通り，面に垂直に z 軸をとる．z 軸上で座標 z の位置 P での磁束密度を求めよ．

●考え方●

有限線分電流のつくる磁場の公式(3-23)，および対称性を利用する．

解答

正方形の頂点を A, B, C, D とし，AB の中点を Q，線分 PQ の長さを r，PQ が正方形平面となす角を ϕ，$\angle \mathrm{PAB} = \angle \mathrm{PBA} = \theta$ とする．ビオ・サバールの法則より，辺 AB を流れる電流が点 P につくる磁束密度 $\boldsymbol{B}_{\mathrm{AB}}$ は z 軸と角度 ϕ をなす．(3-23)式(p.83)より，

ポイント

㋐ 正方形の各辺に流れる電流が P 点につくる磁場 z 軸に対して 90 度ずつ回転した配置となっているので，和をとると z 軸成分しか残らない．

$$B_{\mathrm{AB}} = |\boldsymbol{B}_{\mathrm{AB}}| = \frac{\mu_0 I}{4\pi r}(\cos\theta + \cos\theta) = \frac{\mu_0 I \cos\theta}{2\pi r} \quad \cdots ①$$

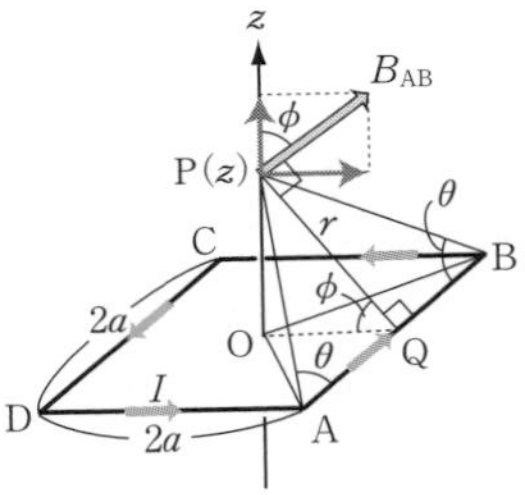

△PAQ で，

$$\cos\theta = \frac{a}{\mathrm{AP}} = \frac{a}{\sqrt{2a^2 + z^2}} \quad \cdots ②$$

①，②より，

$$B_{\mathrm{AB}} = \frac{\mu_0 I}{2\pi r}\frac{a}{\sqrt{2a^2 + z^2}}$$

4 辺の電流のつくる合成磁場は，対称性から㋐ z 軸正の向きになり，

$$B(z) = 4B_{\mathrm{AB}}\cos\phi = \frac{2\mu_0 I}{\pi r}\frac{a}{\sqrt{2a^2 + z^2}}\frac{a}{r} = \frac{2\mu_0 I a^2}{\pi\sqrt{2a^2 + z^2}\,(a^2 + z^2)}$$ 答

練習問題 3-10

解答 p. 244

半径 a で高さ $2b$ 直円柱の輪郭に一致するように 2 つの円形コイルを置き，同じ向きに電流 I を流す．

(1) 円の 2 つの中心を結ぶ線分上で，中点 O からの距離 x にある点 P における磁束密度を求めよ．

(2) 点 O 付近に精度良く一様な磁場が生じるための，a, b の条件を求めよ．この条件を満たすように作られた装置を「ヘルムホルツコイル」という．

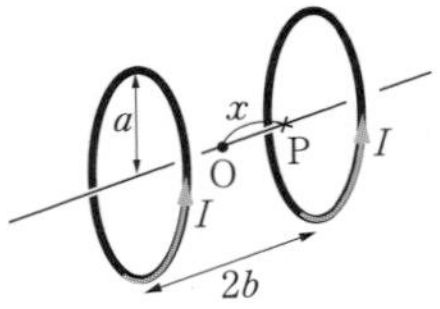

問題 3-11 ▼半円電流のつくる磁場

図のように，半円弧を含む針金に矢印の向きに電流 I を流した．図1および図2の点Oでの磁束密度を求めよ．$\overset{\frown}{\mathrm{BC}}$，$\overset{\frown}{\mathrm{GH}}$ は点Oを中心とした半径 r の半円弧で，$\overset{\frown}{\mathrm{EF}}$ は点Oを中心とした半径 $R(>r)$ の半円弧である．ABおよびCDは無限に伸びる半直線である．

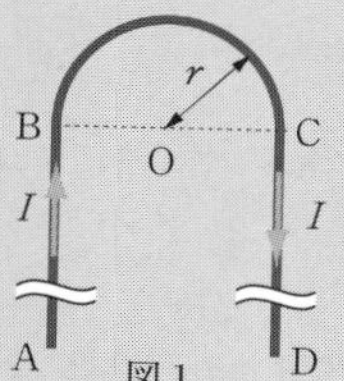

図1

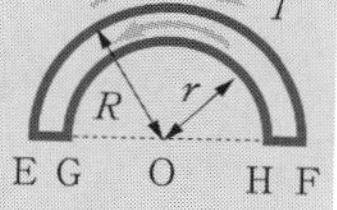

図2

●考え方●

半円弧部分と直線部分のつくる磁場の合成と考える．(3-24)，(3-26)式(p.84)を活用する．

解答

図1　直線部分からの寄与が，紙面表 → 裏の向きに，㋐

$$B_1 = \frac{1}{2}\frac{\mu_0 I}{2\pi r} \times 2 = \frac{\mu_0 I}{2\pi r}$$ ㋑

半円部分からの寄与が，紙面表 → 裏の向きに，

$$B_2 = \frac{1}{2}\frac{\mu_0 I}{2r} = \frac{\mu_0 I}{4r}$$ ㋒

全体では，紙面表 → 裏の向きに，

$$B = B_1 + B_2 = \frac{2+\pi}{4\pi r}\mu_0 I$$ 答

図2　直線部分からの寄与はない．　小さい半円部分からの寄与が，紙面裏から表に向かって，

$$B_1 = \frac{1}{2}\frac{\mu_0 I}{2r} = \frac{\mu_0 I}{4r}$$

大きい半円部分からの寄与が，紙面表から裏に向かって，

$$B_2 = \frac{1}{2}\frac{\mu_0 I}{2R} = \frac{\mu_0 I}{4R}$$

全体では，紙面裏から表の向きに，

$$B = B_1 - B_2 = \frac{\mu_0 I}{4r} - \frac{\mu_0 I}{4R} = \frac{\mu_0 I}{4}\left(\frac{1}{r} - \frac{1}{R}\right)$$ 答

ポイント

㋐ 右ねじの法則．
㋑ 無限直線電流のつくる磁場の半分である．
㋒ 円電流のつくる磁場の半分である．

練習問題　3-11

解答 p. 244

Y字型の半無限の直線導線a，b，cそれぞれに図のように電流が流れている．このとき，点Pでの磁束密度を求めよ．

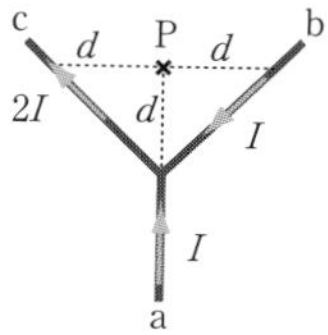

問題 3-⑫ ▼円柱導体の電流による磁場

無限に長い直円柱導体に一様電流 I が流れている．導体内外での透磁率は μ_0 とする．

(a) 円柱内部で中心軸から距離 r の位置での磁束密度を求めよ．

(b) 円柱外部で中心軸から距離 r の位置での磁束密度を求めよ．

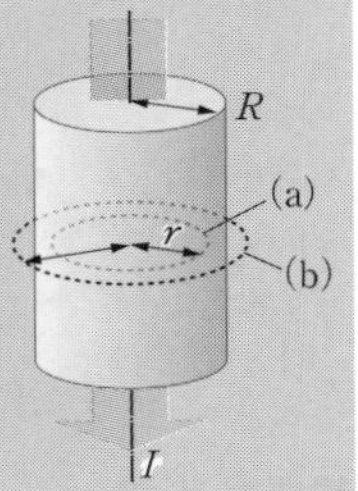

●考え方●

対称性を生かし，アンペールの法則を用いる．

解答

(a) $r < R$ のとき　半径 r の円を貫く電流は $I \times \left(\dfrac{r}{R}\right)^2$ だから，アンペールの法則より，

$$2\pi r B(r) = \mu_0 I \times \left(\frac{r}{R}\right)^2 \quad \therefore\ B(r) = \mu_0 I \times \left(\frac{r}{R}\right)^2 \times \frac{1}{2\pi r} = \frac{\mu_0 I}{2\pi R^2} r$$ 答

(b) $r > R$ のとき　半径 r の円を貫く電流は I だから，アンペールの法則より，

$$2\pi r B(r) = \mu_0 I \quad \therefore\ B(r) = \frac{\mu_0 I}{2\pi r}$$ 答

Memo　**TP 線**（Twisted Pair Cable）

コンピュータとインターネットをつなぐケーブルの中に使われている線は，色の違う線がペアでよじれて螺旋状になっている．こうすることで，外部の磁場の変動を受けて回路にノイズ起電力が発生するときに，隣り合うねじれでの起電力の符号が入れ替わるので，ケーブル全体では打ち消し合い，ノイズの影響を抑えることができる．また，ケーブルが発生源となるノイズに対しても効果がある．ケーブルを流れる電流は周りに磁場をつくるが，ケーブルがよじれていると，よじれのループを流れる電流の向きが隣同士で反転するために，磁場が打ち消され，磁場ノイズの発生を防いでいる．

練習問題　3-12　解答 p. 244

半径 a の無限に長い円柱導体が，内半径 b の，外半径 c の無限に長い円筒状導体の中に同軸で入れてある．電流 I を逆向きに流すとき生じる磁場を求めよ．透磁率は μ_0 とする．

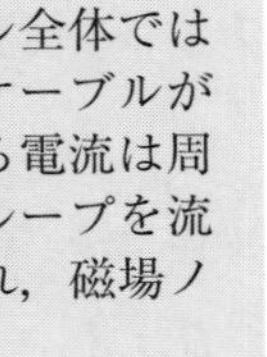

問題 3-13 ▼アンペールの法則

図のように4本の互いに平行な無限に長い導線に，それぞれ図に示すような電流 I, $3I$, $2I$, I を流した．導線の周りの閉曲線 C_1, C_2, C_3 について，磁束密度の線積分を求めよ．

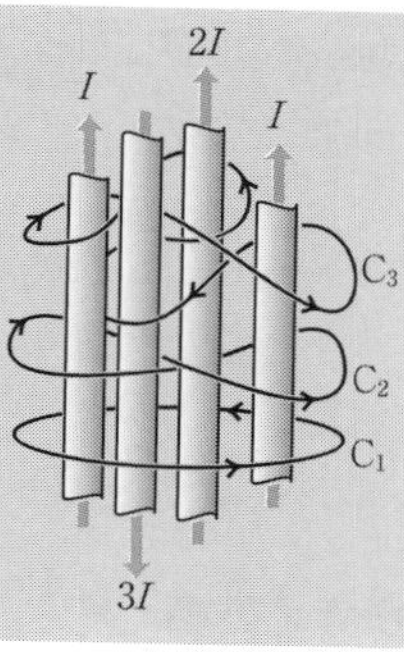

●考え方●

アンペールの法則を適用する．

解答

C_1：$\oint_{C_1} \boldsymbol{B}\cdot d\boldsymbol{l} = \mu_0(I - 3I + 2I + I) = \mu_0 I$ 答 ㋐

C_2：$\oint_{C_1} \boldsymbol{B}\cdot d\boldsymbol{l} = \mu_0(-I + 3I) + \mu_0(2I + I) = 5\mu_0 I$ 答

C_3：$\oint_{C_1} \boldsymbol{B}\cdot d\boldsymbol{l} = \mu_0 I + \mu_0(2I) + \mu_0(3I) - \mu_0 I = 5\mu_0 I$ 答

C_2, C_3 は，図のように閉曲線を部分閉曲線に分解して考えるとよい．符号は個々の閉回路の電流に右ねじの法則を当てはめて判断する．

ポイント

㋐ 閉曲線の回転の向きが，上から見て，反時計回り．この向きに右ねじを回すとき，ネジの進む向き（つまり紙面裏から表）と一致した向きの電流を正とし，反対向きの電流を負として足し合わせる．

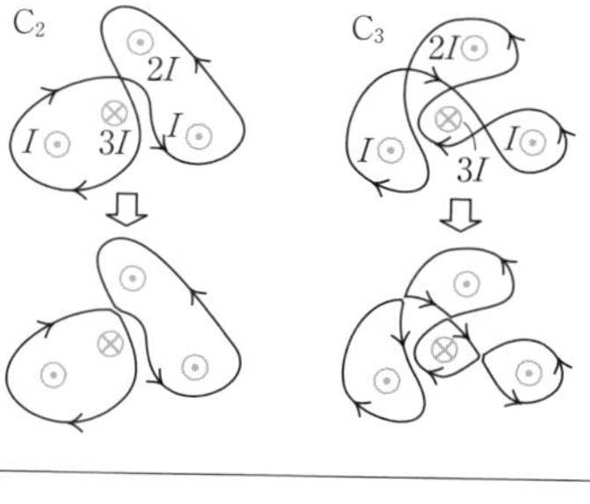

練習問題　3-13　解答 p. 245

平行に配置された2枚の無限に広い導体板上を，それぞれ図の向きに，単位幅当たり密度 j の電流が流れている．このとき，2枚の板の間の空間に生じる磁場を求めよ．

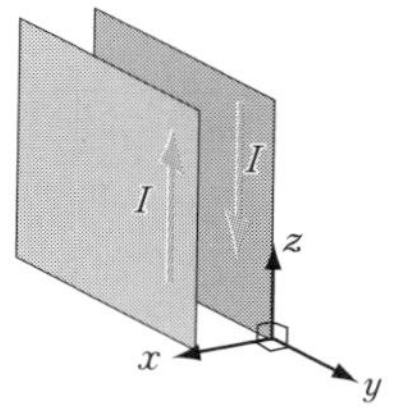

問題 3-⑭ ▼反磁性の原理

電子（質量 m_e，電荷 $-e$）が核の周りを半径 r，角速度 ω_0 で等速円運動をしている．円軌道面に垂直に磁束密度の大きさ B の磁場がかけられると，軌道は変化しないまま角速度が ω に変化した．磁気モーメントの変化を求めよ．ただし，B の影響は小さいので，B の 1 次式で近似せよ．

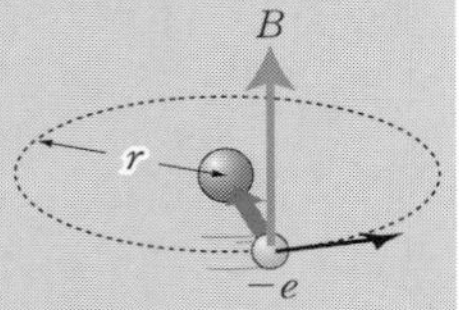

●考え方●

円運動させていた力（クーロン力）にさらにローレンツ力が加わる．電子の動きを電流に換算する．

解答

磁場がないときの向心力は $m_e r\omega_0{}^2$ で，電子の回転の向きにより，ローレンツ力の向きも変化する．図の回転の向きを正の向きとすると，運動方程式は，

$$m_e r\omega^2 = m_e r\omega_0{}^2 \pm er\omega B$$

$$\Leftrightarrow \left(\frac{\omega}{\omega_0}\right)^2 \mp \frac{eB}{m_e\omega_0}\frac{\omega}{\omega_0} - 1 = 0$$

$\dfrac{\omega}{\omega_0} \approx 1$，$\dfrac{eB}{m_e\omega_0} \ll 1$ だから，

$$\frac{\omega}{\omega_0} = \frac{\pm\dfrac{eB}{m_e\omega_0} + \sqrt{\underbrace{\left(\dfrac{eB}{m_e\omega_0}\right)^2}_{㋐} + 4}}{2} \fallingdotseq 1 \pm \frac{eB}{2m_e\omega_0}$$

$$\therefore\ \Delta\omega = \pm\frac{eB}{2m_e}$$

電子の円運動による電流は，$I = \dfrac{e}{T} = \dfrac{e}{2\pi/\omega} = \dfrac{e\omega}{2\pi}$

で，磁気モーメントの変化 $\Delta\omega$ は，

$$\Delta m = \Delta(I\pi r^2) = \Delta\left(\frac{e\omega}{2\pi}\pi r^2\right) = \frac{1}{2}er^2\Delta\omega = \underbrace{\pm\frac{e^2r^2B}{4m}}_{㋑}$$ 答

ポイント

㋐ B の 2 次の項は落とす．

㋑ スピンが反対の電子のカップルがある場合，それぞれの磁気モーメントの変化の符号が異なるので，結果的には，この結論の 2 倍の磁気モーメントの変化が生じることになる．

練習問題　3-14

解答 p. 245

半径 1 cm，厚さ 0.2 cm の円板状鉄製磁石が，磁化の強さ $\dfrac{4}{\pi} \times 10^5$ A/m で磁化されている．円盤の中心での磁束密度はいくらか．

問題 3-⑮ ▼**磁性体**

厚さが均一で十分広い透磁率 μ の磁性体板がある．一様な磁場 $\boldsymbol{B}_0$ を，(a)板の面に垂直に，(b)板の面に平行にそれぞれかけた．それぞれの場合の板の磁化の強さを求めよ．

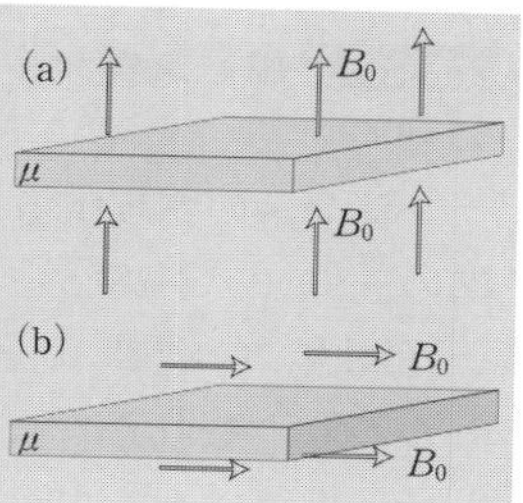

●考え方●

板が十分に広いことから生じる対称性を利用し，$\boldsymbol{B}$，$\boldsymbol{H}$ の境界条件に着目する．

解答

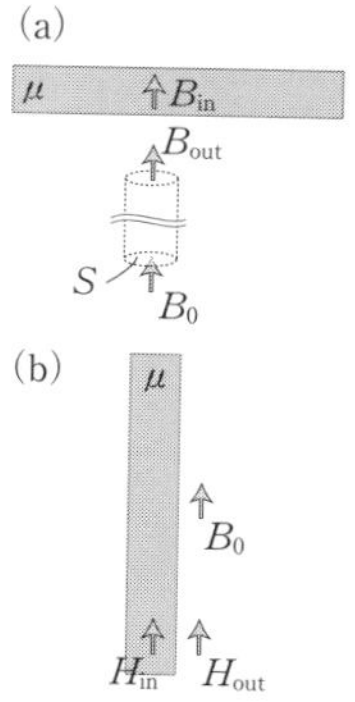

(a) 磁束線は板に垂直に分布する．板の内部と表面近くの外部の磁場をそれぞれ $\boldsymbol{B}_{in}, \boldsymbol{B}_{out}$ とする．板の外に断面積 S で十分高さのある直円筒を想定し，この閉曲面にガウスの法則をあてはめる．板から十分離れた場所では，磁束密度は $\boldsymbol{B}_0$ だから，

$$\boldsymbol{B}_{out}S - \boldsymbol{B}_0 S = 0 \quad \therefore \boldsymbol{B}_{out} = \boldsymbol{B}_0 \quad \cdots ①$$

境界面で $\boldsymbol{B}$ の法線成分は変化しないので，

$$\boldsymbol{B}_{out} = \boldsymbol{B}_{in} \quad \cdots ②$$

①，②式より，磁化は，

$$\boldsymbol{M} = \frac{\boldsymbol{B}_{in}}{\mu_0} - \boldsymbol{H}_{in} = \frac{\boldsymbol{B}_{in}}{\mu_0} - \frac{\boldsymbol{B}_{in}}{\mu} = \left(\frac{1}{\mu_0} - \frac{1}{\mu}\right)\boldsymbol{B}_0 \text{ 答}$$

(b) 対称性から磁束線は，板に平行である．板の境界面で $\boldsymbol{H}$ の面に平行な成分は変化しないので，

$$\boldsymbol{H}_{in} = \boldsymbol{H}_{out} = \frac{\boldsymbol{B}_{out}}{\mu_0} = \frac{\boldsymbol{B}_0}{\mu_0} \quad \cdots ③ \qquad \boldsymbol{B}_{in} = \mu\boldsymbol{H}_{in} = \frac{\mu}{\mu_0}\boldsymbol{B}_0 \quad \cdots ④$$

③，④式より，

$$\therefore \boldsymbol{M} = \frac{\boldsymbol{B}_{in}}{\mu_0} - \boldsymbol{H}_{in} = \boldsymbol{B}_0\frac{\mu}{\mu_0}\frac{1}{\mu_0} - \boldsymbol{B}_0\frac{1}{\mu_0} = \frac{\mu}{\mu_0}\left(\frac{1}{\mu_0} - \frac{1}{\mu}\right)\boldsymbol{B}_0 \text{ 答}$$

練習問題　3-15　解答 p. 245

半径が a で巻き数密度 n のソレノイドコイルに電流 I を流し，透磁率 μ の鉄心を挿入した．このとき，ソレノイド内部の磁場 $\boldsymbol{H}$，磁束密度 $\boldsymbol{B}$，磁化，磁化率をそれぞれ求めよ．

column3 ◆アンペール

フランスの物理学者で，電磁気学の創始者の一人である．電磁気学の基本法則の一つ「アンペールの法則」を発見した．

1820 年，エルステッドの研究報告を知ったアンペールは早速この研究にとりかかり，右ねじの法則を発見した．また，電流が磁石に力を及ぼすということは，電流同士も力を及ぼすはずだとの着想で実験を繰り返し，1822 年，2 本の電流間にはたらく力を数学的に確立した「2 つの電流の相互作用について」という論文に仕上げた．2 本の電流間にはたらく力は，電流の向きが同じ場合は反発力，電流の向きが異なる場合は吸引力であること，導体間にはたらく力の大きさは電流の積に比例し，導体間の距離に反比例することを導いた．マクスウェルの言葉を借りれば「電気学のニュートン」に相当する仕事であった．

少年時代の彼は父親の教育方針により学校には通わず，興味をもったことを自由に学べる環境で育った．父親の教育の影響もあり，好奇心旺盛であらゆることに興味を示したアンペールは，大人になってもその知的好奇心が衰えることはなく，様々な学問分野を研究していくことになった．その思考の根底には，少年時代に愛読した『百科全書』やビュフォンの『自然史』があった．語学や数学も並はずれた才能の片鱗を見せ，ラテン語は 2, 3 週間で習得してしまい，12 歳で微分学に通じていたという．

私生活では，彼が 18 歳の時のフランス革命で父親が恐怖政治の犠牲になり，そのショックで，約 1 年の引きこもり生活を送ることになったり，28 歳で最愛の妻が病気で他界するなどの決して無風ではなかったが，その才能は皇帝ナポレオンにも認められ，最後は教育総監に任命された．一生を通じて，フランスの教育分野に貢献した．その墓石に刻まれた辞世の言葉には「ついに幸せになった」とある．

アンドレ＝マリ・アンペール (仏)
1775 年〜1836 年

Chapter 4

電磁誘導

ファラデーは，電荷の運動である電流が周りの空間に
磁場を作るのであれば，磁石の運動が回路に電流を生む
のではないかと考え，試行錯誤の末に，予想通りに電磁誘導
現象を発見した．この発見がその後の人類の
電気文明に与えた影響は計り知れない．

基本事項

1 電磁誘導の法則（問題 4-1, 2, 3, 4, 5, 6, 7）

❶ 電磁誘導現象

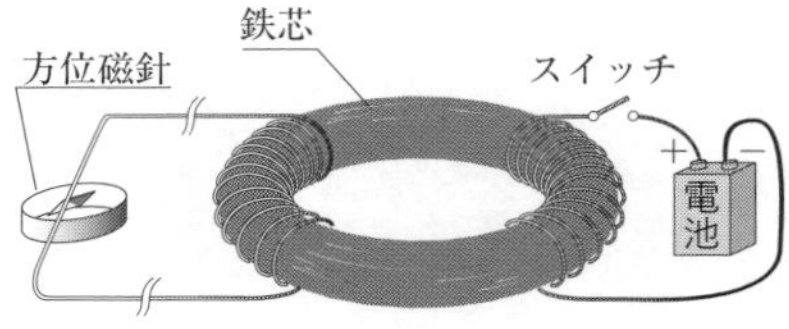

図 4-1-1

1831 年の夏，ファラデー(英)は，エルステッドが 10 年前に発見していた現象(電流がその周りに磁場をつくる)の逆現象(磁場から電流を取り出す)の発見に成功した．鉄芯に巻き付けた 2 組のコイルのうち，電池に接続した右のコイルのスイッチを開閉するその瞬間だけではあるが，電池をつないでない左の回路に電流が流れることを確認した．左の回路に電流が流れたということは，この回路に起電力が発生したということである．ファラデーはさらにこの現象が生じる原因が，右のコイルから生み出され左のコイルを貫いている磁力線にあると考えた．確認のため，左のコイルに棒磁石を直接出し入れしてみて，同様の現象が起こることを確認した．さらに詳しく調べると，力線の本数ではなく，本数の変化率に関係することを見抜いた．

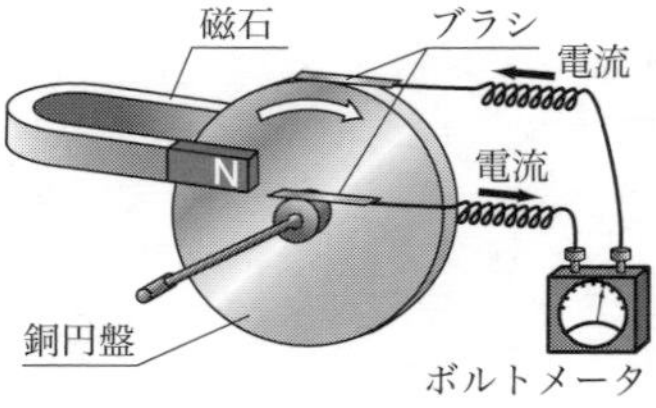

図 4-1-2

「コイルを貫く磁力線の数が変化すると，コイルに起電力が発生し，回路に電流が流れる」現象を発見した．この現象を**電磁誘導**，流れた電流を**誘導電流**という．一旦原理が解明されると，有意な実験アイデアが次々に湧き出て，2ヶ月後には，図 4-1-2 に示す，電流を連続的に取り出せる装置まで考案した．人類最初の発電機の原型の誕生である．

❷ レンツの法則

「電磁誘導によって生じる誘導起電力は，それによって流れる誘導電流のつくる磁場が，原因となった磁場の変化を妨げる向きに生じる」ことが確認された．これを**レンツの法則**という．

例 円形リングを水平に固定し，下方から棒磁石の N 極を近づけると，リングには，上から見て，時計回りの電流が流れる．突き抜けた後，遠ざかる時には，反時計回りの電流が流れる．いずれの場合も，磁石によって変化したリング内の磁束を元の本数に回復しようとする電流の向きである．

うず電流

1824 年アラゴー(仏)は，銅やアルミ製の薄い円盤の近くで磁石を回すと，しだいに円盤も同じ向きに回り出す現象を見つけた(図 4-1-3)．1885 年にフーコーによりこの現象が解明され，磁石が回転に伴い渦状の電流が金属円盤上に生じ，この電流が磁石から受ける力が，磁石の回転と同じ向きのトルクを与えるためだということを突き止めた．

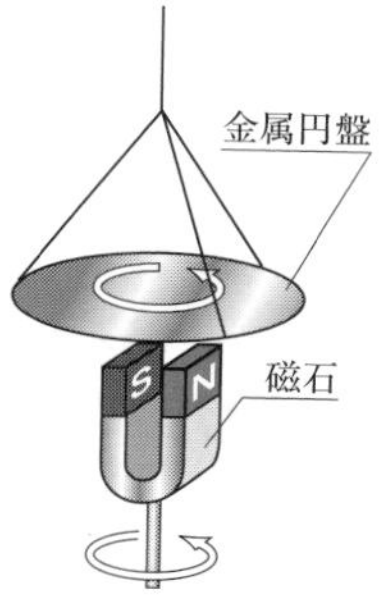

図 4-1-3

電磁誘導によって広がりのある導体内に生ずるこのうず状の誘導電流を，**うず電流**という．この現象のミクロレベルでの原因はローレンツ力にある．

図 4-1-4 は，棒磁石が金属板側に N 極を向け，すぐ近くで運動する様子を描いたものである．

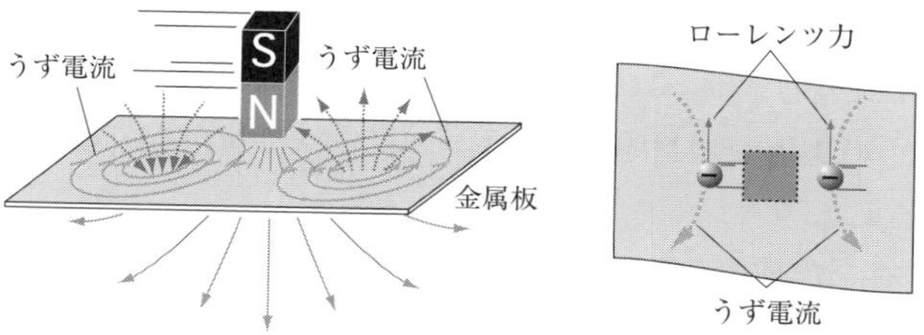

図 4-1-4

進行する永久磁石を止めて相対的に見ると，磁石直下付近の自由電子は，図で左向きに磁場中を移動することになる．この運動によるローレンツ力は，金属板に沿って奥の方を向く．自由電子の集団的な動きが金属板の手前から奥に向かって起きる．これにより，金属板の手前側が正極，奥が負極の電位差が生じ，磁石から遠い部分では，金属板の手前から奥に向かっての電流が生じ，磁石の進行方向前後に対称な環状電流布が生じる．これがうず電流である．

相対的に運動する磁石と金属板との間にはたらく力の向きの簡便な判断法を紹介しよう．それは誘導される電流を磁石で置き換える手法である．「磁石が導体表面に近づいたり遠ざかったりするとき，導体表面に逆磁極が誘起される」と考えてよい．

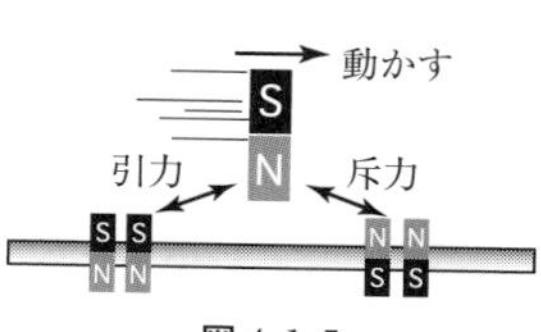

図 4-1-5

この結果，金属板が固定されていれば，移動する棒磁石にブレーキがかかるように観測され，逆に，金属板が軽くて可動な場合，棒磁石を追従するように加速するのが観測される．磁石に吸い寄せられる現象のように錯覚するが，原理的に異なる現象である．導体に発生するうず電流は，ジュール熱となりエネルギー損失となるが，これを積極的に利用したものが，IH ヒーターである．

相互誘導

図 4-1-6 のように 2 個のコイルが接近して配置してあるとき，コイル 1 に電流を流し，その強さを変化させると，その周りに変動する磁場ができ，その磁場の一部がコイル 2 を貫く．このとき，電磁誘導の法則より，コイル 2 が開いていれば端子間に電圧が発生し，コイル 2 が閉じていれば誘導電流が流れる．この現象を**相互誘導**という．誘導電流の向きは，レンツの法則による．図 4-1-6 の場合，コイル 1 に図の I_1 の向きの電流が増加すると，コイル 2 には図の I_2 の向きとは逆向きの誘導電流が流れる．

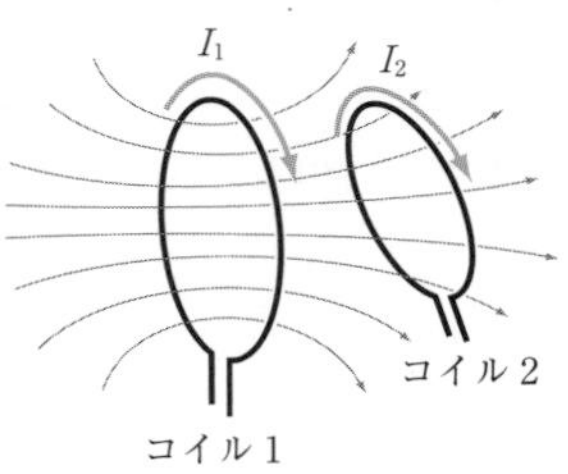

図 4-1-6

❷ ファラデーの電磁誘導の法則

起電力と磁束

磁場中の導線閉回路 C を考える．回路中の単位電荷にはたらく，(3-16)式で与えられるローレンツ力 $\boldsymbol{F}$ の，閉曲線 C に沿った線積分をその回路の**起電力** ϕ^{emf} (Electromotiveforce) という．C が実際の導線回路でなくても，空間内の任意の閉曲線 C について同様に ϕ^{emf} は定義できる．

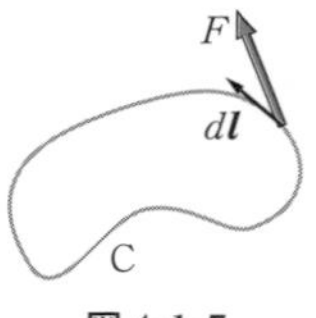

図 4-1-7

$$\phi^{\mathrm{emf}} = \oint_{\mathrm{C}} \boldsymbol{F}\cdot d\boldsymbol{l} = \oint_{\mathrm{C}} (\boldsymbol{E} + \boldsymbol{v} \times \boldsymbol{B})\cdot d\boldsymbol{l} \qquad (4\text{-}1)$$

静電場であれば電場は保存場となるので，積分の第一項はゼロである．同じ閉曲線 C を縁とする曲面は任意に選べるが，その磁束の値は一意に決まる．

(証明)　図 4-1-8 で，閉曲線 C を共通の縁とする曲面 S, S′ を考え，それぞれの磁束を Φ, Φ'

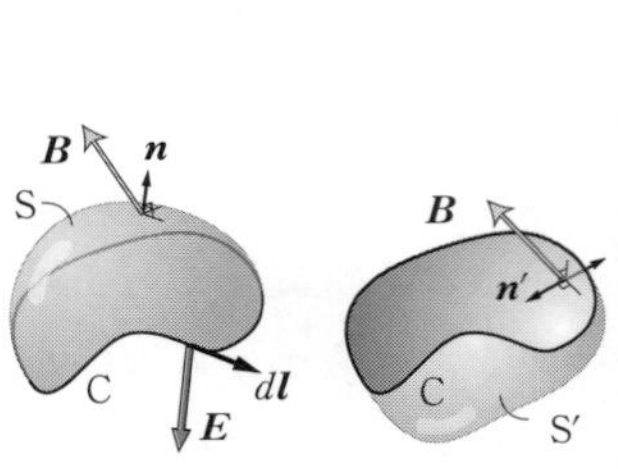

図 4-1-8

とする．

$$\Phi = \int_{\mathrm{S}} \boldsymbol{B} \cdot d\boldsymbol{S}, \quad \Phi' = \int_{\mathrm{S'}} \boldsymbol{B} \cdot d\boldsymbol{S} \qquad \therefore \ \Phi - \Phi' = \int_{\mathrm{S}} \boldsymbol{B} \cdot \boldsymbol{n} dS_1 - \int_{\mathrm{S'}} \boldsymbol{B} \cdot \boldsymbol{n}' dS_2$$

閉曲面 S + S′ の法線ベクトルを $\boldsymbol{n}$ とすると，$\boldsymbol{n}' = -\boldsymbol{n}$ と表されるので，

$$\Phi - \Phi' = \int_{\mathrm{S}} \boldsymbol{B} \cdot \boldsymbol{n} dS_1 + \int_{\mathrm{S'}} \boldsymbol{B} \cdot \boldsymbol{n} dS_2 = \int_{\mathrm{S+S'}} \boldsymbol{B} \cdot d\boldsymbol{S} = 0 \quad \therefore \ \Phi = \Phi' \ \text{(証明終)}$$

最後の等式で「磁場でのガウスの法則」を用いた．

鎖交磁束

複数の巻き数をもつコイルなどの磁束の計算について考えよう．まず2巻コイルについて考えてみよう．

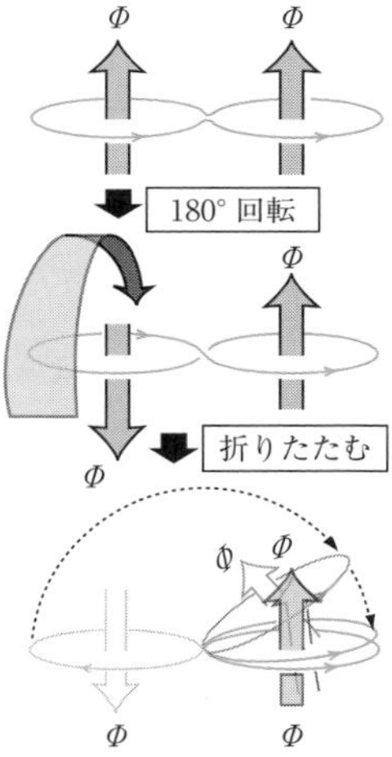

図 4-1-9

磁束 Φ が貫く同じコイル2個を接するように結合し，面積を2倍にした1巻コイルを考えると，閉回路の磁束が 2Φ になることがわかるが，このコイルは図に示す変形を繰り返すと，結局2巻コイルと等価であることが分かる．すなわち，一般に「密着して N 回巻いたコイルは，断面積が N 倍の1巻コイルと等価である」と考えられる．このことを考慮すると，N 巻コイルを貫く磁束は，「磁束密度」×「断面積」× N 倍となる．このように巻き数倍された磁束を「**鎖交磁束**」とよぶ．

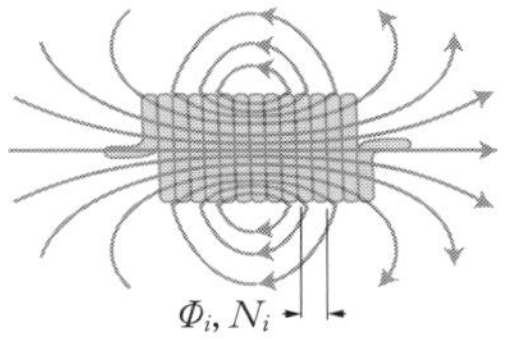

図 4-1-10

鎖交磁束の考え方は，磁束が途中から外部に漏れる有限の長さのコイルにおける磁束計算のときに有効である(図 4-1-10)．コイルを微小部分に分割し，各微小部分ごとの鎖交磁束の総和をとったものをコイル全体の鎖交磁束と定義する．これは，場所によって磁束密度が異なる分布をした1巻のコイル内の磁束を計算していることと同じである．図のコイルの各微小部分の巻き数と磁束をそれぞれ，N_i，Φ_i，鎖交磁束を Φ^* と書くと，

$$\Phi^* = \sum_i N_i \Phi_i \tag{4-2}$$

電磁誘導の法則

多くの実験結果は,「閉回路に発生する起電力はその回路を貫く磁束の時間変化率に比例し,その向きはレンツの法則を満足する向きである」ことを支持している.起電力の単位を〔V〕,磁束の単位を〔Wb/m²〕=〔T〕とすれば,比例係数は−1となり*1,

$$\phi^{\mathrm{emf}} = -\frac{d\Phi}{dt} \tag{4-3}$$

これを**ファラデーの電磁誘導の法則**という.コイルの場合には,磁束は鎖交磁束 Φ^* を用いる.磁束は,磁束密度と面積の積であるから,いずれの変化も磁束の変化に寄与する.

$$\phi^{\mathrm{emf}} = -\frac{d}{dt}\int_{\mathrm{S}} \boldsymbol{B}\cdot d\boldsymbol{S} = -\int_{\mathrm{S}} \frac{\partial \boldsymbol{B}}{\partial t}\cdot d\boldsymbol{S} - \frac{d}{dt}\left(\int_{\mathrm{S}} d\boldsymbol{S}\right)\cdot \boldsymbol{B} \tag{4-4}$$

右辺第1項は,磁場の時間変化による寄与を表し,第2項は,回路の運動からの寄与を表している.

❸ いろいろな誘導起電力

磁場の時間変化により生じる起電力

まず(4-4)式の第1項のみが関連する現象の例を見てみよう.図4-1-11のように,y-z 面内で,z 軸から距離 s の位置に,z 軸に平行に2辺の長さが a,b の長方形コイルを固定し,z 軸と一致する無限の長さの直線導線に $I = I_0 \sin\omega t$ の電流を流すとき,コイルに誘導される起電力を求めてみよう.

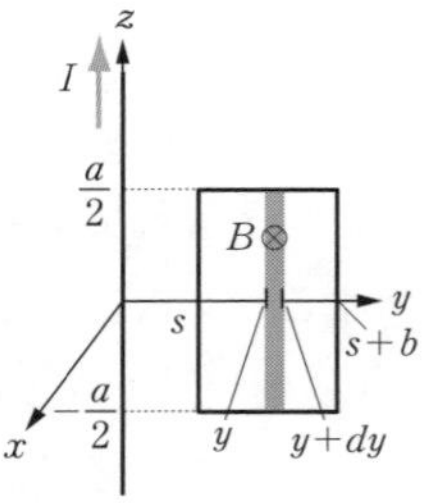

図 4-1-11

区間 $x=0$,$y \sim y+dy$,$-\dfrac{a}{2} \leqq z \leqq \dfrac{a}{2}$ を貫く磁束は,$d\Phi(t) = -\dfrac{\mu_0 I(t) a}{2\pi y}dy$

より,

$$\Phi(t) = \int_s^{s+b} d\Phi(t) = -\int_s^{s+b} \frac{\mu_0 I(t) a}{2\pi y}dy = -\frac{\mu_0 I(t) a}{2\pi}\int_s^{s+b}\frac{dy}{y}dz$$

$$= -\frac{\mu_0 I(t) a}{2\pi}\log\frac{s+b}{s}$$

これより起電力 ϕ^{emf}〔V〕が求められる.

$$\phi^{\mathrm{emf}} = -\dot{\Phi}(t) = \frac{\mu_0 a}{2\pi}\log\frac{s+b}{s}\dot{I} = \frac{\mu_0 a I_0 \omega}{2\pi}\log\frac{s+b}{s}\cos\omega t$$

*1 比例定数が−1になるように磁束密度の単位〔T〕が定義されていると考えてもよい.

磁場中を運動する回路に生じる起電力

(4-4)式の右辺第2項について調べてみる．回路Cの微小部分が速度 $\boldsymbol{v}$ で移動するとき，微小時間 dt で間のCの線素 $d\boldsymbol{r}$ の変位は $\boldsymbol{v}dt$．これに伴う面要素は，

$$d\boldsymbol{S} = (\boldsymbol{v}dt) \times d\boldsymbol{r}$$

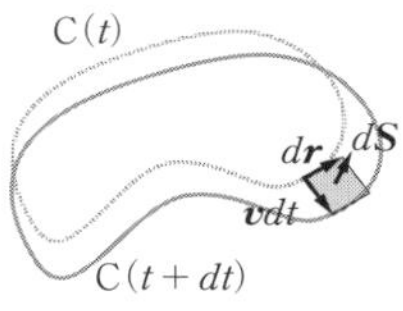

図 4-1-12

したがって，磁束の変化は，

$$d\Phi_{\mathrm{C}} = \boldsymbol{B}\cdot d\boldsymbol{S} = \boldsymbol{B}\cdot(\boldsymbol{v}\times d\boldsymbol{r})dt$$

$$\therefore\ \frac{d\Phi_{\mathrm{C}}}{dt} = \oint_{\mathrm{C}} \boldsymbol{B}\cdot(\boldsymbol{v}\times d\boldsymbol{r}) = -\oint_{\mathrm{C}} (\boldsymbol{v}\times\boldsymbol{B})\cdot d\boldsymbol{r}$$ (☞Appendix(A-6))

最後は，単位電荷に対するローレンツ力の経路Cでの線積分（＝仕事）と等価であることを表している．これより，回路の形状が変化する設定での起電力の計算法として，2通りあることを示している．

〈考え方1〉 閉回路内部を通過する磁束の時間変動率を計算する．

〈考え方2〉 閉回路にそって，ローレンツ力($\boldsymbol{v}\times\boldsymbol{B}$)を線積分する．

《レール上を滑る導体棒》

〈考え方1〉 $\Phi = \Phi_{\mathrm{C}} = Blx\sin\theta$

$$\therefore\ \phi^{\mathrm{emf}} = -\dot{\Phi} = -\dot{x}Bl\sin\theta = -vBl\sin\theta$$

〈考え方2〉

$$\phi^{\mathrm{emf}} = \oint_{\mathrm{C}} (\boldsymbol{v}\times\boldsymbol{B})\cdot d\boldsymbol{r} = -vBl\sin\theta$$

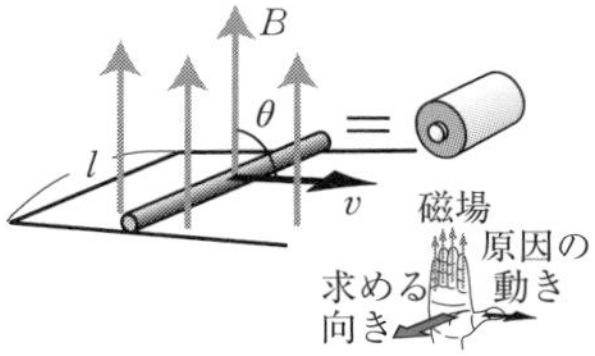

図 4-1-13

特に $\theta = 90^\circ$ のときは，

$$\phi^{\mathrm{emf}} = -vBl\,[V] \qquad (4\text{-}5)$$

《回転する導体棒》

〈考え方1〉 $\Phi = \dfrac{1}{2}Bl^2\theta$

$$\therefore\ \phi^{\mathrm{emf}} = -\dot{\Phi} = -\frac{1}{2}Bl^2\dot{\theta} = -\frac{1}{2}Bl^2\omega$$

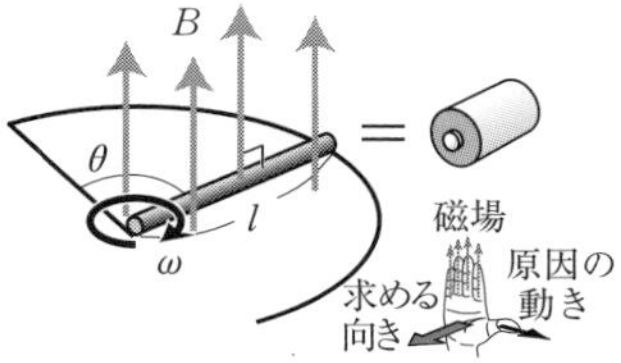

図 4-1-14

〈考え方2〉

$$\phi^{\mathrm{emf}} = \oint_{\mathrm{C}} (\boldsymbol{v}\times\boldsymbol{B})\cdot d\boldsymbol{r} = -\int_0^l r\omega B dr = -\frac{1}{2}Bl^2\omega \qquad (4\text{-}6)$$

《交流発電機》

図 4-1-15 のように，面積が S で，端子 a，b をもつ長方形の一巻きコイルを，その中心を x-y 軸の原点に一致させ，y 軸の周りに自由に回転できるようにする．x 軸正の向きに磁束密度の大きさ B の磁場をかけ，時刻 $t = 0$ の図の状態から，角速度 ω で反時計回りにコイルを回転させると，起電力 ϕ（端子 a からみた端子 b の電位）は**交流起電力**とよばれる正弦関数的変化をする．図中の $\boldsymbol{n}$ は，コイル面の裏表を区別する法線ベクトルを示す．

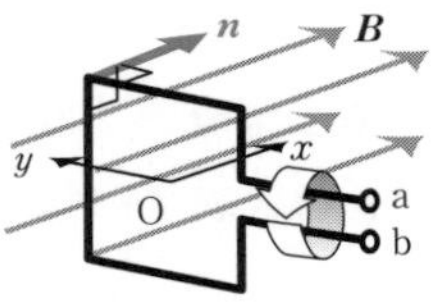

図 4-1-15

〈考え方 1〉　コイル面の面積を S と表すと，

$$\Phi = \boldsymbol{B}\cdot\boldsymbol{n}S = BS\cos\omega t \qquad \therefore\ \phi^{\mathrm{emf}} = -\dot{\Phi} = \omega BS\sin\omega t$$

〈考え方 2〉

問題 4-[4]参照

図 4-1-16 の図 i は，8 分の 1 周期ごとのコイルの位置を示している．貫く磁束の増減を見やすくするには，コイルを止めて，磁場を時計回りに回転させて考える方法もある．図 ii はそれぞれの時刻における磁束を，図 iii はそれぞれの時刻における起電力を表している．

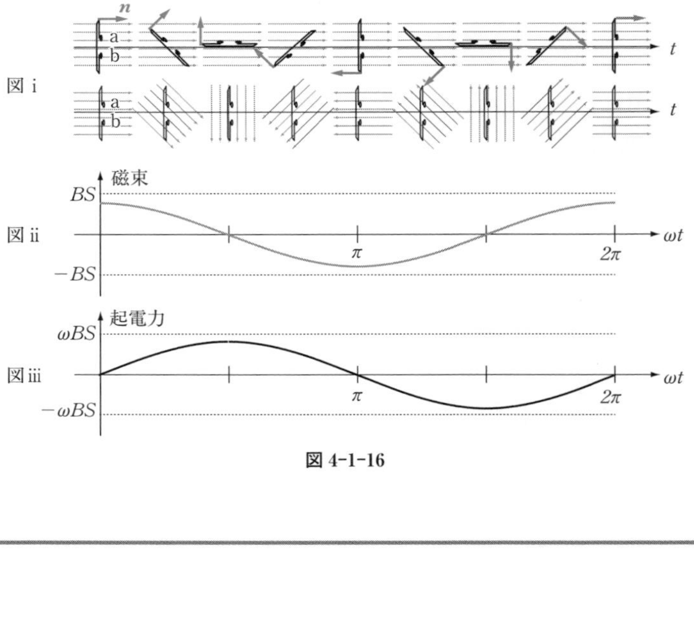

図 4-1-16

誘導電場とローレンツ力

図 4-1-17 の上は，磁石のつくる磁場の中で導体棒を運動させる場合の起電力の発生をあらわし，下は，導体棒は静止させ，磁石を反対向きに運動させる場合の起電力の発生を表している．符号に煩わされないために，キャリアーが正の電荷としている．

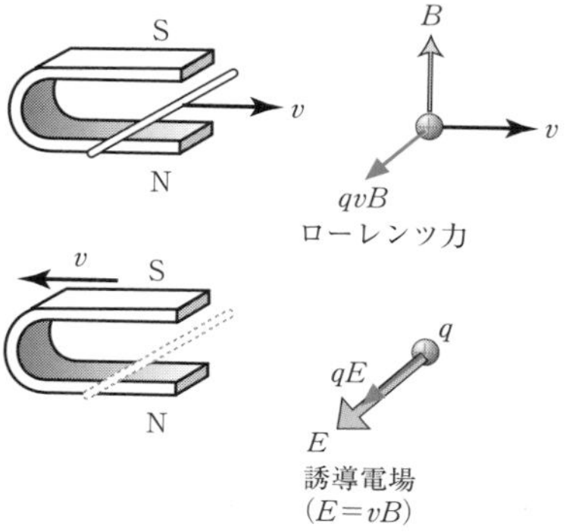

図 4-1-17

上の実験を導体棒と同じ速度で等速運動する観測者からすると，下の状態になることから，両方の実験で同じ電流が流れることは当然であるように思える．しかしながら，それぞれの現象の原因について整理すると，上の実験では，磁場中の荷電粒子が受けるローレンツ力が原因であり，下の実験では，背景にある閉回路を貫く磁束の時間変化が原因で生じる誘導電場の発生が原因である．この一見無関係に思われる二つの現象の関係は，特殊相対論のところで学ぶであろう．ここでは実験に支持されている事実と受け止めておこう．

磁場 $\boldsymbol{B}$ の中を速さ v で運動する電荷 $q\ (>0)$ の荷電粒子に作用するローレンツ力の大きさは $f = qvB$ である．一方，誘導電場 E から荷電粒子に作用するクーロン力は，$f = qE$ である．この両者が等しいことより，

$$qE = qvB \quad \Leftrightarrow \quad E = vB$$

つまり，速さ v で移動している磁石の磁極の間には，下の図で手前向きに大きさが $E = vB$ の電場が生じることがわかる．注意すべきは，この誘導電場は導線のある無しには関係のない，空間そのものの現象だということである．つまり，電場と見るか磁場と見るかは観察者に依存するということでもある．

2　インダクタンス（問題 4-[8], [9], [10], [11]）

電流の流れる一次コイルによって生じた磁束は他の二次コイルを貫く磁束となり電磁誘導を起こすが，一次コイル自身とも鎖交する．これによって，一次コイル自身にも電流を妨げる起電力が生じる．これを**自己誘導**と呼ぶ．

❶ インダクタンス

電磁誘導は鎖交磁束の時間変化によって起こる．また，回路の変位電流(☞p.182)が無視できる場合，電流とそれによってできる磁場は比例関係にあるので，自己誘導や相互誘導は，磁場を起こす電流 I〔A〕と誘導の起こる回路との鎖交磁束 Φ〔Wb〕との比例係数が鍵となる．この比例係数を**インダクタンス**(誘導係数)と呼び，単位は〔H〕(ヘンリー)である．

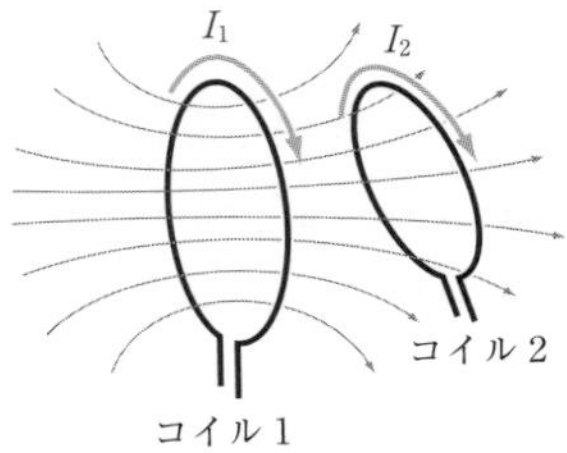

図 4-2-1

図 4-2-1 のように 2 個のコイルが接近して配置してあるとき，コイル 1 に電流を流すと，その周りに磁場ができ，その磁場の一部がコイル 2 を貫く．このときコイル 2 を貫く磁束を計算で求めることは，特別な配置を除いては容易ではないが，その値が少なくとも電流に比例することは，アンペールの法則より想像できる．コイル 1 の電流 I_1〔A〕が原因でコイル 2 を貫く鎖交磁束を $\Phi_{21}{}^* = MI_1$〔Wb〕と表記する．この M〔H〕を**相互インダクタンス**といい，コイルの形，大きさ，向き，周りの物質等に依存する正の定数である．いま，電流 I_1〔A〕が変化すると $\Phi_{21}{}^*$ が変化するために，ファラデーの電磁誘導の法則よりコイル 2 に誘導電流 I_2〔A〕が流れ，そのために新たにコイル 2 を貫く総磁束 $\Phi_{22}{}^* = L_2I_2$〔Wb〕が加わる．この L_2〔H〕を**自己インダクタンス**といい，コイルの形，大きさ，巻き数，コイル中の物質等に依存する定数である．以上まとめると，コイル 2 を貫く磁束 Φ_2〔Wb〕は，その原因となる電流ごとに分類して，

$$\Phi_2{}^* = \Phi_{21} + \Phi_{22} = M_{21}I_1 + L_2I_2 \tag{4-7}$$

ファラデーの電磁誘導の法則より，コイル 2 に生じる誘導起電力は，

$$\phi_2^{\mathrm{emf}} = -\dot{\Phi}_2{}^* = -M_{21}\dot{I}_1 - L_2\dot{I}_2 \tag{4-8}$$

また，式の対称性から，コイル 1 に関しても，

$$\phi_1^{\mathrm{emf}} = -\dot{\Phi}_1{}^* = -M_{12}\dot{I}_1 - L_1\dot{I}_1 \tag{4-9}$$

が成立する．右辺第 1 項は，**相互誘導起電力**，第 2 項は，**自己誘導起電力**という．また，2 つの回路間の相互インダクタンスには $M_{21} = M_{12}$ という関係(相反定理という)があることが証明されているので，求めやすい方でその値を求

めておけばよい．

❷ インダクタンスの計算例

《中空ソレノイド》

中空の無限ソレノイド（半径 a〔m〕，単位長さ当たり n〔巻/m〕）を考える．これに電流 I〔A〕が流れたとき，内部の磁束密度は，$B = \mu_0 nI$〔T〕（☞式(3-28)）となり，長さ l〔m〕のコイル全体では鎖交が nl 回起こるので，

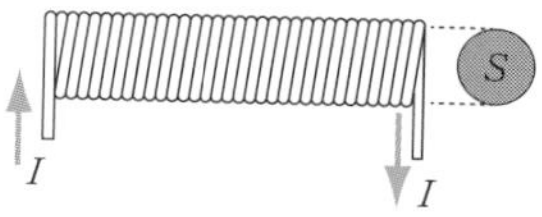

図 4-2-2

$$\Phi = nl \cdot \pi a^2 \cdot \mu_0 nI = \mu_0 n^2 \pi a^2 lI \qquad \therefore\ L = \mu_0 n^2 \pi a^2 l$$

これより，コイルの自己インダクタンスは，コイルの長さを L，断面積を S と表すと，

$$L = N^2 \frac{\mu_0 S}{l} \tag{4-10}$$

となり，N^2 を除き，平行板コンデンサーの電気容量公式と類似している．コイル一巻きあたりだと，$L = \dfrac{\mu_0 S}{l}$ となり，$C = \dfrac{\varepsilon_0 S}{d}$ と形式が対応する．

例 半径 1.0 cm，長さ 1.0 m，単位長さあたりの巻き数が $n = 1.0 \times 10^4\ \mathrm{m}^{-1}$ のソレノイドコイル内部に，$\mu = 10^4 \mu_0$ の物質を詰めたときの自己インダクタンスは，

$$L = \mu n^2 \pi a^2 l = 10^3 \times 4\pi \times 10^{-7} \times (1 \times 10^4)^2 \times \pi \times (1 \times 10^{-2})^2 \times 1 \fallingdotseq 39\ \mathrm{H}$$

《2 重中空ソレノイド》

ソレノイドコイル C_1 の断面積を S，巻数 N_1，長さ l，流す電流を I_1 とし，ソレノイドコイル C_2 の巻き数を N_2 とする．コイル C_1 の内部の磁束密度は $B = \mu_0 (N_1/l) I_1$ で，コイル C_2 の鎖交磁束は，

$$\Phi_{21} = N_2 BS = \mu_0 \frac{N_1 N_2 S}{l} I_1$$

相互インダクタンスの式，$\Phi_{21} = M_{21} I_1$ と比較して，

$$M_{21} = \mu_0 \frac{N_1 N_2 S}{l} \tag{4-11}$$

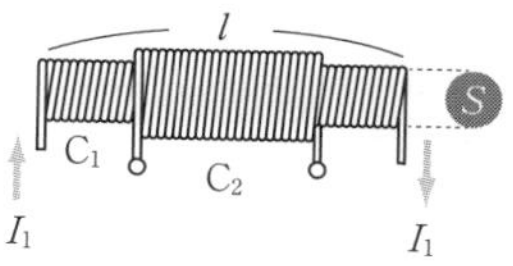

図 4-2-3

M_{12} を同様の計算で直接求めることは難しいが，相反定理より，$M_{21} = M_{12}$ が保証されている．

例 図 4-2-3 で，コイル C_1 の半径が 5×10^{-3} m，コイル C_2 の長さが 3.0×10^{-2} m，単位長さあたりの巻き数はともに $3 \times 10^{4}\ \mathrm{m^{-1}}$ のとき，相互インダクタンスは，

$$M = \mu_0 \frac{N_1 N_2 S}{l} = \mu_0 n_1 n_2 l_2 S$$

$$= 4\pi \times 10^{-7} \times (3 \times 10^4)^2 \times 3.0 \times 10^{-2} \times \pi \times (5 \times 10^{-3})^2 \fallingdotseq 2.7 \times 10^{-3}\ \mathrm{H}$$

❸ コイルの接続

《相互インダクタンスが無視できる場合》

図 4-2-4 に示すように，自己インダクタンスが L_1，L_2 の 2 つのコイル $\mathrm{L_1}$，$\mathrm{L_2}$ を直列に接続した場合，および，並列に接続した場合の合成自己インダクタンスを求めてみよう．ただし，L_1，L_2 間の相互誘導は考えないものとする．

2 つのコイルの誘導起電力をそれぞれ ϕ_1，ϕ_2，流れる電流をそれぞれ I_1，I_2，系の両端の起電力を ϕ_{12}，合成インダクタンスを L と表す．

直列接続：$I_1 = I_2 = I$，　$\phi_{12} = \phi_1 + \phi_2$ に注意して，

$$\phi_{12} = \phi_1 + \phi_2 = -L_1 \dot{I}_1 - L_2 \dot{I}_2$$

$$= -(L_1 + L_2)\dot{I}$$

$$\Leftrightarrow \quad L = L_1 + L_2 \tag{4-11}$$

並列接続：$I_1 + I_2 = I$，　$\phi_1 = \phi_2 = \phi$ に注意して，

$$\dot{I} = \dot{I}_1 + \dot{I}_2 = -\frac{\phi_1}{L_1} - \frac{\phi_2}{L_2} = -\left(\frac{1}{L_1} + \frac{1}{L_2}\right)\phi$$

$$\Leftrightarrow \quad L = \frac{1}{\dfrac{1}{L_1} + \dfrac{1}{L_2}} = \frac{L_1 L_2}{L_1 + L_2} \tag{4-12}$$

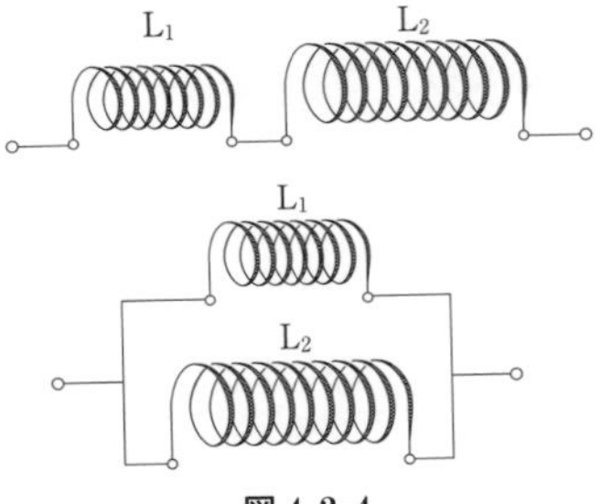

図 4-2-4

3　磁場のエネルギー（**問題** 4-12, 13）

❶ コイルに蓄えられるエネルギー

コイルの磁気エネルギー

ある時刻 t〔s〕において，自己インダクタンス L〔H〕のコイルに電流 I〔A〕が流れていて，Δt〔s〕の間に ΔI〔A〕だけ電流が増加したとき，コイルに生じる逆起電力 $-L\dfrac{\Delta I}{\Delta t}$〔V〕に逆らって $\Delta Q = I\,\Delta t$〔C〕の電荷を運んだので，

$$\Delta W = VI\Delta t = L\frac{\Delta I}{\Delta t}I\Delta t = LI\Delta I \text{〔J〕}$$

だけの仕事をしたことになる．電流：$0 \to I$ と変化する間の仕事の総和は，

$$W = \sum \Delta W = L\int_0^I i\,di = \frac{1}{2}LI^2 \text{〔J〕} \qquad (4\text{-}13)$$

エネルギーの磁場による表現

コンデンサーの場合，電荷 0 のコンデンサーを充電する仕事が静電エネルギーとなったように，コイルになされた仕事がコイル周辺の磁場のエネルギーとなっていると考えられる．無限長ソレノイドを用いて，磁場に蓄えられているエネルギーを，磁場固有の物理量を用いて表現しよう．

半径 a〔m〕，単位長さ当たり n〔巻/m〕の無限長ソレノイドを考える．このソレノイドの自己インダクタンスは，(4-10) 式の直前の式より，

$$L = \mu_0 n^2 \pi a^2 l \text{〔H〕}$$

電流 I〔A〕が流れたとき，内部の磁場は (3-28) 式より，

$$B = \mu_0 nI \text{〔T〕}$$

ソレノイドに蓄えられているエネルギーは，ソレノイドの体積 $V = \pi a^2 l$〔m^3〕を用いると，

$$W = \frac{1}{2}LI^2 = \frac{1}{2}\mu_0 n^2 \pi a^2 l I^2 = \frac{(\mu_0 nI)^2}{2\mu_0}\pi a^2 l = \frac{B^2}{2\mu_0}V \text{〔J〕}$$

(3-34) 式を用いてこれを一般化すると，

$$W = \iiint \frac{B^2}{2\mu_0}dV = \iiint \frac{B \cdot \mu_0 H}{2\mu_0}dV = \iiint \frac{BH}{2}dV$$

これは，ベクトル場 $\boldsymbol{B}(\boldsymbol{r})$，$\boldsymbol{H}(\boldsymbol{r})$ に対しエネルギー体積密度

$$w(\boldsymbol{r}) = \frac{\boldsymbol{B}(\boldsymbol{r}) \cdot \boldsymbol{H}(\boldsymbol{r})}{2} \text{〔J/m}^3\text{〕} \qquad (4\text{-}14)$$

が定義でき，これを空間で積分すれば，磁場のエネルギーが求められることを示唆する（問題 4-⑩）．

例 地表磁場を 5×10^{-5} T とすると，地表付近の 1 m^3 の大気中に蓄えられている磁気エネルギーは，

$$\frac{(5 \times 10^{-5})^2}{2 \times 4\pi \times 10^{-7}} \fallingdotseq 1.0 \times 10^{-3} \text{〔J/m}^3\text{〕} = 1.0 \text{〔mJ/m}^3\text{〕}$$ となる．

4　誘導電流の受ける力（問題 4-14, 15）

❶ 誘導起電力とエネルギー保存則

アンペール力のする仕事

電磁誘導をテーマとした問題でよく見かける「レール上を移動する導体棒を含む回路」について，そのエネルギー収支を考えてみよう．なるべく一般的にするために，起電力 E の電池，抵抗値 R の抵抗，動摩擦係数 μ のレールなど，考えられる全ての要素を入れた回路を想定しよう．

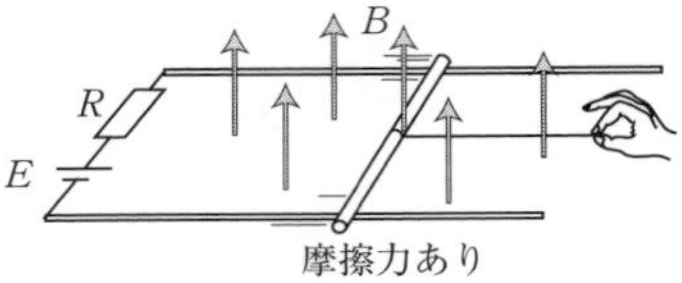

図 4-4-1

以下のように，文字を定義する．

$W_{\text{外}}$：外力がする仕事，　$W_{\text{電}}$：電池がする仕事，　ΔK：運動エネルギー変化
Q_{J}：抵抗から発生するジュール熱，　Q_{μ}：摩擦熱

さて，この回路に関してエネルギー保存則を書き下すと，

$$\Delta K + Q_{\mathrm{J}} + Q_{\mu} = W_{\text{外}} + W_{\text{電}} \quad \cdots①$$

となる．エネルギーの供給元が「外力」と「電池」であり，エネルギーの消費先が「運動エネルギーの蓄積」，「ジュール熱」および「摩擦熱」であることを考えれば当然であるが，回路に電流が流れているので，導体棒は磁場からアンペール力を受けているし，さらには，導体棒に生じているはずの誘導起電力もエネルギーの供給源と考えられるのではないか…といった素朴な疑問が生じるはずである．この問題について考えてみよう．

まず第1に力学系としての運動する導体棒に関するエネルギー保存則であり，次に，電気回路に関して成立する回路方程式(キルヒホッフの法則Ⅱ)である．

まず，力学系の「エネルギーの原理」より，導体棒の運動エネルギーの変化は，導体棒にはたらく全ての力のする仕事に等しいから，$W_{\text{アンペール}}$：アンペール力がする仕事，W_{μ}：摩擦力がする仕事として，

$$\Delta K = W_{\text{外}} + W_{\mu} + W_{\text{アンペール}} \quad \cdots②$$

次に，回路方程式は，

$$RI = E + E^{\mathrm{emf}} \quad \cdots③$$

ここで，③式の両辺に，微小時間 Δt での移動電荷 $\Delta q = I\Delta t$ をかけると，

$$RI^2\Delta t = E\cdot\Delta q + E^{\mathrm{emf}}\cdot\Delta q$$

これは，表現を変えると，

$$Q_{\mathrm{J}} = W_{電} + W_{\mathrm{emf}} \quad \cdots ④$$

ただし，W_{emf} は導体棒の誘導起電力が回路にする仕事を表す．

ここで，$-W_{\mu} = Q_{\mu}$ の関係に注意すると，②，④式より，

$$\Delta K + Q_{\mathrm{J}} + Q_{\mu} = W_{外} + W_{電} + W_{アンペール} + W_{\mathrm{emf}} \quad \cdots ⑤$$

さて，この結果を①と比べてみると，右辺の $+W_{アンペール} + W_{\mathrm{emf}}$ の項が余分である．そこで，これらの項について具体的に計算してみよう．

導体棒が微小時間 Δt で距離 Δx 移動するとして，

$$\begin{aligned} W_{アンペール} &= -IBl\cdot\Delta x = -IBl\cdot v\Delta t \\ &= -vBl\cdot I\Delta t = -vBl\cdot\Delta q \\ &= -W_{\mathrm{emf}} \end{aligned}$$

$$\therefore\ W_{アンペール} + W_{\mathrm{emf}} = 0 \quad \cdots ⑥$$

が成立することがわかる．

⑤，⑥式より，回路で成立するエネルギー保存則(①式)が得られる．

まとめると，最初の素朴な疑問に対する結論は，「アンペール力のする仕事も，誘導起電力の仕事も当然考察した結果，この2つの項の和は常に0となることが示せるので，結果的には考慮しなくてもよい」ということになる．この現象を，ミクロの立場から考えてみよう．

導体棒内の電子は，導体棒の移動による速度成分 v と，電流の流れによる速度成分 u をもつ．電子が磁場から受ける力は，これらの各速度成分に作用するローレンツ力の合力となる．

導体棒に垂直な力の成分を f_1，平行な力の成分を f_2 とする．f_1 はアンペール力の元となる力で，導体棒内のすべての自由電子が受ける f_1 の和をとると，導体棒 PQ が磁場から受けるアンペール力になる．また，f_2 は，導体内に生じる誘導電場による力に対応す

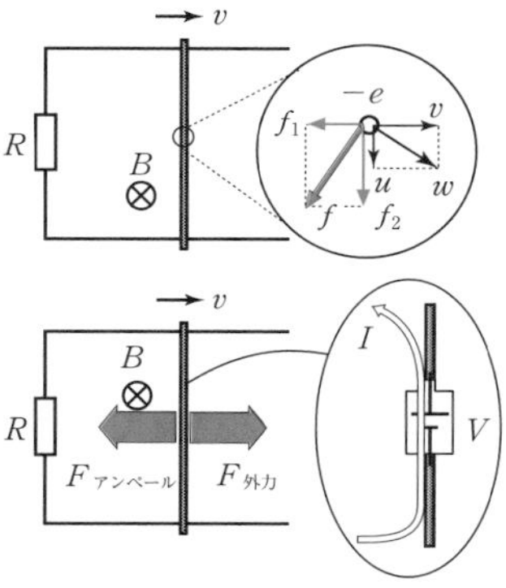

図 4-4-2

る．これらの力が導体内部の電子にする仕事の総和が，$W_{\text{アンペール}} + W_{\text{emf}}$ のことであるが，結局，これらの力は，磁場から荷電粒子に対してはたらく力だから，いずれも磁場に対して直交する方向であり，電子群（導体棒）に対する仕事は 0 である．

❷ モーター

ファラデーによる電磁誘導現象の発見以来，この現象を産業に利用する模索が始まった．1820 年のアンペール力の発見により，電気エネルギーを力学的エネルギーに転嫁する原理は理解されたが．この当時，大型の動力の需要は発達した蒸気機関が満たしていた．1873 年，ウィーン万博でグラムの発明した直流発電機(ダイナモ)が会場に陳列されていたが，その配線を誤ってダイナモ同士をつなげてしまったところ，他方のダイナモが突然反対の方向に回転し始めた．その場に居合わせたグラムは，発電機はそのまま逆に使えば電動機として利用できることを即座に理解し，大急ぎでアトラクションを展覧会場に用意し，発電機をモーターとして揚水し，小さな滝を作って見せた．この偶然の出来事のおかげで，電動機の実用化が加速したと言われている．

直流モーター

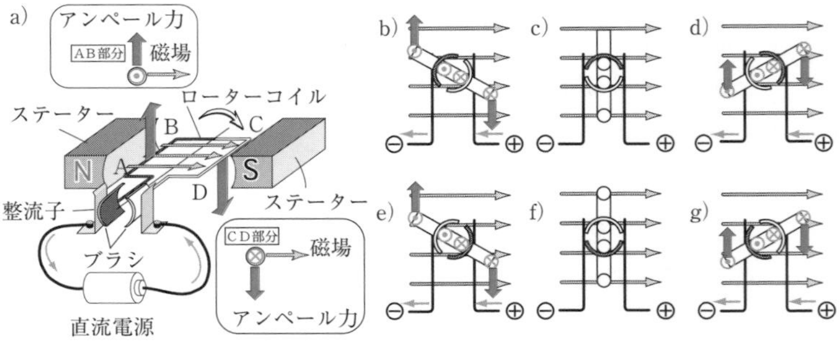

図 4-4-3

直流モーターは図 4-4-3 のようにブラシに接する整流子（電流の向きの切り替え装置）をもつ回転子（ローター）が，磁場をつくる装置（ステーター）の中で回転する装置である．ステーターとして永久磁石を用いるものと，電磁石を用いるものがある．回転の途中で整流子のはたらきで電流の向きを変化させ，常に一定の向きのトルクを得るように工夫がされている．図 4-4-3 に，1

周期のモーターの動きを図示してある．回転のモーメントの大きさが0になる瞬間(c や f)に整流子の作用で回路の接点が切り替わり，電流の向きが変わることで，回転モーメントの向きが半周期毎に変わるのを防いでいる．

交流モーター

交流モーターのうちインダクションモーターは，かごのような軽い金属製のローターに，ステーターとして位相のずれた複数の磁場をかけることで回転磁場を作り出し，生じた渦電流の作用によるトルクを利用して回転力を得ている．扇風機や洗濯機，冷蔵庫などのモーターの大部分がこのインダクションモーターである．

【二相交流モーター】

初めてインダクションモーターの原理を思いついたのはテスラ(☞ p.180)で，最初は二相型の誘導モーターであった．二相交流発電機によってつくられた 90° の位相差をもつ交流を，二組のコイルを直角に交わらせた固定子に流す．これにより各コイルのつくる交流磁場が直角方向に合成される結果，回転する磁場が得られる．すなわち，架空の磁石を回転軸の方に向けたまま，ローターの周りを回転させるのと同じ効果が得られる(☞ 問題 4-⑮)．

【三相交流モーター】

二相交流モーターを発展させたのが三相交流モーターである．三相交流モーターは三組のコイルを 120° の角度間隔で配置し，これに三相交流を流して回転磁界を発生させたもので，もっとも効率がよい交流モーターとされている．

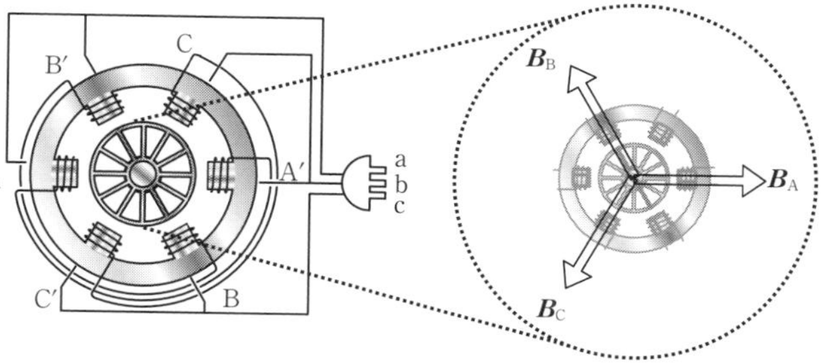

図 4-4-4

具体的に回転磁場ができる様子を見てみよう．

各コイルにはそれぞれ位相が $\frac{2\pi}{3}$ ずれた図 4-4-5 の電流を流す．

$$i_A = i_0 \sin\omega t$$

$$i_B = i_0 \sin\left(\omega t - \frac{2\pi}{3}\right)$$

$$i_C = i_0 \sin\left(\omega t - \frac{4\pi}{3}\right)$$

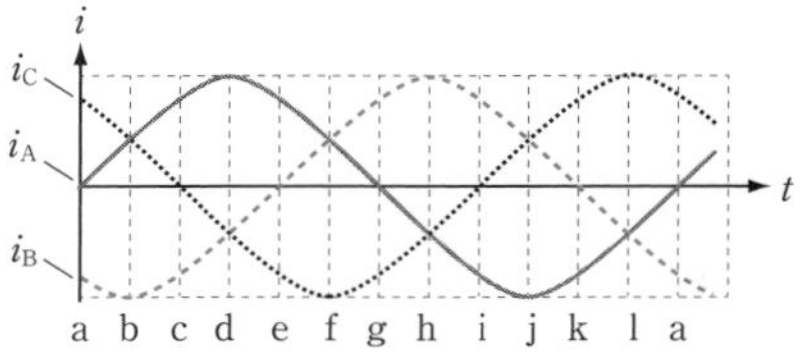

図 4-4-5

これより，各コイルがローターの位置につくる磁場は，

$$B_A = B_0 \sin\omega t,\ \ B_B = B_0 \sin\left(\omega t - \frac{2\pi}{3}\right),\ \ B_C = B_0 \sin\left(\omega t - \frac{4\pi}{3}\right) \quad \cdots ①$$

ただし，各磁場の符号は，ローターの軸から図 4-4-4 のように放射状に出る向きを正とする．モーターの中心を通り，右向きに $+x$ 軸をとり，上向きに $+y$ 軸をとると，合成した磁場を成分表現すると，

$$\boldsymbol{B} = (B_x, B_y) = \left(B_A - B_B \cos\frac{\pi}{3} - B_C \cos\frac{\pi}{3}, B_B \sin\frac{\pi}{3} - B_C \sin\frac{\pi}{3}\right)$$

①式を代入して各成分を変形すると

$$B_x = B_0 \sin\omega t - B_0 \sin\left(\omega t - \frac{2\pi}{3}\right)\cos\frac{\pi}{3} - B_0 \sin\left(\omega t - \frac{4\pi}{3}\right)\cos\frac{\pi}{3}$$

$$= \frac{3}{2} B_0 \sin\omega t$$

$$B_y = B_0 \sin\left(\omega t - \frac{2\pi}{3}\right)\sin\frac{\pi}{3} - B_0 \sin\left(\omega t - \frac{4\pi}{3}\right)\sin\frac{\pi}{3}$$

$$= -\frac{3}{2} B_0 \cos\omega t$$

$$\therefore\ \boldsymbol{B} = \frac{3}{2} B_0 (\sin\omega t, -\cos\omega t) = \frac{3}{2} B_0 (\cos(\omega t - 90^\circ), \sin(\omega t - 90^\circ))$$

この結果は，合成磁場 $\boldsymbol{B}$ は，大きさが $\frac{3}{2}B_0$，角速度が ω で反時計方向に回転するベクトルであることを示している．図 4-4-6 は各コイルのつくる磁場と，その結果できる回転合成磁場を図示したものである．図のタイトル a〜l は，図 4-4-5 の横軸の文字で表される時刻に対応する．

このように三相交流電源を三相モーターにかけると，容易に回転磁場が得られる．この磁場がコアのかご型の円筒に渦電流を起こし，円筒が回転する．

交流モーターは直流モーターと比較すると，その原理上，整流子やブラシといった力学的な接触箇所がなく，接触による騒音，機械的接触の ON・OFF

時の電気的なノイズなどがない．また，摩耗による劣化もないので，一般には，動作の安定性が高く堅牢である．

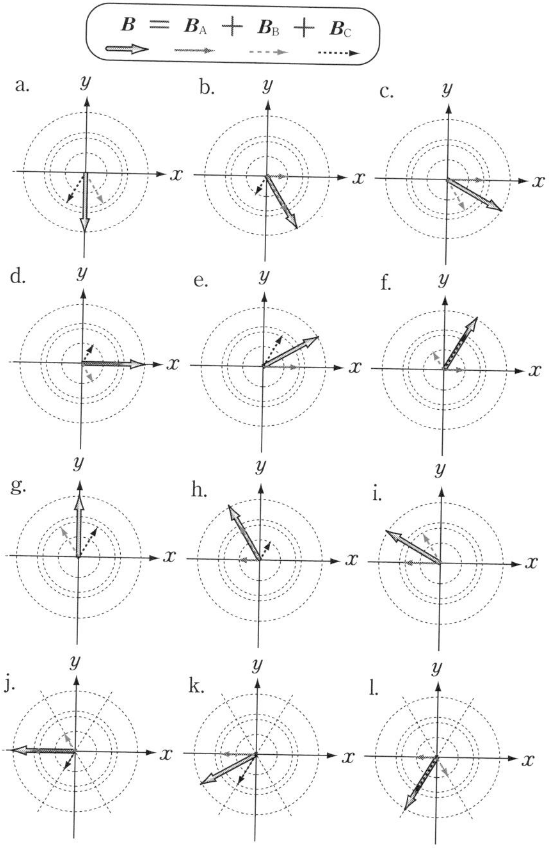

図 4-4-6

問題 4-1 ▼電磁誘導の例

抵抗値が R の導体リングに，図のように棒磁石の N 極側を鉛直上方から近づけ，貫く磁束を時間 Δt に一定の割合 $\Delta\Phi$ で増加させる．重力は無視する．

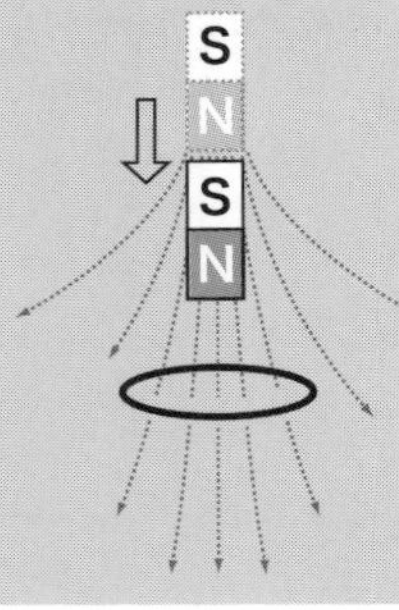

(1) 導体リングに流れる電流の大きさと向きを求めよ．

(2) 電流によって抵抗で消費される電力を求めよ．

(3) この電力はどこから供給されるかを述べよ．

(4) リングに電流が流れる理由を述べよ．

●考え方●

ファラデーの電磁誘導の法則を思い出そう．

解答

(1) 回路に発生する誘導起電力の大きさは，ファラデーの電磁誘導の法則より，$|\phi| = \left|\dfrac{\Delta\Phi}{\Delta t}\right|$㋐ だから，

回路に流れる誘導電流は，$I = \dfrac{1}{R}\left|\dfrac{\Delta\Phi}{\Delta t}\right|$ 答

その向きは，レンツの法則より，磁石側から見て 反時計回り㋑ 答

(2) 抵抗の消費電力は，$W = \dfrac{|\phi|^2}{R} = \dfrac{1}{R}\left(\dfrac{\Delta\Phi}{\Delta t}\right)^2$ 答

(3) 棒磁石が導体リングに近づくとき，リングに流れる誘導電流により，棒磁石の接近を妨げる向きの磁界ができる．この力に抗して㋒棒磁石を移動させる外力が必要で，この力が仕事を供給している． 答

(4) 棒磁石が近づくと導体リングの位置の磁束密度が変化する．磁束密度の変化はその場所に，リングの接線の方向の誘導電界を生じる．㋓ 導体リング内の自由電子がこの電界から力を受け運動を開始することで電流が流れる． 答

ポイント

㋐ ϕ も Φ も符号が不定だから絶対値をつけておいた方が無難．

㋑ リングの上側が，N 極の磁石になると考えると磁力線の向きが決まる．右ねじルールで電流の向きを決める．

㋒ 棒磁石を動かすのに力がいる．

㋓ 回路に起電力が生じると表現してもよい．

練習問題 4-1

解答 p. 245

図のように，なめらかな台の上に薄くて軽い金属板を置き，永久磁石の N 極側を金属板から一定距離を保ちながら素早く水平に移動させる．導体板はどうなるか，またその現象の物理的解釈を述べよ．

問題 4-2 ▼トムソン ジャンピングリング

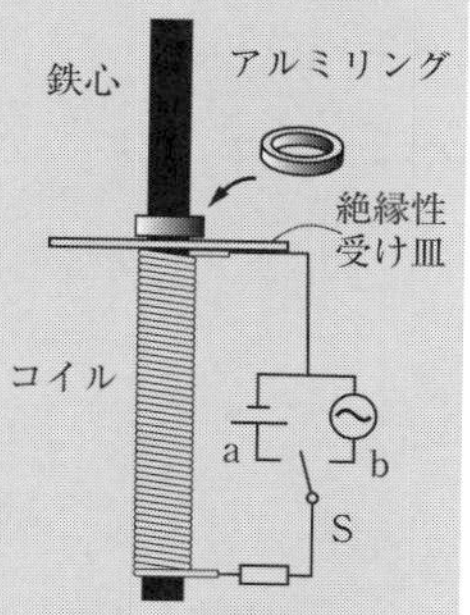

右の装置で，スイッチSを閉じた場合のアルミリングの運動について調べた．

(1) a. 直流電源とb. 50 Hzの交流電源を使った場合の違いについて述べよ．

(2) 図のアルミリングと同じ半径で，高さ(厚さ)が2倍のアルミのリングを用い，同じ交流電源を使って実験をした．スイッチbを投入後，そのままにしておいたときの様子を正しく述べたものを選べ．

1．ほぼ同じ高さの位置で静止する．

2．より高い位置で静止する．

3．より低い位置で静止する．

●考え方●

レンツの法則（あまのじゃくルール）を適用する．安易に直感に頼ると間違える．

解答

(1) 直流電源：　スイッチ投入直後に上に飛び上がるが，やがて，元の位置に落ちてきて静止する． 答　スイッチ投入直後から，コイルは上側がS極の磁石，アルミリングは，下側がS極の磁石となるので，双方に反発力が作用する．コイルの電流が落ち着くと，コイルのつくる磁場は時間的に変動しないので，アルミリングに誘導電流は流れない．直流電源のプラス極とマイナス極を入れ替えても結果は同じである．

交流電源：　スイッチ投入直後に飛び上がり，しばらく上下運動をした後に，ある高さで静止する． 答　電池の極性が周期的に変化する直流電源だと考えると，平均的にコイルからの反発力を受ける状態が続くことが原因である．

(2) リング1周当たりの起電力は同じであるが，断面積が2倍になることで，電気抵抗が半分になり，流れる電流が2倍，その結果，アンペール力が2倍となる．一方，質量も2倍となることより，力のつり合いが依然と成立すると考えられる．→ (1.)　答

練習問題　4-2

解答 p. 246

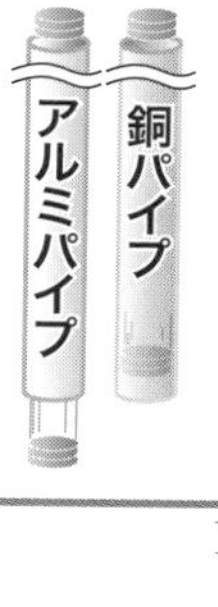

同じ長さで，同じ内径のアルミと銅のパイプを鉛直に立て，中に強力な円柱形状のネオジム磁石を落とす実験をした．パイプの内径は，磁石の大きさよりわずかに大きく，落下途中でパイプの内壁に触れることはない．落下速度を比べると，アルミパイプの方が，早く落下した．このことから，アルミと銅の電気抵抗率の大小を判断せよ．

問題 4-3 ▼導体棒ブランコ

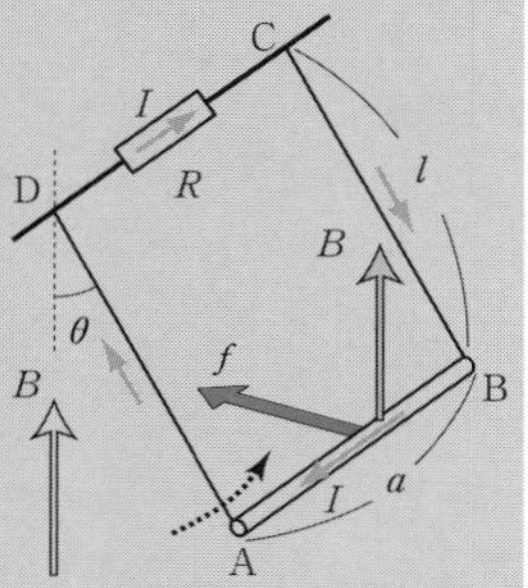

図のように質量 m で，長さ a の細い金属棒 AB を，質量の無視できる長さ l の二本の細い導線で結び，回転軸となる金属棒 CD につり下げ，長方形のブランコ ABCD を作った．金属棒 CD のみ電気抵抗 R をもち，ブランコの回転軸となっている．鉛直上向きに磁束密度 B の磁場を加えた後，ブランコを傾け静かに放したところ振動を始めた．図のようにブランコが鉛直方向に対して角度 θ だけ傾いていて，θ が増える向きに動きつつあるとする．重力加速度の大きさを g とする．

(1) 金属棒 AB の速さを θ の時間変化率 $\dot{\theta}$ を用いて表せ．以後 $\dot{\theta}$ は用いてもよい．

(2) 金属棒 AB は磁場から力を受けるが，その仕事率を求めよ．

(3) CD 間の電気抵抗で発生する単位時間あたりのジュール熱を求めよ．

●考え方●

力のする仕事率は，力と，力の作用する物体の速度の内積で定義される．

解答

ポイント

㋐ アンペール力の仕事の正体は，ジュール熱損失．

(1) 円運動の速度の公式より，$v = l\dfrac{\Delta\theta}{\Delta t}(= l\dot{\theta})$ 答

(2) 回路に流れる電流 I，およびアンペール力 f は，

$$I = \frac{vBa\cos\theta}{R} = \frac{l\dot{\theta}Ba\cos\theta}{R},\quad f = IBa = \frac{(aB)^2 l\dot{\theta}\cos\theta}{R}$$

仕事率はアンペール力 f と速度ベクトルの内積で与えられるので，

$$P = f(l\dot{\theta})\cos(\pi - \theta) = -\frac{(aB)^2 l\dot{\theta}\cos\theta}{R} l\dot{\theta}\cos\theta = -\frac{(aBl\dot{\theta}\cos\theta)^2}{R}$$ 答

(3) 抵抗の消費電力は，$P_R = I^2R = \left(\dfrac{Bl^2\dot{\theta}\cos\theta}{R}\right)^2 R = \dfrac{(Bl^2\dot{\theta}\cos\theta)^2}{R}$ ㋐ 答

練習問題 4-3

解答 p. 246

既知の角周波数 ω で振動している磁場を局所的に測定するために，さぐりコイル(面積の小さいコイル)の面を磁場に垂直に置く．コイルの断面積を A，巻き数を N としたとき，コイルの両端の電圧が $\phi_0 \sin\omega t$ であった．磁束密度 B を求めよ．

問題 4-4 ▼交流発電機

p.116 の交流発電機の起電力を〈考え方 2〉の方法で導け.

●考え方●

磁束を切りながら移動する 2 本の導体棒部分に起電力が発生する. これを回路 1 周にわたり和をとる.

解答

長方形 $P_1P_2P_3P_4$ の辺の長さは図のように, $P_1P_2 = P_3P_4 = a$, $P_2P_3 = P_4P_1 = b$ とし, 図は回転開始から時刻 t での運動の様子を示す. このとき, 辺 P_1P_2 上の自由電子は, 半径 $\dfrac{b}{2}$, 角速度 ω の等速円運動をしていて, その速度の大きさは $v = \dfrac{b}{2}\omega$ で, このとき導体棒 P_1P_2 に生じる起電力は,

$$\phi_{12}^{\mathrm{emf}} = \int_{P_1}^{P_2} \boldsymbol{E}\cdot d\boldsymbol{r} = \int_{P_1}^{P_2} \underbrace{(\boldsymbol{v}\times\boldsymbol{B})\cdot d\boldsymbol{r}}_{㋐}$$

$$= (vB\sin\omega t)\cdot a$$

同様に, このとき導体棒 P_3P_4 にも

$$\phi_{34}^{\mathrm{emf}} = (vB\sin\omega t)a$$

が生じる. コイル 1 周では,㋑

$$\phi^{\mathrm{emf}} = 2\frac{b\omega}{2}Ba\sin\omega t = \omega BS\sin\omega \mathrm{t} \quad 答$$

となり, 本文の〈考え方 1〉の結果と一致する.

ポイント

㋐ $P_4 \to P_3$ の向きをもつ.
㋑ 辺 P_2P_3 や P_4P_1 には起電力が生じない. この意味で〈考え方 1〉より情報が詳細である.

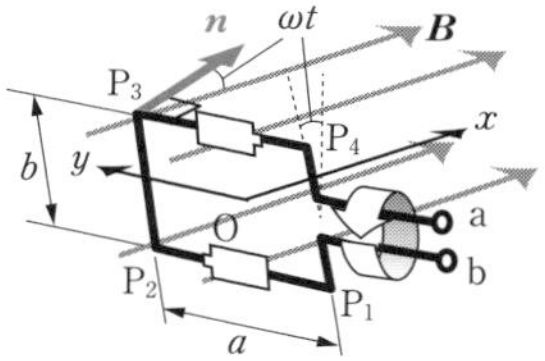

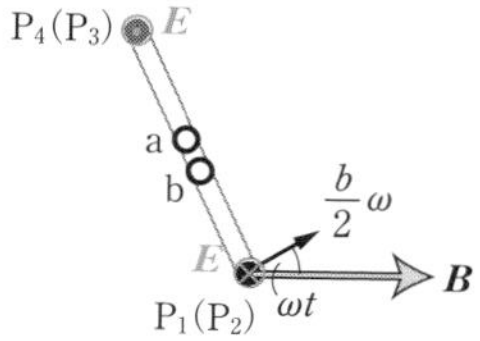

練習問題　4-4

解答 p. 246

z 軸上を正の向きに電流 I が流れている. y-z 平面内で, 第 I 象限を y 軸に 1 辺を接しながら y 軸の正の向きに一定の速さ v で移動する 1 辺が a の正方形コイルがある. 時刻 $t = 0$ でコイルの左端が z 軸に接した位置から運動を開始した. 時刻 t で, コイルに発生する誘導起電力 ϕ^{emf} を求めよ. コイルの時計回りを起電力の正の向きとする.

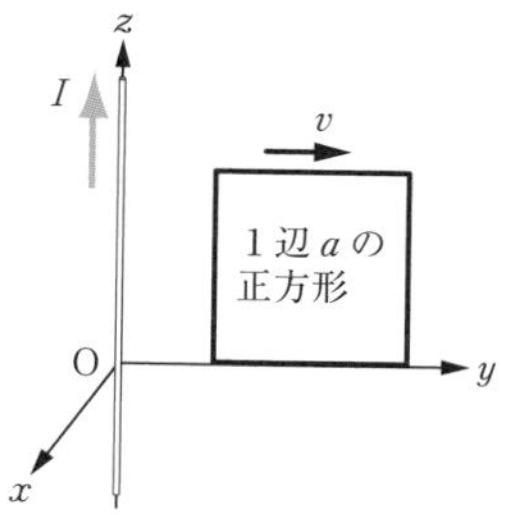

問題 4-5 ▼回路の磁束変化と移動電荷

図のように水平方向の一様磁束密度 B の磁場中に長さ l の導体棒 P が一端を固定され，鉛直面内で自由に回転できるようになっている．導体棒 P が水平位置からの角度 θ_1 の位置から角度 θ_2 の位置まで自由に回転する間に，抵抗を通過した電荷はいくらか．

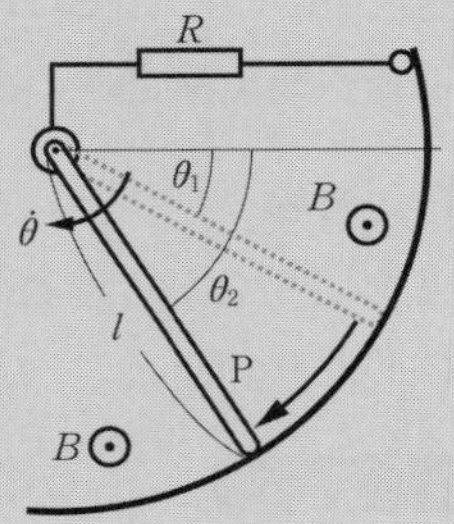

●考え方●

電流の時間による積分が移動電荷を与えるが，さらに計算を進めると，金属棒が切った磁束数に比例することがわかる．

解答

運動を開始後，時刻 t での導体棒 P の角速度 $\dot{\theta}$ を用いると，P の起電力の大きさ V，および電流 i は，

$$V = \frac{1}{2}Bl^2\dot{\theta}\ ㋐ \qquad i = \frac{V}{R} = \frac{1}{2R}Bl^2\dot{\theta}$$

電流を時間で積分すると移動電荷が得られるので，

$$\Delta Q = \int i\,dt = \int \frac{1}{2R}Bl^2\dot{\theta}dt$$

$$= \frac{Bl^2}{2R}\int \frac{d\theta}{dt}dt = \frac{Bl^2}{2R}\int_{\theta_1}^{\theta_2} d\theta = \frac{Bl^2}{2R}(\theta_2 - \theta_1)$$ 答

この結果は，導体棒の切った磁束 $\Delta\Phi$ ㋑ を用いて，

$$\Delta Q = \frac{B\dfrac{l^2}{2}(\theta_2 - \theta_1)}{R} = \frac{\Delta\Phi}{R}$$

とも書ける．

上の結果のディメンジョンを確認しておく．

$$〔Q〕 = \mathrm{A \cdot s},\quad 〔\Phi〕 = \mathrm{Wb} = \mathrm{V \cdot s},\quad 〔R〕 = \mathrm{V \cdot A^{-1}}$$ より，

$$〔Q〕 = \mathrm{A \cdot s} = (\mathrm{V \cdot s})/(\mathrm{V \cdot A^{-1}}) = \frac{〔\Phi〕}{〔R〕}$$

ポイント

㋐ (4-6)式参照．
㋑ 導体棒が通過した扇形の面積に磁束密度がかけられている．

練習問題　4-5　　解答 p. 246

巻き数 N で，抵抗 R のコイルを貫く磁束が，Φ_1 から Φ_2 まで変化した．この間にリングを通過した電荷はいくらか．

問題 4-6 ▼誘導起電力のパラドックス

図1は，磁場中に磁場に対して垂直に設置された平行レールの両端に豆電球を取り付けた回路で，平行レールに渡した導体棒を移動させて，豆電球 P_1 を点灯させている．図2は，交流電流の流れるソレノイドコイルを取り囲むように設置された長方形コイルに豆電球を2個取り付けた回路で，豆電球 P_1，P_2 が点灯している．ここで各図のスイッチSを閉じたときに，図1，および図2の豆電球 P_1 の明るさの変化を答えよ．電球以外の部分の電気抵抗は無視できる．

《図1》

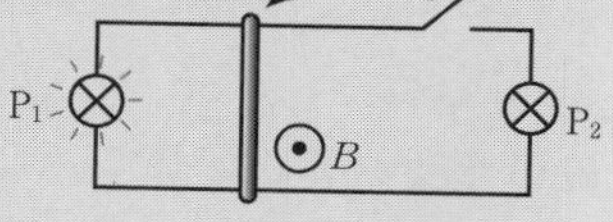

《図2》

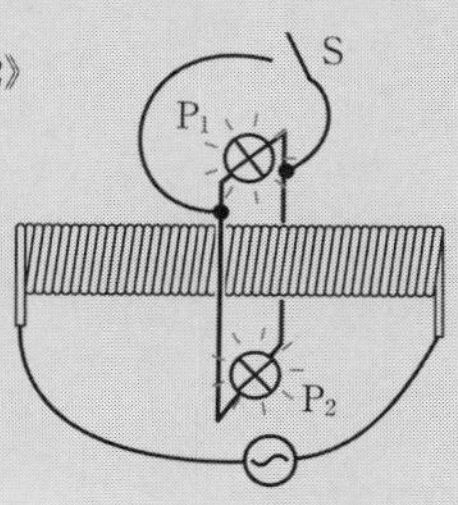

●考え方●

各閉回路に生じる誘導起電力の有無と，その向きをまとめる．

解答

図1　明るさは変化しない．左側の閉回路の回路方程式は変化がない．

(間違った考え方↓)

左の閉回路の磁束は増加し，右の閉回路の磁束は減少する．2つの回路に逆向きの起電力が発生するので，導体棒には起電力が発生しないので㋐消える．

図2　消える．P_1 の両端子が短絡されるため．P_2 は，流れる電流が2倍になるので明るくなる．

(間違った考え方↓)

豆電球 P_1，P_2 いずれも短絡された回路になっているので，㋑共に消える．

ポイント

㋐ この二つの起電力は異なる回路に生じる同じものであり，和をとる意味はない．導体棒に生じる起電力が，両回路に共有されているだけのこと．

㋑ 内部の磁束が変化する閉回路では，回路上の2地点間の電位差は定義できない．回路を1周するときの電位差のみが意味をもつ．

練習問題　4-6

解答 p. 246

1周の抵抗が r の円形導体リング内部の磁束が変化し，反時計回りの起電力 ϕ がリングに生じている．このとき，電圧計1と電圧計2で，リングの4分点 P_1，P_2 の電圧をばらばらに測定した．それぞれの測定値を求めよ．この電圧計はマイナス端子よりプラス端子の方が電位が高いとき，正の値として表示される．電圧計の内部抵抗は R である．

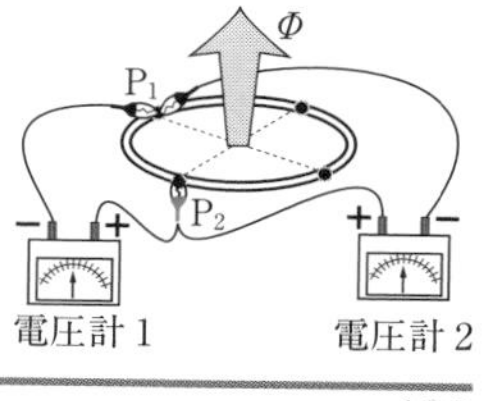

問題 4-7 ▼単極誘導

図に示すように，磁束密度 B の磁場中で半径 a の金属円盤が，磁場と平行な中心軸のまわりに一定の角速度 ω で回転している．円盤の周辺部と回転軸に導線を接触させるとき，誘起される起電力を求めよ．

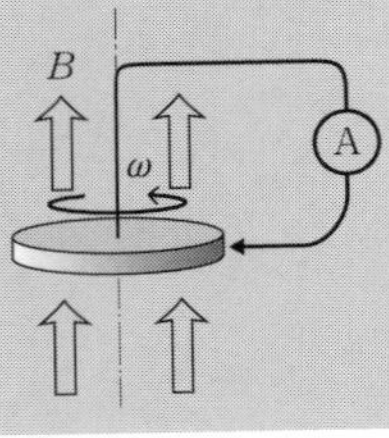

●考え方●

金属円盤を，細い扇型に切断して考えれば，一端を固定した回転導体棒の起電力に帰着できる．

解答

円盤を上から見た右図で，円の中心から伸びる半径のうち，距離が $r \sim r + dr$ の部分の微小金属棒は速さ $r\omega$ で回転しており，その運動の向きは半径にも磁場にも直交する．この部分にいる自由電子はローレンツ力 $er\omega B$ を受けその結果，長さが dr の部分の両端には電位差が生じる．円板の周辺部と中心軸のあいだの電位差は，上の値を半径方向に足し合わせればよい．起電力 ϕ は，㋐

$$\phi = \int_0^a \frac{er\omega B}{e} dr = \frac{1}{2}\omega B a^2$$ 答

ポイント

㋐ この現象を単極誘導といい，ファラデーによって詳しく調べられた．直流発電機の原型である．

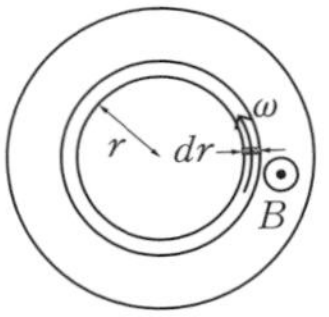

練習問題　4-7

解答 p. 247

図のように円筒形磁石をその中心軸の周りに回転できるようにする．磁石の N 極の上に金属円板を磁石と同軸になるように置き，磁石とは独立して回転できるようにしておく．円板の中心と円板の縁を検流計で結び電流が流れるかどうかを判定する．次のそれぞれの場合について，結果を述べよ．

1. 円板が回転して磁石が静止しているとき
2. 円板が静止していて磁石が回転するとき
3. 円板と磁石が一体で回転しているとき

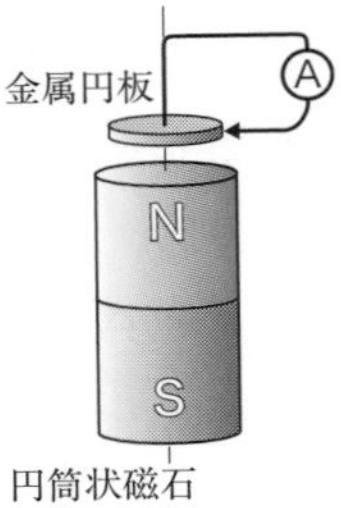

問題 4-8 ▼直線導線と円形コイルの相互誘導

同一平面上に，無限に長い直線導線と，この導線を含む平面内に，導線から距離 d だけ離れた点 O を中心とする半径 a の一巻きの円形コイルがあるとき，これらの間の相互インダクタンスを求めよ．

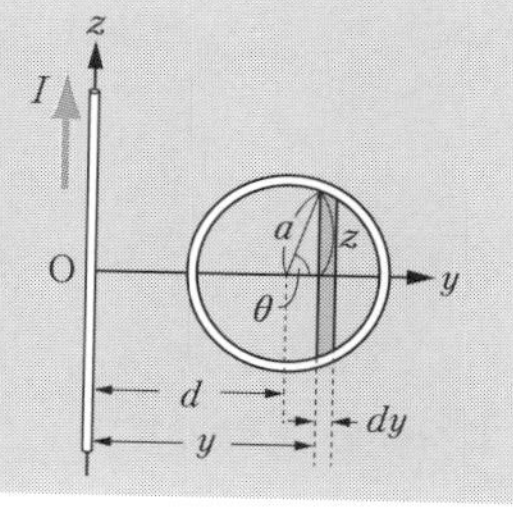

●考え方●

円形コイルを導線から等距離にある微小領域に分割し，微小領域を貫く磁束を求め，積分する．

解答

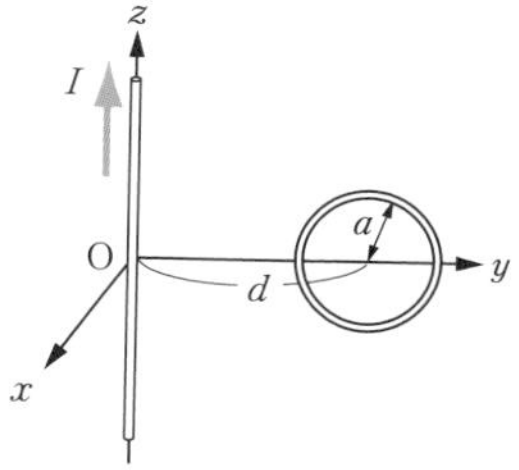

図のように，θ, y, dy を定めると，アミの部分の磁束は，

$$d\Phi = \frac{\mu_0 I}{2\pi y}\cdot 2a\sin\theta dy = \frac{\mu_0 Ia}{\pi y}\sin\theta dy$$

$y - d = a\cos\theta \quad \Leftrightarrow \quad dy = -a\sin\theta d\theta$ より，

$$\Phi = \int_0^\pi d\Phi = \int_0^\pi \frac{\mu_0 Ia}{\pi y}\sin\theta dy$$

$$= \frac{\mu_0 Ia}{\pi}\int_0^\pi \frac{\sin\theta(-a\sin\theta d\theta)}{d + a\cos\theta} = -\frac{\mu_0 Ia^2}{\pi}\int_0^\pi \left(\frac{a^2 - d^2}{d + a\cos\theta} + d - a\cos\theta\right)d\theta$$

$$= \frac{\mu_0 Ia}{\pi}\left\{(a^2 - d^2)\frac{\pi}{\sqrt{d^2 - a^2}} + \pi d\right\} = \mu_0(d - \sqrt{d^2 - a^2})I$$

これより，相互インダクタンス M は，　$M = \mu_0(d - \sqrt{d^2 - a^2})$ 答

ただし，定積分　$\int_0^\pi \frac{d\theta}{d + a\cos\theta} = \frac{\pi}{\sqrt{d^2 - a^2}}$，$\int_0^\pi \cos\theta\, d\theta = 0$　を使った．

練習問題　4-8

解答 p. 247

半径が a〔m〕のコイル 1 と半径が b〔m〕のコイル 2 の 2 つの円形コイルが，円の中心を y 軸上におき，距離 l〔m〕隔てて，y 軸に垂直に設置されている．コイル 2 は小さく，コイル 1 のつくる磁場はコイル 2 内で均一とする．二つのコイルの相互インダクタンスを求めよ．

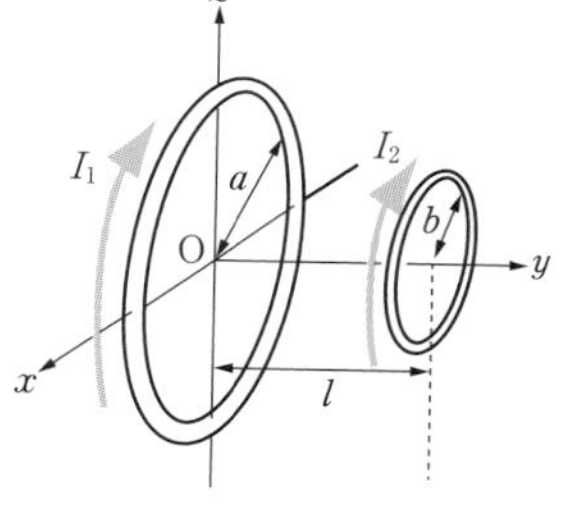

問題 4-9 ▼トロイダルコイルの自己インダクタンス

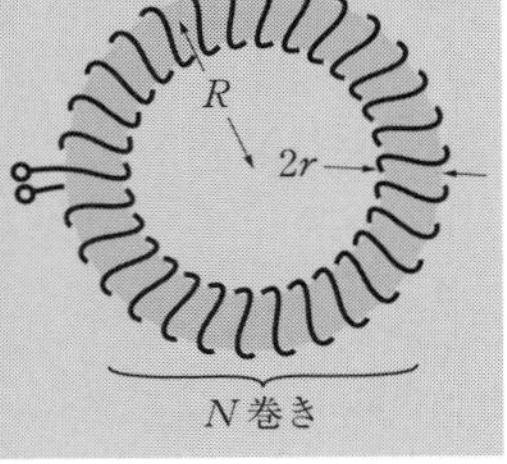

N 巻きの中空トロイダルコイル(トロイド)の自己インダクタンスを求めよ．ただし，トロイドの平均半径は R で，トロイドに巻き付けてあるコイルの半径は $r(\ll R)$ とし，トロイド内部の磁束密度は一定と近似できるとする．

●考え方●

厳密には，磁場が内部で一定であるソレノイドとは異なり，トロイドでは，磁場は中心からの距離に反比例する．ここでは，$r(\ll R)$ の条件を考慮して，距離によらず一定と近似して計算する．

解答

電流 I が流れるときのトロイド内部の磁場は，対称性から，コイルに沿って円を描いていると考えられる。トロイドの内部に，磁場に沿って，半径 $l(R - r < l < R + r)$ の円形の積分経路をとると，経路を貫く動線の数は N だからアンペールの法則より，

$$B(r)2\pi l = \mu_0 IN \quad \therefore\ B(l) = \frac{\mu_0 IN}{2\pi l}$$

トロコイド内部は一様という近似を用いると，

$$B = \frac{\mu_0 N}{2\pi R} I$$

鎖交磁束は，

$$\Phi = B\pi r^2 \underbrace{N}_{㋐} = \frac{\mu_0 IN}{2\pi R}\pi r^2 N = \frac{\mu_0 r^2 N^2}{2R} I$$

これより，自己インダクタンスは，

$$L = \frac{\mu_0 r^2 N^2}{2R}$$ 答

ポイント

㋐ 密に巻かれたトロイドの場合，電流によって内部に発生する磁場は外部に漏れない．結果として，コイルの内部を環状に回る磁場ができる．

練習問題 4-9 解答 p. 247

半径が a，b $(a < b)$ の 2 個の円筒状導体の中心軸を一致させ，それぞれの円筒面に反対向きの電流を流す．このとき，円筒の長さ l あたりの自己インダクタンスを求めよ．

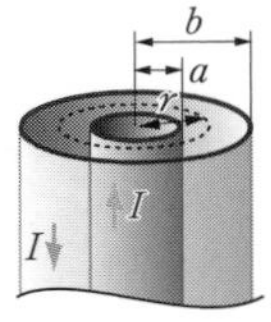

問題 4-10 ▼ケーブルの内部インダクタンス

半径 a の円形断面をもつ，透磁率 μ の円柱状導体に，断面全体に一様な電流密度で電流 I が流れている．この電流による導体内部の磁束を求めることで，単位長さ当たりのこのケーブルの内部のインダクタンス L_{i} が半径 a に無関係な一定値になることを示せ．

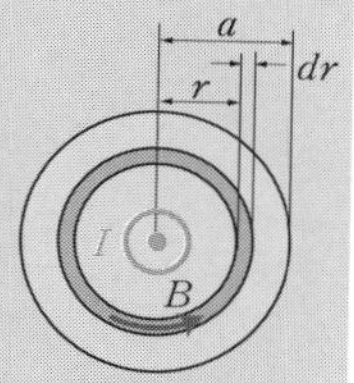

導線断面

●考え方●

インダクタンスを求めるには，磁束密度を面積積分し，磁束を求めるだけでは不十分で，鎖交磁束に換算する必要がある．

解答

中心軸から r の距離で磁束密度は，問題 3-12 の結果を利用すると，

$$B(r) = \frac{\mu I r}{2\pi a^2}$$

半径 r，厚さ dr の円筒環部を貫く磁束は，単位長さ当たり Bdr である．鎖交磁束 Φ^* に換算するために $\frac{r^2}{a^2}$ 倍して，

$$\Phi^* = \int_0^a \frac{r^2}{a^2} B(r) dr = \int_0^a \frac{r^2}{a^2} \frac{\mu I r}{2\pi a^2} dr = \frac{\mu I}{2\pi a^4} \int_0^a r^3 dr = \frac{\mu I}{8\pi}$$

これより，内部インダクタンス㋐ L_{i} は $L_{\mathrm{i}} = \frac{\mu}{8\pi}$ 答

ポイント

㋐ 内部の電流によって導線内部に生じる磁束のみを考えるとき，これを内部インダクタンスとよび，導線外部にできた磁束を扱うときを外部インダクタンスとよぶ．

別解　導体内部の単位長さあたりの磁場のエネルギーは，(4-14)式より，

$$U = \int_0^a \frac{BH}{2} 2\pi r dr = \int_0^a \frac{B^2}{2\mu} 2\pi r dr = \frac{\pi}{\mu} \int_0^a \left(\frac{\mu I r}{2\pi a^2} \right)^2 r dr = \frac{1}{2} \frac{\mu}{8\pi} I^2$$

これとコイルのエネルギーの式(4-13)を比較して，$L_{\mathrm{i}} = \frac{\mu}{8\pi}$ 答

練習問題　4-10

解答 p. 247

断面が半径 r の円形の 2 本の平行導線が，中心間距離 D 隔てて置かれ，互いに逆向きの同じ大きさの電流が流れている．単位長さ当たりの自己インダクタンスを求めよ．

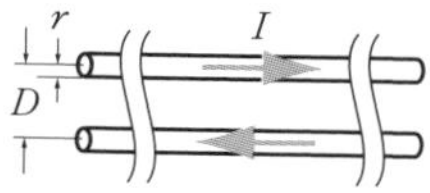

問題 4-11 ▼二つのコイルの接続

自己インダクタンスが L_1，L_2 の2つのコイルを直列につないだとき，相互インダクタンスが M だとする．順接続の場合と，逆接続のそれぞれについて，全体の合成(自己)インダクタンス L を求めよ．

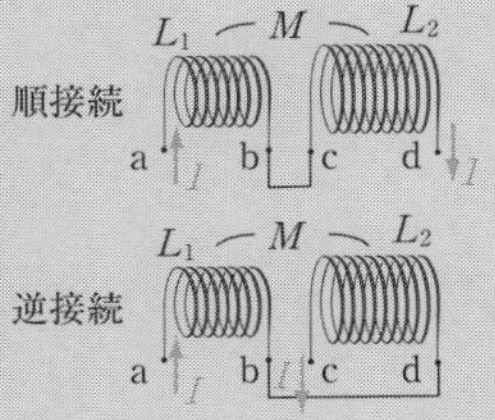

●考え方●

個々のコイルを貫く磁束は，その起源として自己と相互の二つがある．

解答

> **ポイント**
>
> ㋐ それぞれのコイルを貫く鎖交磁束の符号は，各コイルを流れる電流指定の向きを正とする．

2つのコイルが接続されていないとき，コイル1に電流 I を流したときの，コイル1，2を貫く鎖交磁束はそれぞれ，

$$\Phi_1{}^* = L_1 I, \quad \Phi_{21}{}^* = MI$$

コイル2に電流 I を流したときの，コイル1，2を貫く鎖交磁束はそれぞれ，

$$\Phi_{12}{}^* = MI, \quad \Phi_2{}^* = L_2 I$$

i) 順接続の場合

コイル1，2を貫く鎖交磁束の総和は，

$$\Phi^* = \Phi_1{}^* + \Phi_2{}^* + \Phi_{21}{}^* + \Phi_{12}{}^* = (L_1 + L_2 + 2M)I$$

$$L_{12}^{(順)} = L_1 + L_2 + 2M$$ 答

ii) 逆接続の場合

コイル1，2を貫く鎖交磁束の総和は，

$$\Phi^* = \underbrace{\Phi_1{}^* - \Phi_{21}{}^* + \Phi_2{}^* - \Phi_{12}{}^*}_{㋐} = (L_1 + L_2 - 2M)I$$

$$L_{12}^{(逆)} = L_1 + L_2 - 2M$$ 答

練習問題 4-11

解答 p. 248

自己インダクタンスが L_1，L_2 の2つのコイルが置かれているときに，その相互インダクタンス M は，$M \leqq \sqrt{L_1 L_2}$ の関係を満たすことを示せ．

問題 4-⑫ ▼コイルの縮まろうとする力

単位長さあたりの巻き数が n で，半径 a の長さ $x\ (\gg a)$ のソレノイドコイルに電流 I を流すとき，コイルの縮まろうとする力の大きさを求めよ．

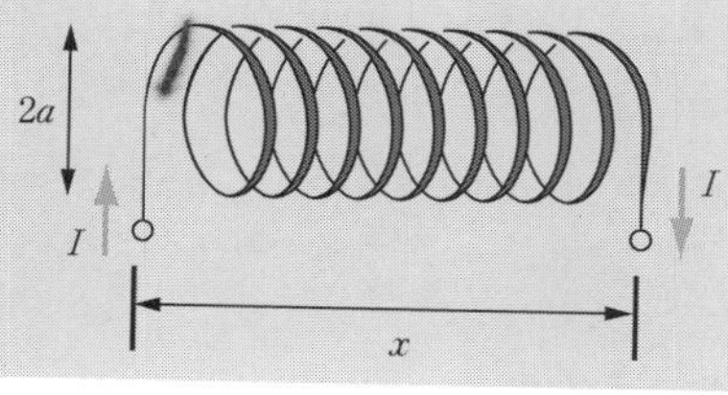

●考え方●

コイルの磁気エネルギーがコイルの長さにどう依存するかを考える．コイルの長さと巻き数密度は連動していることに注意する．

解答

コイル内部の磁場は $H = nI$ で，長さ $x\ (\gg a)$ のコイルとの鎖交磁束は，

$$\Phi^* = \mu_0 H(\pi a^2)nx$$

コイルの磁気エネルギーは，

$$U = \frac{1}{2}LI^2 = \frac{1}{2}\Phi^* I = \underbrace{\frac{1}{2}\mu_0 H(\pi a^2)nxI}_{㋐}$$

巻き数は一定より，$nx =$ 一定　$\Leftrightarrow$　$\underbrace{n\partial x + x\partial n = 0}_{㋑}$

$$\therefore\ \partial H = I\partial n = -\frac{nI}{x}\partial x \quad \Rightarrow \quad \frac{\partial H}{\partial x} = -\frac{nI}{x}$$

縮まる力 F は，磁気エネルギーの変化率から，

$$\underbrace{F = -\frac{\partial U}{\partial x}}_{㋒} = -\frac{\partial}{\partial x}\left(\frac{1}{2}\mu_0 H(\pi a^2)nxI\right)$$

$$= -\frac{1}{2}\mu_0(\pi a^2)nxI\frac{\partial}{\partial x}H$$

$$= -\frac{1}{2}\mu_0(\pi a^2)nxI\left(-\frac{nI}{x}\right) = \frac{1}{2}\mu_0\pi(naI)^2$$ 答

ポイント

- ㋐ U が，n と x の 2 変数関数となっている．
- ㋑ n と x の束縛条件．
- ㋒ 磁気エネルギーの変化は，外力のする仕事に直結する．

練習問題　4-12

解答 p. 248

断面積を S，単位長さあたりの巻き数が n の無限に長いソレノイドコイルの自己インダクタンス L を磁場のエネルギーを考えて求めよ．

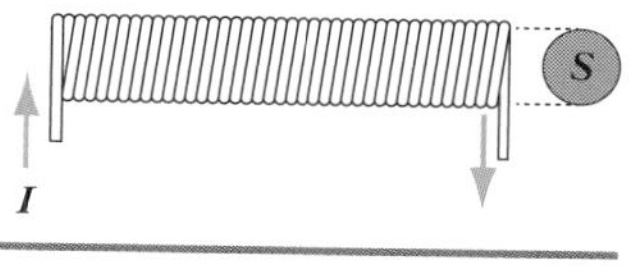

問題 4-13 ▼LC 回路のエネルギー構成

電気容量 C のキャパシターと自己インダクタンス L のコイルが閉回路を作っている．この回路に電流が流れるときのエネルギー保存則を表現せよ．

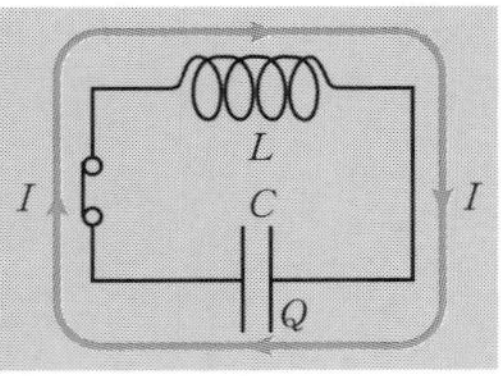

●考え方●

回路方程式の両辺に電流 I をかけて積分する．第 5 章の「電気回路」で電気振動として扱う．

解答

電流が流れ込む側の極板の電荷を Q とすると，回路に沿って電流の向きに 1 周して電位変化を表現すると，

$$-L\dot{I} - \frac{Q}{C} = 0$$ ㋐

両辺に電流 I をかけて，

$$L\dot{I}I + \frac{Q}{C}I = 0$$

$I = \dot{Q}$ より，

$$L\dot{I}I + \frac{\dot{Q}Q}{C} = 0 \quad \Leftrightarrow \quad \frac{d}{dt}\left(\frac{1}{2}LI^2 + \frac{Q^2}{2C}\right) = 0$$

この結果は，この回路では，$E = \dfrac{1}{2}LI^2 + \dfrac{Q^2}{2C}$ というエネルギー次元の物理量が，時間に無関係に定数であることを示していて，第 1 項目が，コイルの磁気エネルギーに相当し，第 2 項目がキャパシターの静電エネルギーに相当している．全体で，回路のエネルギー保存則を表している．

ポイント

㋐ 電流の向きへの電位変化は，コイルの場合，自己誘導の式に必ずマイナスがつく．キャパシターの場合，手前の極板の電荷を C で割った結果にかならずマイナスがつく．

練習問題 4-13 解答 p. 248

p.116 の《**交流発電機**》で求めた起電力 $\phi^{\mathrm{emf}} = \phi_0 \sin\omega t$ ($\omega BS = \phi_0$ とした) を，抵抗値 R の抵抗の両端に接続し，流れる電流を求めると，$I = \dfrac{\phi_0}{R}\sin\omega t$ となりそうであるが，そうはならない．その理由を述べよ．

問題 4-14 ▼レールに沿って落下する導体棒

幅 l で鉛直に張ったコの字型の導線レールに，質量 m，抵抗 R の導線 PQ を水平にかけて，閉回路をつくる．導線 PQ は電気的接触を保ちながら，摩擦なくレールに沿って滑ることができる．レール面に垂直に磁束密度 B の大きさの磁場が図の向きにかけられている．

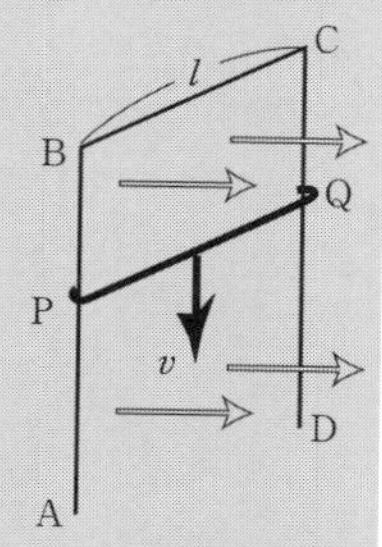

(1) レールの速度が鉛直下方に大きさ v になった瞬間の導線の運動方程式を，鉛直下向きの加速度 a を用いて表せ．重力加速度の大きさを g とする．

(2) 導線の終端速度の大きさを求めよ．

●考え方●

磁場中を移動する導体棒は電池となる．電流が流れると，アンペール力というブレーキがかかる．

解答

(1) 導線 PQ に生じる誘導起電力は，Q → P の向きに vBl の大きさとなる．これにより回路に流れる電流 I は，Q → P の向きに

$$I = \frac{vBl}{R}$$

このときの導線の運動方程式は，

$$ma = mg \underbrace{- IBl}_{\text{㋐}} = mg \underbrace{- \frac{v(Bl)^2}{R}}_{\text{㋑}}$$

(2) $t \to \infty$ で，$a \to 0$，$\underbrace{v \to v_\infty}_{\text{㋒}}$ とおいて，

$$0 = mg - \frac{v_\infty (Bl)^2}{R} \qquad \therefore\ v_\infty = \frac{mgR}{(Bl)^2}$$ 答

ポイント

㋐ アンペール力は，導体棒の運動を妨げる向きにはたらく．
㋑ 速度に比例する抵抗力
㋒ 空気抵抗の中で落下する雨粒の運動と同じだから，有限な終端速度をもつ．

練習問題　4-14

解答 p. 248

磁束密度 B の磁場中で，単位長さあたりの抵抗が r の導線でコの字型のレールを作り，導体棒 PQ を先端 ab の位置からレールと直交を保ちながら速度 v の等速運動をさせた．t 秒後の導体棒を流れる電流と，外力の大きさを求めよ．導体棒の抵抗や，レールとの摩擦力は 0 である．回路の自己インダクタンスは考えないものとする．

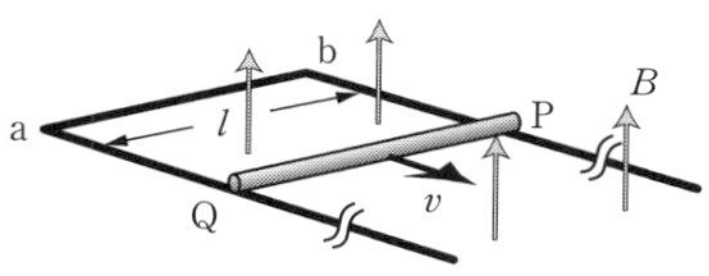

問題 4-⑮ ▼手作り誘導モーター

自己インダクタンスが共に L のコイル aa′ とコイル bb′ を互いに直交する向きに立て，その間に自由に回転できるようにしたアルミ缶を置いた．コイル aa′ およびコイル bb′ に流れる電流をそれぞれ,

$$I_{\mathrm{a}} = I_0 \cos \omega t, \quad I_{\mathrm{b}} = I_0 \cos\left(\omega t - \frac{\pi}{2}\right)$$

とすると，アルミ缶が回転を始めた．この現象に関して以下の問に答えよ．コイル aa′ やコイル bb′ に流れる電流が，コイル内部にそれぞれ x 軸，y 軸に平行な磁場をつくるものとする．

(1) アルミ缶が受ける磁場の特徴を述べよ．

(2) アルミ缶の回転の向きを答えよ．

(3) アルミ缶に右のイ，ロのような切り込みを入れると，回転にどう影響するか．

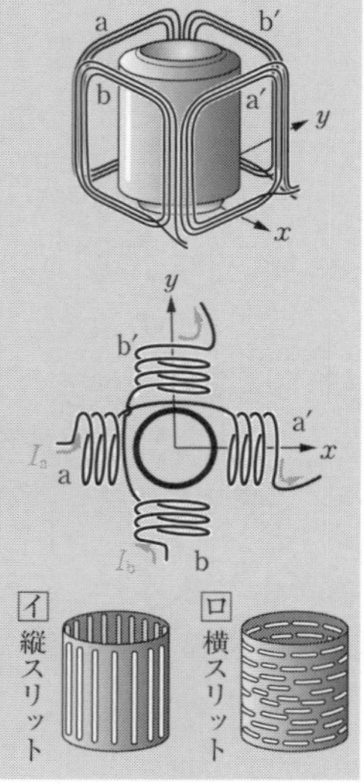

●考え方●

$\boldsymbol{B}(\propto \boldsymbol{I})$ は回転ベクトルとしてふるまう．

解答

(1) コイルの作る磁場の大きさは，流れる電流に比例するので，コイル aa′ およびコイル bb′ がつくる磁場，および合成磁場は,

$\boldsymbol{B}_{\mathrm{a}} = k(I_0 \cos \omega t, 0), \quad \boldsymbol{B}_{\mathrm{b}} = k(0, I_0 \sin \omega t)$

$\therefore\ \boldsymbol{B} = \boldsymbol{B}_{\mathrm{a}} + \boldsymbol{B}_{\mathrm{b}} = B_0(\cos \omega t, \sin \omega t)$　ただし，$B_0 = kI_0$（正の定数）

と書ける．これより，合成磁場は［反時計回りに角速度 ω で回転する］．答

(2) アルミ缶に N 極を近づけたまま棒磁石を回転させる場合と同じだから，アルミ缶にうず電流が発生し，同じ回転方向（［反時計回り］答）の回転を始める．

(3) うず電流のうち，回転軸に平行な成分が回転に寄与する．ロの切り込みは，この電流を妨げている．⇒［イ．回転する　ロ．回転しない］答

練習問題　4-15　解答 p. 248

磁束密度 B の一様な水平磁場の中に，長方形コイル ABCD をその面の法線が磁場と角度 θ をなすように鉛直につるし，これに電流 I を流した．回路が磁場から受ける偶力のモーメントの大きさを求めよ．

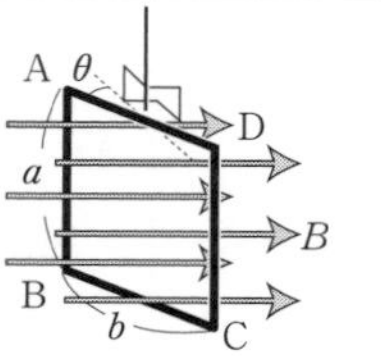

column4 ◆ファラデー

イギリスの化学者・物理学者で，電磁気学および電気化学の分野でさまざまな発見をした．特に，今日の電気文明を支える電磁誘導の発見で，人類に比類のない貢献をした．

鍛冶屋見習いの貧しい家の三男坊として生まれ，正規の教育は望むべくもない境遇で育った．製本屋の見習いとして働くことになり，本に近い環境で仕事ができたことは，学校に行けなかった彼にとっては非常に幸運であった．ファラデーは七年間見習いとして働いている間に，多数の科学書を読むことができた．やがて，当代一の化学者ハンフリー・デービーの講演チケットを手に入れたファラデーは，講演で一言一句も漏らすまいとメモを取り，後日，講演に感銘を受けたこと，科学に関わる仕事につきたいなどの旨の手紙をデービー本人に何度も送り，ファラデーが22歳のときにその熱意が伝わり，王立研究所でデービーの雑用係として採用された．

デービー夫妻の旅行に同行を許されたファラデーは，ヨーロッパ各地で科学者たちとの交流を深める中で，物理，とりわけ電磁気現象に興味をもち始めた．ファラデーは，電磁気現象を理解する手法として，「力線」の概念を用いた．この手法で実験を重ねた末の1831年，「電磁誘導の法則」を発見した．高等数学の教育を受けていないファラデーには，他の学者たちが望むような数学による場の理論を構築することはできなかった．その仕事は，ファラデーと親交のあったジェームズ・クラーク・マクスウェルに託された．アインシュタインも自宅の壁に，ニュートンと並んで，ファラデー，マクスウェルの肖像を貼っていたそうである．

マイケル・ファラデー（英）
1791年～1867年

ファラデーの人となりを，その発言や，彼への評価を通して見てみよう．

ファラデー自身の言葉

「それが自然の法則と合致していれば，真実であることほど素晴らしいものはありません」

・・・・・・実験室ジャーナル 1849 年

「私は詩人ではありませんが，あなたが私がやったように自分の頭で考えをめぐらせば，事実はあなたの心の中で詩となります」

・・・・・・講義録 1858 年

「それを作ることはできる．だが私は絶対に作らない」

・・・・・・クリミア戦争時に，政府から化学兵器の依頼がきた際に，ファラデーは怒りを爆発させて

「赤ん坊が将来何の役に立つのか分かっている人はいないでしょう」

・・・・・・一般大衆向けの実験講座で，ご婦人から「磁石を動かして僅かな電気が流れても，なんの役に立つのでしょう」と質問されて

「やがて近い将来，あなた方の重要な税源となるでしょう」

・・・・・・上記の実験講座で，上のご婦人と同様の質問を英国の財務大臣から尋ねられて

ファラデーを評した言葉

「私の最大の発見はファラデーだ」

・・・・・・無学のファラデーを登用し，自らも八つもの元素を発見した英国学術界の大御所　ハンフリー・デービー

「ファラデーは，拡張された電磁気学の父であるし，これからも常にそうあり続けるに違いありません」

・・・・・・マクスウェル

「ファラデーが普通通りの大学教育を受けていたら，電磁誘導の法則を発見したでしょうか？」

・・・・・・アインシュタイン

「『神は天国にまさに在わす』との言葉とともに，静かに，ほとんど消え入るように天に召された．地球上から一人哲学者がいなくなり，天国に新たな聖人が生まれた」

・・・・・・イギリスの化学者ジョン・ホール・グラッドストーン

Chapter 5

電気回路

電気回路はさまざまな素子から構成される．そのうち，受動素子と呼ばれる抵抗，キャパシター，コイルの３つの素子は，三者三様の特徴をもち，回路の多様な振る舞いにどれ一つと欠かせない存在である．数学的な構造が似ていることから，複雑な力学系システムの解析に電気回路を利用することも可能である．直流回路から交流回路までその多様な振る舞いを見てみよう．

1 直流回路
2 キルヒホッフの法則
3 回路素子と回路のエネルギー
4 過渡現象
5 交流回路

基本事項

1 直流回路（問題 5-1, 2, 3, 4）

最初の2節では，抵抗と電源のみからなる直流回路を扱う．

❶ 起電力

ボルタ(伊)は，1794年に2種類の金属を接触させると，金属間に自然に電位差が生じる現象を発見した．金属内では，自由電子が飛び交っているが，金属表面では，正イオンが整然と配列した内部に対し，電子が少し表面からはみ出して分布し，いわゆる電気二重層を形成していると考えられている．この場合，金属表面の正電荷層と表面近傍の電子層の間に電場が形成され，金属内部の自由電子はこの電場により弾き返されて自由には金属外部には飛び出せない．さて，このような異なる金属を接触するとどうなるかというと，境界面を通して電子のやりとりが生じる．この交換は対等ではなく，一方の金属が他方に比べ多くの電子を失う．これによって金属の**接触電位差**が生じる．金属の組みごとに接触電位差は決まっていて，金属XとYとの接触電位差をX|Yと表記すると，A|B + B|C = A|C(推移律)が成立する．したがって，両端の金属が等しい場合，

$$\mathrm{M}|\mathrm{A} + \mathrm{A}|\mathrm{B} + \cdots + \mathrm{L}|\mathrm{M} = \mathrm{M}|\mathrm{M} = 0$$

となり，両端を導線で繋いでも電流は流れない．しかしこのシリーズの中に，電解質(X)が入るとこの法則は成立しなくなる．

$$\mathrm{M}|\mathrm{A} + \mathrm{A}|\mathrm{B} + \mathrm{B}|X + X|C + \cdots + \mathrm{L}|\mathrm{M} = E \neq 0$$

ここで両端を導線で繋ぐと電流が流れる．これが**電池**である．

E を電池の**起電力**（electro motive force：emf）という．電池には，上記のように化学反応により起電力が生み出される「化学電池」以外に，熱や光といった物理的エネルギーから起電力を得る「物理電池」もある．

❷ オームの法則

電流が流れるのを妨げる作用を(電気)抵抗という．どのような物質も抵抗をもつ．特に電流を制御する目的で使われるものを抵抗器（単に「抵抗」）といい，金属，セラミック，酸化物，炭素などが使われる．抵抗器に関して，電圧(V)と電流(I)の関係を調べると，図5-1-1のように「抵抗器を流れる電流は

抵抗器の両端の電圧に比例する」という経験則が得られる．この比例関係はオーム（独）によって1827年に発見されたので，**オームの法則**とよばれる．比例定数 R をこの抵抗の**電気抵抗**または**抵抗**といい，オームにちなんで単位を〔Ω〕（オーム）とする．国際単位は〔V/A〕である．

$$V = IR \tag{5-1}$$

オームの法則はあくまでも経験法則かつ近似法則であり，厳密には，比例定数 R が電圧（V）と電流（I）の値に依存するという非線形効果があるので，広範囲にわたっての電圧と電流の関係を表す法則ではない．また，電解質溶液や，ダイオード・放電管といった素子では成立しない．

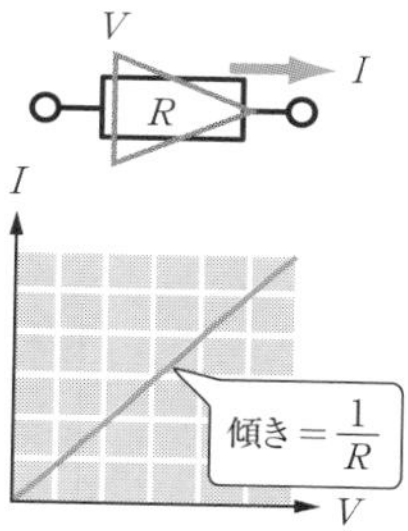

図 5-1-1

電気抵抗をもつ物体の内部を電流が流れている場合，電流の向きに電位は低くなる．これを電圧（電位）降下という．

温度が一定の一様な導線の電気抵抗は，その長さ l に比例し，断面積 S に反比例することが知られている．

$$R = \rho\frac{l}{S} \tag{5-2}$$

ここで，ρ は温度に依存する物質固有の定数で，**電気抵抗率**という．電気抵抗率の単位は〔Ω･m〕である．温度への依存は一次近似で，

$$\rho = \rho_0\{1 + \alpha(t - t_0)\} \tag{5-3}$$

と表される．t_0 は基準温度（通常は常温）で，α を電気抵抗率の**温度係数**という．主な金属の**温度係数**は正で，主な半導体の**温度係数**は負である．金属と絶縁体の電気抵抗率と温度係数の例を次の表に示す．

金属	温度	抵抗率（$\times 10^{-8}$）	温度係数（$\times 10^{-3}$）
Al（アルミニウム）	20℃	2.75	4.2
Cu（銅）	20℃	1.72	4.3
ニクロム	20℃	95～104	0.3

絶縁体	抵抗率
ガラス	10^{10}～10^{13}
ゴム	10^{13}～10^{14}

❸ 合成抵抗

2つ以上の抵抗を接続し，それを1つの抵抗とみなすとき，その抵抗を**合成抵抗**という．接続の基本形として，**直列**（series）と**並列**（parallel）がある．

以下，具体例としては，2個の抵抗の場合を図示する．

直列接続

電流が途中で他の電流と合流したり，分岐したりしないで，何本かの抵抗を通過する配置を**直列**という．回路全体を流れる電流の大きさをIとする．このとき各抵抗による電圧降下はそれぞれ，$V_1 = IR_1$，$V_2 = IR_2$，…となる．直列合成抵抗$R_{直}$は，

$$R_{直} = \frac{V_1 + V_2 + \cdots}{I} = \frac{R_1 I + R_2 I + \cdots}{I} \quad \therefore\ R_{直} = \sum_i R_i \qquad (5\text{-}4)$$

となり，合成抵抗は，各抵抗の和になる．また，各抵抗にかかる電圧の比は

$$V_1 : V_2 : \cdots = IR_1 : IR_2 : \cdots = R_1 : R_2 : \cdots \qquad (5\text{-}5)$$

となり，各抵抗にかかる電圧は，抵抗値に比例する．

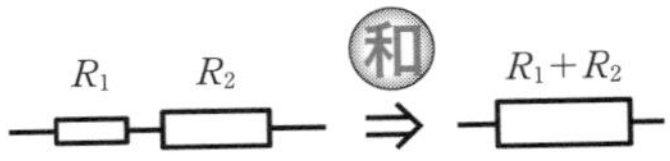

図 5-1-2

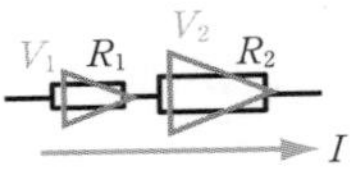

図 5-1-3

例 3 Ω，4 Ω，5 Ω の3個の抵抗を直列接続し，両端に6 V の電圧をかけたとき，4 Ω の抵抗にかかる電圧は，比例分配より，$6 \times \frac{4}{3+4+5} = 2$ V となる．

並列接続

電流が途中で何本かに分岐し，別々の抵抗を経由して再び1本の電流になる配置を**並列**という．全体にかかる共通の電圧をVとすると，各抵抗を流れる電流は$\frac{V}{R_1}, \frac{V}{R_2}, \cdots$となる．並列合成抵抗$R_{並}$は，

$$R_{並} = \frac{V}{I_1 + I_2 + \cdots} = \frac{V}{\frac{V}{R_1} + \frac{V}{R_2} + \cdots} \quad \therefore\ R_{直} = \frac{1}{\sum_i \frac{1}{R_i}} \qquad (5\text{-}6)$$

となり，合成抵抗は，各抵抗の逆数の和の逆数になる．特に，2個の抵抗の場合，

$$R_{並列} = \frac{R_1 R_2}{R_1 + R_2} \qquad (5\text{-}7)$$

となり，「和分の積」と覚えておくとよい．また，各抵抗を流れる電流の比は，

$$I_1 : I_2 : \cdots = \frac{V}{R_1} : \frac{V}{R_2} : \cdots = \frac{1}{R_1} : \frac{1}{R_2} : \cdots \qquad (5\text{-}8)$$

となり，各抵抗を流れる電流は，抵抗値の逆数に比例する．

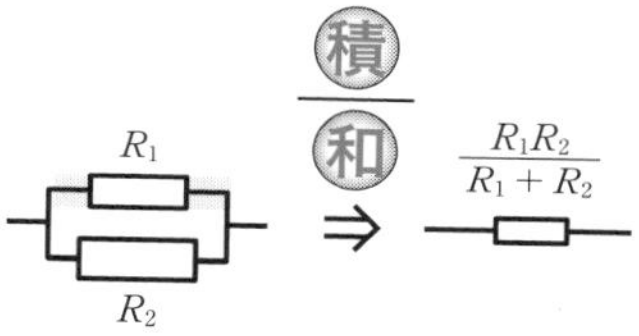

図 5-1-4

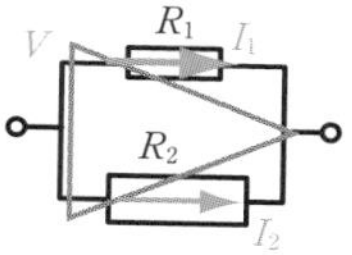

図 5-1-5

比較的単純な抵抗回路の場合，直列と並列の組み合わせに分解でき，上の公式を繰り返し適用することで合成抵抗を求めることができるが，複雑になると，特別な対称性をもっていない限り，直列と並列の組み合わせに分解することが難しくなる．

例 3 Ω，4 Ω，5 Ω の 3 個の抵抗を並列接続し，9.4 mA の電流を流したとき，4 Ω の抵抗を流れる電流は，逆比例分配より，$9.4 \times \frac{1/4}{1/3 + 1/4 + 1/5} = 3$ mA となる．

Y-△ 変換

多数の抵抗を含む回路の合成抵抗を求めるときに，単純な，直列や並列の組み合わせに分解できない場合，次の Y-△ 変換が役立つ場合がある．

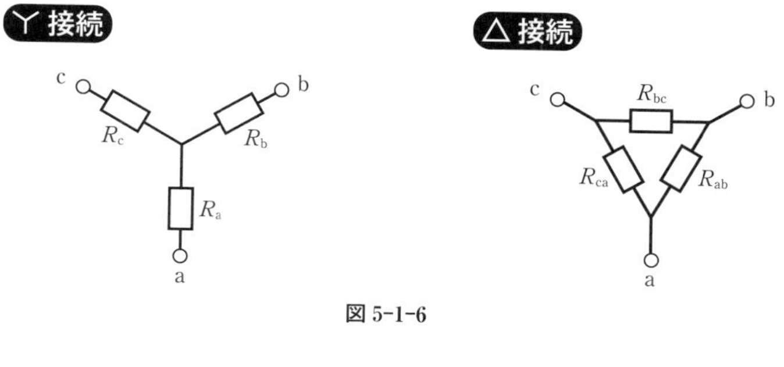

図 5-1-6

図の3つの抵抗の接続はそれぞれ，「Y 接続」，「△ 接続」と呼ばれ，それぞれの接続は，相互に変換が可能である（証明は 問題 5-2を参照）．

（1） Y 接続 → △ 接続

$$R_{ab} = \frac{Y}{R_c}, \qquad R_{bc} = \frac{Y}{R_a}, \qquad R_{ca} = \frac{Y}{R_b} \tag{5-9}$$

ただし，$Y = R_aR_b + R_bR_c + R_cR_a$（積の和）

（2） △ 接続 → Y 接続

$$R_a = \frac{\Delta}{R_{bc}}, \qquad R_b = \frac{\Delta}{R_{ca}}, \qquad R_c = \frac{\Delta}{R_{ab}} \tag{5-10}$$

ただし，$\Delta = \dfrac{R_{ab}R_{bc}R_{ca}}{R_{ab} + R_{bc} + R_{ca}}$（和分の積）

例 $R_a = 2$〔Ω〕，$R_b = 3$〔Ω〕，$R_c = 5$〔Ω〕のとき，$Y = 2 \times 3 + 3 \times 5 + 5 \times 2 = 31$ だから，$R_{ab} = \dfrac{31}{5}$〔Ω〕，$R_{bc} = \dfrac{31}{2}$〔Ω〕，$R_{ca} = \dfrac{31}{3}$〔Ω〕とすればよい．

2 キルヒホッフの法則（問題 5-4, 5, 6, 7）

❶ キルヒホッフの法則

複雑な電気回路に流れる電流を求めるには，キルヒホッフの法則Ⅰ，Ⅱを用いる．図 5-2-1 の部分回路を例にとって説明しよう．

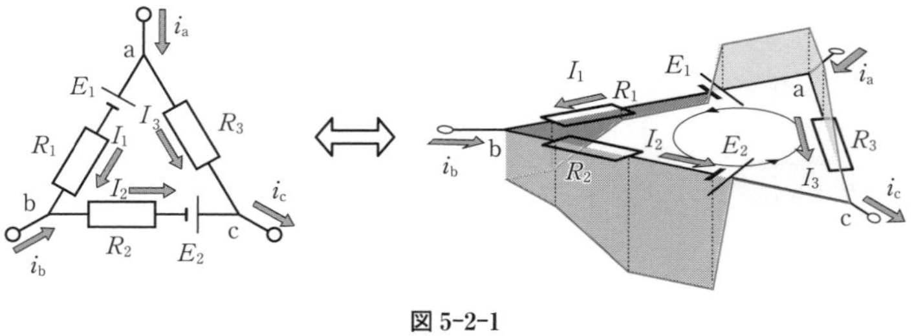

図 5-2-1

まず，回路の各部分を流れる電流の矢印の向きを適当に仮定し，I_1，I_2，I_3 とする．以下の方法で得られた結果，負の値になった場合，電流の向きが矢印とは逆きであるとする．回路の分岐点 a，b に外部から流れ込む電流は，i_a，i_b で既知とする（このとき必然的に，$i_c = i_a + i_b$ により i_c は決定している）．

キルヒホッフの法則Ⅰ（電流則）

回路の各分岐点に，流れ込む電流の和と流れ出す電流の和は等しいことを表している．これは，分岐点で電荷が蓄積したり，消滅したりすることはないことを保証する．

$$\mathrm{a}:\quad I_1 + I_3 = i_{\mathrm{a}} \qquad \mathrm{b}:\quad I_1 + i_{\mathrm{b}} = I_2 \tag{5-11}$$

キルヒホッフの法則Ⅱ（電圧則）

回路の中の任意の 1 つの閉じた経路に沿った 1 周の電位の変化の和は 0 であることを表した式である．図 5-2-1 では，a → b → c → a がそれに相当する．この経路に沿って一周すると，各素子による電位変動の総和は 0 でなくてはならない（回路の中に誘導電場が含まれていないので，電位は位置の関数となる）．

$$-E_1 - R_1I_1 - R_2I_2 + E_2 + R_3I_3 = 0$$

これをあらためて，

$$-E_1 + E_2 = +R_1I_1 + R_2I_2 - R_3I_3 \tag{5-12}$$

と書くと，左辺は，閉回路の周回方向に合わせた電池の符号付きの起電力の総和を，右辺は，抵抗による電位降下を表していると解釈できる．このとき，± の符号の選択は，電池の起電力の向きや電流を指定する矢印の向きが，a → b → c → a の周回の向きと一致していればプラス，逆向きならマイナスと機械的に行えばよい．

この例のように，変数と方程式の個数が一致するので，キルヒホッフの法則Ⅰ，Ⅱを使えば，回路の各部分を流れる電流を求めることが可能である．とくに，回路に複数の電池がある場合は，この手法が有効である．

❷ ブリッジ回路

図 5-2-2 のような回路を，抵抗のホイートストーンブリッジ（単にブリッジ回路）という．2 個の直列抵抗が 2 組，互いに並列に並んだ回路のことである．各直列抵抗線の中間点（m，n）どうしを図のように検流計で連結したとき，検流計に電流が流れない条件（**ホイートストーンブリッジの平衡条件**）は，次の式で与えられる．

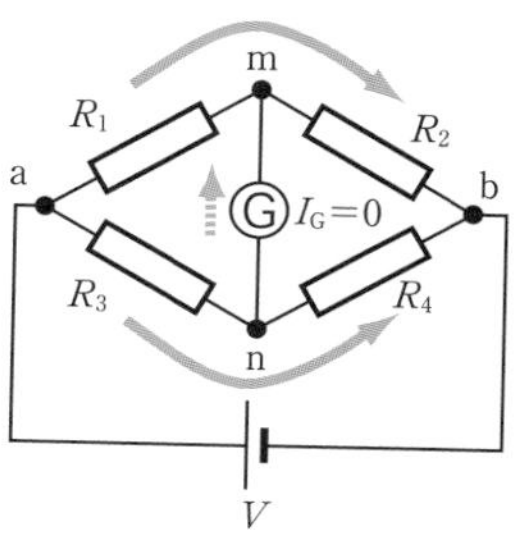

図 5-2-2

$$R_1 : R_2 = R_3 : R_4 \quad \Leftrightarrow \quad R_1R_4 = R_2R_3 \tag{5-13}$$

a-m-b を流れる電流も，a-n-b を流れる電流も，途中で電流分岐がないので，各抵抗の電圧は，抵抗値に比例する（☞ 式(5-5)）ので，m 点の電位は，a 点と b 点の電位を $R_1 : R_2$ に内分する．同様に n 点の電位は，a 点と b 点の電位を $R_3 : R_4$ に内分する．検流計の電流が 0 ということは，m 点と n 点の電位が一致することを意味するので，(5-13)式が成立する．この回路は，未知の抵抗の精密測定に利用される．

3 回路素子と回路のエネルギー（問題 5-7, 8, 9, 10）

電流の通り路を回路という．電流は分岐や合流を繰り返し，ループを描いて元に戻ってくるので，この名称がある．回路にはさまざまな性質をもった部品をつなぐ．これらの部品を**回路素子**とよぶ．真空管やトランジスタなど，小さい入力信号を増幅し，大きな出力信号を得る素子は能動素子と呼ばれるものもあるが，ここでは，抵抗，キャパシター，コイルといった受動素子と電源とで構成された受動回路を扱う．

回路中の受動素子は，素子にかかる電圧と素子を流れる電流との応答関係の違いで区別される．素子にかかる電圧と，そのとき流れる電流の数量関係を表すための準備として，電流や電圧の符号の定義をしておこう．

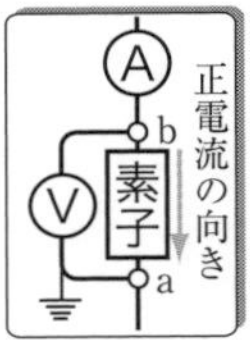

図 5-3-1

素子にかかる電圧の符号は，回路を流れる正の電流の向きが基準となる．素子にかかる電圧とは，正の電流の下流端 a からみた上流端 b の電位と定義する．これは，抵抗の場合に，電圧が正のときに電流が正となるように決められているといってもよい．抵抗を基準としているので，例えば，コンデンサーの場合に，電流と電圧の同時値の符号の一致は保障されない．

❶ 各素子の *V–I* 応答

ここで扱う受動素子の電圧と電流の応答関係をまとめておこう．この関係が，これらを含む回路の性質を決定する．

〔抵抗〕 オームの法則が満足される理想的な抵抗器を指す．抵抗にかかる電圧 V と電流 I は比例する．

〔コイル〕コイル両端の電圧 V は，電流の時間変化率 $\dot{I}\left(=\dfrac{dI}{dt}\right)$ に比例するという自己誘導の式が成り立つ．

〔キャパシター〕電荷と電圧の式，$Q=CV$ の時間変化率（時間による微分）を考えると，キャパシターに流れ込む電流 I は，電圧の時間変化率 $\dot{V}\left(=\dfrac{dV}{dt}\right)$ と比例するという関係式が成り立つ．

素　子	抵抗	コイル	キャパシター	

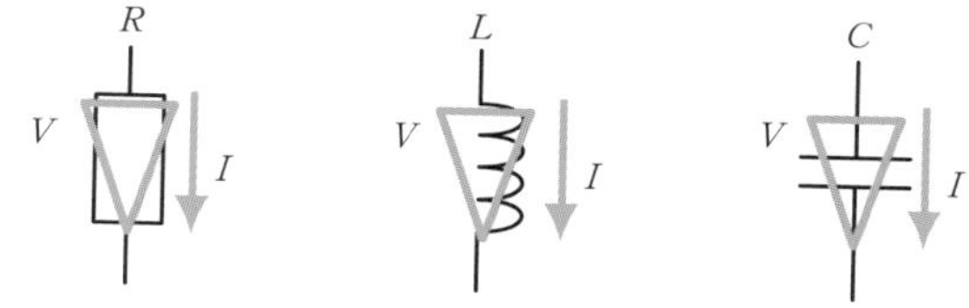

動作原理	オームの法則	自己誘導	電荷保存則	
関 係 式	$V=IR$	$V=L\dot{I}$	$I=C\dot{V}$	(5-14)

図 5-3-2

❷ 電流と仕事

電流が流れている電気回路は，電気エネルギーを別の形のエネルギーに変える装置であるとともに，エネルギーを別の場所に運ぶ装置でもある．

電池の役目は，電気(電荷)を生み出すことではなく，回路に流れる電子に位置エネルギーを付与することである．これは，水流ポンプの役目が，水を製造することではなく，低い位置エネルギーをもつ水を高い位置エネルギーをもつものに変換する役目であるのと同じである．自由電子の動きを，仮想的な正電荷の動きとして考えると，低い電位の負極から高い電位の正極へ正電荷が移動するとき必要な仕事を，電池が自らの内部に蓄積している化学的エネルギーを使ってやっているという構図になっている．

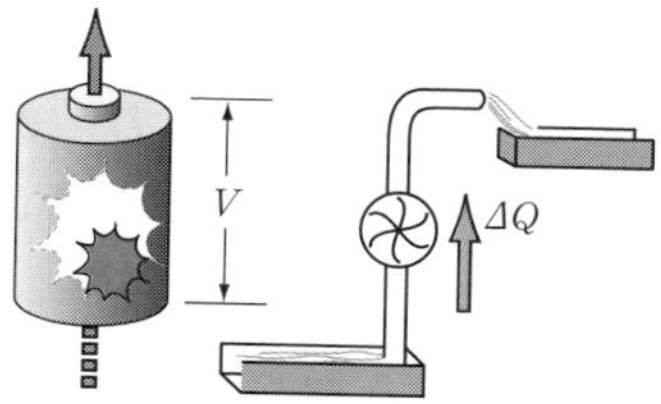

図 5-3-3

正電荷 Δq〔C〕を，電池の負極から電位が V〔V〕高い正極まで電気力に逆らって移動させるときに電源電池がする仕事 $W_{電}$〔J〕は，

$$W_{電}=V\Delta q\text{〔J〕} \tag{5-15}$$

である．単位時間に換算すると，電池の供給電力の式，

$$P = \frac{W〔\mathrm{J}〕}{\Delta t〔\mathrm{s}〕} = \frac{V\Delta q}{\Delta t} = VI〔\mathrm{W}〕 \qquad (5\text{-}16)$$

が得られる．

❸ ジュール熱

電池を導線の両端につなぐ場合，電池のする仕事は導線の中での電子の加速に使われるが，導線中で，自由電子は熱振動している金属イオンと衝突を繰り返しながら平均的には速度運動している．そういう意味で，自由電子の運動は，空気抵抗を受けながら落下する雨粒の運動と等価である．前者が，電池がもつ化学エネルギー ➡ 運動エネルギー ➡ 熱エネルギーとエネルギーを変化させるのに対し，後者は，重力の位置エネルギー ➡ 運動エネルギー ➡ 熱エネルギーと変化させる．電流から発生する熱量が電流の2乗に比例することを実験的に最初に発見したのは英国のジュールだったので，この電流から発生する熱をジュール熱とよぶ．抵抗 R〔Ω〕を電流 I〔A〕が通過すると，電圧 V〔V〕の落差を毎秒 I〔C〕が移動するので，そのとき放出される電気的な位置エネルギーは VI〔W〕となり，電池の供給電力の形式と一致する．ただし，抵抗の場合は，オームの法則も適用されるので，

$$P = VI〔\mathrm{W}〕 = \frac{V^2}{R}〔\mathrm{W}〕 = I^2R〔\mathrm{W}〕 \quad (\text{抵抗}) \qquad (5\text{-}17)$$

とも表現できる．

電流の仕事率を**電力**，電流のする仕事を**電力量**という．電力量の単位として，1 kW の電力が1時間にする仕事である**1 キロワット時**(記号 1 kWh)を使うことが多い．ちなみに2018年(令和元年)の日本の総発電量は，およそ1兆 kWh，すなわち，10^{12} kWh であり，内訳は火力が77%，原子力が6%，水力が8%，原子力が6%，地熱&新エネルギーが9%である．

例 1 kWh $= 1 \times 10^3 \times 60 \times 60 = 3.6 \times 10^6$〔J〕である．

例 100 W の電球と 60 W の電球では，そのフィラメントの抵抗の比率は，

$\dfrac{100^2}{100} : \dfrac{100^2}{60} = 3 : 5$ である．

❹ 合成電球の明るさ

100 W と 60 W の電球を直列につなげて，コンセントから 100 V の電圧をかけると，どの電球からも暗い光しか出てこない．さらに，ワット数と明るさが逆転する現象がみられる．この現象について考えてみよう．

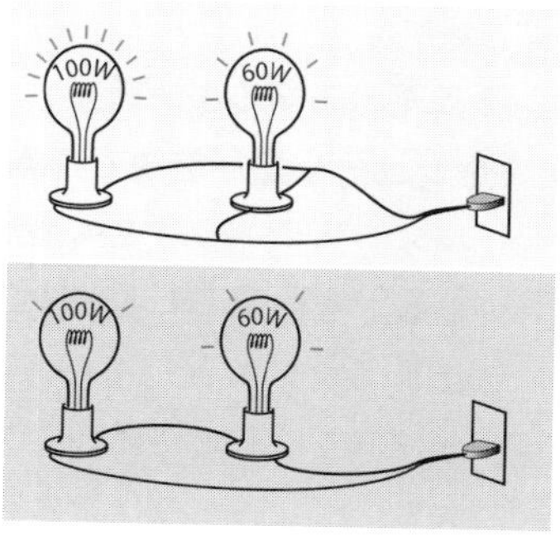

図 5-3-4

そもそもワット数 P〔W〕の電球は，100 V の電圧下で P〔J/s〕の消費電力を示すという意味だから，抵抗値に換算すると，$\dfrac{100^2}{P}$〔Ω〕の抵抗である．

そこで，P_1〔W〕と P_2〔W〕の 2 個の電球を並列に配置した場合の全体のワット数 $P_{並}$〔W〕と，直列に配置した場合の全体のワット数 $P_{直}$〔W〕はどうなるかを計算してみよう．

並列の場合

並列抵抗値は，$\dfrac{\dfrac{100^2}{P_1}\times\dfrac{100^2}{P_2}}{\dfrac{100^2}{P_1}+\dfrac{100^2}{P_2}}=\dfrac{100^2}{P_1+P_2}$〔Ω〕で，これに電圧 100 V がかかるので，全体の消費電力は，

$$P_{並}〔\mathrm{W}〕=\frac{100^2}{\dfrac{100^2}{P_1+P_2}}=P_1+P_2 \tag{5-18}$$

個々の電球のワット数は本来のワット数だから当然の結果である．

直列の場合

直列抵抗値は，$\dfrac{100^2}{P_1}+\dfrac{100^2}{P_2}$〔Ω〕で，これに電圧 100 V がかかるので，全体の消費電力は，

$$P_{直}〔\mathrm{W}〕=\frac{100^2}{\dfrac{100^2}{P_1}+\dfrac{100^2}{P_2}}=\frac{P_1P_2}{P_1+P_2}\ ^{*1} \tag{5-19}$$

*1 消費電力も「和分の積」ルールが適用でき，必ず小さい値となる．

直列の場合，電流が共通だから，消費電力は抵抗に比例するが，抵抗はワット数に反比例するので，結局，ワット数が小さい電球の方が明るいことになる．

❺ 回路のエネルギー収支

ジュール熱が無視できる場合

コンデンサーの静電エネルギーの変化 ΔU をもたらす原因は，一般的には 3 つある．その 1 つは回路に対して電池がする仕事 $W_{電}$ である．次に外力のする仕事 $W_{外}$ である．これはキャパシターの極板を直接移動させたり，誘電体をキャパシターの中に挿入したりする際に生じる．そして最後はジュール熱 J である．ジュール熱は常に回路から失われるので，符号は常に負である．キャパシター回路のエネルギー保存の式は，

$$\Delta U = W_{電} + W_{外} - J \tag{5-20}$$

となる．

具体的な例として，図のようなキャパシターと抵抗の直列回路に電池を接続したまま，外力によりキャパシターの極板間隔を十分時間をかけながら，わずかに広げたときのエネルギーの収支について考えてみよう．極板間隔の変化を十分時間をかけてゆっくりやると，電流はほぼ 0 とみなされるので，抵抗から発生するジュール熱はいくらでも小さく押さえられることが分かっている．さて図の状態からコンデンサーの極板間隔をわずかに広げるとき，キャパシターには一定の電圧 V がかかるので，各エネルギー項は，

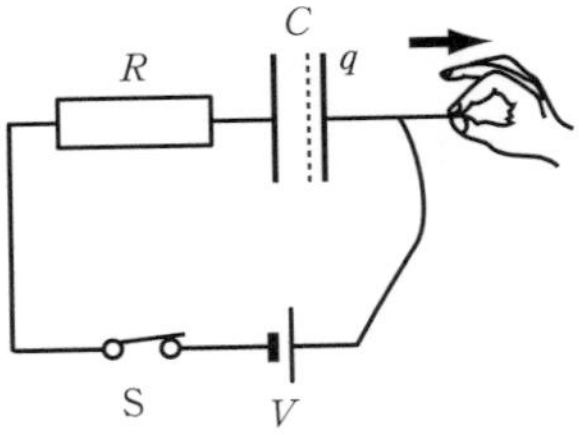

図 5-3-5

$$\Delta U = \Delta\left(\frac{CV^2}{2}\right) = \frac{V^2}{2}\Delta C, \quad W_{電} = V\Delta q = V^2\Delta C, \quad J \fallingdotseq 0$$

となるので，(5-20)式より，

$$W_{外} = \Delta U - W_{電} + 0 = -\frac{V^2}{2}\Delta C$$

この結果をみると，極板間隔をわずかに広げるとき $\Delta C < 0$ だから，$W_{外} > 0$ となり，正の仕事をすることから，2 枚の極板は互いに引き合っていることがわかる．また，この操作でのエネルギーの動きを単純な数値で置き換えて表現すると，「手がした 1 J の仕事と，キャパシターの静電エネルギーから引き出

した1Jの静電エネルギーを合わせて2Jにして，電池を充電した」ことになる．

ジュール熱が無視できない場合

回路方程式を利用し，どの瞬間も回路のエネルギー保存則が成立していることを示しておこう．図のようにキャパシター C と抵抗 R が直列に起電力 V の直流電源とつながっている．回路に流れている電流を I，このときのキャパシターの両端の電圧を V とすると，キルヒホッフの電圧則より，

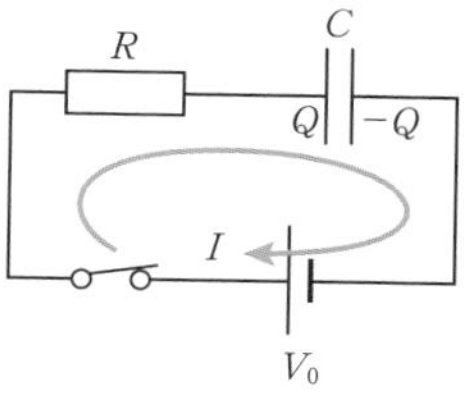

図 5-3-6

$$RI + \frac{Q}{C} = V_0$$

微小時間 $\varDelta t$ の間のコンデンサーの電気量の変化 $\varDelta Q = I\varDelta t$ を両辺にかけて，

$$RI^2\varDelta t + \frac{Q\varDelta Q}{C} = V\varDelta Q$$

第2項は，微小演算の関係式，$Q\cdot\varDelta Q = \varDelta\left(\frac{1}{2}Q^2\right)$ を用いると，

$$RI^2\varDelta t + \varDelta\left(\frac{Q^2}{2C}\right) = V\varDelta Q$$

この式の左辺第1項は，微小時間の間に抵抗から発生するジュール熱，第2項はコンデンサーの静電エネルギーの変化を表している．また，右辺はこの間に電池が供給したエネルギーを表している．まさにこの式はエネルギー保存の式である．

4　過渡現象（**問題** 5-[10], [11], [12]）

コイルやコンデンサーを含む回路は，スイッチの切り替えなどに伴い，ある定常状態から別の定常状態に落ちつくまでの一時的な振る舞いを示す．これを「**過渡現象** transient phenomena」という．

❶ RL 回路

いま，図のような自己インダクタンス L のコイルと抵抗値 R の抵抗を直列に配した回路に，スイッチを介して起電力 V_0 の直流電圧をかけた場合を考えよう．任意の時刻 t において回路を流れる電流を I とすると，キルヒホッフの

電圧則より，

$$RI = V_0 - L\frac{dI}{dt} \quad \therefore \ \frac{dI}{dt} + \frac{R}{L}I = \frac{V_0}{L} \quad \cdots①$$

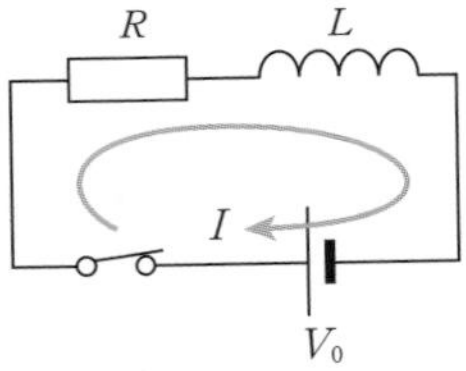

図 5-4-1

が成立する．これは未知の関数 $I(t)$，およびその導関数(微分)を含む「微分方程式」であり，この解法は，Appendix の「微分方程式の解法」にまとめてある(☞ 斉次線形微分方程式タイプ A)．ここでは結果のみ記すとする．

$$I = \frac{V_0/L}{R/L}\{1 - e^{-(R/L)t}\} = \frac{V_0}{R}\{1 - e^{-(R/L)t}\}$$

結果をグラフで示すと，図 5-4-2 のようになる．グラフの一般的な特徴をまとめておこう．

RL 直流回路において，スイッチが閉じられても，コイルに流れる電流は，不連続的に値が変化するのではなく，スイッチ切り替え前の値を初期値とする連続的な変化を開始し，やがて一定値に収束する．

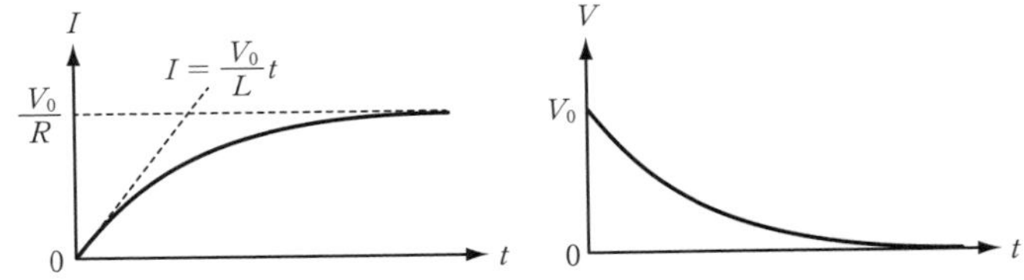

図 5-4-2

スイッチを閉じた直後の電流は直線近似できる．仮にこのまま直線的に電流 V が増加したと仮定したときに，$\frac{V_0}{R}$ ($= I_\infty$：終端電流) になるまでの時間を「**時定数**」といい τ(タウ)で表す．R-L 直列回路では，

$$\tau = \frac{L}{R} \tag{5-21}$$

となり，これは回路の電流が落ち着くまでの時間の目安を与える．正確な計算によると，$t = \tau$ で I_∞ の 63%が，$t = 4\tau$ で I_∞ の 98%が流れる．

❷ RC 回路

図のような電気容量 C のキャパシターと抵抗値 R の抵抗を直列に配した回路に，スイッチを介して起電力 V_0 の直流電圧をかけた場合を考えよう．任意

の時刻 t において回路を流れる電流を I とすると，キルヒホッフの電圧則より，

$$RI + \frac{Q}{C} = V_0 \quad \therefore \ \frac{dQ}{dt} + \frac{1}{RC}Q = \frac{V_0}{R} \quad \cdots②$$

が成立し，$Q \to I$，$RC \to \frac{L}{R}$，$R \to \frac{1}{L}$ の文字の置き換えで，①式と一致する．

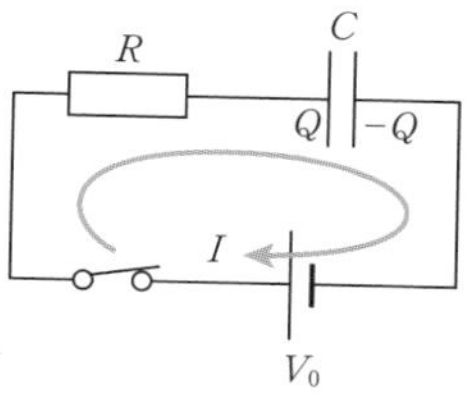

図 5-4-3

結果をグラフで示すと，図 5-4-4 のようになる．グラフの一般的な特徴をまとめておこう．

RC 直流回路において，スイッチが閉じられても，キャパシターにかかる電圧は，不連続的に値が変化するのではなく，スイッチ切り替え前の値を初期値とする連続的な変化を開始し，やがて一定値に収束する．

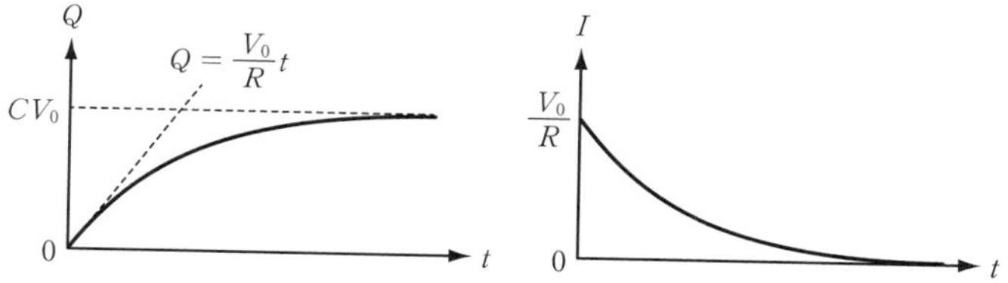

図 5-4-4

この場合の時定数は，

$$\tau = RC \tag{5-22}$$

となる．

5　交流回路（問題 5-13, 14, 15）

磁場中で回転するコイルには，正弦関数的な起電力が生じる．これを**交流電源**といい，この起電力を受動回路素子からなる回路にかけると，定常状態においては，回路には正弦関数的な電流である**交流電流**が流れる．

Appendix「数学的準備」にまとめてあるように，線形微分方程式の解法として，非斉次項が正弦 $\sin\omega t$ や余弦関数 $\cos\omega t$ を含む場合，一旦，複素数まで範囲を広げ，$\boldsymbol{A}e^{j\omega t}$ として微分方程式の解を求め，その実数部や虚数部をとって求める解とする手法がとられる．一見遠回りのようであるが，微分演算や，積分演算が，単なる複素数の乗除算に帰着されるので計算量が激減するメ

リットがある（ここで，電気工学の慣習に習い，虚数単位を j と表している）．

複素数まで拡張した電圧や電流を $\boldsymbol{V}$，$\boldsymbol{I}$（ゴシック体）とし，オームの法則の R の代わりに複素数版の $\boldsymbol{Z}$（**複素インピーダンス**）を用いると，

$$\boldsymbol{V} = \boldsymbol{ZI} \tag{5-23}$$

と表され，抵抗，コイル，キャパシターの場合，それぞれ，

$$\boldsymbol{Z}_{\mathrm{R}} = R, \quad \boldsymbol{Z}_{\mathrm{L}} = j\omega L, \quad \boldsymbol{Z}_{\mathrm{C}} = \frac{1}{j\omega C} \tag{5-24}$$

となる．インピーダンス（回路に電流を流すことを邪魔《impede》する性質）という複素数で（複素）電圧を割ると，絶対値は変化すると同時に，偏角（位相角）も変化する．交流素子に流れる電流が，かかる電圧位相とずれていることと対応している．

❶ インピーダンスの合成

交流回路素子の様々な組み合わせは，直流回路の抵抗の合成公式と同じ形式の関係式が成立する．R，C，L を直列に結んだ回路のインピーダンスは，

$$\boldsymbol{Z} = \boldsymbol{Z}_{\mathrm{R}} + \boldsymbol{Z}_{\mathrm{L}} + \boldsymbol{Z}_{\mathrm{C}} = R + j\left(\omega L - \frac{1}{\omega C}\right) \tag{5-25}$$

となり，これが，複素電圧を複素電流に変換するときの変換ルールを与える．

同様に，R，C，L を並列に結んだ回路のインピーダンスは，

$$\boldsymbol{Z} = \left(\frac{1}{\boldsymbol{Z}_{\mathrm{R}}} + \frac{1}{\boldsymbol{Z}_{\mathrm{L}}} + \frac{1}{\boldsymbol{Z}_{\mathrm{C}}}\right)^{-1} = \left(\frac{1}{R} - j\frac{1}{\omega L} + j\omega C\right)^{-1} \tag{5-26}$$

となる．

回路方程式を微分方程式として解く場合と，複素インピーダンスを用いた複素数表示で求める場合を比較してみよう．

RLC 直列共振回路（微分方程式法）

図 5-5-1 のように，抵抗とコイルとキャパシターの直列回路に振幅 V_0 で角周波数 ω の交流電圧 $V_0\cos\omega t$ をかけたときの回路を解いてみよう． 回路方程式は，

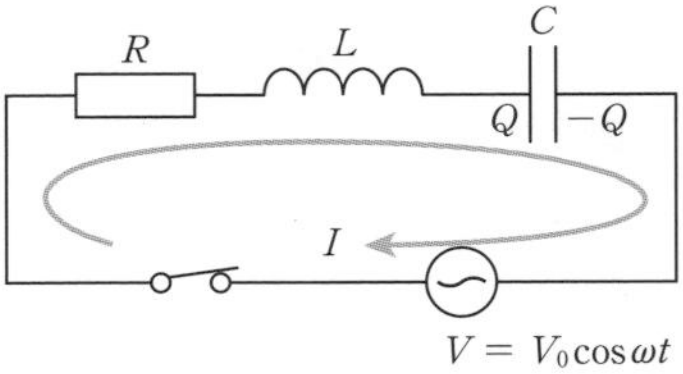

図 5-5-1

$$RI + L\dot{I} + \frac{Q}{C} = V_0\cos\omega t \quad \cdots\text{(5-a)}$$

$I = \dot{Q}$，$\dot{I} = \ddot{Q}$ より，

$$\ddot{Q} + \frac{R}{L}\dot{Q} + \frac{1}{LC}Q = \frac{V_0}{L}\cos\omega t \quad \cdots(5\text{-b})$$

これは，Appendix「数学的準備」p.229 で紹介した，非斉次線形微分方程式 TypeD に相当する．

この方程式を解く代わりに，複素数の微分方程式

$$\ddot{z} + \frac{R}{L}\dot{z} + \frac{1}{LC}z = \frac{V_0}{L}e^{j\omega t} \quad \cdots(5\text{-c})$$

を考え，最後にこの解の実数部分を採用する．特殊解として，

$$z = Ae^{j(\omega t - \phi)} \quad \cdots(5\text{-d})$$

を仮定し，⑫式へ代入すると，

$$\left(-\omega^2 + \frac{\omega R}{L}j + \frac{1}{LC}\right)Ae^{j(\omega t-\phi)} = \frac{V_0}{L}e^{j\omega t}$$

$$\therefore \left(\frac{1}{LC} - \omega^2 + \frac{\omega R}{L}j\right)A = \frac{V_0}{L}e^{j\phi}$$

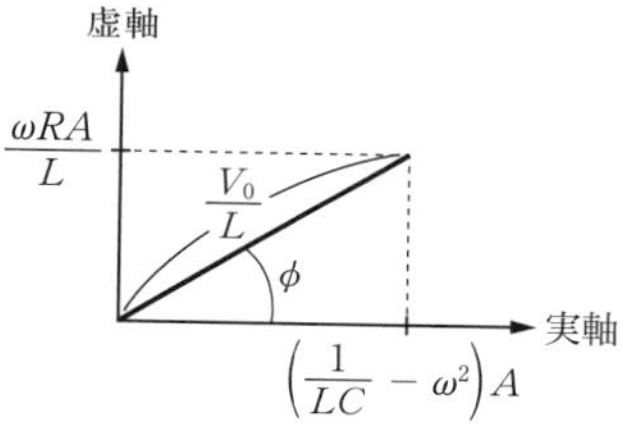

図 5-5-2

この式を複素数平面上で解釈すると，幾何学的に A，ϕ が同時に得られる．

$$\left\{\left(\frac{1}{LC} - \omega^2\right)^2 + \left(\frac{\omega R}{L}\right)^2\right\}A^2 = \left(\frac{V_0}{L}\right)^2$$

$$\therefore \quad A = \frac{V_0/L}{\sqrt{\left(\frac{\omega R}{L}\right)^2 + \left(\frac{1}{LC} - \omega^2\right)^2}} = \frac{V_0}{\omega\sqrt{R^2 + \left(\frac{1}{\omega C} - \omega L\right)^2}} \qquad (5\text{-}27)$$

また，偏角に関しては，

$$\tan\phi = \frac{\omega\frac{R}{L}}{\frac{1}{LC} - \omega^2} = \frac{\omega R}{\frac{1}{C} - L\omega^2} = \frac{R}{\frac{1}{\omega C} - L\omega} \qquad (5\text{-}28)$$

キャパシターの電荷 Q は z の実数部分を考えればよく，

$$Q = \mathrm{Re}(z) = \mathrm{Re}(Ae^{j(\omega t - \phi)})$$
$$= A\cos(\omega t - \phi) = \frac{V_0}{\omega\sqrt{R^2 + \left(\frac{1}{\omega C} - \omega L\right)^2}}\cos(\omega t - \phi) \qquad (5\text{-}29)$$

これより，電流は，

$$I = \dot{Q} = -\frac{V_0}{\sqrt{R^2 + \left(\frac{1}{\omega C} - \omega L\right)^2}}\sin(\omega t - \phi) \tag{5-30}$$

RLC 直列共振回路（複素インピーダンス法）

回路のインピーダンスは,

$$\boldsymbol{Z} = \boldsymbol{Z}_{\mathrm{R}} + \boldsymbol{Z}_{\mathrm{L}} + \boldsymbol{Z}_{\mathrm{C}} = R + j\left(\omega L - \frac{1}{\omega C}\right) = Z_0 e^{j\delta} \tag{5-31}$$

ただし,

$$Z_0 = \sqrt{R^2 + \left(\omega L - \frac{1}{\omega C}\right)^2} \qquad \tan\delta = \frac{\omega L - \frac{1}{\omega C}}{R} \tag{5-32}$$

したがって，複素電流は,

$$\boldsymbol{I} = \frac{\boldsymbol{V}}{\boldsymbol{Z}}$$

$\boldsymbol{I} = I_0 e^{j(\omega t + \theta)}$, $\boldsymbol{V} = V_0 e^{j\omega t}$ とすると,

$$I_0 e^{j(\omega t + \theta)} = V_0 e^{j\omega t}/Z_0 e^{j\delta} \quad \Leftrightarrow \quad I_0 = \frac{V_0}{Z_0}, \quad \theta = -\delta$$

(5-28)式と(5-32)式を比較して，$\delta = \phi + \frac{\pi}{2}$ となるので，電流は,

$$I = \frac{V_0}{Z_0}\cos(\omega t - \delta) = \frac{V_0}{Z_0}\cos\left\{\omega t - \left(\phi + \frac{\pi}{2}\right)\right\} = -\frac{V_0}{Z_0}\sin(\omega t - \phi)$$

となり，(5-30)式と一致する結果が少ない労力で得られる.

以上より，非斉次微分方程式(5-a)の一般解は，斉次微分方程式の一般解を用いて，例えば $\frac{R}{2L} < \frac{1}{\sqrt{LC}}$ のときは,

$$Q = \frac{V_0}{\omega\sqrt{R^2 + \left(\frac{1}{\omega C} - \omega L\right)^2}}\cos(\omega t - \phi) + e^{-\frac{R}{2L}t}(C_1\cos\omega_1 t + C_2\sin\omega_1 t)$$

となる．十分に時間が経てば,

$$Q \to \frac{V_0}{\omega\sqrt{R^2 + \left(\frac{1}{\omega C} - \omega L\right)^2}}\cos(\omega t - \phi)$$

と，結局，非斉次微分方程式の特殊解に収束することがわかる．つまり，十分な時間経過後の定常解は，抵抗があることによる減衰振動はなくなるので，初めから非斉次微分方程式の特殊解のみを求めれば十分ということになる．

RLC 並列共振回路

図 5-5-3 のように，抵抗とコイルとキャパシターの並列回路に振幅 V_0 で角周波数 ω の交流電圧 $V_0\cos\omega t$ をかけたときの回路を解いてみよう．

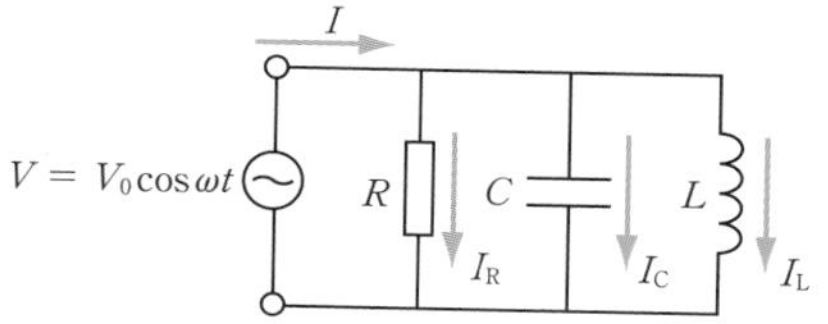

図 5-5-3

個々の素子の性質より，

$$\boxed{I_{\mathrm{R}}}\quad RI_{\mathrm{R}} = V_0\cos\omega t \quad \therefore\ I_{\mathrm{R}} = \frac{V_0}{R}\cos\omega t \tag{5-33}$$

$$\boxed{I_{\mathrm{C}}}\quad I_{\mathrm{C}} = C\frac{d}{dt}(V_0\cos\omega t) = -\omega C V_0\sin\omega t \tag{5-34}$$

$$\boxed{I_{\mathrm{L}}}\quad I_{\mathrm{L}} = \frac{1}{L}\int V_0\cos\omega t\,dt \quad \therefore\ I_{\mathrm{L}} = \frac{V_0}{\omega L}\sin\omega t \tag{5-35}$$

キルヒホッフの法則Ⅱ（電流則）より，

$$\begin{aligned} I &= I_{\mathrm{R}} + I_{\mathrm{C}} + I_{\mathrm{L}} \\ &= \frac{V_0}{R}\cos\omega t - \omega C V_0\sin\omega t + \frac{V_0}{\omega L}\sin\omega t \\ &= \frac{V_0}{R}\cos\omega t + \left(\frac{1}{\omega L} - \omega C\right)V_0\sin\omega t \\ &= \sqrt{\left(\frac{1}{R}\right)^2 + \left(\frac{1}{\omega L} - \omega C\right)^2}\,V_0\cos(\omega t - \phi) \end{aligned} \tag{5-36}$$

ただし，

$$\tan\phi = \frac{(1/\omega L) - \omega C}{1/R} \tag{5-37}$$

❷ 共振

上記の RLC 直列共振回路に流れる電流の振幅部分の ω 依存性をグラフに示すと図 5-5-4 のようになり，

$$\omega \approx \frac{1}{\sqrt{LC}}\,(\equiv \omega_0) \tag{5-38}$$

で極大値をもつ．これが「**共振**」と呼ばれる現象で，ω_0 を**共振角周波数**という．

これは，回路の LC 固有振動数 ω_0 に近い振動数の外的な強制振動が加えられると，エネルギーが効率よく吸収されることを示している．

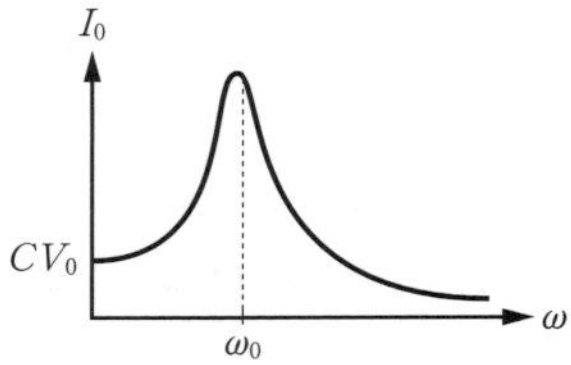

図 5-5-4

❸ 力率

上記の RLC 直列共振回路のように，交流外部電源の位相と回路の電流位相は一般に一致しない．このときの電源のする仕事率を求めてみる．

$$P(t) = VI = V_0 \cos \omega t \cdot I_0 \cos(\omega t - \phi)$$
$$= \frac{V_0 I_0}{2}\{\cos(2\omega t - \phi) + \cos\phi\}$$

ここで時間平均をとると，$\overline{\cos(2\omega t - \phi)} = 0$ より，

$$\overline{P(t)} = \frac{V_0 I_0}{2}\{\overline{\cos(2\omega t - \phi)} + \cos\phi\} = \frac{V_0 I_0}{2}\cos\phi \qquad (5\text{-}39)$$

実効電圧，実効電流を

$$V_{\mathrm{eff}} \equiv \frac{V_0}{\sqrt{2}}, \qquad I_{\mathrm{eff}} \equiv \frac{I_0}{\sqrt{2}} \qquad (5\text{-}40)$$

で定義すると，交流回路での消費電力は，

$$\overline{P(t)} = V_{\mathrm{eff}} I_{\mathrm{eff}} \cos\phi \qquad (5\text{-}41)$$

となり，**$\cos\phi$** を**力率**とよぶ．

問題 5-1 ▼多数の抵抗の合成

(1)，(2) の抵抗回路の a，b 端子間の抵抗を求めよ．個々の抵抗は全て等しく，r〔Ω〕とする．

(1)
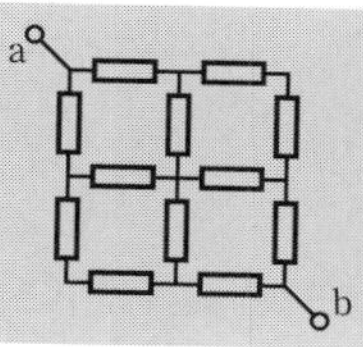

(2)
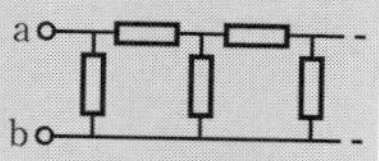

∞段はしご

●考え方●

(1) 対称性から等電位の点を見つけ，1 点に束ねて，等価回路に変形する．

(2) 漸化式を立てる．

解答

(1) 図の等電位線上の点は 1 点に束ねて等価回路に描きなおすと，並列抵抗回路の直列合成とみなせるので，

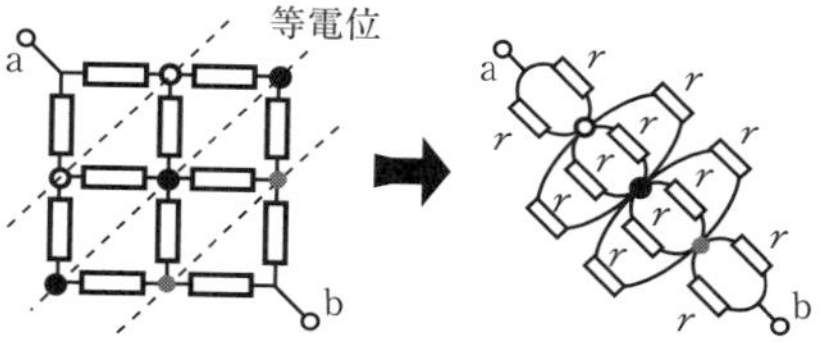

$$r_{ab} = \frac{1}{2}r + 2 \times \frac{1}{4}r + \frac{1}{2}r$$

$$= \frac{3}{2}r〔\Omega〕$$ 答

(2) 内側の破線内部の合成抵抗を r_n とすると，外側の破線内部の合成抵抗は，

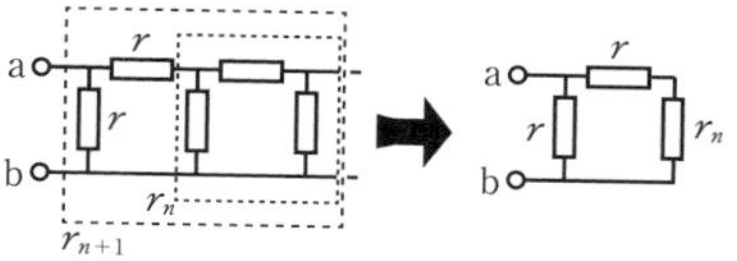

$$\frac{(r_n + r)r}{(r_n + r) + r} = \frac{(r_n + r)r}{r_n + 2r}$$

となる．これが r_{n+1} とのことだから，次のような漸化式が得られる．

$$r_{n+1} = \frac{(r_n + r)r}{r_n + 2r}$$

$\lim_{n\to\infty} r_n = r_\infty$ とすると，$r_\infty = \dfrac{(r_\infty + r)r}{r_\infty + 2r} \iff r_\infty{}^2 + rr_\infty - r^2 = 0$

$$\therefore\ r_\infty = \frac{-1 + \sqrt{5}}{2}r〔\Omega〕$$ 答

練習問題　5-1

解答 p. 248

立方体の 12 本の辺に同じ抵抗 r〔Ω〕の抵抗を配した立体回路がある．このとき 1 組の対頂点 a，b 端子間の合成抵抗を求めよ．

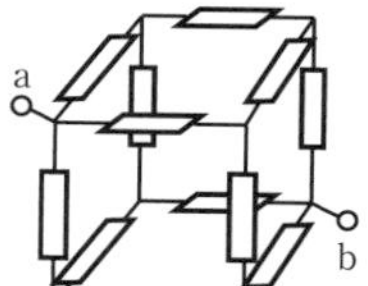

立方体の各辺

問題 5-[2] ▼Y 接続 ⇄ △ 接続の変換公式

3 個の抵抗からなる 2 種類の 3 端子回路である Y 接続，△ 接続は，そのはたらきにおいて，等価なものにすることができる．p.150 の変換式を証明せよ．

Y 接続

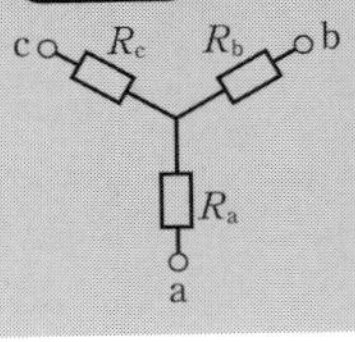

△ 接続

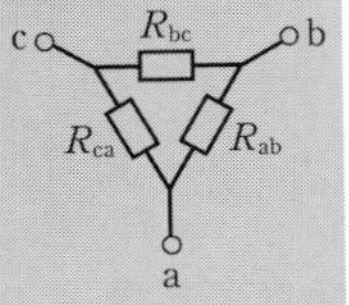

●考え方●

Y 接続および △ 接続それぞれで端子 a，b 間の抵抗を表現してみる．

解答

端子 a，b 間の抵抗は，Y 接続では，

$$R_{a-b} = R_a + R_b$$

△ 接続では，R_{ab} と $R_{bc} + R_{ca}$ の並列接続だから，

$$R_{a-b} = \frac{R_{ab}(R_{bc} + R_{ca})}{R_{ab} + (R_{bc} + R_{ca})}$$

両者とも端子 a，b 間の抵抗だから，

$$R_a + R_b = \frac{R_{ab}(R_{bc} + R_{ca})}{R_{ab} + (R_{bc} + R_{ca})} \quad \cdots①$$

端子 b，c 間，端子 c，a 間の抵抗も同様に考えて，

$$R_b + R_c = \frac{R_{bc}(R_{ca} + R_{ab})}{R_{bc} + (R_{ca} + R_{ab})} \quad \cdots②$$

$$R_c + R_a = \frac{R_{ca}(R_{ab} + R_{bc})}{R_{ca} + (R_{ab} + R_{bc})} \quad \cdots③$$

これら①，②，③を連立して R_{ab}，R_{bc}，R_{ca} について解くと㋐，変換公式(5-9)が，R_a，R_b，R_c について解くと，変換公式(5-10)が得られる．

ポイント

㋐ 未知数と方程式の個数が等しいので，解けるはず．あとは丁寧に計算するだけ．

練習問題　5-2　解答 p. 249

Y 接続 ⇄ △ 接続の変換公式を利用して，a-b 間の抵抗値を求めよ．

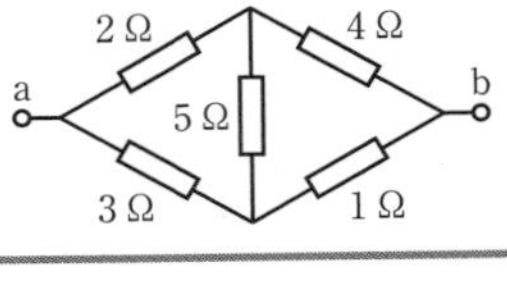

問題 5-3 ▼未知抵抗測定での電流計と電圧計の接続

未知抵抗の抵抗値 R を，内部抵抗が未知の電流計，電圧計，および直流電源を利用して決定したい．一般には図のような接続 1 と接続 2 が考えられるが，電圧計の読みを電流計の読みで割った値は，いずれも正しい抵抗値を与えない．

(1) 各接続での測定抵抗値と正しい抵抗値との大小関係を述べよ．

(2) 各接続での測定誤差率を評価し，優劣を決定せよ．

接続1

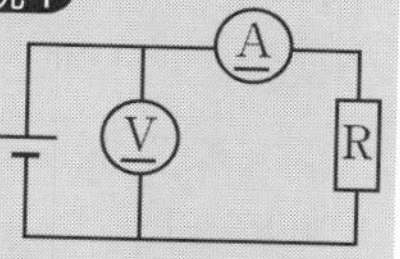

接続2

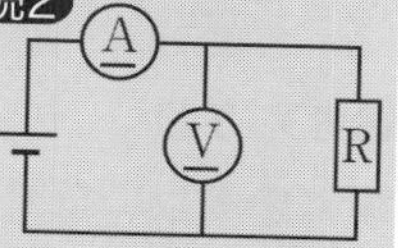

●考え方●

接続 1，2 は何の抵抗を測定しているかを考える．

解答

(1) 電圧計の読み（内部抵抗 r_V）と電流計（内部抵抗 r_A）の読みを，接続 1 で V_1，I_1，接続 2 で V_2，I_2 とする．また，それぞれの測定抵抗値を，$\dfrac{V_1}{I_1} = R_1$，$\dfrac{V_2}{I_2} = R_2$ と表す．

まず，接続 1 において，$R_1 = \dfrac{V_1}{I_1} = \dfrac{(R + r_A)I_1}{I_1} = R + r_A (> R)$

これより，接続 1 で得られる測定抵抗値は，過大評価 答 となる．

次に，接続 2 において，$R_2 = \dfrac{V_2}{I_2} = \dfrac{V_2}{V_2/r_V + V_2/R} = \dfrac{Rr_V}{R + r_V} (< R)$

これより，接続 2 で得られる測定抵抗値は，過小評価 答 となる．

(2) 接続 1 と接続 2 での測定誤差率を e_1，e_2 とすると，誤差率の定義より，

$$e_1 = \frac{R_1 - R}{R} = \frac{r_A}{R}, \qquad e_2 = \frac{R - R_2}{R} = \frac{R}{R + r_V}$$

$R \to \infty$ では，$e_1 \to 0$，$e_2 \to 1$ だから，接続Ⅰの方が優れている 答．

$R \to 0$ では，$e_1 \to \infty$，$e_2 \to 0$ だから，接続Ⅱの方が優れている 答．

練習問題　5-3

解答 p. 249

問題 5-3 で，接続 1 と接続 2 では，結局真の抵抗値は求められないという結論であった．新たな接続を工夫すれば真の値 R_X を求めることができる．どのような接続かを考察せよ．

問題 5-4 ▼非平衡のブリッジ回路

図に示すように，1 Ω，2 Ω，3 Ω，4 Ω，5 Ω の 5 つの抵抗と内部抵抗の無視できる起電力 1.7 V の電池からなるブリッジ回路がある．a 端子に流れ込む電流の大きさと，n 点からみた m 点の電位を求めよ．

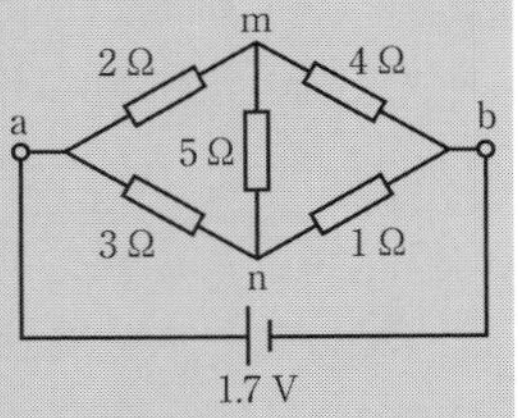

●考え方●

電流を変数に指定して，キルヒホッフの法則を使って解く方法と，Y 接続 ⇄ △ 接続の変換公式を利用して等価回路を使って解く方法がある．

解答

図のように電流を指定する．キルヒホッフの電位則より，

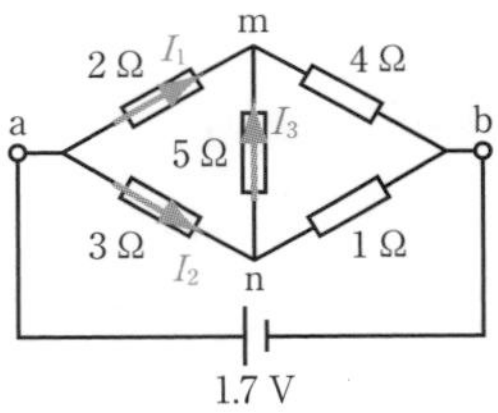

$$\begin{cases} 2I_1 - 5I_3 - 3I_2 = 0 & \cdots① \\ 4(I_1 + I_3) - (I_2 - I_3) + 5I_3 = 0 & \cdots② \\ 2I_1 + 4(I_1 + I_3) = 1.7 & \cdots③ \end{cases}$$

①～③を解いて，$I_1 = 0.35$ A，$I_2 = 0.4$ A，$I_3 = -0.1$ A

$\therefore\ I_1 + I_2 = 0.75$ A 答，　$V_{mn} = 5 \times 0.1 = 0.5$ V 答

別解　**練習問題 5-2** の結果より回路の左半分を △ 接続 → Y 接続と変換し，回路の合成抵抗を求めると，$R = \dfrac{34}{15}$ Ω だから，a 端子から流れ込む電流は，

$$I_a = \frac{1.7}{\dfrac{34}{15}} = 0.75 \text{ A}$$ 答

となり，

$$V_{mn} = 4 \times 0.75 \times \frac{2.5}{5 + 2.5} - 1 \times 0.75 \times \frac{5}{5 + 2.5} = 0.5 \text{ V}$$ 答

練習問題　5-4　解答 p. 249

図のように同じ抵抗線でできた正方形とその対角線を接続した抵抗回路がある．対角線 1 本の抵抗が $2r$ のとき，図の a，b 端子間の抵抗はいくらか．

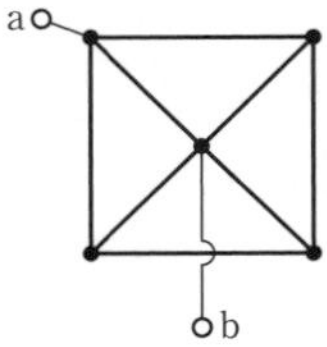

問題 5-5 ▼キルヒホッフの法則

(1) 左図の回路の電流，I_1，I_2，I_3 を求めよ．

(2) 右図の回路で，8 Ω の抵抗に電流が流れないための R は何 Ω か．

(3) 右図の回路で 6 V の電池の向きを逆にしたとき，12 Ω の抵抗に電流が流れないための抵抗 R は何 Ω か．

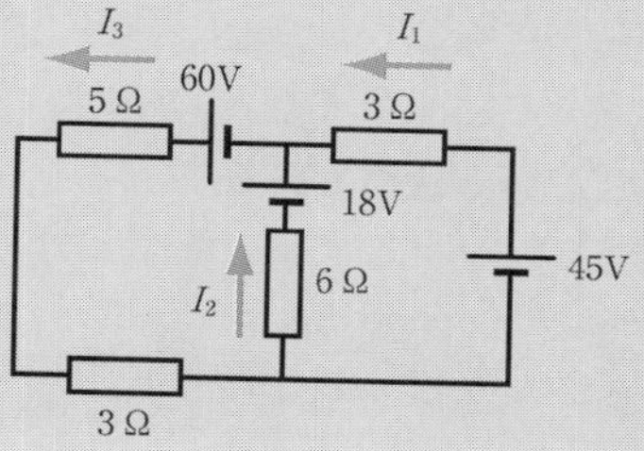

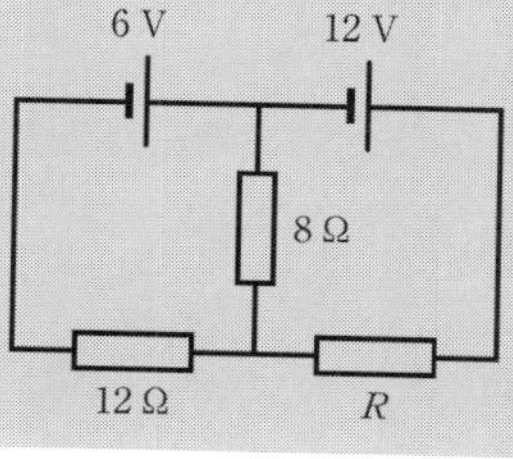

●考え方●

(1) 未知数が 3 つだから，独立な 3 つの閉回路を選び，キルヒホッフ法則 I，II を適用する．(2) ブリッジ回路の平衡条件を利用する．

解答

(1) 電流則より，　$I_1 + I_2 = I_3$　…①

電圧則より，

$3I_1 - 6I_2 = 45 - 18$　…②　　$6I_2 + (5+3)I_3 = 18 + 60$　…③

①，②，③を解いて，　$I_1 = 9.4$ A，$I_2 = 0.2$ A，$I_3 = 9.6$ A　答

(2) R にかかる電圧が 12 V なら，ブリッジ回路の平衡が成立する．

$12 : R = 6 : 12$　$\therefore\ R = 24\ \Omega$　答

(3) R と 8 Ω の抵抗に時計回りに流れる電流を I とすると，キルヒホッフの電圧則より，　$I(R+8) = 12$　…④　　$8I = 6$　…⑤

④，⑤式を解いて，　$R = 8\ \Omega$　答

練習問題　5-5　　　解答 p. 250

内部抵抗が r で起電力が E の電池を m 個直列につないだものを n 組並列につなぐ．これに外部抵抗 R を接続したとき，R に流れる電流を求めよ．

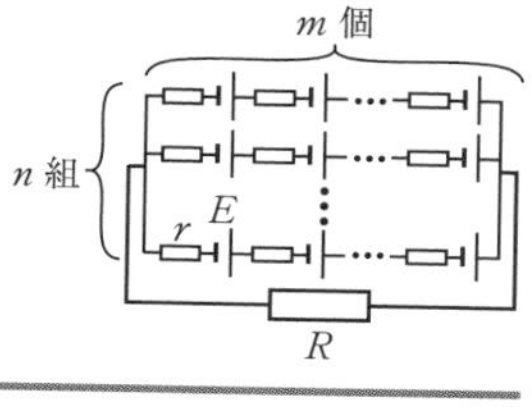

問題 5-6 ▼ブリッジ回路とキャパシター

起電力 4.9 V で内部抵抗 1 Ω の電池と，抵抗値が 200 Ω，20 Ω，30 Ω，1 kΩ の 4 つの抵抗，および 8 μF のキャパシターで図のようなブリッジ回路を組んだ．キャパシターの m 端子側の極板に蓄えられている電荷を求めよ．

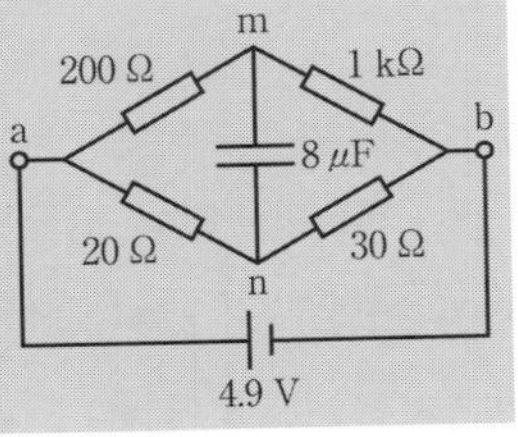

●考え方●

定常状態では，コンデンサーは断線されている状態である．

解答

a-b 間の合成抵抗は，$\dfrac{1200 \times 50}{1200 + 50} = 48\ \Omega$ だから，a-b 間の電圧は，

$$V_{\mathrm{ab}} = 4.9 \times \frac{48}{48 + 1} = 4.8\ \mathrm{V}$$

直列抵抗回路 a-m-b の中間点 m 点は，ab 間の電圧を 200：1000 に内分する㋐ので，b 点基準の m 点の電位は，

$$V_{\mathrm{m}} = 4.8 \times \frac{1000}{1000 + 200} = 4\ \mathrm{V}$$

同様に，b 点基準の n 点の電位は，

$$V_{\mathrm{n}} = 4.8 \times \frac{30}{20 + 30} = 2.88\ \mathrm{V}$$

これより，キャパシターの m 端子側の極板に蓄えられている電荷 Q は，

$$Q = C(V_{\mathrm{m}} - V_{\mathrm{n}})_{㋑} = 8\mu \times (4 - 2.88) = 8.96\ \mu\mathrm{C}$$ 答

ポイント

㋐ 直列抵抗回路は，電位を抵抗比に分ける．

㋑ 極版指定タイプの電荷公式(基準電位を引く)

練習問題 5-6

解答 p. 250

図のように，電圧-電流特性が下のグラフで与えられる電球 P_1，P_2 と，抵抗値が 100 Ω の抵抗 R，可変抵抗 R_X，スイッチ S，内部抵抗の無視できる検流計 G，起電力 120 V で内部抵抗の無視できる電池 E を用いて回路をつくった．スイッチ S が閉じているとき，可変抵抗を変化させ，検流計 G に流れる電流を 0 にした．

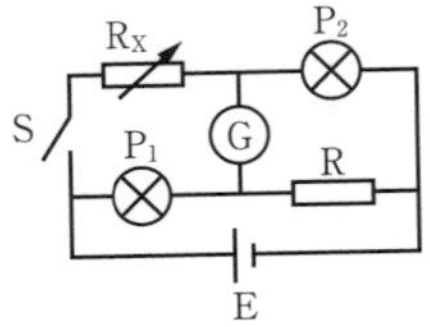

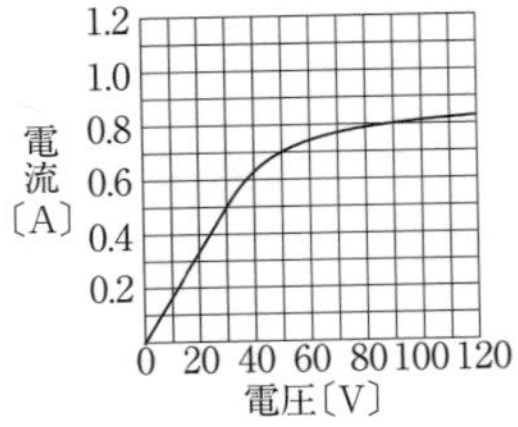

(1) R を流れる電流を求めよ．

(2) R_X の値はいくらか．

問題 5-7 ▼R＋LC 並列直流回路(1)

図のように並列に接続されたキャパシターとコイルに抵抗が直列に接続されている回路に直流の外部電源からスイッチを通して電圧を加えた．その後の回路の各部分の電流が図の I_{R}, I_{C}, I_{L} となった．

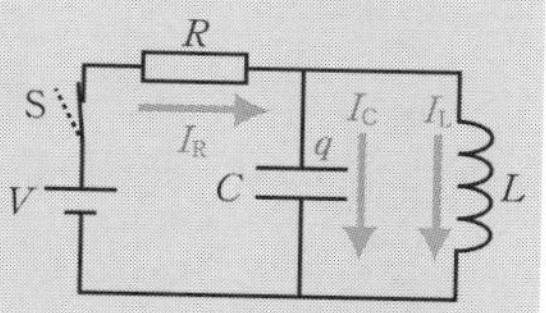

(1) キルヒホッフの電流則を書け．

(2) キルヒホッフの電圧則を，回路の左半分に関するものと，回路の右半分に関するものについて，I_{R}, I_{C}, I_{L}, $\dot{I}_{\mathrm{R}}$, $\dot{I}_{\mathrm{C}}$, $\dot{I}_{\mathrm{L}}$, $\ddot{I}_{\mathrm{R}}$, $\ddot{I}_{\mathrm{C}}$, $\ddot{I}_{\mathrm{L}}$, V, R, C, L のうち必要なものを使って書け．

●考え方●

各素子による電位変化の関係は，抵抗：RI，キャパシター：$\frac{q}{C}$，コイル：$L\dot{I}_{\mathrm{L}}$ となる．指定文字に注意．

解答

(1) $I_{\mathrm{R}} = I_{\mathrm{C}} + I_{\mathrm{L}}$ 答 ㋐

(2) 回路の左半分のキルヒホッフの電圧則：

$$\underbrace{\frac{q}{C}}_{㋑} + RI_{\mathrm{R}} = V \xrightarrow[\frac{d}{dt}]{} \frac{1}{C}I_{\mathrm{C}} + R\dot{I}_{\mathrm{R}} = 0$$ 答

回路の右半分のキルヒホッフの電圧則：

$$\frac{q}{C} \underbrace{- L\dot{I}_{\mathrm{L}}}_{㋒} = 0 \xrightarrow[\frac{d}{dt}]{} \frac{1}{C}I_{\mathrm{C}} - L\ddot{I}_{\mathrm{L}} = 0$$ 答

この問題は，直流回路の過渡現象の典型例としてよく取り上げられる．最初に一旦キャパシターに電荷がたまるが，やがて溜まった電荷が，最後には放出される．すなわち，キャパシターに向かう電流の符号が途中で変化することに気づく必要がある．

ポイント

㋐ 分岐点に入る電流の和＝出る電流の和

㋑ キャパシターを渡ると，(対極の電荷)÷(電気容量) の電位変化がある．

㋒ コイルを電流の向きに移動すると，自己誘導分の電位降下がある．

練習問題　5-7

解答 p. 250

抵抗，コイル，キャパシターの各素子に加わる電圧が次のグラフで与えられるとき，それぞれの素子に流れる電流の様子をグラフに描いてみよ．ただし，$t = 0$ で $I = 0$ とする．

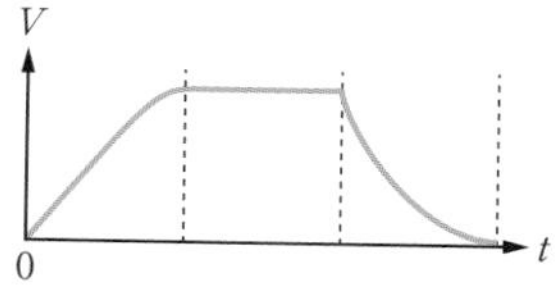

問題 5-[8] ▼磁場中の導体棒の運動(R, C, LType)

2本の十分長い金属レールを互いに平行になるように鉛直に設置する．質量 m の導体棒 PQ を，その両端を金属レールに摩擦なく接触させ，水平を保ったままレールに沿って鉛直に運動させる．レール面に垂直に，磁束密度 B の一様な磁場を紙面裏から表にかけ，金属レールの上端子 a-b 間に電気容量 C のキャパシターを接続した後，導体棒 PQ を初速度 0 で運動を開始させた．その後の運動を論ぜよ．運動を開始した位置を原点で，鉛直下向きを x 軸正の向きとする．重力加速度の大きさを g とする．

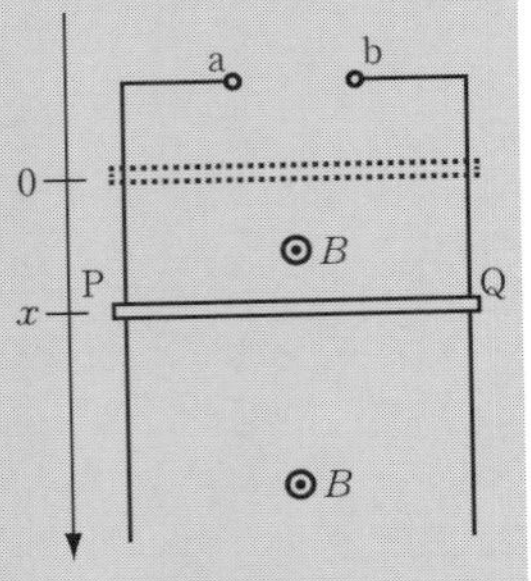

●考え方●

問題 4-[14]では，抵抗の場合を扱ったが，手法は同じである．導体棒の運動方程式と回路の回路方程式を連立させる．

解答

反時計回りの電流を i とすると，

運動方程式：　$m\dot{v} = mg + iBl$　…①

回路方程式：　$\dfrac{q}{C} + vBl = 0$　…②

②式の両辺の時間変化率(時間による微分)を考え，

$\dot{q} = i$ を利用すると，

$$\frac{i}{C} + \dot{v}Bl = 0 \quad \cdots③$$

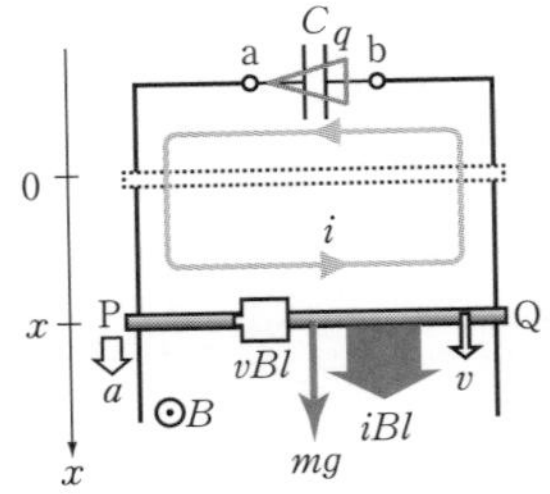

①，②より，i を消去し，整理すると，$\{m + C(Bl)^2\}\dot{v} = mg$　となり，これは，仮想質量 $m + C(Bl)^2$ の質点が一定の力を受けるときの運動と同じで，加速度が $\dot{v} = \dfrac{mg}{m + C(Bl)^2}$ の 等加速度直線運動 答 となる．

練習問題　5-8　　解答 p. 250

問題 5-[8]で，端子 a-b 間に接続する素子を，キャパシターから自己インダクタンス L のコイルに変更すると，運動はどうなるかを論ぜよ．

問題 5-9 ▼LC 回路のエネルギー構成

自己インダクタンスLで，抵抗Rのソレノイドコイルと，すべり抵抗を図のようにつなぎ，すべり抵抗の接点Pにより，抵抗R_1とR_2の部分に分割する．両端子a，b間に一定電圧Vをかけた．コイルに蓄えられる磁場のエネルギーを最小にするには，接点Pの位置をどこに取ればよいか．

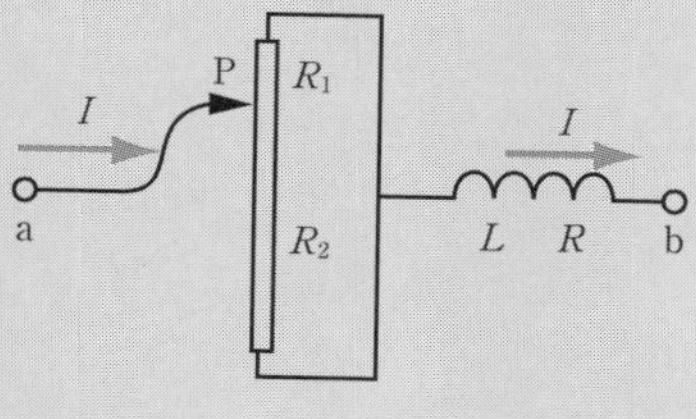

●考え方●

R_1：R_2の変化に伴い電流Iが変化し，その結果，磁場のエネルギーも変動する．いわゆる最大・最小値問題である．

解答

回路に流れる電流をIとすると，磁場のエネルギーは，

$$U_{\mathrm{L}} = \frac{1}{2}LI^2$$

回路方程式は，

$$V = \frac{R_1R_2}{R_1 + R_2}I + RI \quad ㋐$$

$$\therefore \ I = \frac{V}{\dfrac{R_1R_2}{R_1 + R_2} + R} \quad ㋑$$

U_{L}が最小　⇔　Iが最小　⇔　R_1R_2が最大

ところで，$R_1R_2 = \dfrac{(R_1 + R_2)^2 - (R_1 - R_2)^2}{4}$と変形すると，$R_1 + R_2 =$ 一定だから，$R_1 = R_2$のときR_1R_2が最大㋒となる．すなわち，点Pがすべり抵抗の 中点 答 のときである．

ポイント

㋐ 並列抵抗 → 和分の積
㋑ $R_1 + R_2$は定数である．
㋒ 解答のような恒等式を利用する方法以外に，相加相乗平均定理を直接使うこともできる．

練習問題　5-9

解答 p. 250

起電力E，内部抵抗rの電池に外部抵抗Rの負荷をつなぐとき，外部抵抗での消費電力の最大値を求めよ．これをインピーダンスマッチングという．

問題 5-⑩ ▼RLC 直列直流回路

図のように，抵抗 R の抵抗，自己インダクタンス L のコイル，キャパシタンス C のキャパシターの直列回路に直流電圧 V_0 をかけたあとの電流の変化について考察せよ．

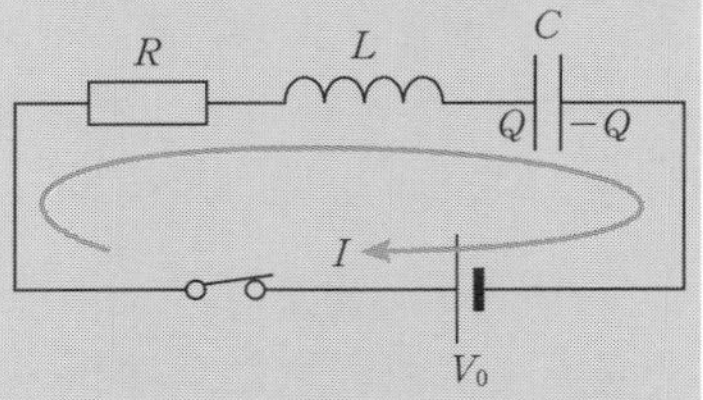

●考え方●

回路方程式を立て，得られる線形微分方程式が，数学的準備のまとめのどのタイプかを見極める．

解答

ポイント

㋐ $\dot{Q} = I$ を使う．

回路方程式は，

$$L\dot{I} + RI + \frac{Q}{C} = V_0 \underset{\frac{1}{L}\frac{d}{dt}}{\Longrightarrow} \ddot{I} + \frac{R}{L}\dot{I} + \frac{1}{LC}\underset{\sim ㋐}{I} = 0$$ （初期条件：$I(0) = 0$）

となり，タイプ C (A-43) であることがわかる．このタイプは方程式の係数により，変化のパターンが 3 つに分かれる．

(1) $R/L > 2/\sqrt{LC}$ つまり $R > 2\sqrt{L/C}$ のとき：　過減衰が起こり，振動しないで 0 に収束する (TypeC-1)．

(2) $R < 2\sqrt{L/C}$ のとき：　減衰振動が起きる (TypeC-2)．

(3) $R = 2\sqrt{L/C}$ のとき：　臨界減衰が起き，振動しないで 0 に収束する (TypeC-3)．

それぞれのおおよその変化の様子をグラフに示すと次のようになる．

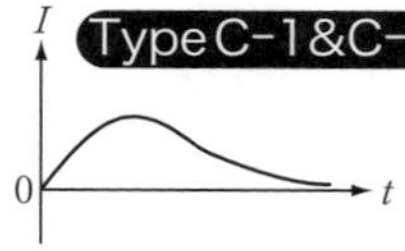

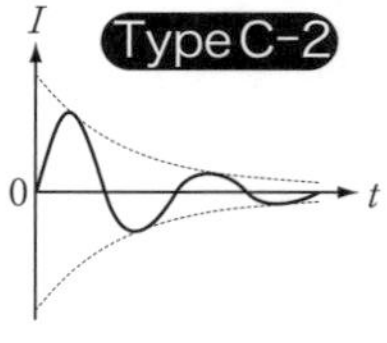

練習問題　5-10　解答 p. 251

p.158 の (5-21) 式と p.159 の (5-22) 式の 2 つの時定数の式を導出せよ．

問題 5-⑪ ▼RC 回路の放電

起電力 E の電池でキャパシターを充電させた後，$t=0$ でスイッチ S を切り替えてキャパシターを抵抗を通して放電させた．十分時間が経つまでに抵抗 R で発生するジュール熱を直接求めよ．

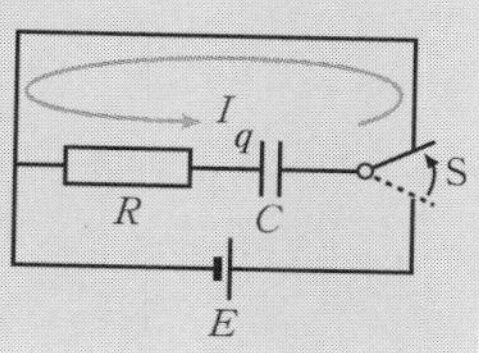

●考え方●

キルヒホッフの法則Ⅱ(電圧則)を使い，得られる線形微分方程式のタイプを判断する．

解答

図の矢印の向きに電流 I をとり，キャパシターの左側の極板の電荷を q とすると，回路方程式は，

$$RI+\frac{q}{C}=0$$

電流に沿ってのキャパシターの電位降下を V とすると，$q=CV$，さらに，$I=\dfrac{dq}{dt}$ を用いると，

$$\frac{dq}{dt}+\frac{q}{CR}=0$$

この微分方程式は，TypeA に相当し，その一般解は，

$$q=q_0e^{-\frac{t}{CR}}$$

初期条件「$t=0$ で $q=CE$」を考えると，$q_0=CE$ となるので，

$$q=CEe^{-\frac{t}{CR}}\qquad\therefore\ I=\frac{dq}{dt}=-\frac{E}{R}e^{-\frac{t}{CR}}$$

これより，発生するジュール熱 J は，

$$J=\int_0^\infty RI^2dt=\frac{E^2}{R}\int_0^\infty e^{-\frac{2t}{RC}}dt=\frac{E^2}{R}\left(-\frac{RC}{2}\right)\left[e^{-\frac{2t}{RC}}\right]_0^\infty=\frac{1}{2}CE^2$$ 答 ㋐

ポイント

㋐ キャパシターの静電エネルギーが，ジュール熱に変化した．エネルギー保存則が成立している．

練習問題　5-11

解答 p. 251

図の回路で，スイッチが閉じられ，一定電流 I_0 が流れるようになった後，$t=0$ でスイッチを開いた．十分時間が経つまでに抵抗 R_2 で発生するジュール熱を求めよ．

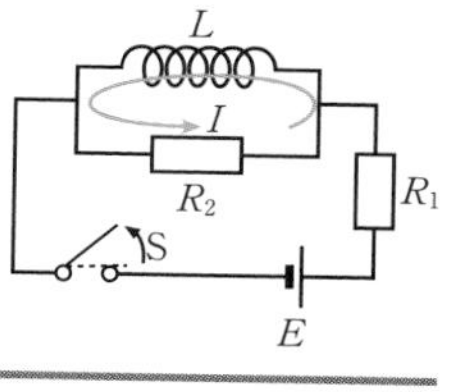

問題 5-12 ▼R + LC 並列直流回路(2)

図のようにキャパシター，コイル，抵抗，直流電源，およびスイッチを含む回路を用意する．スイッチSを閉じると，過渡的な電流が流れ始め，キャパシターの上極板の電荷 q が下のグラフのように変化した．

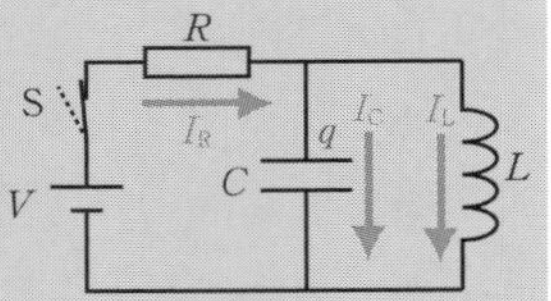

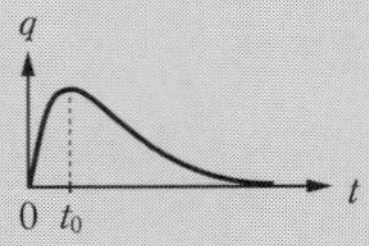

(1) スイッチS投入直後の抵抗を流れる電流 I_R の値を求めよ．

(2) 電荷 q が $t = t_0$ で最大値 q_0 になった．このことより，キャパシターを流れる電流 I_C，コイルを流れる電流 I_L の概形をグラフに描け．

●考え方●

スイッチ投入直後のキャパシターの電荷は0である．次に，q と I_C の関係，q と I_L の関係に着目する．

解答

(1) スイッチ投入直後，抵抗には電源電圧 V がかかるので㋐，オームの法則より，$I_R = \dfrac{V}{R}$ 答

(2) $I_C = \dot{q}$ より，q-t グラフの微分（接線の傾きを縦軸にとった）グラフになるので，その概形は右図のようになる．答

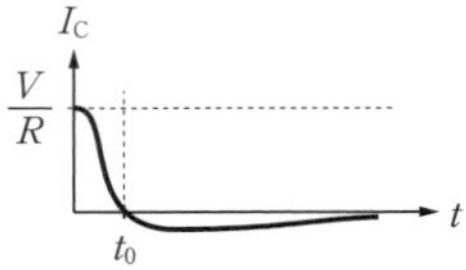

$$L\dot{I}_L = \frac{q}{C} \quad ∴\ \dot{I}_L \propto q \iff I_L \propto \int q dt$$
㋑

より，q-t グラフの積分（t 軸との間の面積を縦軸にとった）グラフになるので，その概形は右図のようになる．答

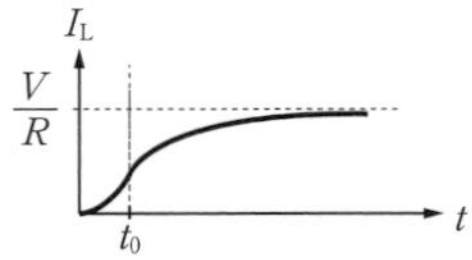

ポイント

㋐ スイッチ投入直後，キャパシターの電荷は0，すなわち電圧も0である．

㋑ コイルとキャパシターは，並列だから電圧は常に等しい．

練習問題 5-12 解答 p. 251

上の問題で，$t = t_0$，$q = q_0$ でスイッチを開けると，その後の回路に流れる振動電流の周期と最大値を求めよ．

問題 5-⑬ ▼複素インピーダンス

複数個の回路素子を直列や並列に組み合わせた次の(a)～(d)の回路の複素インピーダンスを求めよ．

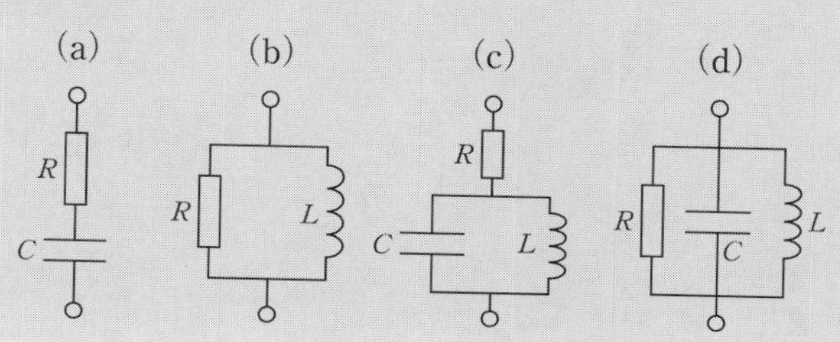

●考え方●

複素数で表現した素子のインピーダンスの合成は㋐，直流抵抗回路の合成ルールと形式が一致する．

解答

(a) 複素平面で，R と $\dfrac{1}{j\omega C}$ の和をとって，

$$\boldsymbol{Z}_{\mathrm{a}} = R + \frac{1}{j\omega C} = R - \frac{1}{\omega C}j$$ 答

(b) 複素平面で，R と $j\omega L$ の和分の積㋑をとって，

$$\boldsymbol{Z}_{\mathrm{b}} = \frac{R\cdot j\omega L}{R + j\omega L}$$ 答

(c) 複素平面で，$\dfrac{1}{j\omega C}$ と $j\omega L$ の和分の積に，R との和をとるので，

$$\boldsymbol{Z}_{\mathrm{c}} = \frac{(1/j\omega C)\cdot j\omega L}{(1/j\omega C) + j\omega L} + R = R + \frac{\omega L}{1 - \omega^2 LC}j$$ 答

(d) 複素平面で，R と $\dfrac{1}{j\omega C}$ と $j\omega L$ それぞれの逆数の和をとり，その結果の逆数を求めるので，

$$\boldsymbol{Z}_{\mathrm{d}} = \left(\frac{1}{R} + j\omega C + \frac{1}{j\omega L}\right)^{-1} = \frac{1}{\dfrac{1}{R} + \left(\omega C - \dfrac{1}{\omega L}\right)j}$$ 答

ポイント

㋐ (5-24)式を利用し，回路の直列並列を判断しながらインピーダンスを求める．

㋑ インピーダンス２個の並列は，「和分の積」ルールを使う．

練習問題　5-13

解答 p. 251

練習問題 4-13 の解答の回路方程式（p.248）を解き，回路の力率を求めよ．

問題 5-⑭ ▼RLC 並列交流回路

p.163 の RLC 並列交流回路を複素インピーダンスを用いて解いてみよ.

●考え方●

並列の複素インピーダンス公式を用いる.

解答

回路の複素インピーダンスは,

$$\boldsymbol{Z}=\underbrace{\left(\frac{1}{\boldsymbol{Z}_{\mathrm{R}}}+\frac{1}{\boldsymbol{Z}_{\mathrm{L}}}+\frac{1}{\boldsymbol{Z}_{\mathrm{C}}}\right)^{-1}}_{㋐}=\left(\frac{1}{R}+\frac{1}{j\omega L}+j\omega C\right)^{-1}$$

$$=\underbrace{Z_0e^{j\phi}}_{㋑}$$

ただし, $Z_0=\dfrac{1}{\sqrt{\dfrac{1}{R^2}+\left(\omega C-\dfrac{1}{\omega L}\right)^2}}$, $\tan\phi=\dfrac{\dfrac{1}{\omega L}-\omega C}{1/R}$

したがって, 複素電流は,

$$\boldsymbol{I}=\frac{\boldsymbol{V}}{\boldsymbol{Z}}$$

$\boldsymbol{I}=I_0e^{j(\omega t+\theta)}$, $\boldsymbol{V}=V_0e^{j\omega t}$ とすると,

$$I_0e^{j(\omega t+\theta)}=V_0e^{j\omega t}/Z_0e^{j\phi}$$

$$\therefore\ \underbrace{I_0=\frac{V_0}{Z_0},\ \omega t+\theta=\omega t-\phi}_{㋒}\quad\therefore\ \theta=-\phi$$

これより, 電流は実数部分をとって,

$$I=\sqrt{\frac{1}{R^2}+\left(\omega C-\frac{1}{\omega L}\right)^2}\,V_0\cos(\omega t-\phi)$$

となり, 式(5-36)と一致する.

ポイント

㋐ インピーダンス3個以上の並列は,「逆数和の逆数」ルールを使う.

㋑ 得られた複素インピーダンスは, 極形式でまとめておく.

㋒ 複素インピーダンスで割ると, 振幅は割り算となり, 位相は引き算となる.

練習問題 5-14 解答 p. 251

図の回路で, 抵抗 R と自己インダクタンス L のコイルを直列につなぎ, 全体を容量 C のキャパシタンスと並列に接続した回路に角周波数 ω の交流電圧を加えた. この回路の電源電圧に対する電流位相の遅れ ϕ の正接 (tan) を求めよ.

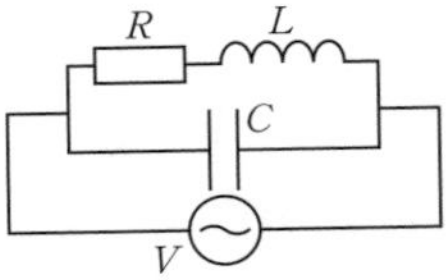

問題 5-⑮ ▼交流回路諸量の計算

抵抗をもつコイルに100 V直流電圧を加えたら，4.0 Aが流れた．㋐ 50 Hz，100 Vの交流電源に取り替えると，2.0 Aが流れた．

(1) コイルの抵抗を求めよ．

(2) 交流が流れているときの回路のインピーダンスを求めよ．

(3) コイルのインダクタンスを求めよ．

(4) 回路の力率を求めよ．

●考え方●

直流電流からコイルの抵抗が決まり，交流電流からインダクタンスが決まる．

解答

(1) $R = \dfrac{V_{\mathrm{DC}}}{I_{\mathrm{DC}}} = \dfrac{100}{4.0} = 25\ \Omega$ ㋐ 答

(2) インピーダンス Z は，

$$Z = \frac{V_{\mathrm{AC}}}{I_{\mathrm{AC}}} = \frac{100}{2.0} = 50\ \Omega$$ ㋑ 答

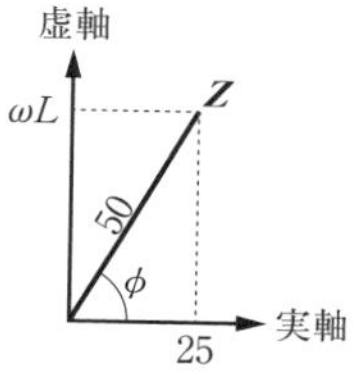

(3) 右のインピーダンス図より，㋒

$\omega L = 25\sqrt{3}$

$$\therefore\ L = \frac{25\sqrt{3}}{\omega} = \frac{25\sqrt{3}}{2\pi f} = \frac{25\sqrt{3}}{2\pi \times 50} = \frac{\sqrt{3}}{4\pi} \fallingdotseq 0.14\ \mathrm{H}$$ 答

(4) 図より，位相の遅れを ϕ とすると，力率は，

$$\cos\phi = \frac{1}{2}$$ 答

ポイント

㋐ 直流電源に対してはコイルの交流抵抗成分0と考える．

㋑ インピーダンスの意味に戻ろう．

㋒ 複素平面で極形式を意識しながらインピーダンスを図示する．

練習問題　5-15

解答 p. 252

交流素子が直列に配置された回路で，100 Vの交流電圧をかけたところ交流電流25 Aが流れ，2.0 kWの電力が消費された．回路の抵抗，リアクタンス，力率を求めよ．

column5 ◆テスラ

クロアチア出身の電気技師・発明家である．二相交流モーターを発明した．

幼いころから大変な読書家でもあり，読んだ本は自然に丸暗記してしまうほどの記憶力があった．母国語のクロアチア語に加え，英語，フランス語，ドイツ語，イタリア語に通じていた．幼い頃から，数式や物の仕組みを考えると，三次元のイメージとなって脳裏に浮かび上がってくる特別な能力があった．テスラは直感的に数学の問題を解き，しばしば教師を驚嘆させたという．

グラーツ工科大学に入学し，授業で「グラム発電機」の発する火花を見て，エネルギーの損失が起こっていることを見抜き，発電法の改善を考え始め，5年後に交流モーターの発明にこぎつけた．1884年，28歳でこのアイデアを提げてアメリカに渡り，直流システムの構築を目指す発明家・事業家エジソンに対抗し，交流の送電システムを提唱する．いわゆる「電流戦争」が勃発した．エジソンの執拗なネガティブキャンペーンにもめげず，ついには，1893年のシカゴ万博やナイアガラ瀑布での発電事業に交流電流が採用され，「電流戦争」に勝利を収め，世界中が交流へと大きくシフトしていくことになった．交流システムを開発したことで，巨額の特許料を手にし，科学者・発明家としての大きな名声と今後の研究資金も手にした．片道切符でニューヨークに渡ってからおよそ十年，発明王を打ち破ってつかんだ栄光であった．180センチの長身，甘いマスクの黒髪の美男子だったテスラは社交界の花形となった．その後，不幸にも起業家として失敗し，転落の道を転げるように落ちていき，最後は安ホテルで人知れず息を引き取った．生涯を通じて，さまざまな精神障害に悩まされた．極度の潔癖症，身の回りの世話を他人に委ねることを拒んでいた男にとって，公園にいるハトが唯一心を開くことができる存在だったという．

ニコラ・テスラ（独）
1856年〜1943年

Chapter 6

マクスウェル方程式と電磁波

電磁気学の研究は，1820年の電気と磁気との相互作用に関するエルステッドの発見から始まり，急速に発展をとげ，1864年には，最も美しい物理法則ともいわれるマクスウェルの方程式でその完成形をみた．癌治療の放射線も，通信の革命をもたらした電波も，すべてがこの方程式の入った玉手箱を開くことで人類が手に入れたものである．

1 変位電流
2 マクスウェル方程式
3 電磁波

基本事項

1　変位電流（問題 6-[1], [2]）

電磁場の基礎法則が今日の形にまとめられたのは，1865 年のマクスウェルの論文「電磁場の動力学的理論」によるとされている．それまでに分かっていた電磁気現象に関する法則を整理して，従来の理論の矛盾を補完する項目を加筆し，電場と磁場に対する次の 4 つの基本的法則を決定した．また，これをまとめる過程で，電磁波の存在とその伝搬速度を理論的に導いた．

❶ 変位電流

これまでに出てきた，電磁気現象を支配する法則である，「ガウスの法則」，「アンペールの法則」，「電磁誘導の法則」は，実験事実を丁寧に積み重ね，その結果，電磁場が満たすべき方程式として定式化されたものである．それに対して，表題の変位電流は，従来の理論の矛盾点を補完するために推論されたものであり，その検証は，これにより導かれる電磁波の存在が確認されて初めてなされたものである．

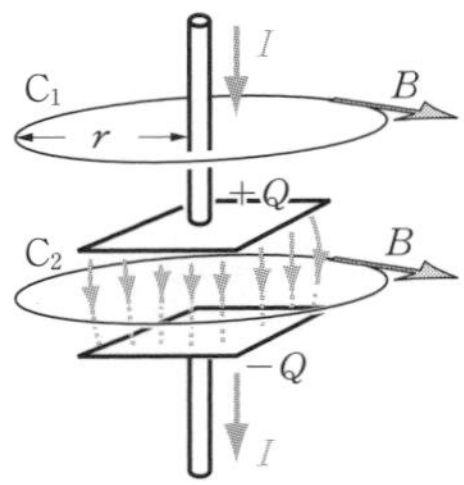

図 6-1-1

図 6-1-1 は，十分長い直線電流がキャパシターに電荷を供給している様子を表している．直線電流を中心とした半径 r の円経路 C_1 にアンペールの法則を適用すると，C_1 内部を貫く電流が I より，C_1 上に $\dfrac{\mu_0 I}{2\pi r}$ の磁場ができる．

次に，コンデンサーの両極板の 2 等分面上の経路 C_2 上での磁場を求めよう．極板間の距離が小さくなった極限を考えてみると，C_2 上での磁場が C_1 上での磁場と異なるのは不自然であり，事実，同じ磁場が形成される．ところがコンデンサーの極板間に電荷の移動はなく，通常の意味での電流は流れていないので，アンペールの法則から磁場は 0 という結論になる．この矛盾を解決するためにマクスウェルは，コンデンサーの極板間に電荷の移動はないが，その周りに磁場を発生させるという意味での実質電流が流れていると推論した．この電流の形式を模索してみよう．

電流が流れ込む側の極板の面積を S，電荷を $Q(t)$ とすると，極板間の電場 $\boldsymbol{E}$ は，上の極板から下の極板に向かう単位ベクトルを $\boldsymbol{n}$ とすると，

$$\boldsymbol{E}(t) = \frac{Q(t)}{\varepsilon_0 S}\boldsymbol{n} \qquad \therefore\ Q(t) = \varepsilon_0 S E(t)$$

両辺を時間で微分すると，

$$I(t) = \varepsilon_0 S\dot{E}(t) = S\dot{D}(t)$$

アンペールの法則の電流項に上の式の右辺の電流項を加えておけば，図 6-1-1 の磁場の連続性が担保できる．この形式の電流を「**電束電流**」，あるいは，「**変位電流**」とよぶ．磁場の強さを表すアンペールの式，(3-31)式(p.91)は拡張されて，

$$\oint_C \boldsymbol{H}\cdot d\boldsymbol{l} = \sum_{\text{真電流}} I_i + \oint_S \frac{\partial \boldsymbol{D}}{\partial t}\cdot d\boldsymbol{A} \tag{6-1}$$

となるわけである．

❷ 変位電流の大きさ

図 6-1-2 の交流電源 $V(t) = V_0\cos\omega t$ につながれた LCR 回路における変位電流の大きさを考えてみる．

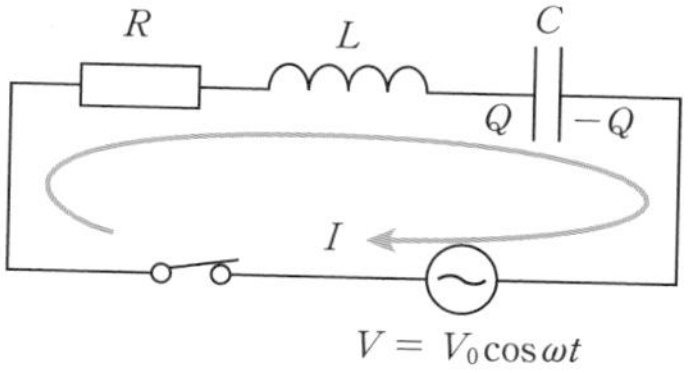

図 6-1-2

回路を流れる電流は，(5-30)式より，

$$I(t) = \frac{V(t)}{Z_0} = \frac{V_0}{Z_0}\sin(\omega t - \phi)$$

回路線の断面積を S とすると，電流密度 $i(t)$ は，

$$i(t) = \frac{I(t)}{S} = \frac{V_0}{Z_0 S}\sin(\omega t - \phi)$$

また，電流密度 $i(t)$ は，回路内の電場 $E(t)$ とオームの法則で結びつけられ，

$$i(t) = \sigma E(t) \qquad \therefore\ E(t) = \frac{i(t)}{\sigma} = \frac{V_0}{\sigma Z_0 S}\sin(\omega t - \phi)$$

一方，変位電流の密度は電束密度の時間微分であるから，

$$i_{\mathrm{D}}(t) = \dot{D}(t) = \varepsilon_0\dot{E}(t) = -\frac{\varepsilon_0\omega V_0}{\sigma Z_0 S}\cos(\omega t - \phi)$$

これらより，

$$|i(t)| : |i_{\mathrm{D}}(t)| = \frac{V_0}{Z_0 S} : \frac{\varepsilon_0\omega V_0}{\sigma Z_0 S} = \sigma : \varepsilon_0\omega$$

金属の電気伝導度をおよそ $\sigma \sim 10^7$〔$\Omega^{-1}\,\mathrm{m}^{-1}$〕とし，交流の角周波数を $\omega = 2\pi f \sim 10^2$〔$\mathrm{s}^{-1}$〕とすると，

$$|i(t)|:|i_D(t)| \approx 10^{17}:10^{-11}\times 10^{2} = 10^{26}:1$$

となり，変位電流は極めて小さく完全に無視できる．よって，通常の交流回路等を扱う場合は変位電流を考えなくてもよい．

2 マクスウェル方程式（問題 6-3, 4, 5, 6）

❶ 積分形のマクスウェル方程式

時間的に変動する場合も含め，電磁場の基本法則としてマクスウェルによってまとめ上げられたものを見てみよう．

1．電場のガウスの法則

静電場でも，時間変動する場合でも，「閉曲面Sから出てくる電束線の正味の本数」=「閉曲面Sの内部の全電気量」と等しい．数式で表すと，

$$\oiint_S \boldsymbol{D}\cdot d\boldsymbol{A} = Q_{\mathrm{inside}} \tag{6-2}$$

2．磁場のガウスの法則

電荷に相当する単磁極は存在しないので，磁場 $\boldsymbol{B}$ の様子を表す磁力線は始点も終点もない閉曲線である．すなわち，任意の閉曲面から出る磁力線の本数は入る磁力線の本数に等しくなる．その結果，「閉曲面Sから出てくる磁束線の正味の本数」= 0 で，数式で表すと，

$$\oiint_S \boldsymbol{B}\cdot d\boldsymbol{A} = 0 \tag{6-3}$$

3．ファラデーの電磁誘導の法則

磁場が時間的に変化すると電場が生じる．

「閉曲線Cに沿っての電場 $\boldsymbol{E}$ の線積分」=「閉曲線Cを縁とする面Sを貫く磁束 Φ の時間変化率」で，数式で表すと，

$$\oint_C \boldsymbol{E}\cdot d\boldsymbol{l} = -\frac{\partial}{\partial t}\iint_S \boldsymbol{B}\cdot d\boldsymbol{A} \tag{6-4}$$

右辺の積分の前にある「マイナス」記号は，レンツの法則を示す．

4．アンペール・マクスウェルの法則

マクスウェルは，電磁誘導に対応して，変動する電場のまわりには磁場が誘起されるはずであることを理論的に導き，4つ目の法則として，従来のアンペールの法則の電流項に「変位電流」を加えた．

$$\oint_C \boldsymbol{H}\cdot d\boldsymbol{l} = \sum_{\text{真電流}} I_i + \iint_S \frac{\partial \boldsymbol{D}}{\partial t}\cdot d\boldsymbol{A} \tag{6-5}$$

以上の四つの方程式をまとめて，**マクスウェル（の基礎）方程式**という．電場と磁場は，この方程式により互いに関連して変化するので，電場と磁場は独立に切り離すことができなく，**電磁場**として捉えるべきものである．

以上の四つの基本方程式は，電磁場そのものを支配する基本法則であるが，その中に登場する荷電粒子の振る舞いは，ローレンツ力で記述される力の場の中での運動となり，

$$m\dot{\boldsymbol{v}} = q(\boldsymbol{E} + \boldsymbol{v}\times\boldsymbol{B}) \tag{6-6}$$

の運動方程式を満たす．

❷ 微分形のマクスウェル方程式

積分形のマクスウェル方程式は，線積分，面積分，体積積分の形式を含むが，「ベクトル場の閉曲面を通しての流束は，その発散の閉曲面に囲まれた体積領域での体積積分に等しい(ガウスの発散定理)」や，「ベクトル場の閉経路に関する周回積分はベクトルの回転の閉経路を縁とする曲面上での面積分と等しい(ストークスの定理)」という数学的な定理が適用できる．

1.　電場のガウスの法則

$$\oiint_S \boldsymbol{D}\cdot d\boldsymbol{A} = Q_{\text{inside}}$$

の左辺に，ガウスの発散定理（☞ p.221）を適用すると，

$$\oiint_S \boldsymbol{D}\cdot d\boldsymbol{A} = \iiint_V \nabla\cdot \boldsymbol{D}dV$$

右辺は，真電荷密度 ρ を用いて，

$$Q_{\text{inside}} = \iiint_V \rho\, dV$$

よって，

$$\iiint_V \nabla\cdot \boldsymbol{D}dV = \iiint_V \rho\, dV$$

ここで，領域を微小直方体領域（$\Delta V = \Delta x\Delta y\Delta z$）にとると，

$$\nabla\cdot\boldsymbol{D}\Delta V = \rho\,\Delta V$$

ΔV は任意だから，

$$\nabla \cdot \boldsymbol{D} = \rho \tag{6-7}$$

これが，電場のガウスの法則の微分形である．電場は源である電荷から放射状に分布し，距離逆 2 乗則に従うことの数学的表現である．

2.　磁場のガウスの法則

$$\oiint_{\mathrm{S}} \boldsymbol{B} \cdot d\boldsymbol{A} = 0$$

の左辺に，ガウスの発散定理（☞ p.221）を適用することで，電場と同様に

$$\nabla \cdot \boldsymbol{B} = 0 \tag{6-8}$$

これが，磁場のガウスの法則の微分形である．磁場には源がないことを表す．電荷に相当する磁荷（モノポール）は存在せず，磁束線はループ状になって自ら閉じていることを表している．

3.　ファラデーの電磁誘導の法則

$$\oint_{\mathrm{C}} \boldsymbol{E} \cdot d\boldsymbol{l} = -\frac{\partial}{\partial t} \iint_{\mathrm{S}} \boldsymbol{B} \cdot d\boldsymbol{A}$$

の左辺に，ストークスの定理（☞ p.222）を適用すると，

$$\oint_{\mathrm{C}} \boldsymbol{E} \cdot d\boldsymbol{l} = \iint_{\mathrm{S}} (\nabla \times \boldsymbol{E}) \cdot d\boldsymbol{A}$$

よって，

$$\iint_{\mathrm{S}} (\nabla \times \boldsymbol{E}) \cdot d\boldsymbol{A} = -\frac{\partial}{\partial t} \iint_{\mathrm{S}} \boldsymbol{B} \cdot d\boldsymbol{A} = \iint_{\mathrm{S}} \left(-\frac{\partial \boldsymbol{B}}{\partial t} \right) \cdot d\boldsymbol{A}$$

S が任意だから，

$$\nabla \times \boldsymbol{E} = -\frac{\partial \boldsymbol{B}}{\partial t} \tag{6-9}$$

これが，ファラデーの電磁誘導の法則の微分形である．磁場の時間変化が電場を生み出すことを表している．

4.　アンペール・マクスウェルの法則

$$\oint_{C} \boldsymbol{H} \cdot d\boldsymbol{l} = \sum_{\text{真電流}} I_i + \iint_{\mathrm{S}} \frac{\partial \boldsymbol{D}}{\partial t} \cdot d\boldsymbol{A}$$

の左辺に，ストークスの定理（☞ p.222）を適用すると，

$$\oint_{C} \boldsymbol{H} \cdot d\boldsymbol{l} = \iint_{\mathrm{S}} (\nabla \times \boldsymbol{H}) \cdot d\boldsymbol{A}$$

さらに，右辺の電流総和は，

$$\sum_{\text{真電流}} I_i = \iint_S \boldsymbol{j}\cdot d\boldsymbol{A}$$

と書けるので，

$$\iint_S (\boldsymbol{\nabla}\times\boldsymbol{H})\cdot d\boldsymbol{A} = \iint_S \boldsymbol{j}\cdot d\boldsymbol{A} + \iint_S \frac{\partial \boldsymbol{D}}{\partial t}\cdot d\boldsymbol{A} = \iint_S \left(\boldsymbol{j} + \frac{\partial \boldsymbol{D}}{\partial t}\right)\cdot d\boldsymbol{A}$$

Sが任意だから，

$$\nabla\times\boldsymbol{H} = \boldsymbol{j} + \frac{\partial \boldsymbol{D}}{\partial t} \qquad (6\text{-}10)$$

これが，アンペール・マクスウェルの法則の微分形である．電流だけでなく，電場の変化も磁場を生むことを表す．

以上(6-7)～(6-10)の方程式に，空間内に存在する物質の性質を反映する物質定数(誘電率，透磁率，および伝導率)の定義式，

$$\boldsymbol{D} = \varepsilon\boldsymbol{E},\ \boldsymbol{B} = \mu\boldsymbol{H},\ \boldsymbol{j} = \sigma\boldsymbol{E} \qquad (6\text{-}11)$$

を併用することにより，電磁場の変化が決定される．

マクスウェルの法則は電磁気学の基礎となる極めて重要な方程式で，どんな慣性系でも同じ形で成立する．

❸ ポインティングベクトル

自由空間の電磁場内に有限な閉領域 V を考え，それを囲む閉曲面を S とする．この領域内の電磁場エネルギー W は，

$$W = \iiint \frac{1}{2}(\boldsymbol{E}\cdot\boldsymbol{D} + \boldsymbol{H}\cdot\boldsymbol{B})dV$$

いま，この時間変化を考えてみる．両辺を時間で偏微分すると，

$$\frac{\partial}{\partial t}W = \iiint \frac{1}{2}\left(\frac{\partial}{\partial t}\boldsymbol{E}\cdot\boldsymbol{D} + \boldsymbol{E}\cdot\frac{\partial}{\partial t}\boldsymbol{D} + \frac{\partial}{\partial t}\boldsymbol{H}\cdot\boldsymbol{B} + \boldsymbol{H}\cdot\frac{\partial}{\partial t}\boldsymbol{B}\right)dV$$

ところで，$\frac{\partial}{\partial t}\boldsymbol{E}\cdot\boldsymbol{D} = \boldsymbol{E}\cdot\frac{\partial}{\partial t}\boldsymbol{D}$，$\frac{\partial}{\partial t}\boldsymbol{H}\cdot\boldsymbol{B} = \boldsymbol{H}\cdot\frac{\partial}{\partial t}\boldsymbol{B}$ だから，

$$\frac{\partial}{\partial t}W = \iiint \left(\boldsymbol{E}\cdot\frac{\partial}{\partial t}\boldsymbol{D} + \boldsymbol{H}\cdot\frac{\partial}{\partial t}\boldsymbol{B}\right)dV$$

ここで，後述のマクスウェルの方程式(6-15)，(6-16)より，

$$\frac{\partial}{\partial t}W = \iiint \left(\boldsymbol{E}\cdot\frac{\partial}{\partial t}\boldsymbol{D} + \boldsymbol{H}\cdot\frac{\partial}{\partial t}\boldsymbol{B}\right)dV = \iiint \{\boldsymbol{E}\cdot(\nabla\times\boldsymbol{H}) + \boldsymbol{H}\cdot(-\nabla\times\boldsymbol{E})\}dV$$

$$= \iiint \{(\nabla \times \boldsymbol{H}) \cdot \boldsymbol{E} - \boldsymbol{H} \cdot (\nabla \times \boldsymbol{E})\} dV$$

Appendix (A-19)式 $(\nabla \cdot (\boldsymbol{A} \times \boldsymbol{B}) = (\nabla \times \boldsymbol{A}) \cdot \boldsymbol{B} - \boldsymbol{A} \cdot (\nabla \times \boldsymbol{B}))$ を用いると,

$$\frac{\partial}{\partial t} W = \iiint \{\nabla \cdot (\boldsymbol{H} \times \boldsymbol{E})\} dV \quad \Leftrightarrow \quad -\frac{\partial}{\partial t} W = \iiint \{\nabla \cdot (\boldsymbol{E} \times \boldsymbol{H})\} dV$$

ガウスの発散定理(A-24)式より,

$$-\frac{\partial}{\partial t} W = \iint_{\mathrm{S}} (\boldsymbol{E} \times \boldsymbol{H}) \cdot d\boldsymbol{A}$$

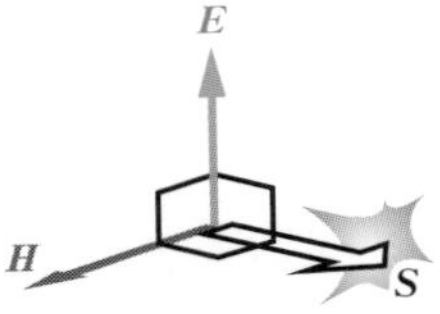

図 6-2-1

この式の意味を考えると, 左辺は, この領域の電磁場のエネルギーの単位時間当たりの減少量を表し, 右辺は, ベクトル量 $\boldsymbol{E} \times \boldsymbol{H}$ の流束(Flux)に等しい. つまり,

$$\boldsymbol{S} = \boldsymbol{E} \times \boldsymbol{H} \tag{6-12}$$

というベクトル量は, 単位面積当たりのエネルギーの移動量〔$\mathrm{J/(m^2 \cdot s)}$〕を表していると解釈される. これを**ポインティングベクトル**とよぶ.

3 電磁波 (問題 6-7, 8, 9, 10, 11, 12, 13, 14, 15)

❶ 波動方程式

真電荷および伝導電流がない空間を考え, 自由空間(free space)と呼ぶことにする. この自由空間における, マクスウェルの方程式を改めて書き下せば, 次のようになる.

■ 誘電体中の電場におけるガウスの法則

$$\mathrm{div}\, \boldsymbol{D} = 0 \tag{6-13}$$

■ 磁場におけるガウスの法則

$$\mathrm{div}\, \boldsymbol{B} = 0 \tag{6-14}$$

■ ファラデーの電磁誘導の法則

$$\mathrm{rot}\, \boldsymbol{E} + \frac{\partial \boldsymbol{B}}{\partial t} = 0 \tag{6-15}$$

■ アンペール・マクスウェルの法則

$$\mathrm{rot}\, \boldsymbol{H} - \frac{\partial \boldsymbol{D}}{\partial t} = 0 \tag{6-16}$$

■ 物質定数の定義式

$$\boldsymbol{D} = \varepsilon \boldsymbol{E},\ \ \boldsymbol{B} = \mu \boldsymbol{H} \qquad (6\text{-}17)$$

自由空間が真空の場合，$\varepsilon = \varepsilon_0$，$\mu = \mu_0$ …①　とおけばよい．

(6-15)式と(6-16)式をみると，電場の時間変化が磁場を生み出し，磁場の時間変化が電場を生み出すことを暗示している．

(6-13)～(6-17)を満たすような電磁場の姿について調べよう．

まず，(6-15)式の両辺の回転(rot)をとってみる．

$$\boldsymbol{\nabla} \times (\boldsymbol{\nabla} \times \boldsymbol{E}) \ + \frac{\partial(\boldsymbol{\nabla} \times \boldsymbol{B})}{\partial t} = \boldsymbol{0} \quad \cdots②$$

Appendix(A-18)，$\nabla \times (\nabla \times \boldsymbol{E}) = \nabla(\nabla \cdot \boldsymbol{E}) - \nabla^2 \boldsymbol{E}$ を利用し，さらに，$\nabla \cdot \boldsymbol{E} = \boldsymbol{0}$ を使うと，②式は，

$$-\nabla^2 \boldsymbol{E} + \frac{\partial(\boldsymbol{\nabla} \times \boldsymbol{B})}{\partial t} = \boldsymbol{0} \quad \cdots③$$

(6-16)式を(6-17)式を用いて，$\boldsymbol{B}$，$\boldsymbol{E}$ で表すと，

$$\boldsymbol{\nabla} \times \boldsymbol{B} - \varepsilon\mu \frac{\partial \boldsymbol{E}}{\partial t} = 0 \quad \cdots④$$

③，④式より，$\boldsymbol{\nabla} \times \boldsymbol{B}$ を消去すると，電場に関する方程式が得られる．

$$\nabla^2 \boldsymbol{E} - \varepsilon\mu \frac{\partial^2 \boldsymbol{E}}{\partial t^2} = 0 \qquad (6\text{-}18)$$

同様に，(6-16)式の両辺の回転（rot）をとることから出発すると，$\boldsymbol{B}$ に関する方程式

$$\nabla^2 \boldsymbol{B} - \varepsilon\mu \frac{\partial^2 \boldsymbol{B}}{\partial t^2} = \boldsymbol{0} \qquad (6\text{-}19)$$

が得られる．

この形式の方程式は，Appendix(A-46)にあるように，伝播する波動を表すので**波動方程式**と呼ばれる．その伝搬速度は，

$$v = \frac{1}{\sqrt{\varepsilon\mu}} \qquad (6\text{-}20)$$

で与えられる．実際これが速度のディメンジョンをもつことが容易に示される（**練習問題 6-9**）．

真空中を伝わる電磁波の速さは，$v \to c$ と書き，$\varepsilon = \varepsilon_0$，$\mu = \mu_0$ として，

$$c = \frac{1}{\sqrt{\varepsilon_0 \mu_0}} = \sqrt{\frac{1}{4\pi\varepsilon_0} \times \frac{4\pi}{\mu_0}} = \sqrt{9.0 \times 10^9 \times 10^{-7}} \fallingdotseq 3.0 \times 10^8 \text{〔m/s〕}$$

となり，この値は真空中における光の速さに完全に一致している．このことから，1873 年に，マクスウェルは，光は電場や磁場が波動状態で空間を伝わる現象（電磁波）の一種に他ならないとの説を提唱した．

❷ 波動方程式の平面波解

具体的なマクスウェルの方程式の解を探すために，x 方向に伝わる平面波を考えてみる．すなわち，$\boldsymbol{E}$ も $\boldsymbol{B}$ も x と t のみを含む関数とする．$\boldsymbol{E}$，$\boldsymbol{B}$ の各成分を y や z で偏微分すると 0 だから，(6–18) 式は成分で表示すると，

$$\frac{\partial^2}{\partial x^2}E_x = \varepsilon\mu\frac{\partial^2}{\partial t^2}E_x,\quad \frac{\partial^2}{\partial x^2}E_y = \varepsilon\mu\frac{\partial^2}{\partial t^2}E_y,\quad \frac{\partial^2}{\partial x^2}E_z = \varepsilon\mu\frac{\partial^2}{\partial t^2}E_z \quad \cdots⑤$$

(6–13)，(6–14) 式も，それぞれ $\boldsymbol{B}$，$\boldsymbol{E}$ で表現すると，

$$\frac{\partial E_x}{\partial x} = 0, \qquad \frac{\partial B_x}{\partial x} = 0 \quad \cdots⑥$$

さらに，(6–15)，(6–16) も，$\boldsymbol{B}$，$\boldsymbol{E}$ で表現すると，

$$\left(\frac{\partial E_z}{\partial y} - \frac{\partial E_y}{\partial z}, \frac{\partial E_x}{\partial z} - \frac{\partial E_z}{\partial x}, \frac{\partial E_y}{\partial x} - \frac{\partial E_x}{\partial y}\right) + \frac{\partial}{\partial t}(B_x, B_y, B_z)$$

$$= \left(0, -\frac{\partial E_z}{\partial x}, \frac{\partial E_y}{\partial x}\right) + \frac{\partial}{\partial t}(B_x, B_y, B_z)$$

$$= \left(\frac{\partial B_x}{\partial t}, -\frac{\partial E_z}{\partial x} + \frac{\partial B_y}{\partial t}, \frac{\partial E_y}{\partial x} + \frac{\partial B_z}{\partial t}\right) = (0, 0, 0) \quad \cdots⑦$$

$$\left(\frac{\partial B_z}{\partial y} - \frac{\partial B_y}{\partial z}, \frac{\partial B_x}{\partial z} - \frac{\partial B_z}{\partial x}, \frac{\partial B_y}{\partial x} - \frac{\partial B_x}{\partial y}\right) - \mu\varepsilon\frac{\partial}{\partial t}(E_x, E_y, E_z)$$

$$= \left(0, -\frac{\partial B_z}{\partial x}, \frac{\partial B_y}{\partial x}\right) - \mu\varepsilon\frac{\partial}{\partial t}(E_x, E_y, E_z)$$

$$= \left(-\mu\varepsilon\frac{\partial E_x}{\partial t}, -\frac{\partial B_z}{\partial x} - \mu\varepsilon\frac{\partial E_y}{\partial t}, \frac{\partial B_y}{\partial x} - \mu\varepsilon\frac{\partial E_z}{\partial t}\right) = (0, 0, 0) \quad \cdots⑧$$

⑦，⑧式の x 成分と⑥式の結果より，$\boldsymbol{B}$，$\boldsymbol{E}$ の x 成分は時間 t にも場所 x にもよらない定数であることがわかる．この定数を 0 としておくと，$\boldsymbol{B}$，$\boldsymbol{E}$ いずれも $\hat{\boldsymbol{x}}$ と直交するので，波動であれば横波である．

解くべき方程式は，⑦式の z 成分と⑧式の y 成分を組み合わせた，

$$\frac{\partial E_y}{\partial x}+\frac{\partial B_z}{\partial t}=0, \qquad \frac{\partial B_z}{\partial x}+\mu\varepsilon\frac{\partial E_y}{\partial t}=0 \quad \cdots⑨$$

と，⑦式の y 成分と⑧式の z 成分を組み合わせた，

$$-\frac{\partial E_z}{\partial x}+\frac{\partial B_y}{\partial t}=0, \qquad \frac{\partial B_y}{\partial x}-\mu\varepsilon\frac{\partial E_z}{\partial t}=0 \quad \cdots⑩$$

⑨式と⑩式は独立しているので，まずは⑨式を解く．B_z を消去すると，E_y に関する波動方程式が得られる．

$$\frac{\partial^2 E_y}{\partial x^2}-\frac{1}{v^2}\frac{\partial^2 E_y}{\partial t^2}=0 \quad \left(ただし，v^2=\frac{1}{\varepsilon\mu}\right) \tag{6-21}$$

この方程式を満足する解の集合は極めて広く，微分可能な任意の x の関数 $g(x)$，$h(z)$ を用いて

$$E_y=g(x-vt)+h(x+vt) \tag{6-22}$$

は解となる．このとき

$$B_z=\frac{1}{v}g(x-vt)-\frac{1}{v}h(x+vt) \tag{6-23}$$

としておけば⑨式が満たされる（問題 6-10）．

例えば，$g(x)=E_0\sin kx$，$h(x)=0$ とすると，

$$E_y=E_0\sin k(x-vt),\quad B_z=\frac{E_0}{v}\sin k(x-vt) \tag{6-24}$$

となり，いずれも x 軸正の向きに速さ v で伝わる波を表す．⑩式の特殊解である，$E_x=0$，$B_y=0$ と組み合わせると，電場ベクトルは，y 軸に平行に変化する波となり，これを**直線偏波**（光なら偏光）と呼ぶ．偏光では，電場ベクトルと進行方向を含む面を偏光面という．その伝搬の様子を図 6-3-1 に示す．波動に関する物理量を整理しよう．

$$E_y=E_0\sin k(x-vt)$$
$$=E_0\sin 2\pi\left(\frac{x}{2\pi/k}-\frac{t}{2\pi/kv}\right)$$

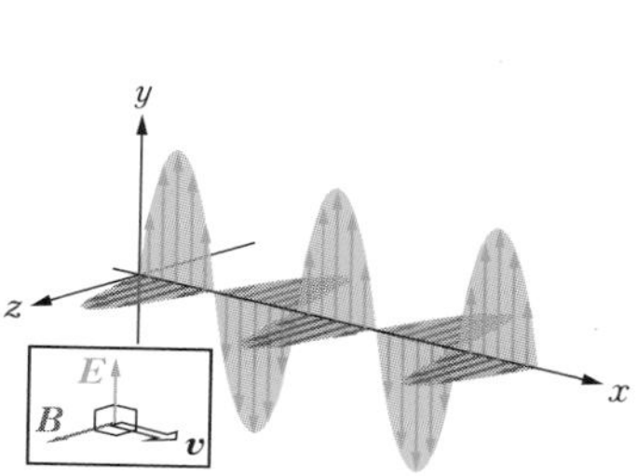

図 6-3-1

と変形すると，波長：λ，周期：T として，

$$\lambda = \frac{2\pi}{k},\ T = \frac{2\pi}{kv} \quad \Rightarrow \quad kv = \frac{2\pi}{T} = \omega \tag{6-25}$$

ここで，k は距離 2π〔m〕のなかに含まれる波の数を表しており，**波数**と呼ばれる．k に電磁波の進行する向きを与えたベクトルを**波数ベクトル**といい $\boldsymbol{k}$ で表す．ω は角振動数とよばれる．これらを用いると，(6-24)式は，

$$E_y(z,t) = E_0 \sin(kx - \omega t),\ B_z(z,t) = \frac{E_0}{v}\sin(kx - \omega t) \tag{6-26}$$

と書き直せる．

これは x 軸正の方向に進行する正弦波の波動関数である．電場が y 軸正の値をもつとき，磁場も z 軸正の値をもち（$\boldsymbol{E}, \boldsymbol{B}, \boldsymbol{k}$ が右手系をなす），電磁波の進行方向に対し，直角の向きに電場や磁場は向いていて，横波であることが分かる．この性質は，ここで示した例に限らず，一般的に電磁波に対して成り立つ．真空中を伝わる電磁波の一般的性質をまとめると次のようになる．

(1) 電磁波の真空中での速さはその波長によらず一定で，光の速さに等しい．

(2) $\boldsymbol{E} \perp \boldsymbol{B}$ ：電場の振動方向と磁場の振動方向は直交する．

(3) $\boldsymbol{E} \times \boldsymbol{B}$ は $\boldsymbol{k}$ の向きと一致する．

(4) $|\boldsymbol{E}| = c\,|\boldsymbol{B}|$

さらに物質中での電磁波の速度の大きさ v については，

(5) $v = \dfrac{1}{\sqrt{\varepsilon\mu}} = \dfrac{1}{\sqrt{\varepsilon_0\mu_0}} \times \dfrac{1}{\sqrt{\dfrac{\varepsilon}{\varepsilon_0}\dfrac{\mu}{\mu_0}}} \fallingdotseq \dfrac{c}{\sqrt{\varepsilon_r}}$ 　$(\because\ \varepsilon/\varepsilon_0 = \varepsilon_r,\ \mu/\mu_0 \fallingdotseq 1)$

❸ ヘルツの実験

マクスウェルの予測は，発表当初は不評で，何もない真空中を波動的に伝わる物理量があるといった発想にまだ時代が追いついていなかった．マクスウェルの予言した電磁波が最初に実験的に証明されたのは，彼が死去したあとの 1887 年のことであった．図 6-3-2 は，ヘルツ(独)が電磁波を発見した際に用いた装置である．2 枚の金属板から伸びる導線の先端に取り付けられ，互いに接近させた金属球 M–M に，誘導コイルから供給された高電圧をかけると，火花放電が開始され，一種の LC 振動電流が流れ始める．この振動電流に伴って，電磁波が発生する．この実験では，波長 66 cm の電磁波が観測された．電磁波が発生していることは，装置から離れた場所に置かれた共振子 M′–M′

の隙間にも小さな火花放電が観測されることで確認できる．さらに，電磁波がガラスを通過すること，金属面で反射すること，木屑の詰まった大型のプリズムで屈折することなど，光と共通の波動の基本的性質をもっていることなどを実験的に明らかにしていき，電磁波の実在が確かなものになっていった．また，電磁波の正体が，電場の揺れ動きにあること，その電場は電磁波の進行方向に直交していることなども実験で明らかにされた．

例 下の実験装置で，共振子 M′-M′ が左の配置のときには火花放電が観測され，右の配置のときには観測されない．図 6-3-3 の電気力線の分布図を見れば理解できる．

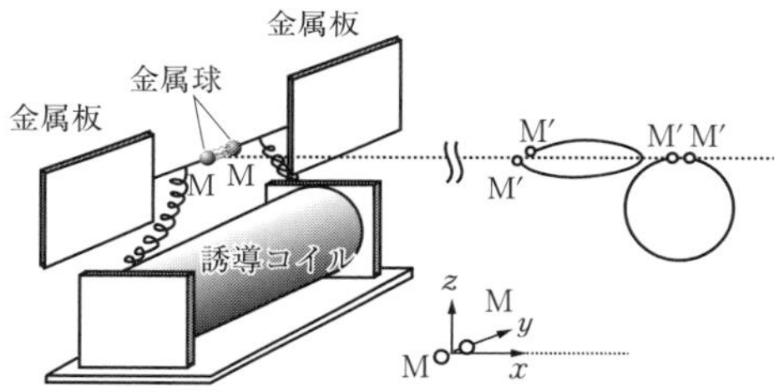

図 6-3-2

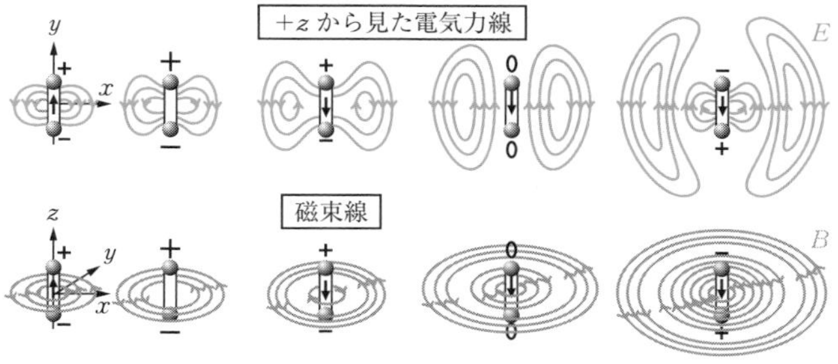

図 6-3-3

❹ 電磁波の種類

電磁波は波長が $\sim 10^5$ m（数百キロメートル）と長い電波から，$\sim 10^{-13}$ m と短い γ 線まで広範囲に存在するが，真空中での速度はすべて，$c = 3.0 \times 10^8$〔m/s〕である．我々の目に見える**可視光**は波長はおよそ，$4 \times 10^{-7} \sim 8 \times 10^{-7}$〔m〕の狭い範囲に限定されている．電磁波の振動数（波長）は広い範囲に及んでいる．電磁波は振動数に応じて異なる呼称をもつ．

電磁波は波動であるから，**回折**，**干渉**といった波動固有の性質を示す．谷間や高いビルの影では AM 放送に比べて FM 放送は受信しにくくなるが，これはAM放送に使用されている電波の波長が数百mであるのに対し，FM放送に使用されている電波の波長が数mと短く，障害物で回折しにくいという波動一般の性質が反映されている．

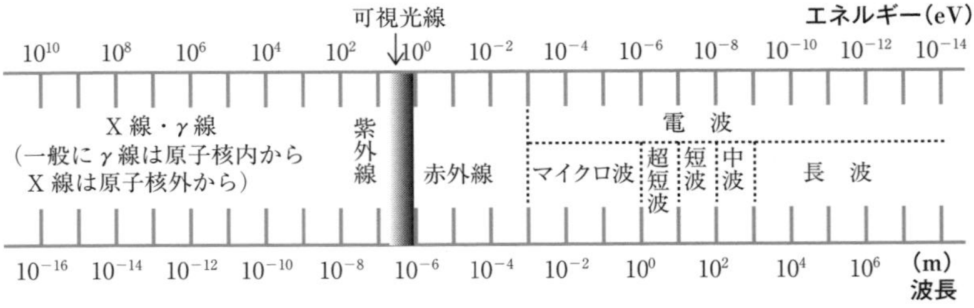

図 6-3-4

❺ 電磁波の性質

反射と屈折

異なる媒質の境界面で電磁波がどのような反射や屈折現象を示すかを調べてみる．入射波側の媒質Iの誘電率をε_1，屈折波側の媒質IIの誘電率をε_2，透磁率については，どちらもμ_0とする．誘電体の境界条件をまとめておこう．

- 電場の境界面に平行な成分は境界面の両側で連続（☞ p.54）
- 電束密度の法線成分は境界面の両側で連続（☞ p.54）
- 磁場の境界面に平行な成分は境界面の両側で連続（☞ p.92）
- 磁束密度の法線成分は境界面の両側で連続（☞ p.92）

これを文字で表すと，nが法線成分，tが接線成分を表すとして，

$$E_{1\mathrm{t}} = E_{2\mathrm{t}},\quad D_{1\mathrm{n}} = D_{2\mathrm{n}} \tag{6-27}$$

$$H_{1\mathrm{t}} = H_{2\mathrm{t}},\quad B_{1\mathrm{n}} = B_{2\mathrm{n}} \tag{6-28}$$

まず，偏向面（電場$\boldsymbol{E}$を含む面）が，図6-3-5のように，境界面の法線を含む場合を考える．入射波，反射波，屈折波それぞれの電場ベクトルを$\boldsymbol{E}$，$\boldsymbol{E}'$，$\boldsymbol{E}''$とし，磁束密度を$\boldsymbol{B}$，$\boldsymbol{B}'$，$\boldsymbol{B}''$，以下，$\boldsymbol{D}$，$\boldsymbol{H}$も同様とする．(6-27)式より，

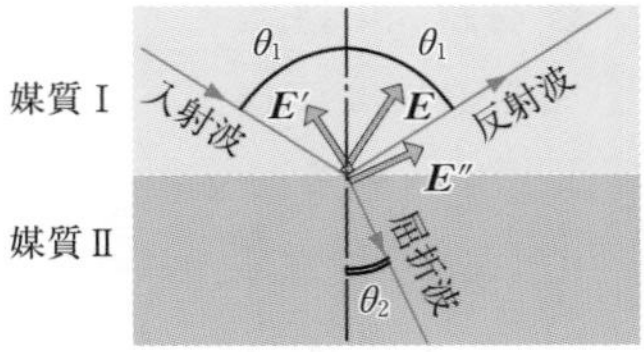

図 6-3-5

$$E\cos\theta_1 - E'\cos\theta_1 = E''\cos\theta_2 \quad \cdots ⑪$$

$$\varepsilon_1 E\sin\theta_1 + \varepsilon_1 E'\sin\theta_1 = \varepsilon_2 E''\sin\theta_2 \quad \cdots ⑫$$

$\boldsymbol{B}$，$\boldsymbol{B}'$，$\boldsymbol{B}''$ はすべて，紙面に垂直だから，面内成分はないので(6-28)式の右の式は満たされている．左の式に関しては，

$$H + H' = H'' \quad \Leftrightarrow \quad \frac{E}{c_1} + \frac{E'}{c_1} = \frac{E''}{c_2} \quad \Leftrightarrow \quad E'' = \frac{c_2}{c_1}(E + E') \qquad \cdots ⑬$$

⑬式を⑫式に代入すると，

$$\varepsilon_1 E \sin\theta_1 + \varepsilon_1 E' \sin\theta_1 = \varepsilon_2 \frac{c_2}{c_1}(E + E')\sin\theta_2$$

$$\Leftrightarrow \quad \varepsilon_1 \sin\theta_1 (E + E') = \varepsilon_2 \frac{c_2}{c_1}(E + E')\sin\theta_2$$

$$\Leftrightarrow \quad \varepsilon_1 c_1 \sin\theta_1 = \varepsilon_2 c_2 \sin\theta_2$$

ここで，$c_1 = \dfrac{1}{\sqrt{\varepsilon_1 \mu_0}}$，$c_2 = \dfrac{1}{\sqrt{\varepsilon_2 \mu_0}}$ を用いると

$$\frac{1}{c_1}\sin\theta_1 = \frac{1}{c_2}\sin\theta_2 \qquad (6\text{-}29)$$

が得られる．

$$n_1 = \frac{c}{c_1}, \quad n_2 = \frac{c}{c_2} \qquad (6\text{-}30)$$

で定義される電磁波の屈折率を用いると，

$$n_1 \sin\theta_1 = n_2 \sin\theta_2 \qquad (6\text{-}31)$$

の関係が導かれ，これを**スネルの法則**（**反射の法則**）とよぶ．

次に，反射波や透過波に関しては，⑪，⑫式から，

$$\frac{E'}{E} = \frac{c_1\cos\theta_1 - c_2\cos\theta_2}{c_1\cos\theta_1 + c_2\cos\theta_2}\text{(反射係数)} \qquad (6\text{-}32)$$

$$\frac{E''}{E} = \frac{2c_2\cos\theta_2}{c_1\cos\theta_1 + c_2\cos\theta_2}\text{(透過係数)} \qquad (6\text{-}33)$$

がそれぞれ得られる．

エネルギーの比率については，入射光に対する反射光のエネルギー，および反射光のエネルギーをそれぞれ，反射率 R，透過率 T と定義すると，

$$R = \left(\frac{E'}{E}\right)^2 = \left(\frac{c_1\cos\theta_1 - c_2\cos\theta_2}{c_1\cos\theta_1 + c_2\cos\theta_2}\right)^2 \qquad (6\text{-}34)$$

$$T = 1 - R = \frac{4c_1c_2\cos\theta_1\cos\theta_2}{(c_1\cos\theta_1 + c_2\cos\theta_2)^2} \qquad (6\text{-}35)$$

偏向面が，境界面の接線を含む場合については例題参照(☞ p.209).

特に，反射波と屈折波が直交する場合 $\left(\theta_1 + \theta_2 = \dfrac{\pi}{2}\right)$,

$$\begin{aligned} E' \text{の分子} &= c_1\cos\theta_1 - c_2\cos\theta_2 \\ &= c_1\cos(\pi/2 - \theta_2) - c_2\cos(\pi/2 - \theta_1) \\ &= c_1\sin\theta_2 - c_2\sin\theta_1 = 0 \quad (\because (6\text{-}29)\text{式}) \end{aligned}$$

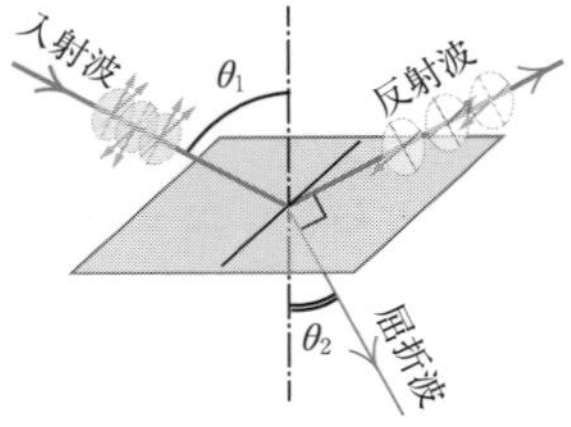

図 6-3-6

となり，反射波はなくなる．この条件を満たす入射角を**ブリュースター角**とよぶ．ブリュースター角で入射した電磁波は，反射後，反射面に平行な電場成分のみが残った直線偏波になる．

定常波

媒質IIが導体で，電磁波が入射角 $\theta_1 = 0$ で入射した場合を考えてみる．内部に電場があると無限に大きい電流が流れることになるので，$\boldsymbol{E}'' = \boldsymbol{0}$ でなくてはならない．これより，反射波の電場は，入射波の電場に対して位相が反転する．反射波のルール（$\boldsymbol{E}, \boldsymbol{B}, \boldsymbol{k}$ が右手系をなす）から，反射波の $\boldsymbol{B}'$ は，位相が連続となる．これより，媒質I側にできる定常波の腹と節の位置が，$\boldsymbol{E}$ 波と $\boldsymbol{B}$ 波で逆になっている．ヘルツが1888年に，一連の実験の中でこの電磁波の定常波を利用し，発生した電磁波の波長を決定し，その結果電磁波の速さが決定された．その値がまさに光のそれに等しいことを示すことができた．

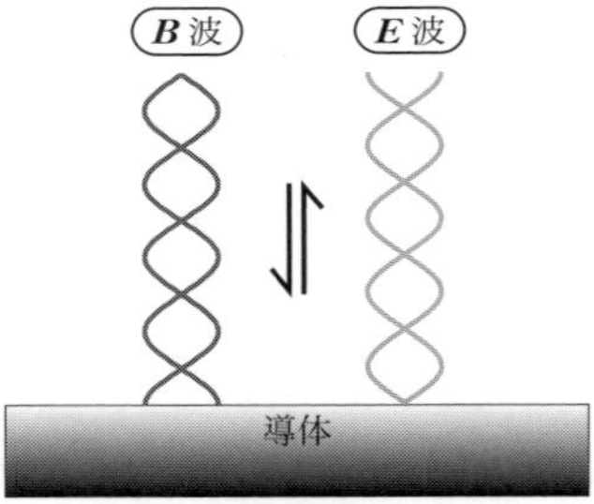

図 6-3-7

問題 6-[1] ▼キャパシター内部の変位電流とその磁場

図に示すように，半径 a で間隔が d の 2 枚の導体円板からなる平行板キャパシターに交流電源 $V(t) = V_0 \sin \omega t$ をつなぐ．電場の端のみだれは無視してよいとする．

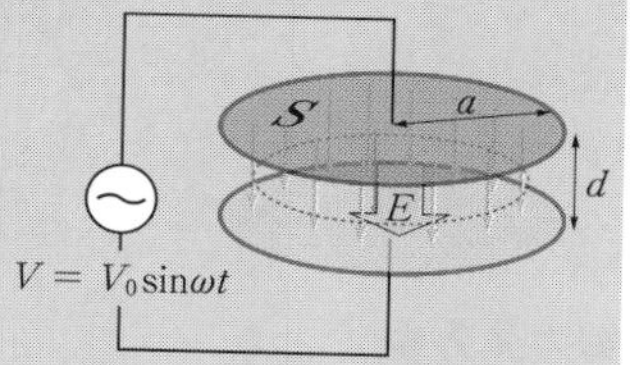

(1) 極板間に生じる変位電流を求めよ．

(2) 円板の中心軸から距離 r の位置の，変位電流による磁束密度を求めよ．

●考え方●

(1) キャパシターの両極板にかかる電圧（電位差）は $V(t)$ で，極板間の電場 E は極板に垂直で空間的に一様である．

(2) アンペール・マクスウェルの法則(積分型)を使う．

解答

(1) 変位電流密度は，電束の時間変化率だから，

$$i_{\mathrm{D}} = \dot{D} = \varepsilon_0 \dot{E} = \frac{\varepsilon_0}{d}\dot{V} = \frac{\varepsilon_0 V_0 \omega}{d}\cos\omega t$$

変位電流は，面積をかけて，㋐

$$I_{\mathrm{D}} = \pi a^2 i_{\mathrm{D}} = \frac{\pi\varepsilon_0 a^2 V_0 \omega}{d}\cos\omega t$$ 答

(2) アンペール・マクスウェルの法則より，

$$\int_{\text{円周}} H\,dl = I_{\mathrm{D}} \times \frac{r^2}{a^2} \ \Leftrightarrow\ \frac{B}{\mu_0} \times 2\pi r = \frac{\pi\varepsilon_0 a^2 V_0 \omega}{d}\frac{r^2}{a^2}\cos\omega t$$ ㋑

$$\therefore\ B = \frac{\varepsilon_0 \mu_0 V_0 \omega r}{2d}\cos\omega t$$ 答

ポイント

㋐ 変位電流と変位電流密度の違いに注意．

㋑ 変位電流のうち，半径 r 内の電流のみを考える．

練習問題　6-1

解答 p. 252

x 軸上を一定の速度 v で運動する点電荷 q がある．この点電荷がまわりの空間の点 $\mathrm{P}(x, y, z)$ につくる変位電流密度 $\boldsymbol{i}_{\mathrm{d}}$ を求めよ．時刻 $t = 0$ で電荷は原点を通過した．

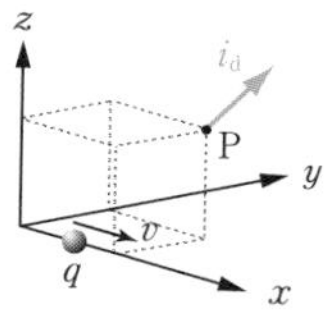

問題 6-2 ▼導体内の変位電流の大きさ

電気伝導率が σ で誘電率が ε_0 の導体中に，電流密度が $\boldsymbol{j} = \boldsymbol{j}_0 \sin\omega t$ の交流を流す．

(1) 変位電流を求めよ．

(2) 変位電流の振幅と電流密度の振幅の比を求めよ．

●考え方●

(1) オームの法則のミクロ版を使う．変位電流 ＝ 電束の時間微分

解答

(1) オームの法則より，電場は，

$$\boldsymbol{E} = \frac{1}{\sigma}\boldsymbol{j} = \frac{1}{\sigma}\boldsymbol{j}_0 \sin\omega t$$ ㋐ で

変位電流は，

$$\frac{\partial \boldsymbol{D}}{\partial t} = \varepsilon_0 \frac{\partial \boldsymbol{E}}{\partial t} = \frac{\varepsilon_0 \omega \cos\omega t}{\sigma}\boldsymbol{j}_0$$ 答

(2) $$|\boldsymbol{j}| : \left|\frac{\partial \boldsymbol{D}}{\partial t}\right| = |\boldsymbol{j}_0| : \left|\frac{\varepsilon_0 \omega}{\sigma}\boldsymbol{j}_0\right| = \sigma : \varepsilon_0\omega$$ ㋑ 答

多くの金属では，$\sigma \approx 10^7$〔$1/(\Omega\cdot\mathrm{m})$〕で，日常の交流回路の場合，$\omega = 2\pi f \sim 10^2$〔1/s〕だから，この値は，

$$\sigma : \varepsilon_0\omega \approx 10^7 : 10^{-11} \times 10^2 = 1 : 10^{-16}$$

となり，回路電流に比べ，変位電流の大きさは無視できるくらい小さい．

ポイント

㋐ オームの法則のミクロ版．

㋑ 電流密度の周波数で比率が変化する．高周波になるほど変位電流の比率が増加する．

Memo

変位電流

電束密度とも呼ばれ，移動する電荷の電流(伝導電流)ではなく，時間変化する電場が，周りに磁場を生成する電流と同等のはたらきをすることを表す．1861 年に，マクスウェルの論文「物理力線について 第三部」により発表され，彼はこの電流を加えた修正版のアンペールの法則を使用して電磁波方程式を導き出し，電磁波の存在を理論的に予言した．その予言は彼の死後，ヘルツにより，実証された．

練習問題 6-2

解答 p. 252

銅とガラスに，振動数 50 Hz の振動電場をかけたときの，電束電流は伝導電流の何倍になるか確認せよ．ただし，電気伝導率は次の値を用いよ．

銅：$\sigma \approx 6 \times 10^7$〔$1/(\Omega\cdot\mathrm{m})$〕　　ガラス：$\sigma \approx 10^{-15}$〔$1/(\Omega\cdot\mathrm{m})$〕

問題 6-3 ▼マクスウェル方程式の成分表示

z 軸に平行な電場と，x 軸に平行な磁場をもち，y 軸正の向きに伝わる電磁波があり，それぞれは，y 座標と時間 t のみに依存している場合を考える.

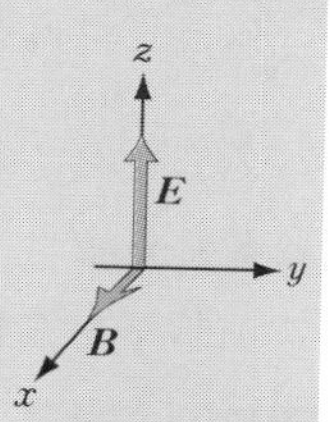

$$\boldsymbol{E}(\boldsymbol{r},t) = E_z(y,t)\,\hat{\boldsymbol{z}},\quad \boldsymbol{B}(\boldsymbol{r},t) = B_x(y,t)\,\hat{\boldsymbol{x}}$$

(1) $\mathrm{div}\,\boldsymbol{D} = 0$，$\mathrm{div}\,\boldsymbol{B} = 0$ を確かめよ.

(2) 電磁誘導の法則：$\mathrm{rot}\,\boldsymbol{E} + \dfrac{\partial \boldsymbol{B}}{\partial t} = \boldsymbol{0}$　を成分で表せ.

(3) アンペール・マクスウェルの法則：$\mathrm{rot}\,\boldsymbol{H} - \dfrac{\partial \boldsymbol{D}}{\partial t} = 0$ を成分で表せ.

●考え方●

微分形のマクスウェル方程式に代入する．$\dfrac{\partial}{\partial x}$，$\dfrac{\partial}{\partial y}$ の項は 0 としてよい.

解答

真空中だから，

(1) $$\mathrm{div}\,\boldsymbol{D} = \varepsilon_0 \nabla\cdot\boldsymbol{E} = \varepsilon_0\left(\frac{\partial}{\partial x}E_x + \frac{\partial}{\partial y}E_y + \frac{\partial}{\partial z}E_z\right) = \varepsilon_0\frac{\partial}{\partial z}E_z(y,t) = 0 \quad \text{答}$$

$$\mathrm{div}\,\boldsymbol{B} = \nabla\cdot\boldsymbol{B} = \frac{\partial}{\partial x}B_x + \frac{\partial}{\partial y}B_y + \frac{\partial}{\partial z}B_z = \frac{\partial}{\partial x}B_x(y,t) = 0 \quad \text{答}$$

(2) $$\mathrm{rot}\,\boldsymbol{E} + \frac{\partial \boldsymbol{B}}{\partial t} = \left(\frac{\partial E_z}{\partial y} - \frac{\partial E_y}{\partial z}, \frac{\partial E_x}{\partial z} - \frac{\partial E_z}{\partial x}, \frac{\partial E_y}{\partial x} - \frac{\partial E_x}{\partial y}\right) + \left(\frac{\partial B_x}{\partial t}, \frac{\partial B_y}{\partial t}, \frac{\partial B_z}{\partial t}\right)$$

$$= \left(\frac{\partial E_z}{\partial y}, -\frac{\partial E_z}{\partial x}, 0\right) + \left(\frac{\partial B_x}{\partial t}, 0, 0\right) = \left(\frac{\partial E_z}{\partial y} + \frac{\partial B_x}{\partial t}, -\frac{\partial E_z}{\partial x}, 0\right)$$

$$\therefore\ \frac{\partial E_z}{\partial y} + \frac{\partial B_x}{\partial t} = 0,\quad \frac{\partial E_z}{\partial x} = 0 \quad \text{答}$$

(3) $$\mathrm{rot}\,\boldsymbol{H} - \frac{\partial \boldsymbol{D}}{\partial t} = \left(\frac{\partial H_z}{\partial y} - \frac{\partial H_y}{\partial z}, \frac{\partial H_x}{\partial z} - \frac{\partial H_z}{\partial x}, \frac{\partial H_y}{\partial x} - \frac{\partial H_x}{\partial y}\right) - \left(\frac{\partial D_x}{\partial t}, \frac{\partial D_y}{\partial t}, \frac{\partial D_z}{\partial t}\right)$$

$$= \frac{1}{\mu_0}\left(0, \frac{\partial B_x}{\partial z}, -\frac{\partial B_x}{\partial y}\right) - \varepsilon_0\left(0, 0, \frac{\partial E_z}{\partial t}\right) = \frac{1}{\mu_0}\left(0, \frac{\partial B_x}{\partial z}, -\frac{\partial B_x}{\partial y} - \varepsilon_0\mu_0\frac{\partial E_z}{\partial t}\right)$$

$$\therefore\ \frac{\partial B_x}{\partial z} = 0,\quad \frac{\partial B_x}{\partial y} + \varepsilon_0\mu_0\frac{\partial E_z}{\partial t} = 0 \quad \text{答}$$

練習問題　6-3

解答 p. 252

問題 6-3 の結果を用いて，E_z，B_x のみたす波動方程式（(6-18) 式や (6-19) 式に相当）を導け.

問題 6-4 ▼ナブラ演算練習問題

次のナブラ演算子を含む計算を実行せよ．

(1) $\nabla\{\boldsymbol{E}_0 \sin(\boldsymbol{k}\cdot\boldsymbol{r} - \omega t)\}$　　(2) $\nabla \times \{\boldsymbol{E}_0 \sin(\boldsymbol{k}\cdot\boldsymbol{r} - \omega t)\}$

●考え方●

∇ 演算子を波動解に適用する問題．Appendix (A-11)，(A-18) を参考にする．

解答

(1) $\phi = \boldsymbol{k}\cdot\boldsymbol{r} - \omega t$ とすると，ϕ はスカラー関数で，Appendix (A-11) より，$\nabla\phi = \nabla(\boldsymbol{k}\cdot\boldsymbol{r} - \omega t) = \nabla(\boldsymbol{k}\cdot\boldsymbol{r}) = \boldsymbol{k}$ となる．Appendix (A-19) の最初の式より，

$$\nabla\{\boldsymbol{E}_0 \sin\phi\} = \nabla\{\sin\phi \boldsymbol{E}_0\} = \nabla(\sin\phi)\cdot\boldsymbol{E}_0 + \sin\phi(\nabla\cdot\boldsymbol{E}_0)$$

$\boldsymbol{E}_0$ は定ベクトルで $\nabla\cdot\boldsymbol{E}_0 = 0$ となるので，

$$\nabla\{\boldsymbol{E}_0 \sin\phi\} = \nabla(\sin\phi)\cdot\boldsymbol{E}_0 = \left\{\frac{d}{d\phi}(\sin\phi)\cdot\nabla\phi\right\}\cdot\boldsymbol{E}_0$$

$$= \boldsymbol{k}\cdot\boldsymbol{E}_0 \cos(\boldsymbol{k}\cdot\boldsymbol{r} - \omega t)$$ 答

(2) ふたたび $\phi = \boldsymbol{k}\cdot\boldsymbol{r} - \omega t$ とすると，Appendix (A-19) の 2 番めの式より，

$$\nabla \times \{\boldsymbol{E}_0 \sin\phi\} = \nabla \times \{\sin\phi \boldsymbol{E}_0\} = \nabla(\sin\phi) \times \boldsymbol{E}_0 + \sin\phi(\nabla \times \boldsymbol{E}_0)$$

$\boldsymbol{E}_0$ は定ベクトルで $\nabla \times \boldsymbol{E}_0 = 0$ となるので，

$$\nabla \times \{\boldsymbol{E}_0 \sin\phi\} = \nabla(\sin\phi) \times \boldsymbol{E}_0 = (\cos\phi)\boldsymbol{k} \times \boldsymbol{E}_0$$

$$= \boldsymbol{k} \times \boldsymbol{E}_0 \cos(\boldsymbol{k}\cdot\boldsymbol{r} - \omega t)$$ 答

Memo

∇ の取り扱い

∇ は $\left(\frac{\partial}{\partial x}, \frac{\partial}{\partial y}, \frac{\partial}{\partial z}\right)$ という演算子で，他の具体的な物理量を表すベクトルとは意味合いが異なるが，あたかも普通のベクトルであるかのように振る舞う特徴がある．この特徴に注目すると，∇ 計算が楽になる．

$$\boldsymbol{a}\cdot(\boldsymbol{a} \times \boldsymbol{b}) = 0 \qquad \nabla\cdot(\nabla \times \boldsymbol{a}) = 0$$

$$\Leftrightarrow$$

$$\boldsymbol{a} \times (\boldsymbol{a} \times \boldsymbol{b}) = (\boldsymbol{a}\cdot\boldsymbol{b})\boldsymbol{a} - (\boldsymbol{a}\cdot\boldsymbol{a})\boldsymbol{b} \qquad \nabla \times (\nabla \times \boldsymbol{A}) = \nabla(\nabla\cdot\boldsymbol{A}) - \nabla^2\boldsymbol{A}$$

練習問題　6-4

解答 p. 253

Appendix (A-19) のはじめの二つの公式を証明せよ．

□ $\nabla\cdot(f\boldsymbol{A}) = (\nabla f)\cdot\boldsymbol{A} + f(\nabla\cdot\boldsymbol{A})$

□ $\nabla \times (f\boldsymbol{A}) = (\nabla f) \times \boldsymbol{A} + f(\nabla \times \boldsymbol{A})$

問題 6-5 ▼電流の流れる導線内のポインティングベクトル

抵抗をもつ導線の両端に電圧 V がかかり，電流 I が流れている．導線の長さは l で，断面は半径 r の円である．抵抗の側面から単位時間に流れ込むポインティングベクトルが，導線の消費電力に等しいことを示せ．

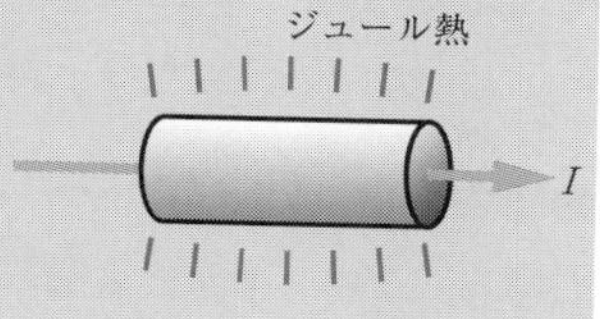

●考え方●

導線側面近くの電場や磁場の様子をまず求める．ポインティングベクトルの向きに注意．

解答

導線に図のような電流 I が流れているとき，電場の境界面平行成分は連続だから，導線側面の表面外側の電場を図のように E とすると，

$$E = \frac{V}{l} \quad \cdots①$$

このとき，ここでの磁場は図の向きで，その大きさはアンペールの法則より，

$$H = \frac{I}{2\pi r} \quad \cdots②$$

したがって，この位置でのポインティングベクトルは，図のように導線に垂直に入り込む向きで，㋐ その大きさは，①，②式より，

$$S = EH = \frac{V}{l}\frac{I}{2\pi r} \qquad \therefore\ S \times 2\pi rl = VI$$

これは，抵抗の側面から単位時間に流れ込むポインティングベクトルが，導線の消費電力に等しいことを表している．

証明終

ポイント

㋐ $\boldsymbol{E} \times \boldsymbol{B}$ の向きは，右ねじの法則より，導線内部に向かう向きとなる．

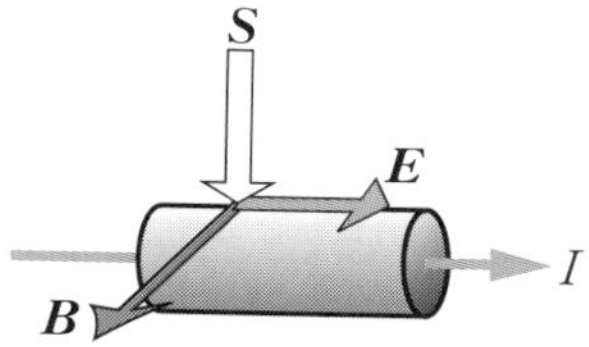

練習問題　6-5

解答 p. 253

半径 r の薄い 2 枚の円板を向かい合わせにし，距離 d 隔てて極板とした平行板キャパシターがある．キャパシターの静電エネルギーの増加率がキャパシター側面から流れ込むポインティングベクトルに等しいことを示せ．

問題 6-⑥ ▼一様磁場と点電荷によるポインティングベクトル

磁束密度 $\boldsymbol{B}$ の一様な磁場の中に点電荷 $q(>0)$ を固定した．電荷の位置を位置ベクトルの原点とすると，ポインティングベクトルの分布を求めよ．

●考え方●

磁束密度 $\boldsymbol{B}$ の向きを z 軸に一致させて考えても一般性を失わない．

解答

磁束密度を $\boldsymbol{B}=(0,0,B_z)$ とすると，ポインティングベクトル $\boldsymbol{S}$ は，

$$\boldsymbol{S}=\boldsymbol{E}\times\boldsymbol{H}=\boldsymbol{E}\times\frac{1}{\mu_0}\boldsymbol{B}=\frac{q}{4\pi\varepsilon_0\mu_0}\frac{\boldsymbol{r}}{r^3}\times(0,0,B_z)$$

$$=\frac{\underset{㋐}{c^2}qB_z}{4\pi r^3}\underset{㋑}{(y,-x,0)} \quad \text{答}$$

ポイント

㋐ $c=\dfrac{1}{\sqrt{\varepsilon_0\mu_0}}$ を用いた．

㋑ $\begin{vmatrix}\hat{x} & \hat{y} & \hat{z}\\ x & y & z\\ 0 & 0 & 1\end{vmatrix}=y\hat{x}-x\hat{y}$

向きは，z 軸の周りを時計回りに回る向きで，その大きさは，

$$|\boldsymbol{S}|=\frac{c^2qB_z}{4\pi r^3}\sqrt{x^2+y^2}$$

球面座標系 (r,θ,ϕ) で表すと，

$$|\boldsymbol{S}|=\frac{c^2qB_z}{4\pi r^2}\frac{\sqrt{x^2+y^2}}{r}=\frac{c^2qB_z\sin\theta}{4\pi r^2} \quad \text{答}$$

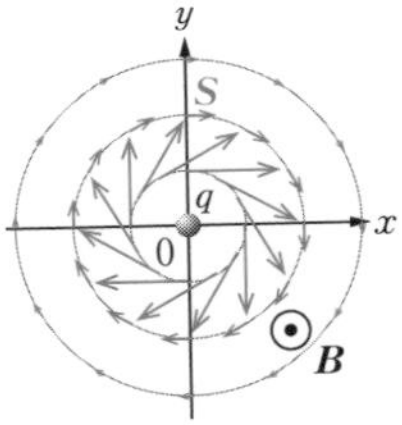

x–y 面内でのポインティングベクトル $\boldsymbol{S}$ の分布の様子を図に示す．

Memo

静電磁場のポインティングベクトル

この問題は，静電場と静磁場の混在空間にもエネルギーの流れが考えられることを示している．計算結果は，回転のみのベクトル場だから，エネルギーが発散することはないのでエネルギー保存則には抵触しない．ただし，このエネルギーの流れは観測にかからないものである．

練習問題　6-6　解答 p. 253

ポインティングベクトルの次元が，〔J/(m^2·s)〕であることを示せ．

問題 6-7 ▼フィゾーの実験

図の装置では，歯車の歯と歯の隙間を通過した光が，歯車から距離 L だけ離れた反射鏡で反射して戻ってきたときに，歯と歯の隙間を通過できれば光が観測者に届く．歯数 720 個の歯車の回転数を 0 からゆっくりと大きくしていき，12.6〔回/s〕のときに，観測者の視野が最初に暗くなった．この実験結果から光の速さ c〔m/s〕を求めよ．ただし，$L = 8633$ m であった．

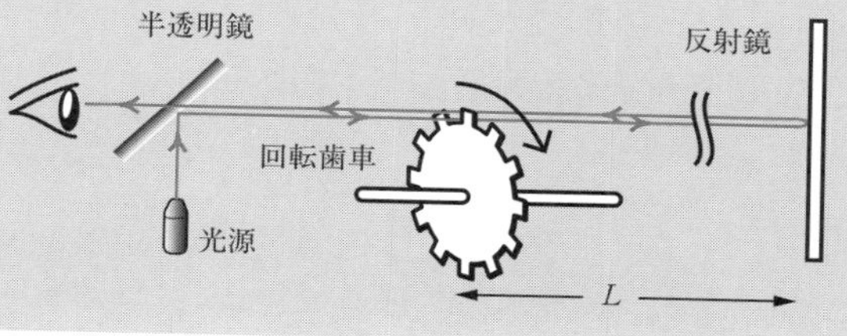

●考え方●

歯の隙間の中央を通過した光が歯車まで戻ってきたとき，そこに歯の中央があれば光が完全に遮断される．

解答

歯車の歯の個数を N，回転周波数を f とおく．

最初に光が遮断されるのは，歯車の歯が半個移動する㋐時間と光の往復時間が等しいときだから，

$$\frac{1}{f} \times \frac{1}{2N} = \frac{2L}{c} \qquad \therefore\ c = 4fNL$$

数値を代入すると，

$$c = 4fNL = 4 \times 12.6 \times 720 \times 8633$$
$$= 3.13 \times 10^8 \text{〔m/s〕}$$ ㋑ 答

ポイント

㋐ ここを勘違いするケースが多い．

㋑ 光の速度の厳密な値が最初に地上で得られた画期的な実験で，値も真の値とオーダーで一致している．

練習問題　6-7

解答 p. 253

自己インダクタンス 10 μH のコイルと，キャパシタンス 1000 pF のキャパシターを直列に配した電気振動回路からアンテナに導かれ発せられる電磁波の波長を求めよ．

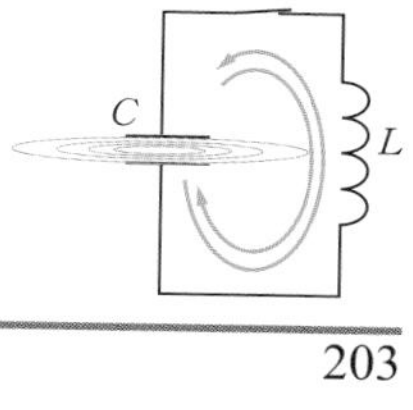

問題 6-8 ▼波動方程式の解

$f(x)$ を変数 x の微分可能な任意の㋐一変数関数とすると，$y(x,t)=f(x-vt)$ は，波動方程式，

$$\frac{\partial^2 y}{\partial x^2}-\frac{1}{v^2}\frac{\partial^2 y}{\partial t^2}=0$$

を満たすことを示せ．

●考え方●

$x-vt=z$ と文字の置換をすると見通しがよくなる．

解答

$x-vt=z$ とすると，

$$\frac{\partial y}{\partial x}=\frac{\partial y}{\partial z}\frac{\partial z}{\partial x}=\frac{\partial y}{\partial z}\times 1,$$

$$\frac{\partial^2 y}{\partial x^2}=\frac{\partial}{\partial z}\left(\frac{\partial y}{\partial z}\right)\frac{\partial z}{\partial x}=\frac{\partial^2 y}{\partial z^2}\times 1=\frac{\partial^2 y}{\partial z^2}$$

$$\frac{\partial y}{\partial t}=\frac{\partial y}{\partial z}\frac{\partial z}{\partial t}=\frac{\partial y}{\partial z}\times(-v)$$

$$\frac{\partial^2 y}{\partial t^2}=(-v)\frac{\partial}{\partial z}\left(\frac{\partial y}{\partial z}\right)\frac{\partial z}{\partial t}=v^2\frac{\partial^2 y}{\partial z^2}$$

以上より，

$$\frac{\partial^2 y}{\partial x^2}-\frac{1}{v^2}\frac{\partial^2 y}{\partial t^2}=\frac{\partial^2 y}{\partial z^2}-\frac{1}{v^2}v^2\frac{\partial^2 y}{\partial z^2}=0$$

となり，波動方程式を満たすことが示された．

証明終

ポイント

㋐ 波動方程式の解の集合は非常に広いことがわかる．また，この命題の逆は成り立たない．$f(x+vt)$ も解である．また，これらの線形結合も解である．

練習問題 6-8

解答 p. 253

下の①～④の x，t の 2 変数関数のうち，波動方程式

$$\frac{\partial^2 y}{\partial x^2}-\frac{1}{v^2}\frac{\partial^2 y}{\partial t^2}=0$$

の解の条件を満たすものを選べ．

① $y(x,t)=Ae^{x^2-v^2t^2}$，　② $y(x,t)=\dfrac{1-\sin^2(ft+kx)}{1+\sin^2(ft-kx)}$

③ $y(x,t)=\dfrac{1}{(x+3t)^2}-\dfrac{1}{(x-3t)^2}$，　④ $y(x,t)=Ae^{-(x-vt)^2}$

問題 6-9 ▼電磁波の $\boldsymbol{E} \perp \boldsymbol{B} \perp \boldsymbol{k}$ の証明

微分可能な任意の 1 変数関数 f を用いて，

$$\boldsymbol{E} = \boldsymbol{E}_0 f(\boldsymbol{k}\cdot\boldsymbol{r} - \omega t) \quad \cdots ① \qquad \boldsymbol{B} = \boldsymbol{B}_0 f(\boldsymbol{k}\cdot\boldsymbol{r} - \omega t) \quad \cdots ②$$

と表した電場と磁場は，自由空間での電磁波の波動方程式の平面波解を与える．ここに，$\boldsymbol{k}$ は波数ベクトルである．

(1) $\boldsymbol{k} \perp \boldsymbol{E}_0$，$\boldsymbol{k} \perp \boldsymbol{B}_0$ を示せ．

(2) $\boldsymbol{E}_0$，$\boldsymbol{B}_0$，$\boldsymbol{k}$ は相互に直交し，この順に右手系をなすことを示せ．

●考え方●

「問題 6-4 ▼ナブラ演算練習問題」での計算を生かす．$\boldsymbol{k}$ の向きを y 軸に，$\boldsymbol{E}_0$ の向きを z 軸に，$\boldsymbol{B}_0$ の向きを x 軸ととれば，問題 6-3 と同じである．

解答

(1) マクスウェルの方程式より，

$$\nabla\cdot\boldsymbol{E} = 0 \quad \cdots ③ \qquad \nabla\cdot\boldsymbol{B} = 0 \quad \cdots ④$$

$$\nabla \times \boldsymbol{E} = -\frac{\partial \boldsymbol{B}}{\partial t} \quad \cdots ⑤ \qquad \nabla \times \boldsymbol{B} = -\varepsilon_0\mu_0\frac{\partial \boldsymbol{E}}{\partial t} \quad \cdots ⑥$$

まず，①式を③式に代入すると，

$$\nabla\cdot\{\boldsymbol{E}_0 f(\boldsymbol{k}\cdot\boldsymbol{r} - \omega t)\} = 0 \quad \Leftrightarrow \quad \boldsymbol{k}\cdot\boldsymbol{E}_0 f'(\boldsymbol{k}\cdot\boldsymbol{r} - \omega t) = 0$$

これが，任意の $\boldsymbol{r}$，t で成立することより，

$$\boldsymbol{k}\cdot\boldsymbol{E}_0 = 0 \qquad \therefore\ \boldsymbol{k} \perp \boldsymbol{E}_0$$

同様に②式を④式に代入することで，

$$\boldsymbol{k}\cdot\boldsymbol{B}_0 = 0 \qquad \therefore\ \boldsymbol{k} \perp \boldsymbol{B}_0$$

証明終

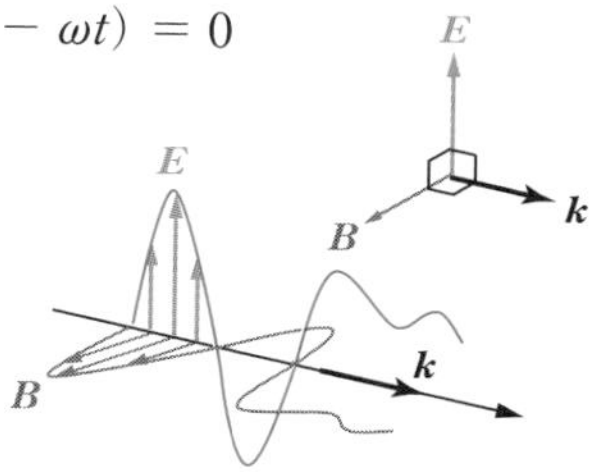

(2) 次に①式を⑤式に代入することで，

$$\nabla \times \{\boldsymbol{E}_0 f(\boldsymbol{k}\cdot\boldsymbol{r} - \omega t)\} = -\frac{\partial}{\partial t}\{\boldsymbol{B}_0 f(\boldsymbol{k}\cdot\boldsymbol{r} - \omega t)\}$$

$$\Leftrightarrow \quad \boldsymbol{k} \times \boldsymbol{E}_0 f'(\boldsymbol{k}\cdot\boldsymbol{r} - \omega t) = \omega \boldsymbol{B}_0 f'(\boldsymbol{k}\cdot\boldsymbol{r} - \omega t)$$

$$\Leftrightarrow \quad \boldsymbol{k} \times \boldsymbol{E}_0 = \omega \boldsymbol{B}_0$$

以上より，$\boldsymbol{E}_0$，$\boldsymbol{B}_0$，$\boldsymbol{k}$ は相互に直交し，この順に右手系をなす．

練習問題　6-9　解答 p. 254

真空中の電磁波の速度が $c = 1/\sqrt{\varepsilon_0\mu_0}$ で与えられるが，速度の次元になっていることを，〔ε_0〕＝［F/m］，〔μ_0〕＝［H/m］を利用して確認せよ．

問題 6-⑩ ▼ $E_y \rightarrow B_z$ の変換式(6-22)の証明

第6章基本事項 p.191 の(6-23)式を証明せよ．

●考え方●

E_y を構成する $g(x-vt)$ と $h(x+vt)$ が決まれば，B_z も $g(x-vt)$ と $h(x+vt)$ と速度 v を用いて容易に表される．

解答

(6-21)式を導く元の式を記すと，

$$\frac{\partial E_y}{\partial x} + \frac{\partial B_z}{\partial t} = 0 \quad \cdots①, \qquad \frac{\partial B_z}{\partial x} + \varepsilon\mu\frac{\partial E_y}{\partial t} = 0 \quad \cdots②$$

①，②式より，E_y，B_z 共に波動方程式 $\dfrac{\partial^2 X}{\partial x^2} - \dfrac{1}{v^2}\dfrac{\partial^2 X}{\partial t^2} = 0$ をみたす．

$g(x)$, $h(x)$ を任意関数とし，$g(x-vt) \Rightarrow g_{\rightarrow}$，$h(x+vt) \Rightarrow h_{\leftarrow}$ の略記を用いて，

$$E_y = g_{\rightarrow} + h_{\leftarrow} \qquad B_z = \alpha g_{\rightarrow} + \beta h_{\leftarrow}$$

と表し，定数 α，β を決定することを考える．まず，①式に代入して，

$$\frac{\partial}{\partial x}(g_{\rightarrow} + h_{\leftarrow}) + \frac{\partial}{\partial t}(\alpha g_{\rightarrow} + \beta h_{\leftarrow}) = 0 \quad \Leftrightarrow \quad (1 - v\alpha)g'_{\rightarrow} + (1 + v\beta)h'_{\leftarrow} = 0$$

任意の $g(x)$，$h(x)$ についてこの式が成立することより，$\alpha = \dfrac{1}{v}$，$\beta = -\dfrac{1}{v}$

同様に，②式に代入して，

$$\frac{\partial}{\partial x}(\alpha g_{\rightarrow} + \beta h_{\leftarrow}) + \varepsilon\mu\frac{\partial}{\partial t}(\alpha g_{\rightarrow} + \beta h_{\leftarrow}) = 0$$

$$\Leftrightarrow \quad (\alpha - \varepsilon\mu v)g'_{\rightarrow} + (\beta + \varepsilon\mu v)h'_{\leftarrow} = 0$$

任意の $g(x)$，$h(x)$ についてこの式が成立することより，

$$\alpha - \varepsilon\mu v = 0, \ \beta + \varepsilon\mu v = 0 \quad \Leftrightarrow \quad \alpha = \varepsilon\mu v, \ \beta = -\varepsilon\mu v$$

ここで，$\varepsilon\mu = \dfrac{1}{v^2}$ より，$\alpha = \dfrac{1}{v}$，$\beta = -\dfrac{1}{v}$

以上より，$B_z = \dfrac{1}{v}g(x-vt) - \dfrac{1}{v}h(x+vt)$ 証明終

練習問題 6-10 解答 p. 254

また，p.191 の⑩式で，$E_z = g(x-vt) + h(x+vt)$ を一般解に選ぶと，

$$B_y = -\frac{1}{v}g(x-vt) + \frac{1}{v}h(x+vt)$$

となることを示せ．

問題 6-11 ▼波動解の位相速度

練習問題 6-3 の電場解を $\boldsymbol{E} = \hat{\boldsymbol{z}} E_0 \sin(ky - \omega t)$ とする．電磁波の進む速さを，波数 k と角振動数 ω で表せ．

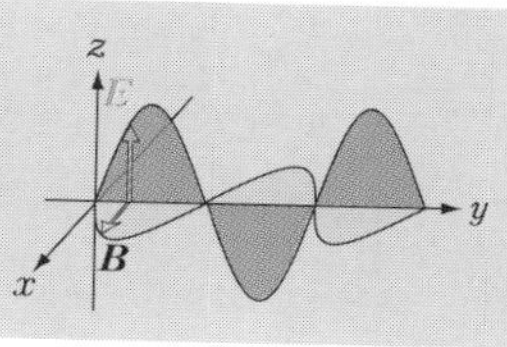

●考え方●

波動が移動する様子は，位相が一定の (x, t) の組を追いかけることと同じである．いろいろな解答が考えられる．

解答

位相速度のことだから，

$$ky - \omega t = 一定 \quad \Leftrightarrow \quad k\Delta y - \omega \Delta t = 0$$

$$\Leftrightarrow \quad v = \frac{\Delta y}{\Delta t} = \frac{\omega}{k} \quad 答$$

ポイント

㋐ **練習問題 6-8** 参照

㋑ k は，2π〔m〕に含まれる波数のことである．

別解　$ky - \omega t = k\left(y - \dfrac{\omega}{k}t\right)$ と変形すると，波動解 E_z が $y - \dfrac{\omega}{k}t$ の関数であることがわかる．一般に波動解は，（位置座標）と t が，（位置座標）$- vt$ の形式で㋐のみ含まれているはずだから，両式を比較して，

$$v = \frac{\omega}{k} \quad 答$$

別解　波動方程式そのものに代入して，

$$\frac{\partial^2}{\partial y^2}E_z - \frac{1}{v_2}\frac{\partial^2}{\partial t^2}E_z = 0 \qquad \therefore\ v^2 = \frac{\dfrac{\partial^2}{\partial t^2}E_z}{\dfrac{\partial^2}{\partial y^2}E_z} = \frac{-\omega^2 E_z}{-k^2 E_z} = \frac{\omega^2}{k^2}$$

$$\therefore\ v = \frac{\omega}{k} \quad 答$$

別解　波の速さの式より，

$$v = f\lambda = \frac{2\pi/T}{2\pi/\lambda_{㋑}} = \frac{\omega}{k} \quad 答$$

練習問題　6-11

解答 p. 254

問題 6-11 の磁場解 B_x を求めよ．

問題 6-⑫ ▼直線偏光・円偏光

真空中を x 軸の正の向きに進行する電磁波の電場が，y 成分のみでなく，z 成分ももち，

$$E_y = E_0 \sin(kx - \omega t), \qquad E_z = E_0 \sin\{(kx - \omega t) + \phi\}$$

で表されるとする．$\phi = 0,\ \dfrac{\pi}{4},\ \dfrac{\pi}{2}$ の場合について，電場ベクトル $\boldsymbol{E}$ の変化の様子を図示せよ．

●考え方●

波動の電場ベクトルは，進行方向（波数ベクトル）に垂直な二つの向きの自由度をもつ．一つが消えている場合は直線偏光になる．

解答

$\boldsymbol{E} = (0, E_y, E_z)$ として，

ⅰ）$\phi = 0$ のとき

E_y，E_z は同位相となり，振幅も同じだから $E_z = E_y$ となり，$\boldsymbol{E} = (0, E_y, E_z)$ の先端は，原点を通る直線上を往復する．

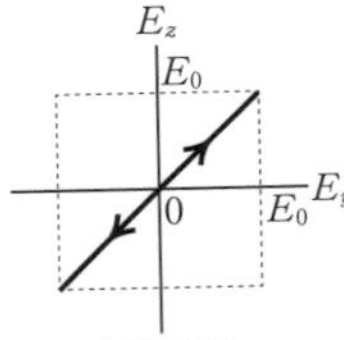

直線偏光

ⅱ）$\phi = \dfrac{\pi}{4}$ のとき

E_z は E_y より位相が $\dfrac{\pi}{4}$ 進む．$\boldsymbol{E} = (0, E_y, E_z)$ の先端は，原点中心で長軸が 45 度傾いた楕円上を反時計回りに移動する．

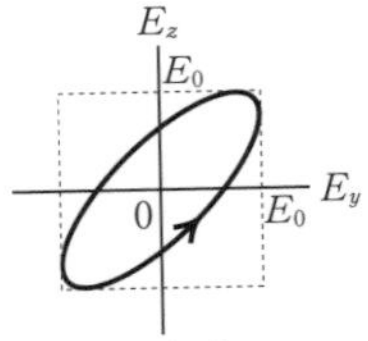

楕円偏光

ⅲ）$\phi = \dfrac{\pi}{2}$ のとき

E_z は E_y より位相が $\dfrac{\pi}{2}$ 進む．$\boldsymbol{E} = (0, E_y, E_z)$ の先端は，原点中心で半径 E_0 の円上を反時計回りに移動する．

グラフは，位相に具体値を入れながらプロットしてみると容易に得られる．

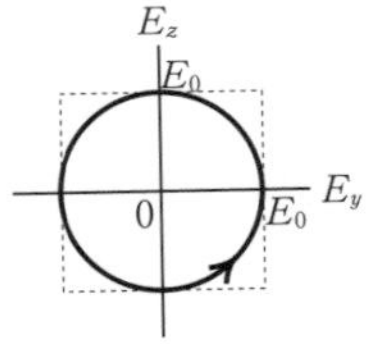

円偏光

練習問題　6-12　解答 p. 254

問題 6-⑫で $\phi = 0,\ \dfrac{\pi}{4},\ \dfrac{\pi}{2}$ の場合について，磁場成分 B_y，B_z を求めよ．

問題 6-13 ▼直線偏光の反射および透過

誘電率と透磁率がそれぞれ ε_1, μ_1 の媒質から, ε_2, μ_2 の媒質に電磁波が直入射した．反射率と透過率を求めよ．電気伝導率は 0 とする．

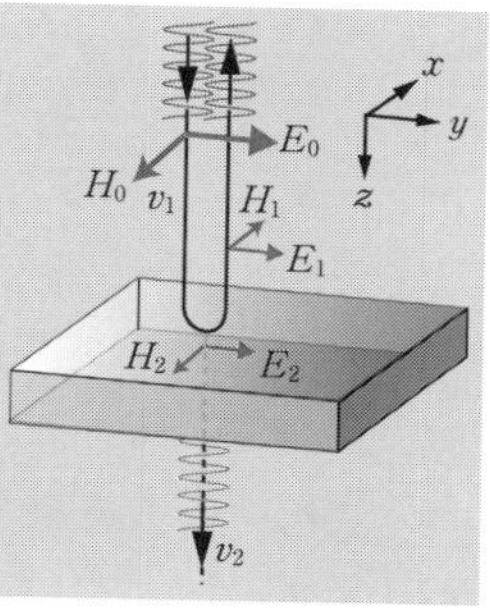

●考え方●

$\boldsymbol{E}$ と $\boldsymbol{H}$ の境界条件を利用する．

解答

x-y-z 軸を図のようにとる．入射電磁波の向きは $-z$ の向きである．入射，反射，透過電磁波の電場と磁場の強さをそれぞれ，E_0, E_1, E_2 および H_0, H_1, H_2 とする．

$$H_0=\sqrt{\varepsilon_1/\mu_1}E_0,\ H_1=\sqrt{\varepsilon_1/\mu_1}E_1,\ H_2=\sqrt{\varepsilon_2/\mu_2}E_2 \quad \cdots①$$

境界面の両側で $\boldsymbol{H}$ の境界面の方向の成分は連続だから,

$$E_0+E_1=E_2 \quad \cdots② \qquad H_0-H_1=H_2 \quad \cdots③$$

③式に①式を入れ,

$$\sqrt{\varepsilon_1/\mu_1}E_0-\sqrt{\varepsilon_1/\mu_1}E_1=\sqrt{\varepsilon_2/\mu_2}E_2 \quad \cdots④$$

②, ④式より, E_1, E_2 は,

$$E_1=\frac{\sqrt{\varepsilon_1/\mu_1}-\sqrt{\varepsilon_2/\mu_2}}{\sqrt{\varepsilon_1/\mu_1}+\sqrt{\varepsilon_2/\mu_2}}E_0,\ E_2=\frac{2\sqrt{\varepsilon_1/\mu_1}}{\sqrt{\varepsilon_1/\mu_1}+\sqrt{\varepsilon_2/\mu_2}}E_0$$

反射率や透過率は移動エネルギー $|\boldsymbol{E}\times\boldsymbol{H}|$ の比率だから,

$$\text{反射率}(r)=\left|\frac{E_1H_1}{E_0H_0}\right|=\frac{\sqrt{\varepsilon_1/\mu_1}{E_1}^2}{\sqrt{\varepsilon_1/\mu_1}{E_0}^2}=\left(\frac{\sqrt{\varepsilon_1/\mu_1}-\sqrt{\varepsilon_2/\mu_2}}{\sqrt{\varepsilon_1/\mu_1}+\sqrt{\varepsilon_2/\mu_2}}\right)^2 \quad \text{答}$$

$$\text{透過率}(t)=\left|\frac{E_2H_2}{E_0H_0}\right|=\frac{\sqrt{\varepsilon_2/\mu_2}{E_2}^2}{\sqrt{\varepsilon_1/\mu_1}{E_0}^2}=\frac{4\sqrt{\varepsilon_1\varepsilon_2/\mu_1\mu_2}}{(\sqrt{\varepsilon_1/\mu_1}+\sqrt{\varepsilon_2/\mu_2})^2} \quad \text{答}$$

練習問題　6-13

解答 p. 254

光が空気中から，屈折率 n の物質の表面に垂直に入射するときの反射率を求めよ．物質は強磁性体ではなく，μ_1, $\mu_2 \fallingdotseq \mu_0$ とする．

問題 6-14 ▼電磁波のエネルギー密度

(6-26)式で与えられる電磁波，

$$E_y(x,t) = E_0 \sin(kx - \omega t),$$

$$B_z(x,t) = \frac{E_0}{v}\sin(kx - \omega t)$$

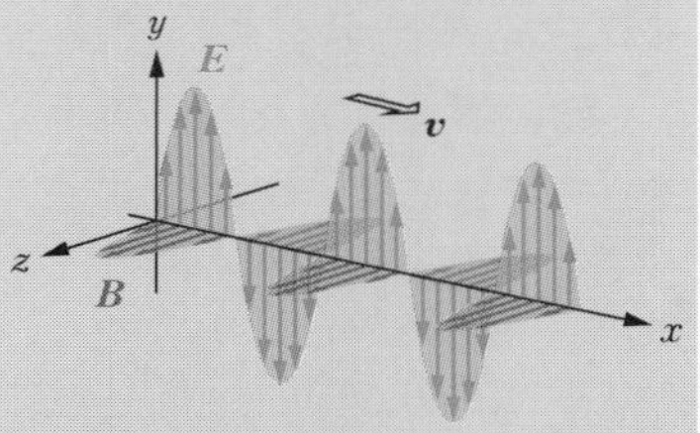

を考える．

(1) 電磁波のエネルギー密度 u_{em} を求めよ．

(2) 電磁波のポインティングベクトルの時間平均 $\overline{\boldsymbol{S}}$ を求めよ．

●考え方●

電磁場のエネルギー密度（(4-14), (2-17)式）やポインティングベクトル（(6-12)式）を場の量で表現する．

解答

(1) $\varepsilon\mu v^2 = 1$ に注意すると，

$$\begin{aligned}
u_{\mathrm{em}} &= \frac{1}{2}(\boldsymbol{E}\cdot\boldsymbol{D} + \boldsymbol{H}\cdot\boldsymbol{B}) = \frac{1}{2}(E_yD_y + H_zB_z) \\
&= \frac{1}{2}\left(\varepsilon E_y{}^2 + \frac{1}{\mu}B_z{}^2\right) \\
&= \frac{1}{2}\varepsilon(E_y{}^2 + v^2B_z{}^2) \\
&= \frac{1}{2}\varepsilon\Bigl\{\underbrace{E_0{}^2\sin^2(kx-\omega t) + v^2\frac{E_0{}^2}{v^2}\sin^2(kx-\omega t)}_{㋐}\Bigr\} \\
&= \frac{1}{2}\varepsilon(E_0{}^2 + E_0{}^2)\sin^2(kx-\omega t) = \varepsilon E_0{}^2\sin^2(kx-\omega t) \quad \text{答}
\end{aligned}$$

(2) ポインティングベクトルは，

$$\boldsymbol{S} = \boldsymbol{E}\times\boldsymbol{H} = (E_yH_z, 0, 0) = E_yH_z\hat{\boldsymbol{x}}$$

$$\therefore\ \boldsymbol{S} = E_yH_z\hat{\boldsymbol{x}} = \frac{E_0{}^2}{\mu v}\sin^2(kx-\omega t)\hat{\boldsymbol{x}} = \varepsilon v E_0{}^2\sin^2(kx-\omega t)\hat{\boldsymbol{x}}$$

$$\therefore\ \overline{\boldsymbol{S}} = \varepsilon v E_0{}^2\underbrace{\overline{\sin^2(kx-\omega t)}}_{㋑}\hat{\boldsymbol{x}} = \frac{\varepsilon v E_0{}^2}{2}\hat{\boldsymbol{x}} \quad \text{答}$$

ポイント

㋐ 電場と磁場の成分からの寄与が等しいことがわかる．

㋑ 平均は時間平均のことであり，この部分は1/2となる．

練習問題 6-14 　　解答 p. 254

ラジオ放送の送信所のアンテナから送り出された電波をある地点で観測したところ，電場の最大値が 1.0×10^{-3} V/m であった．その地点でのエネルギーの流れを〔W/m^2〕単位で答えよ．また，磁場の強さの最大値はいくらか．

問題 6-15 ▼太陽光のエネルギー密度と E_0，B_0

太陽光が地球表面に降り注ぐエネルギー密度は，1.37×10^3〔J/(m²·s)〕である．これより，太陽光の平均のエネルギー密度 $\bar{u}_{\mathrm{em}}$〔J/m³〕，電場の振幅 E_0，磁場の振幅 B_0 を求めよ．真空の誘電率は，$\varepsilon_0 = 8.85 \times 10^{-12}$〔F/m〕とする．

●考え方●

電磁場や電磁波のエネルギー密度とポインティングベクトルの関係を用いる．

解答

(6-12)式より，太陽光の平均エネルギー密度は，

$$\bar{u} = \frac{\bar{S}}{c} = \frac{1.37 \times 10^3}{3 \times 10^8} = 4.6 \times 10^{-6}\ \mathrm{J/m^3} \quad 答$$

また，問題 6-14の結果より，

$$\bar{u}_{\mathrm{em}} = \overline{\varepsilon_0 {E_0}^2 \sin^2(kx - \omega t)} = \frac{1}{2}\varepsilon_0 {E_0}^2$$

$$\therefore\ E_0 = \sqrt{\frac{2\bar{u}_{\mathrm{em}}}{\varepsilon_0}} = \sqrt{\frac{2 \times 4.56 \times 10^{-6}}{8.85 \times 10^{-12}}} = 1.02 \times 10^3〔\mathrm{V/m}〕 \quad 答$$

電場の振幅と磁場の振幅の関係より，

$$B_0 = \frac{E_0}{c} = \frac{1.02 \times 10^3}{3.0 \times 10^8} = 3.4 \times 10^{-6}〔\mathrm{T}〕 \quad 答$$

Memo

太陽からの恵み

太陽から届くエネルギーは，太陽での核融合反応で生成されたもので，その量は177兆kW．世界の年間の消費エネルギーをたった1時間でまかなえる量に相当する．枯渇の心配や，環境破壊とは無縁のエネルギー源だから，もっと有効活用できることが望ましい．

練習問題　6-15　解答 p. 255

出力1Wのレーザー発生装置から直径0.01 mmの円形ビームが射出している．光の電場の振幅 E_0 と磁束密度の大きさ B_0 を求めよ．

column6 ◆マクスウェル

イギリス・スコットランドの理論物理学者で，ファラデーによる電磁場理論をもとにマクスウェルの方程式を導いて古典電磁気学を完成させた．

若き日のマクスウェルは，身だしなみも気にせず，自分の殻に閉じこもる，いわゆるオタク少年で，クラスメートの過酷ないじめのターゲットにされた．エディンバラ大学に入学した後も，大学生活にもなじめなかった．その当時読んだとされる2行連句が，やり場のない少年の苦悩を痛々しいまでに表している．

「汝，歳月よ過ぎ去れ　少年を鞭打つことが罪と思われる時代が　早く来ますように」

19歳でケンブリッジ大学のトリニティー・カレッジに移ってからの4年間で，眠っていた数学の才能が一挙に開花した．土星の輪の謎を解き，気体の分子運動の論文を発表した．やがて，1864年には，電磁場を支配するマクスウェル方程式を導き出し，光の正体は電磁波であることを看破した．

マクスウェルは，誰よりも人の痛みを理解して共感する不思議な能力があった．特にほとんど顧みられていなかった人達に大きな理解を示した．高等教育を受けていないたたき上げの実験家であるファラデーが提示した磁力線の理論の突飛な発想に，老人の妄想として当時の科学者達はみな長年無視していたが，マクスウェルは，ファラデーの言葉に真摯に耳を傾けた．そして，このときのファラデーとのやりとりがヒントとなって，マクスウェルは偉大な電磁波の方程式を導いた．孤独な少年時代とは対照的に，晩年の彼は多くの友人達に恵まれ，享年48歳の短い生涯を閉じた．

ジェームズ・クラーク・マクスウェル(独)
1831年〜1879年

Appendix

数学的準備

ここでは，この本の基本事項で使用する数学知識を整理している．
最初にざっと目を通してもよいし，
本文を読み進めながら，途中で不安に思う点があれば，
ここを訪れて該当部分を読むというふうに利用してもよい．

1 座標系
2 ベクトルとスカラー
3 テイラー展開
4 ベクトル場の微分・積分
5 複素数
6 線形微分方程式
7 波動方程式

基本事項

1 座標系

物理で利用する主要な座標系についてまとめる．

❶ 直交（デカルト）座標（Cartesian coordinates）

直交座標系のうち，原点を中心に x 軸を y 軸に重ねるように回す向きに右ネジを回すとき，ネジの進む向きを z 軸にとる座標系を右手(座標)系という．z 軸を逆向きにとると左手系となる．このテキストでは，原則，右手座標系を用いる．

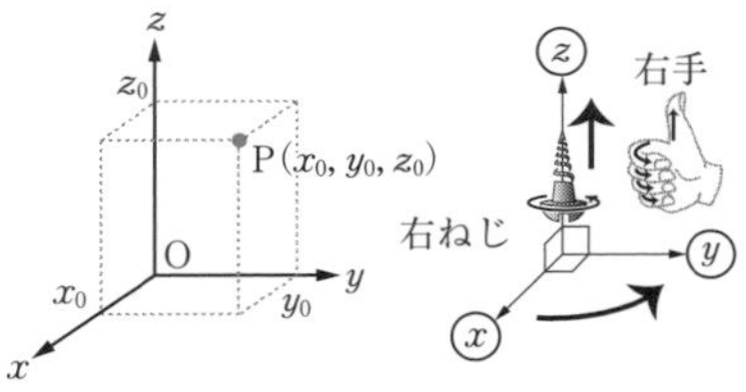

図 A-1-1

❷ 円筒座標（Cylindrical coordinates）

次の 3 つの数値 ρ，ϕ，z で点の位置を指定する．

円筒座標とデカルト座標の変換：

$$x = \rho\cos\phi,\quad y = \rho\sin\phi,\quad z = z \tag{A-1}$$

$$\rho = \sqrt{x^2 + y^2},\quad \phi = \tan^{-1}\frac{y}{x},\quad z = z \tag{A-2}$$

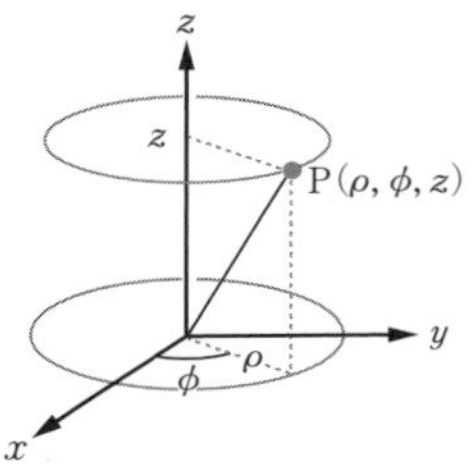

図 A-1-2

❸ 極座標（Polar coordinates）

円筒座標のうち，z 軸を省略し，2 次元化したものを極座標という．

❹ 球面座標系（Spherical coordinates）

次の 3 つの数値 r，θ，ϕ で点の位置を指定する．

$$\begin{cases} x = r\sin\theta\cos\phi \\ y = r\sin\theta\sin\phi \\ z = r\cos\theta \end{cases} \tag{A-3}$$

$$\begin{cases} r = \sqrt{x^2 + y^2 + z^2} \\ \theta = \tan^{-1}\dfrac{\sqrt{x^2 + y^2}}{z} \\ \phi = \tan^{-1}\dfrac{y}{x} \end{cases} \tag{A-4}$$

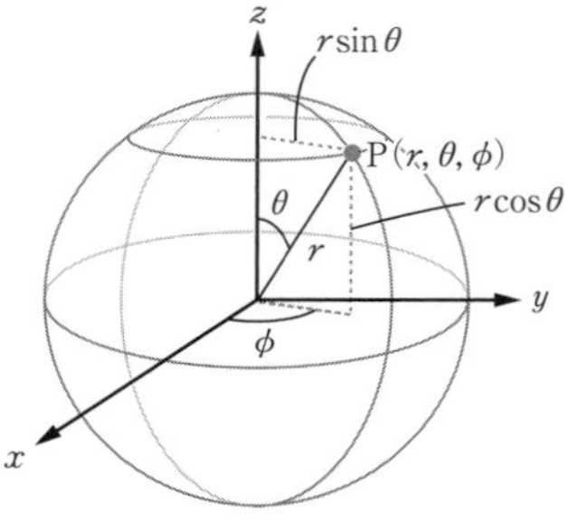

図 A-1-3

2　ベクトルとスカラー

このテキストでは，ベクトルは，原則***イタリックの太字***で表現する．特に単位ベクトルについては，文字にハットをつける．

【例】スカラー量　p，Q　　ベクトル量　$\boldsymbol{a}$，$\boldsymbol{A}$，$\hat{\boldsymbol{x}}$

また，ベクトルの成分表示も使う．

【例】$\boldsymbol{A} = (a_1, a_2, a_3)$，$\boldsymbol{B} = (b_1, b_2, b_3)$

以下の高校の既習内容の解説に関しては，割愛する．

・ベクトルの大きさ　　・ベクトルの和，差，スカラー倍

・単位ベクトル　　・位置ベクトル　　・ベクトルの内積

❶ ベクトルの外積の定義

$\boldsymbol{A}$，$\boldsymbol{B}$ の**ベクトル積**，あるいは**外積**を $\boldsymbol{A} \times \boldsymbol{B}$ と表記する．

大きさと向き：

大きさ：ベクトル $\boldsymbol{A}$，$\boldsymbol{B}$ のつくる平行四辺形の面積 $|\boldsymbol{A}||\boldsymbol{B}|\sin\theta$

向き：ベクトル $\boldsymbol{A}$ からベクトル$\boldsymbol{B}$の向きに右ネジを回すときのネジの進む向き

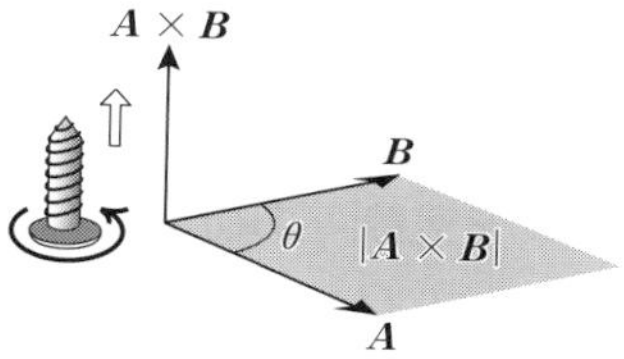

図 A-2-1

$\boldsymbol{A} \times \boldsymbol{B}$ の成分表示：$\boldsymbol{A} = (a_1, a_2, a_3)$，$\boldsymbol{B} = (b_1, b_2, b_3)$ に対し，

$$\boldsymbol{A} \times \boldsymbol{B} = (a_2b_3 - a_3b_2,\ a_3b_1 - a_1b_3,\ a_1b_2 - a_2b_1) \qquad \text{(A-5)}$$

❷ ベクトルの外積の性質

(A-6)

外積・内積に関して，次の性質がある．(証明略)

□ $\boldsymbol{B} \times \boldsymbol{A} = -\boldsymbol{A} \times \boldsymbol{B}$　(交換則が成立しない)

□ $(c\boldsymbol{A}) \times \boldsymbol{B} = \boldsymbol{A} \times (c\boldsymbol{B}) = c(\boldsymbol{A} \times \boldsymbol{B})$　(スカラーとの交換則)

□ $\boldsymbol{A} \times (\boldsymbol{B} + \boldsymbol{C}) = \boldsymbol{A} \times \boldsymbol{B} + \boldsymbol{A} \times \boldsymbol{C}$　(分配則が成立する)

□ $(\boldsymbol{A} \times \boldsymbol{B}) \cdot \boldsymbol{C} = (\boldsymbol{B} \times \boldsymbol{C}) \cdot \boldsymbol{A} = (\boldsymbol{C} \times \boldsymbol{A}) \cdot \boldsymbol{B}$　(「スカラー三重積」とよばれ，$\boldsymbol{A}$，$\boldsymbol{B}$，$\boldsymbol{C}$ の三つのベクトルがつくる平行六面体の体積を表す)

□ $\boldsymbol{A} \times (\boldsymbol{B} \times \boldsymbol{C}) = (\boldsymbol{A} \cdot \boldsymbol{C})\boldsymbol{B} - (\boldsymbol{A} \cdot \boldsymbol{B})\boldsymbol{C}$　(「ベクトル三重積」)

3 テイラー展開

❶ テイラー展開

▶ 一変数関数のテイラー展開

微分可能な変数 x の任意の関数 $f(x)$ を，点 $x=a$ の周りでべき級数を用いて近似することをテイラー展開という．

$$f(x)=f(a)+f'(a)(x-a)+\frac{f''(a)}{2!}(x-a)^2+\frac{f'''(a)}{3!}(x-a)^3+\cdots \tag{A-7}$$

【例】 $f(x)=\sin x$ を $x=0$ の周りでテイラー展開すると，

$$\sin x=\sin 0+\sin'(0)\cdot x+\frac{\sin''(0)}{2!}\cdot x^2+\cdots=x-\frac{1}{3!}x^3+\frac{1}{5!}x^5-\cdots$$

同様に，$f(x)=\cos x$ を展開すると，

$$\cos x=1-\frac{1}{2}x^2+\frac{1}{4!}x^4-\cdots$$

▶ 多変数関数の微分

微分可能な 2 変数関数 $f(x,y)$ で，x の微小変化 Δx に対する関数 f の変化 Δf の比の極限，$\lim_{\Delta x\to 0}\frac{\Delta f}{\Delta x}$ を $\frac{\partial f}{\partial x}$ と表し，「f の x による**偏微分**」という．y についても同様である．次に，$(x_0, y_0)\to(x_0+\Delta x, y_0+\Delta y)$ の変化に対する変化率について考えてみる．この大きさを Δs とし，この変化の向きの単位ベクトルを $\hat{\boldsymbol{s}}$ とすると，

$$\lim_{\Delta s\to 0}\frac{f(x+\Delta x, y+\Delta y)-f(x,y)}{\Delta s}=\lim_{\Delta s\to 0}\frac{f(x,y)+\frac{\partial f}{\partial x}\Delta x+\frac{\partial f}{\partial y}\Delta y-f(x,y)}{\Delta s}$$

$$=\lim_{\Delta s\to 0}\left(\frac{\partial f}{\partial x}\frac{\Delta x}{\Delta s}+\frac{\partial f}{\partial y}\frac{\Delta y}{\Delta s}\right)=\frac{\partial f}{\partial x}(\hat{\boldsymbol{s}})_x+\frac{\partial f}{\partial y}(\hat{\boldsymbol{s}})_y$$

これにより，変数の組が微小変化する場合，関数の変化率は，

$$\frac{df}{ds}=\left(\frac{\partial f}{\partial x},\frac{\partial f}{\partial y}\right)\cdot\hat{\boldsymbol{s}}$$

となる．3 次元の場合にも容易に拡張でき，

$$\frac{df}{ds}=\left(\frac{\partial f}{\partial x},\frac{\partial f}{\partial y},\frac{\partial f}{\partial z}\right)\hat{\boldsymbol{s}}$$

となる．

4　ベクトル場の微分・積分

空間の各点 $\mathrm{P}(x, y, z)$ にベクトル $\boldsymbol{A}$ が定義されているとき，これを**ベクトル場**という．ベクトルの微分や積分は，ベクトルの各成分を微分や積分することと定義する．

❶ ベクトル場の微分

▶ ∇ 演算子

微分演算子ベクトル（∇：「ナブラ」と読む）を次のように定義する．この演算子はスカラー場やベクトル場に作用する．

$$\nabla \equiv \left(\frac{\partial}{\partial x}, \frac{\partial}{\partial y}, \frac{\partial}{\partial z}\right) \tag{A-8}$$

▶ grad（勾配）

スカラー場 $\phi(\boldsymbol{r})$ に対して，次のベクトルを $\phi(\boldsymbol{r})$ の**勾配**（グラジエント）といい，$\mathrm{grad}\,\phi$ や $\nabla\phi$ と表す．

$$\nabla\phi = \left(\frac{\partial\phi}{\partial x}, \frac{\partial\phi}{\partial y}, \frac{\partial\phi}{\partial z}\right) \tag{A-9}$$

微小変動 $\boldsymbol{r} \to \boldsymbol{r} + \Delta\boldsymbol{r}$ に対する $\phi(\boldsymbol{r})$ の微小変化 $\Delta\phi$ は，

$$\begin{aligned}\Delta\phi(\boldsymbol{r}) &= \phi(\boldsymbol{r} + \Delta\boldsymbol{r}) - \phi(\boldsymbol{r}) \\ &= \frac{\partial\phi}{\partial x}\Delta x + \frac{\partial\phi}{\partial y}\Delta y + \frac{\partial\phi}{\partial z}\Delta z\end{aligned}$$

これは，ベクトル $\nabla\phi$ と微小変位ベクトル $\Delta\boldsymbol{r}$ の内積の形をしているので，

$$\Delta\phi(\boldsymbol{r}) = \left(\frac{\partial\phi}{\partial x}, \frac{\partial\phi}{\partial y}, \frac{\partial\phi}{\partial z}\right)\cdot(\Delta x, \Delta y, \Delta z) = \nabla\phi\cdot\Delta\boldsymbol{r} \tag{A-10}$$

ベクトル $\nabla\phi$ は，その場所で $\phi(\boldsymbol{r})$ の変化が最大となる3次元的な向き（最大傾斜方向）を示していると解釈できる．「勾配」とよばれる理由である．

《計算例》（$\boldsymbol{r}$ は位置ベクトル，$\boldsymbol{a}$ は定ベクトル）

$$\nabla r = \left(\frac{\partial}{\partial x}r, \frac{\partial}{\partial y}r, \frac{\partial}{\partial z}r\right) = \boxed{\frac{\boldsymbol{r}}{r}} \qquad \nabla(\boldsymbol{a}\cdot\boldsymbol{r}) = \boxed{\boldsymbol{a}} \tag{A-11}$$

$$\nabla\left(\frac{1}{r}\right) = \left(\frac{\partial}{\partial x}\frac{1}{r}, \frac{\partial}{\partial y}\frac{1}{r}, \frac{\partial}{\partial z}\frac{1}{r}\right) = -\frac{1}{r^2}\left(\frac{\partial r}{\partial x}, \frac{\partial r}{\partial y}, \frac{\partial r}{\partial z}\right) = \boxed{-\frac{\boldsymbol{r}}{r^3}} \tag{A-12}$$

▶div（発散）

ベクトル場 $\boldsymbol{A}(\boldsymbol{r})$ に対して，スカラー $\dfrac{\partial A_x}{\partial x}+\dfrac{\partial A_y}{\partial y}+\dfrac{\partial A_z}{\partial z}$ を $\boldsymbol{A}(\boldsymbol{r})$ の**発散**（ダイバージェンス）といい，$\mathrm{div}\,\boldsymbol{A}(\boldsymbol{r})$ や $\nabla\cdot\boldsymbol{A}(\boldsymbol{r})$ とも表す．

$$\nabla\cdot\boldsymbol{A}(\boldsymbol{r})=\frac{\partial A_x}{\partial x}+\frac{\partial A_y}{\partial y}+\frac{\partial A_z}{\partial z} \qquad \text{(A-13)}$$

もし，$\boldsymbol{A}(\boldsymbol{r})$ が流体の流速場を扱っている場合には，この微小直方体領域からの流体の湧き出し（体積）を表す．これが「発散」とよばれる理由である．

《計算例》 $$\nabla\cdot\boldsymbol{r}=\frac{\partial}{\partial x}x+\frac{\partial}{\partial y}y+\frac{\partial}{\partial z}z=\boxed{3} \qquad \text{(A-14)}$$

▶rot（回転）

ベクトル場 $\boldsymbol{A}(\boldsymbol{r})$ に関して，つぎのベクトルを $\boldsymbol{A}(\boldsymbol{r})$ の**回転**（ローテーション）といい，$\mathrm{rot}\,\boldsymbol{A}(\boldsymbol{r})$，あるいは $\mathrm{curl}\,\boldsymbol{A}(\boldsymbol{r})$，あるいは $\nabla\times\boldsymbol{A}(\boldsymbol{r})$ と表す．

$$\mathrm{rot}\,\boldsymbol{A}(\boldsymbol{r})=\left(\frac{\partial A_z}{\partial y}-\frac{\partial A_y}{\partial z},\ \frac{\partial A_x}{\partial z}-\frac{\partial A_z}{\partial x},\ \frac{\partial A_y}{\partial x}-\frac{\partial A_x}{\partial y}\right) \qquad \text{(A-15)}$$

$\mathrm{rot}\,\boldsymbol{A}(\boldsymbol{r})=\boldsymbol{0}$ の場合，**渦なし場**という．

《計算例》 $$\nabla\times\boldsymbol{r}=\left(\frac{\partial}{\partial y}z-\frac{\partial}{\partial z}y\right)\hat{\boldsymbol{x}}+\left(\frac{\partial}{\partial z}x-\frac{\partial}{\partial x}z\right)\hat{\boldsymbol{y}}+\left(\frac{\partial}{\partial x}y-\frac{\partial}{\partial y}x\right)\hat{\boldsymbol{z}}$$

$$=\boxed{\boldsymbol{0}} \qquad \text{(A-16)}$$

▶ラプラシアン

ナブラ同士の内積をラプラシアンといい，Δ と表す．

$$\Delta=\nabla\cdot\nabla=\frac{\partial^2}{\partial x^2}+\frac{\partial^2}{\partial y^2}+\frac{\partial^2}{\partial z^2} \qquad \text{(A-17)}$$

《計算例》 $$\frac{\partial}{\partial x}r=\frac{x}{r}\quad\therefore\ \frac{\partial^2}{\partial x^2}r=\frac{\partial}{\partial x}\left(\frac{x}{r}\right)=\frac{1}{r}-\frac{x}{r^2}\frac{\partial}{\partial x}r=\frac{1}{r}-\frac{x^2}{r^3}$$

$$\Delta r=\left(\frac{\partial^2}{\partial x^2}+\frac{\partial^2}{\partial y^2}+\frac{\partial^2}{\partial z^2}\right)r=\left(\frac{1}{r}-\frac{x^2}{r^3}\right)+\left(\frac{1}{r}-\frac{y^2}{r^3}\right)+\left(\frac{1}{r}-\frac{z^2}{r^3}\right)$$

$$=\frac{3}{r}-\frac{1}{r}=\boxed{\frac{2}{r}} \qquad \text{(A-18)}$$

❷ その他の∇計算例（結果のみ表示） (A-19)

□ $\nabla\cdot(f\boldsymbol{A})=(\nabla f)\cdot\boldsymbol{A}+f(\nabla\cdot\boldsymbol{A})$

□ $\nabla\times(f\boldsymbol{A})=(\nabla f)\times\boldsymbol{A}+f(\nabla\times\boldsymbol{A})$

□ $\nabla\times(\nabla\boldsymbol{A})=0$ 　　□ $\nabla\cdot(\nabla\times\boldsymbol{A})=0$

□　$\nabla\cdot(\boldsymbol{A}\times\boldsymbol{B})=(\nabla\times\boldsymbol{A})\cdot\boldsymbol{B}-\boldsymbol{A}\cdot(\nabla\times\boldsymbol{B})$

□　$\nabla\times(\nabla\times\boldsymbol{A})=\nabla(\nabla\cdot\boldsymbol{A})-\nabla^2\boldsymbol{A}$

❸ ベクトル場の積分

主に出てくるベクトル場の積分には，**線積分**，**面積分**，**体積積分**がある．

▶ 線積分

ベクトル場 $\boldsymbol{A}(\boldsymbol{r})$ 中の点 P_1 と点 P_2 を結ぶ曲線 Γ に対して，積分 $\int_\Gamma \boldsymbol{A}(\boldsymbol{r})\cdot d\boldsymbol{l}$ を**線積分**という．ここで，$d\boldsymbol{l}$ は曲線 Γ に沿った微小変位ベクトルで，$\boldsymbol{A}(\boldsymbol{r})\cdot d\boldsymbol{l}$ は内積を表す．特に，「大きさが原点からの距離の 2 乗に反比例する中心力場」の場合，r_1，r_2 を，P_1, P_2 の原点からの距離として，

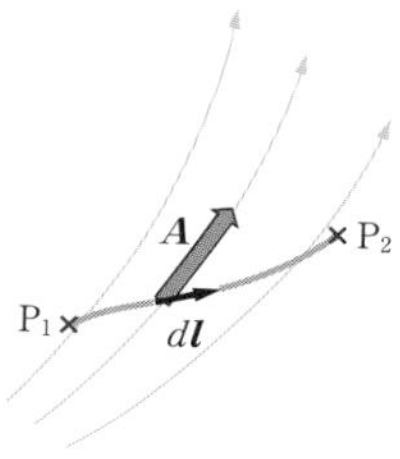

図 A-4-1

$$\int_\Gamma \boldsymbol{A}(\boldsymbol{r})\cdot d\boldsymbol{l}=\int_\Gamma \frac{C}{r^2}\hat{\boldsymbol{r}}\cdot d\boldsymbol{l}=C\left(\frac{1}{r_2}-\frac{1}{r_1}\right)$$

となり，出発点と終着点の位置のみで決まる値をもち，途中の経路に依存しないことがわかる．このとき，$\boldsymbol{A}(\boldsymbol{r})$ は**保存場**であるという．

▶ 面積分

面積素片の面積 $\varDelta S$ をその大きさとし，面積素片の法線ベクトル $\boldsymbol{n}$ と同じ向きのベクトルを**面積ベクトル** $\boldsymbol{\varDelta S}$ という．ベクトル場 $\boldsymbol{A}(\boldsymbol{r})$ が与えられていると，$\boldsymbol{A}(\boldsymbol{r})$ と $\boldsymbol{\varDelta S}$ の内積を**流束（flux）**といい，$\varDelta\varPhi$ で表す．一般の閉曲面を裏から表に貫く流束も，曲面を微小面積素片に分割し，それぞれの $\varDelta\varPhi$ の総和をとることで同様に定義できる．このとき面積ベクトルは，閉曲面の内側から外側に向く向きにとる．

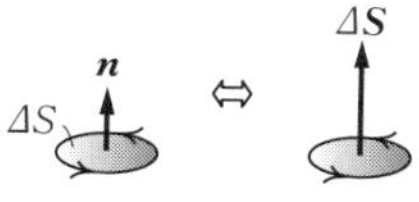

図 A-4-2

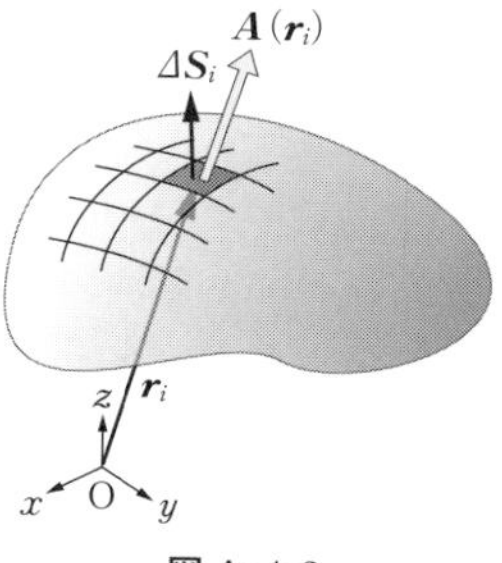

図 A-4-3

$$\begin{aligned}\varPhi&=\sum_i \varDelta\varPhi_i=\lim_{i\to\infty}\sum_i \boldsymbol{A}(\boldsymbol{r}_i)\cdot\boldsymbol{\varDelta S}_i\\&=\iint_S \boldsymbol{A}(\boldsymbol{r})\cdot d\boldsymbol{S}\end{aligned}\qquad\text{(A-20)}$$

$\iint_S\cdots d\boldsymbol{S}$ は面積分を表す．風船のように閉曲面の場合，記号 $\oiint_S\cdots d\boldsymbol{S}$ を用いる．

▶ 立体角

図 A-4-4 のように，原点 O から曲面 Γ の輪郭線を結ぶ直線群のつくる錐体が，原点 O を中心とする半径 1 の球面を切りとる面積を曲面 Γ の立体角という．全方位は 4π に相当する．単位は〔sr〕と表し，「ステラジアン」と読む．

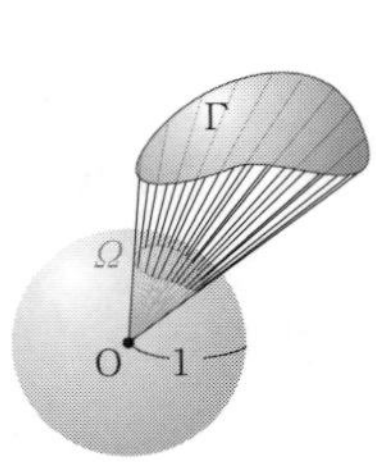

図 A-4-4

図 A-4-5 は，曲面 Γ 上の微小曲面 a，b，c，d の立体角を求めるためのものである．原点 O から微小曲面の中心に向かう位置ベクトルを $\boldsymbol{r}$ とし，原点と点 a，b，c，d それぞれを結ぶ半直線と半径 r の球面との交点をそれぞれ a′，b′，c′，d′，さらに半径 1 の単位球面との交点をそれぞれ a_1，b_1，c_1，d_1 とする．微小曲面 abcd の面積を ΔS，a′，b′，c′，d′ の面積を $\Delta S'$ とすると，面積ベクトルの定義より，

$$\Delta S' = \Delta \boldsymbol{S} \cdot \hat{\boldsymbol{r}} = \Delta \boldsymbol{S} \cdot \frac{\boldsymbol{r}}{r}$$

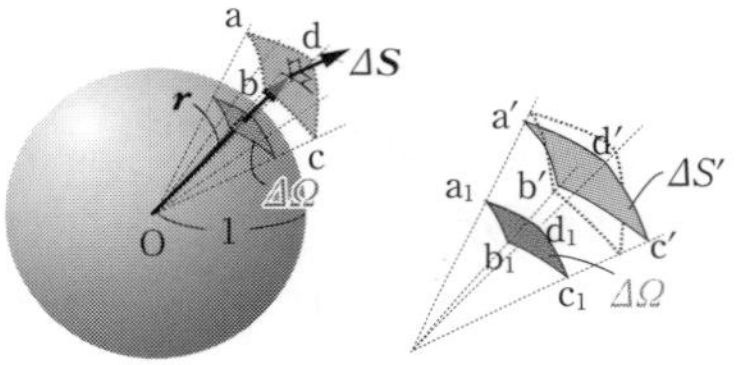

図 A-4-5

相似図形の面積比は相似比の 2 乗に比例するので，上の結果と合わせると，

$$\Delta\Omega = \frac{S'}{r^2} = \frac{\Delta \boldsymbol{S} \cdot \boldsymbol{r}}{r^3} \text{〔sr〕}$$

有限の広がりをもつ一般の曲面の立体角は，$\Delta\Omega$ の総和をとればよいので，

$$\Omega = \iint_S \frac{\boldsymbol{r} \cdot d\boldsymbol{S}}{r^3} \text{〔sr〕} \qquad \text{(A-21)}$$

《計算例》 半径 r〔m〕の球面のうち，半頂角 θ〔rad〕の円錐の立体角 Ω〔sr〕は，半頂角 $\phi \sim \phi + \Delta\phi$ の範囲に入る球面部分の表面積を求め，$\phi : 0 \to \theta$ の範囲で定積分をし，最後に r^2 で割ればよい．

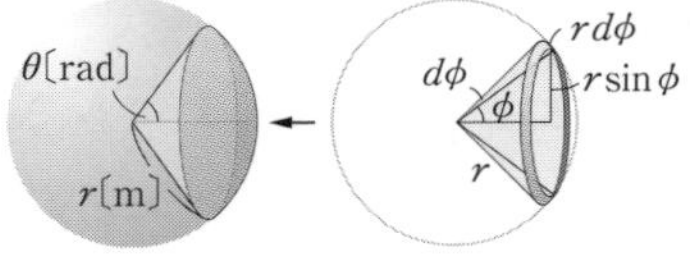

図 A-4-6

$$\Omega = \frac{1}{r^2}\int_0^\theta 2\pi r \sin\phi \, r d\phi = 2\pi \int_0^\theta \sin\phi \, d\phi = 2\pi(1 - \cos\theta) \text{〔sr〕}$$

(A-22)

▶ 体積積分

スカラー場 $\phi(\boldsymbol{r})$ が与えられているとする．ある閉領域を微小体積素片 ΔV_i に分割し，$\boldsymbol{r} = \boldsymbol{r}_i$ の位置での $\phi(\boldsymbol{r}_i)$ と ΔV_i の積を，閉領域全体で総和をとり，$\Delta V_i \to 0$ の極限をとったものを $\phi(\boldsymbol{r})$ の体積積分といい，$\iiint \phi(\boldsymbol{r})\cdot dV$ と表す．

$$\lim_{\Delta V_i \to 0} \sum_i \phi(\boldsymbol{r}_i)\cdot \Delta V_i = \iiint \phi(\boldsymbol{r})\cdot dV \qquad \text{(A-23)}$$

もし，$\phi(\boldsymbol{r})$ が電荷密度であれば，この閉領域内の電荷総量を表す．

❹ ガウスの(発散)定理

ベクトル場 $\boldsymbol{B}$ の閉曲面 S を通しての流束は，$\boldsymbol{B}$ の発散の閉曲面 S に囲まれた体積領域 V での体積積分に等しい．

$$\int_S \boldsymbol{B}\cdot d\boldsymbol{A} = \int_V (\nabla\cdot\boldsymbol{B})\,dV \qquad \text{(A-24)}$$

これを**ガウスの定理**という．

証明） 図 A-4-7 のような体積 $\Delta x\Delta y\Delta z(=\Delta V)$ の微小直方体の 6 つの表面から出るベクトル場 $\boldsymbol{B}(\boldsymbol{r})$ の流束（flux）$\Delta\Phi$ を考える．

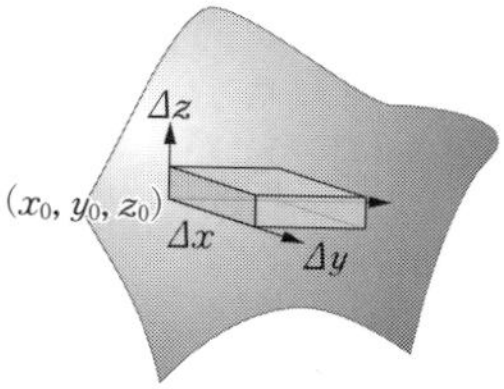

図 A-4-7

$$\begin{aligned}\Delta\Phi &= \{B_x(x_0+\Delta x)\Delta y\Delta z - B_x(x_0)\Delta y\Delta z\} \\ &\quad + \{B_y(y_0+\Delta y)\Delta z\Delta x - B_y(y_0)\Delta z\Delta x\} \\ &\quad + \{B_z(z_0+\Delta z)\Delta x\Delta y - B_z(z_0)\Delta x\Delta y\} \\ &= \frac{\partial B_x}{\partial x}\Delta x\Delta y\Delta z + \frac{\partial B_y}{\partial y}\Delta y\Delta z\Delta x + \frac{\partial B_z}{\partial z}\Delta z\Delta x\Delta y \\ &= \left(\frac{\partial B_x}{\partial x} + \frac{\partial B_y}{\partial y} + \frac{\partial B_z}{\partial z}\right)\Delta V\end{aligned}$$

となり，最後の式の括弧内は $\mathrm{div}\,\boldsymbol{B}$ に他ならない．

$$\lim_{\Delta V \to 0} \frac{\Delta\Phi}{\Delta V} = \mathrm{div}\,\boldsymbol{B}$$

という極限値を考えることにより，ベクトル場の発散とは，空間のその位置近傍の単位体積あたりの流束であることが示された．

次に有限な大きさの閉曲面 S に関する面積分 $\int_S B \cdot d\boldsymbol{A}$ を考える．閉曲面 S に囲まれた体積領域 V を，無数の互いに密着した微小直方体（体積 δV_i）の集合体とみなす．微小直方体ごとに表面について面積分を計算し，それら全ての和をとると，隣り合う微小直方体の共通境界面では法線ベクトルの向きが反対向きなので共有境界面での面積分は相殺し合い，結局一番外側にある閉曲面 S の面積分だけが残ることになる．すなわち，

$$\int_S \boldsymbol{B} \cdot d\boldsymbol{A} = \sum_{\text{微小直方体}} \Delta\Phi = \sum_i (\nabla \cdot \boldsymbol{B})\delta V_i$$

この和は $\delta V_i \to 0$ の極限では，右辺は $\int_V (\nabla \cdot \boldsymbol{B}) dV$ になる．　　証明終

❺ ストークスの定理

ベクトル $\boldsymbol{B}$ の閉経路 C に関する周回積分とベクトル $\boldsymbol{B}$ の回転の閉経路 C を縁とする面 S 上での面積分が等しく，

$$\oint_C \boldsymbol{B} \cdot d\boldsymbol{l} = \int_S (\nabla \times \boldsymbol{B}) \cdot d\boldsymbol{A} \qquad \text{(A-25)}$$

この式を**ストークスの定理**という．

証明）

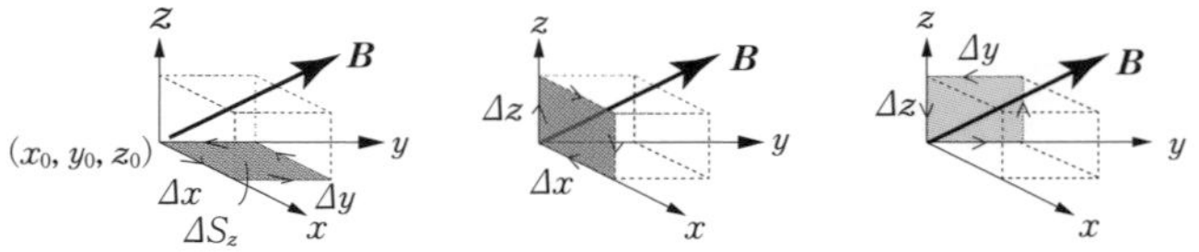

図 A-4-8

曲面 S 上に点（x_0, y_0, z_0）をとり，この点を一つの頂点とし，z 軸に垂直で，辺の長さがそれぞれ Δx，Δy の微小矩形 ΔS_z を考え，この縁を反時計回りに一周する微小な閉経路を δS_z とする．長方形が十分小さいとし，Δx，Δy の高次微小量は無視すると，ベクトル $\boldsymbol{B} = (B_x, B_y, B_z)$ の δS_z に沿った周回線積分は，

$$\begin{aligned}\oint_{\delta S_z} B \cdot d\boldsymbol{l} &= B_x(x_0, y_0, z_0)\Delta x + B_y(x_0 + \Delta x, y_0, z_0)\Delta y \\ &\quad - B_x(x_0, y_0 + \Delta y, z_0)\Delta x - B_y(x_0, y_0, z_0)\Delta y \\ &= -\{B_x(x_0, y_0 + \Delta y, z_0) - B_x(x_0, y_0, z_0)\}\Delta x \\ &\quad + \{B_y(x_0 + \Delta x, y_0, z_0) - B_y(x_0, y_0, z_0)\}\Delta y\end{aligned}$$

$$= \left\{ -\frac{B_x(x_0, y_0 + \Delta y, z_0) - B_x(x_0, y_0, z_0)}{\Delta y} \right\} \Delta x \Delta y$$

$$\left\{ + \frac{B_y(x_0 + \Delta x, y_0, z_0) - B_y(x_0, y_0, z_0)}{\Delta x} \right\} \Delta x \Delta y$$

$$= \left(-\frac{\partial B_x}{\partial y} + \frac{\partial B_y}{\partial x} \right) \Delta x \Delta y = (\nabla \times \boldsymbol{B})_z \Delta x \Delta y$$

$$= \int_{\Delta S_z} (\nabla \times \boldsymbol{B}) \cdot d\boldsymbol{A}$$

同様に，x 軸に垂直で，辺の長さがそれぞれ Δy，Δz の微小矩形 ΔS_x や，y 軸に垂直で，辺の長さがそれぞれ Δz，Δx の微小矩形 ΔS_y を考え，これらの縁を図のように一周する微小な閉経路に沿った周回線積分より，

$$\oint_{\delta S_x} B \cdot d\boldsymbol{l} = \int_{\Delta S_x} (\nabla \times \boldsymbol{B}) \cdot d\boldsymbol{A}, \qquad \oint_{\delta S_y} B \cdot d\boldsymbol{l} = \int_{\Delta S_y} (\nabla \times \boldsymbol{B}) \cdot d\boldsymbol{A}$$

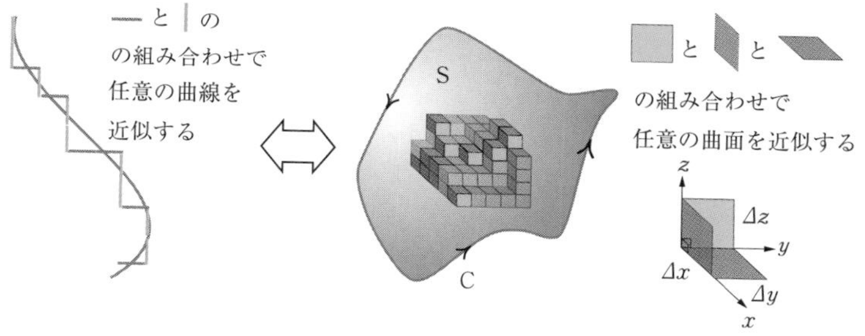

図 A-4-9

次に図 A-4-9 で描かれたような有限の大きさの閉経路 C を縁にもつ任意の曲面 S を考え，この曲面を，図のような，各軸に垂直な 3 種類の微小な矩形を組み合わせた近似矩形面で代用する．それぞれの微小矩形経路 δC_i に沿った周回積分を計算し，その和をとると，隣り合う閉経路の境界では進む向きが反対だから境界部分の線積分の値は互いに相殺し合う．その結果，一番外側の閉経路 C の線積分だけが残ることになり，

$$\sum_i \oint_{\delta C_i} B \cdot d\boldsymbol{l} = \oint_C B \cdot d\boldsymbol{l}$$

が成り立つ．微小な閉経路 δC_i に沿った周回積分は，微小閉経路の面積ベクトル $d\boldsymbol{A}_i$ を使って

$$\oint_{\delta C} B \cdot d\boldsymbol{l} = (\nabla \times \boldsymbol{B}) \cdot d\boldsymbol{A}_i$$

と表すことができた．上の2つの式より，

$$\oint_{C} B \cdot d\boldsymbol{l} = \sum_i \oint_{\delta C_i} B \cdot d\boldsymbol{l} = \sum_i (\nabla \times \boldsymbol{B}) \cdot d\boldsymbol{A}_i = \int_S (\nabla \times \boldsymbol{B}) \cdot d\boldsymbol{A}$$ 証明終

5 複素数

❶ 複素数平面

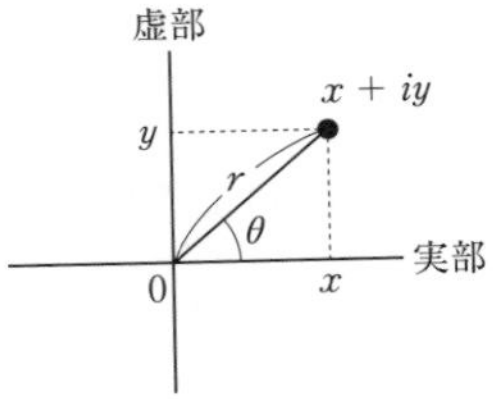

図 A-5-1

複素数 $\boldsymbol{z} = x + yi$ を，横軸に実部，縦軸に虚部をとった座標点 (x, y) で表すことができる．この座標平面を複素数平面，または，ガウス平面という．原点からの距離 r（**大きさ**）と，実軸からの角度 θ（**偏角**）を用いた極座標表現も可能で，これを**極形式**とよぶ．

$$\boldsymbol{z} = r(\cos\theta + i\sin\theta) \qquad \text{(A-26)}$$

❷ 複素数の指数関数

複素数 $\boldsymbol{z} = x + yi$（x, y は実数，i は虚数単位）の指数関数 $e^{\boldsymbol{z}}$ を，

□ $$e^{\boldsymbol{z}} = 1 + \boldsymbol{z} + \frac{\boldsymbol{z}^2}{2!} + \frac{\boldsymbol{z}^3}{3!} + \cdots = \sum_{k=0}^{\infty} \frac{\boldsymbol{z}^k}{k!} \qquad \text{(A-27)}$$

で定義すると，実数の指数関数と全く同じ性質をもつことが示される．

□ $$\frac{d}{dz} e^{\boldsymbol{z}} = e^{\boldsymbol{z}} \qquad \text{(A-28)}$$

□ $$e^{\boldsymbol{z}_1} \cdot e^{\boldsymbol{z}_2} = e^{\boldsymbol{z}_1 + \boldsymbol{z}_2} \qquad \text{(A-29)}$$

□ $$e^{i\theta} = \cos\theta + i\sin\theta \qquad \text{(A-30)}$$ （**オイラーの公式**）

複素数を絶対値と偏角で表現すると，

$$\boldsymbol{z} = r(\cos\theta + i\sin\theta) = re^{i\theta} \qquad \text{(A-31)}$$

□ $$\boldsymbol{z}_1 = r_1 e^{i\theta_1}, \quad \boldsymbol{z}_2 = r_2 e^{i\theta_2} \ \Rightarrow \ \boldsymbol{z}_1 \boldsymbol{z}_2 = r_1 r_2 e^{i(\theta_1 + \theta_2)} \qquad \text{(A-32)}$$

□ $$(\cos\theta + i\sin\theta)^n = \cos n\theta + i\sin n\theta$$ （**ド・モアブルの定理**）

(A-33)

6 線形微分方程式

t の関数，およびその逐次導関数 $\dfrac{d}{dt}f$，$\dfrac{d^2}{dt^2}f$，$\dfrac{d^3}{dt^3}f$，…，$\dfrac{d^n}{dt^n}f$ を含む関係式を n 階微分方程式という．a_1，$a_2 \cdots a_n$ を定数として，

$$\frac{d^n}{dt^n}f + a_1\frac{d^{n-1}}{dt^{n-1}}f + \cdots + a_{n-1}\frac{d}{dt}f + a_n f = F(t) \qquad \text{(A-34)}$$

左辺を $D(f)$ と簡易表現したとき，D は「線形演算子」とよぶ．

この表現を用いると，(A-34)式は，

$$D(f) = F(t) \qquad \text{(A-35)}$$

と書ける．線形演算子の性質より，λ_1，λ_2 を定数として，

$$D(\lambda_1 f_1 + \lambda_2 f_2) = \lambda_1 D(f_1) + \lambda_2 D(f_2) \qquad \text{(A-36)}$$

が成立する．

❶ 斉次線形微分方程式

(A-34)式で $F(t) = 0$ のとき，「**斉《せい》次《じ》線形微分方程式**」という．f_1，f_2 がこの方程式の解，つまり，$D(f_1) = 0$，$D(f_2) = 0$　のとき，

$$D(\lambda_1 f_1 + \lambda_2 f_2) = \lambda_1 D(f_1) + \lambda_2 D(f_2) = 0$$

となり，$\lambda_1 f_1 + \lambda_2 f_2$ も $D(f) = 0$ の解となることがわかる．そこで，$D(f) = 0$ の一般解 f_g を求めるには，$D(f) = 0$ を満たす「一次独立」な解 f_1，$f_2 \cdots f_n$ を求め，n 個の任意定数 λ_1，$\lambda_2 \cdots \lambda_n$ を用いて，これらの一次結合をとればよい．

$$f_g = \lambda_1 f_1 + \lambda_2 f_2 + \cdots + \lambda_n f_n \qquad \text{(A-37)}$$

❷ 非斉次線形微分方程式

(A-34)式で，$F(t) \fallingdotseq 0$ のとき，「**非《ひ》斉《せい》次《じ》線形微分方程式**」という．この一般解を求めるには次のような i → ii のプロセスを踏む．

i．(A-34)式を満たす特殊解を一つ見つけ，$f = f_s(t)$ とする．

ii．$f_s(t)$ と，斉次方程式の一般解(A-37)の和をとり，(A-34)式の一般解とする．$f(t) = f_s(t) + f_g(t)$ が(A-34)式の解であることは明らかである．

❸ 微分方程式の解法

(A-34)式で，$n = 2$，$F(t) = A\sin\omega t$ の場合について，電気工学では重用されている，複素数の加減乗除の計算に帰着させる方法で解いてみよう．

$$\frac{d^2}{dt^2}f(t) + a_1\frac{d}{dt}f(t) + a_2 f(t) = A\sin\omega t \qquad \text{(A-38)}$$

ここで，右辺を$F(t) = A\cos\omega t$で置き換えたときの解を $g(t)$ と置くと，

$$\frac{d^2}{dt^2}g(t) + a_1\frac{d}{dt}g(t) + a_2 g(t) = A\cos\omega t \qquad \text{(A-39)}$$

(A-39) + (A-38) × i より，

$$\frac{d^2}{dt^2}(g + if) + a_1\frac{d}{dt}(g + if) + a_2(g + if) = A\cos\omega t + iA\sin\omega t$$

$$= Ae^{i\omega t}$$

改めて $\boldsymbol{z}(t) = g(t) + if(t)$ と置くと，複素関数 $\boldsymbol{z}(t)$ に関する微分方程式，

$$\frac{d^2}{dt^2}\boldsymbol{z} + a_1\frac{d}{dt}\boldsymbol{z} + a_2\boldsymbol{z} = Ae^{i\omega t} \qquad \text{(A-40)}$$

を解き，その虚部をとれば求める解 $f(t)$ が得られる．微分演算に関しては，

$$\frac{d}{dt}\boldsymbol{z} = i\omega\boldsymbol{z}, \quad \frac{d^2}{dt^2}\boldsymbol{z} = \frac{d}{dt}\left(\frac{d}{dt}\boldsymbol{z}\right) = -\omega^2\boldsymbol{z}$$

の性質があるので，$\boxed{\dfrac{d}{dt}} \Rightarrow \boxed{\times i\omega}$ の操作変更が成立する．そこで，(A-40) の解を $\boldsymbol{z} = z_0 e^{i\omega t}$ の形と推察し，この形の解を探す．これを代入すると，

$$-\omega^2\boldsymbol{z} + a_1\omega i\boldsymbol{z} + a_2\boldsymbol{z} = Ae^{i\omega t}$$

$$(-\omega^2 + a_1\omega i + a_2)z_0 e^{i\omega t} = Ae^{i\omega t}$$

$$\therefore\ z_0 = \frac{A}{-\omega^2 + a_1\omega i + a_2} \qquad \therefore\ \boldsymbol{z} = \frac{Ae^{i\omega t}}{-\omega^2 + a_1\omega i + a_2}$$

したがって，本来求めるべき $f(t)$ は，次のようになる．

$$f(t) = \mathrm{Im}(z) = \mathrm{Im}\left(\frac{Ae^{i\omega t}}{-\omega^2 + a_1\omega i + a_2}\right)$$

❹ 微分方程式のタイプとその解法例

▶【斉次線形微分方程式 Type A】

q，r を定数として，　$\dot{X} + qX = r$ 　(A-41)

$\widetilde{X} = X - \dfrac{r}{q}$ と変数変換すると，　$\dot{\widetilde{X}} + q\widetilde{X} = 0$

これを満たす特殊解を $\widetilde{X} = \widetilde{X}_0 e^{\alpha t}$ の形で探すと，

$$\alpha\widetilde{X} + q\widetilde{X} = 0 \qquad \alpha = -q$$

よって，斉次微分方程式の理論より，一般解は，

$$\widetilde{X} = \widetilde{X}_0 e^{-qt} \qquad \therefore \boxed{X = \widetilde{X}_0 e^{-qt} + \frac{r}{q}} \quad (\widetilde{X}_0 \text{ は任意定数})$$

初期条件：「$X(0) = 0$」とすると，

$$0 = \widetilde{X}_0 + \frac{r}{q} \qquad \therefore \ \widetilde{X}_0 = -\frac{r}{q}$$

と決まるので，

$$\boxed{X = \frac{r}{q}(1 - e^{-qt})}$$

このグラフの一例を図 A-6-1 に示す．

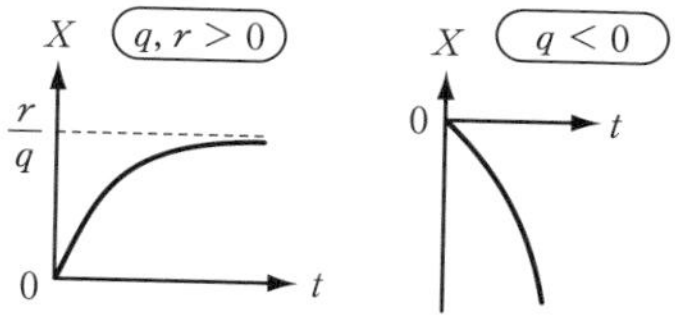

図 A-6-1

▶【斉次線形微分方程式 Type B】

q を正の定数として，　$\ddot{X} + qX = 0 \quad (q > 0)$　(A-42)

これを満たす特殊解を $X = X_0 e^{\alpha t}$ の形で探すと，

$$\alpha^2 X + qX = 0 \ \Leftrightarrow \ \alpha^2 = -q \ \Leftrightarrow \ \alpha = \pm j\sqrt{q}$$

よって，斉次微分方程式の理論より，一般解は，

$$\boxed{X = X_+ e^{j\sqrt{q}t} + X_- e^{-j\sqrt{q}t}} \quad (X_+,\ X_- \text{ は任意定数})$$

初期条件：「$X(0) = 0$，$\dot{X}(0) = d$(定数)」とすると，

$$X_+ + X_- = 0, \quad \sqrt{q}X_+ j - \sqrt{q}X_- j = d$$

$$\therefore \ X_+ = \frac{d}{2\sqrt{q}\,j}$$

$$\therefore \ X = \frac{d}{2\sqrt{q}\,j}(e^{j\sqrt{q}t} - e^{-j\sqrt{q}t})$$

$$= \boxed{\frac{d}{\sqrt{q}} \sin\sqrt{q}\,t}$$

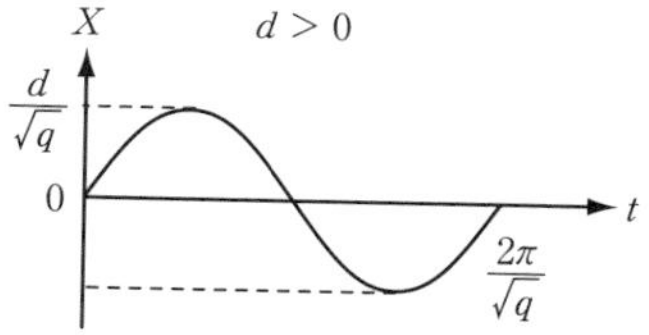

図 A-6-2

これは，角振動数 $\sqrt{q}\,(\equiv \omega_0)$ の単振動解となる．

このグラフの一例を図 A-6-2 に示す．

▶【斉次線形微分方程式 Type C】

p，q を定数として，　$\ddot{X} + p\dot{X} + qX = 0$　(A-43)

これを満たす特殊解を $X = X_0 e^{\alpha t}$ の形で探すと，

$$\alpha^2 X + p\alpha X + qX = 0 \ \Leftrightarrow \ \alpha^2 + p\alpha + q = 0 \ \Leftrightarrow \ \alpha = \frac{1}{2}\left\{-p \pm \sqrt{p^2 - 4q}\right\}$$

ここで根号の中の符号により，3 通りに分かれる．

(1) $p > 2\sqrt{q}$ のとき，(**TypeC-1**)

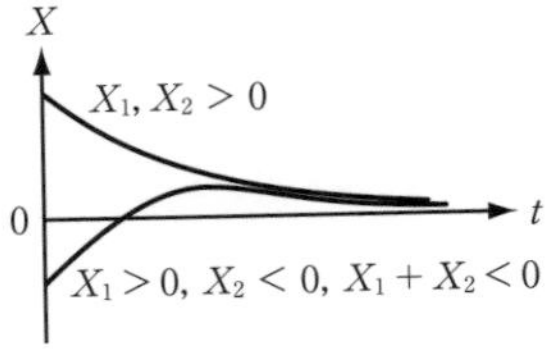

図 A-6-3

2 つの解は，

$$\alpha_1 = \frac{-p + \sqrt{p^2 - 4q}}{2}, \quad \alpha_2 = \frac{-p - \sqrt{p^2 - 4q}}{2}$$

一般解は X_1，X_2 を任意定数として，

$$\boxed{X = X_1 e^{\alpha_1 t} + X_2 e^{\alpha_2 t}}$$

$\alpha_2 < \alpha_1 < 0$ であることより，$e^{\alpha_1 t}$，$e^{\alpha_2 t}$ は共に単調減少関数であり，振動は生じない．この現象を「**過減衰**」とよぶ．このグラフの一例を図 A-6-3 に示す．

(2) $p < 2\sqrt{q}$ のとき，(**TypeC-2**)

$\omega = \dfrac{1}{2}\sqrt{4q - p^2}$ と書くと，2 つの解は，$\alpha_1 = -\dfrac{p}{2} + \omega j$，$\alpha_2 = -\dfrac{p}{2} - \omega j$

となり，一般解は，A，B を任意定数として，

$$X = X_+ e^{\alpha_1 t} + X_- e^{\alpha_2 t} = e^{-\frac{p}{2}t}(X_+ e^{j\omega_1 t} + X_- e^{-j\omega_1 t})$$

X は実数であり，$X = \bar{X} \Leftrightarrow X_- = \bar{X}_+$ となり，$X_+ + X_-$ および $(X_+ - X_-)j$ は共に実数となるので，$A + B = C_1$　$(A - B)j = C_2$ と置くと，

$$\boxed{X = e^{-\frac{p}{2}t}(C_1 \cos\omega t + C_2 \sin\omega t)}$$

となり，X は振動しながら，振幅が時間と共に減衰する「**減衰振動**」を行う．このグラフの一例を図 A-6-4 に示す．**Type B** の単振動の角振動数（ω_0）に比べると微妙に小さくなっている．

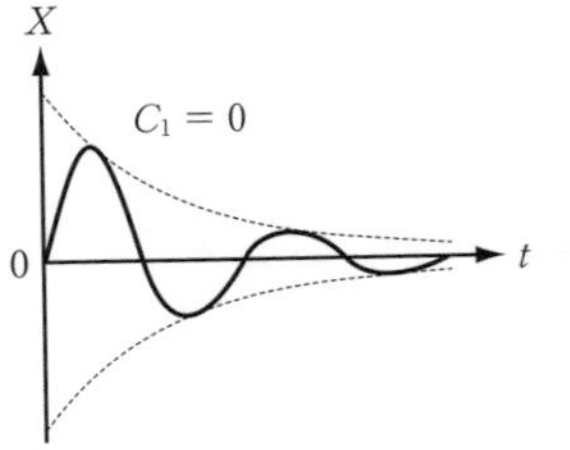

図 A-6-4

(3) $p = 2\sqrt{q}$ のとき，(**Type C-3**)

$\alpha_1 = -\dfrac{p}{2}$ となり，特殊解が 1 種類しか得られない．そこで，$X = A(t)e^{-\frac{p}{2}t}$ の形の特殊解を探すと，

$$\dot{X} = \dot{A}e^{-\frac{p}{2}t} - A\frac{p}{2}e^{-\frac{p}{2}t} \qquad \ddot{X} = \ddot{A}e^{-\frac{p}{2}t} - \dot{A}pe^{-\frac{p}{2}t} + A\left(\frac{p}{2}\right)^2 e^{-\frac{p}{2}t}$$

これを微分方程式に代入すると，

$$\ddot{A}e^{-\frac{p}{2}t} - \dot{A}pe^{-\frac{p}{2}t} + A\left(\frac{p}{2}\right)^2 e^{-\frac{p}{2}t} + p\left(\dot{A}e^{-\frac{p}{2}t} - A\frac{p}{2}e^{-\frac{p}{2}t}\right) + \left(\frac{p}{2}\right)^2 Ae^{-\frac{p}{2}t} = 0$$

$\therefore\ \ddot{A} = 0 \ \Rightarrow\ A = C_1 t + C_2$（$C_1$，$C_2$ は任意定数）

より，一般解は，

$$\boxed{X = (C_1 t + C_2)e^{-\frac{p}{2}t}}$$

これは，時間が経つと 0 に減衰する．このときの減衰を「**臨界減衰**」という．

このグラフの一例を図 A-6-5 に示す．

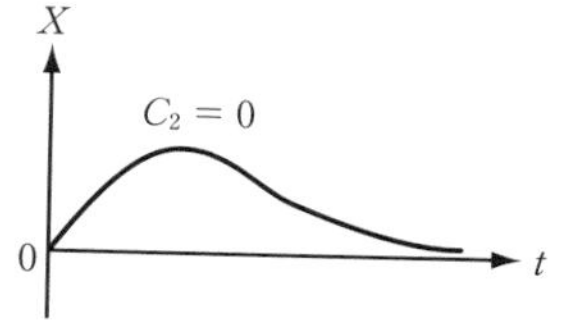

図 A-6-5

> **▶【非斉次線形微分方程式 Type D】**
>
> p，q（$q > 0$）を定数として，　$\ddot{X} + p\dot{X} + qX = X_0 \cos \omega t$　(A-44)

この方程式を解く代わりに，複素数の微分方程式

$$\ddot{z} + p\dot{z} + qz = X_0 e^{j\omega t}$$

を考え，この解の実数部分を採用すると考える．特殊解として，

$$z = Ae^{j(\omega t - \phi)}$$

を仮定し，微分方程式に代入すると，

$$(-\omega^2 + p\omega j + q)Ae^{j(\omega t - \phi)} = X_0 e^{j\omega t} \quad \therefore \ (q - \omega^2 + p\omega j)A = X_0 e^{j\phi}$$

この式を複素数平面上で解釈すると，幾何学的に A，ϕ が同時に求まる．

両辺の複素数の絶対値を比較すると，

$$\therefore \ A = \frac{X_0}{\sqrt{(q - \omega^2)^2 + (p\omega)^2}}, \quad \tan\phi = \frac{p\omega}{q - \omega^2}$$

X は z の実数部分を考えればよく，

$$X = \mathrm{Re}(z) = \mathrm{Re}(Ae^{j(\omega t - \phi)}) = \frac{X_0}{\sqrt{(q - \omega^2)^2 + (p\omega)^2}} \cos(\omega t - \phi)$$

この振幅部分の ω 依存性をグラフに示すと，図 A-6-6 のようになり，$\omega \approx \sqrt{q}\,(\equiv \omega_0)$ で極大値をもつ．これが「**共振**」とよばれる現象である．これは，回路の LC 部分のもつ固有振動数に近い振動数の外的な強制振動が加えられると，エネルギーが効率よく吸収されることを示している．

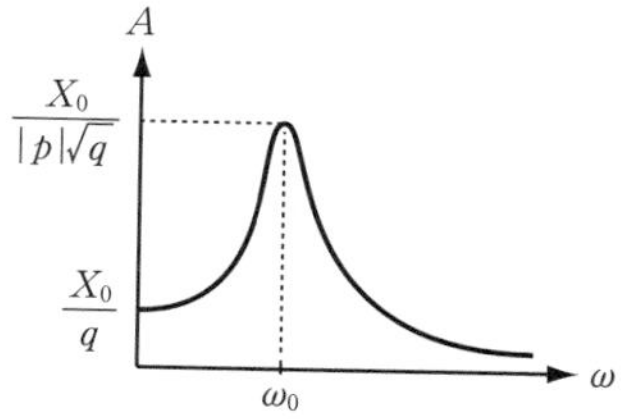

図 A-6-6

これに斉次微分方程式の一般解を加えておけば，非斉次線形微分方程式の一般解となるが，十分に時間が経てば，斉次の項は 0 に収束してしまうので，結局，非斉次微分方程式の特殊解

$$\boxed{X \to \frac{X_0}{\sqrt{(q-\omega^2)^2+(p\omega)^2}}\cos(\omega t-\phi)} \tag{A-45}$$

に収束することがわかる．したがって，十分に時間が経ったときの定常解としては，初めから非斉次微分方程式の特殊解のみを求めれば十分である．

7 波動方程式

❶ 波動方程式

一次元の進行波を表現する 2 変数関数 $f(x,t)$ は，

$$\frac{\partial^2 f}{\partial x^2}-\frac{1}{V^2}\frac{\partial^2 f}{\partial t^2}=0 \tag{A-46}$$

の形の微分方程式を満たす．弦を伝わる横波や，音波，電磁波など波動現象は全てこの形式の方程式で表現でき，これを**波動方程式**とよぶ．

❷ 波動方程式の一般解

次の変数変換，$(x,t) \quad \Leftrightarrow \quad (u,v)$ を考える．

$$u=x-Vt,\ v=x+Vt \quad \Leftrightarrow \quad x=\frac{v+u}{2},\ t=\frac{v-u}{2V}$$

変数変換をすると，

$$f(x,t)=f\left(\frac{v+u}{2},\frac{v-u}{2V}\right)$$

x による偏微分をとると，

$$\frac{\partial f}{\partial x}=\frac{\partial f}{\partial u}\frac{\partial u}{\partial x}+\frac{\partial f}{\partial v}\frac{\partial v}{\partial x}=\frac{\partial f}{\partial u}+\frac{\partial f}{\partial v}=\frac{\partial f}{\partial u}+\frac{\partial f}{\partial v}$$

$$\frac{\partial^2 f}{\partial x^2}=\frac{\partial}{\partial x}\left(\frac{\partial f}{\partial u}+\frac{\partial f}{\partial v}\right)=\frac{\partial}{\partial x}\left(\frac{\partial f}{\partial u}\right)+\frac{\partial}{\partial x}\left(\frac{\partial f}{\partial v}\right)$$

$$=\frac{\partial^2 f}{\partial u^2}+2\frac{\partial^2 f}{\partial v\partial u}+\frac{\partial^2 f}{\partial v^2} \quad \cdots①$$

同様に，t による偏微分をとると，

$$\frac{\partial f}{\partial t}=\frac{\partial f}{\partial u}\frac{\partial u}{\partial t}+\frac{\partial f}{\partial v}\frac{\partial v}{\partial t}=V\left(-\frac{\partial f}{\partial u}+\frac{\partial f}{\partial v}\right)$$

$$\frac{\partial^2 f}{\partial t^2}=V\frac{\partial}{\partial t}\left(-\frac{\partial f}{\partial u}+\frac{\partial f}{\partial v}\right)=-V\frac{\partial}{\partial t}\left(\frac{\partial f}{\partial u}\right)+V\frac{\partial}{\partial t}\left(\frac{\partial f}{\partial v}\right)$$

$$= -V\left(\frac{\partial^2 f}{\partial u^2}\frac{\partial u}{\partial t} + \frac{\partial^2 f}{\partial v\partial u}\frac{\partial v}{\partial t}\right) + V\left(\frac{\partial^2 f}{\partial u\partial v}\frac{\partial u}{\partial t} + \frac{\partial^2 f}{\partial v^2}\frac{\partial v}{\partial t}\right)$$

$$= V^2\left(\frac{\partial^2 f}{\partial u^2} + \frac{\partial^2 f}{\partial v^2}\right) \quad \cdots ②$$

①，②式を(A-46)式に代入すると，

$$\frac{\partial^2 f}{\partial v\partial u} = 0 \quad \cdots ③$$

③式を v について積分すると，$\dfrac{\partial f}{\partial u} = g_1(u)$（$g_1(u)$ は微分可能な u の任意関数）となり，さらに，u について積分すると，$f = \int g_1(u)du + h(v)$　（$h(v)$ は v の任意関数）となるので，改めて，右辺第一項を $g(u)$ と再表記すると，

$$f = g(u) + h(v) \quad \Leftrightarrow \quad f(x, y) = g(x - Vt) + h(x + Vt) \qquad \text{(A-47)}$$

という一般解（**ダランベールの解**）が求められる．

(A-47)の関数形についてその意味を考えてみる．任意の x の関数 $y = f(x)$ において，$x \Rightarrow x - Vt$ の置き換えを行うと，そのグラフは，$y = f(x)$ のグラフを単位時間毎に V だけ平行移動していることを表し，$x \Rightarrow x + Vt$ の置き換えを行うと，そのグラフは，単位時間毎に $-V$ だけ平行移動していることを表している．まさに(A-46)式の V が波の速度に相当していることを表している．

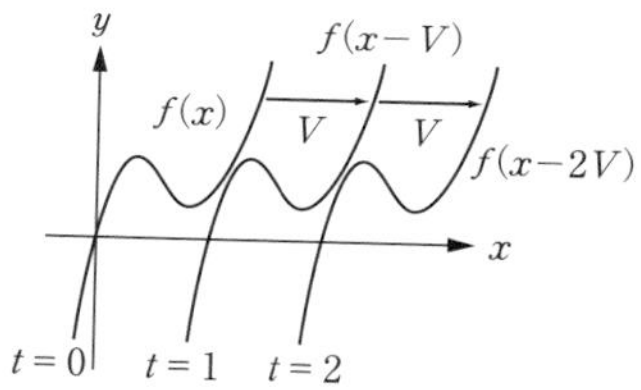

図 A-7-1

練習問題解答

Chapter 1　静電場

練習問題 1-1

(1) 帯電体を近づけると，静電誘導で帯電体に近い側の表面に正の電荷が現れ，反対側の表面に負の電荷が現れる．そこで，負の表面側を指で触れると，人体を通じて地球に負の電荷が逃げていく (接地される)．その結果，導体球を正に帯電させることができる．

(2) 静電誘導で球の表面の近い側に帯電体とは符号の異なる電荷が集まるので引き寄せられるが，球が帯電体に触れた途端に，弾き飛ばされるように離れていき，遠ざかった位置で糸が傾いたまま静止する．この理由は，球に電導性があるので，触れたときに帯電体の電荷が球に流れ込み，その結果，球が帯電体と同じ符号に帯電してしまい，反発力がはたらき始めるからである．これに対して，もとのコルク球で同じ実験をすると，帯電体に吸い寄せられたままになる．

練習問題 1-2

(1) 糸の頂点を通る鉛直線に対して左右対称だから，右半分のみ図示する．

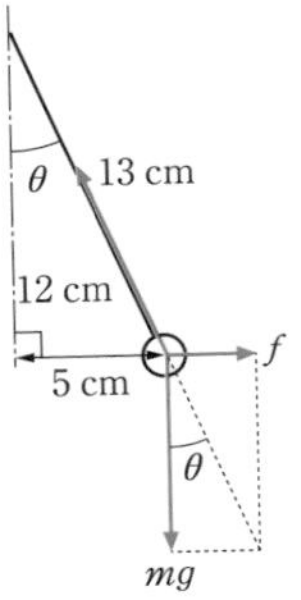

2 個の小球の質量を m〔kg〕，距離を r〔m〕，電荷を q〔C〕，クーロン力を f〔N〕とする．糸の鉛直線からの角度を θ とすると，力のつり合いより，

$$f = k\frac{q^2}{r^2} = mg\tan\theta = \frac{5}{12}mg$$

$$\therefore\ q = r\sqrt{\frac{5mg}{12k}}$$

$$= 10 \times 10^{-2} \times \sqrt{\frac{5 \times 12 \times 10^{-3} \times 9.8}{12 \times 9 \times 10^{9}}}$$

$$\fallingdotseq 2.3 \times 10^{-7}\text{〔C〕} \qquad \cdots(\text{答})$$

(2) 電荷の積が変化しないのだから，距離が同じなら，2 球間のクーロン力も変化しない．したがって，つり合いの位置にも変化はない．

1 倍　…(答)

練習問題 1-3

点電荷 A, B 間にはたらくクーロン力を f_{AB}，B, C 間にはたらくクーロン力を f_{BC}，点電荷 C, A 間にはたらくクーロン力を f_{CA}，点電荷 A, B, C にはたらくクーロン力をそれぞれ，F_A, F_B, F_C とする．正三角形の 1 辺の長さを r とすると，クーロンの法則より，

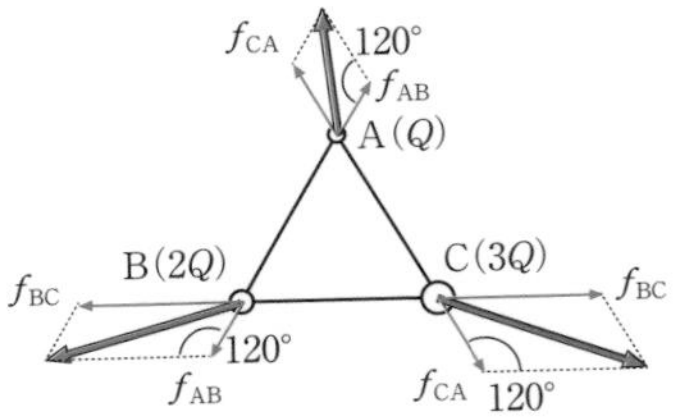

$$f_{AB} = k\frac{Q \times 2Q}{r^2} = 2\frac{kQ^2}{r^2},$$

$$f_{BC} = 6\frac{kQ^2}{r^2},\ f_{CA} = 3\frac{kQ^2}{r^2}$$

$\dfrac{kQ^2}{r^2} = f_0$ と表すと，

$$f_{AB} = 2f_0,\ f_{BC} = 6f_0,\ f_{CA} = 3f_0$$

余弦定理より，

$$F_A^2 = f_{AB}^2 + f_{CA}^2 - 2f_{AB}\cdot f_{CA}\cdot\cos 120^\circ$$
$$= (2f_0)^2 + (3f_0)^2 + 2(2f_0)(3f_0) \times \frac{1}{2} = 19f_0^2$$

$$F_B^2 = f_{BC}^2 + f_{AB}^2 - 2f_{BC}\cdot f_{AB}\cdot\cos 120^\circ$$
$$= (6f_0)^2 + (2f_0)^2 + 2(6f_0)(2f_0) \times \frac{1}{2} = 52f_0^2$$

$$F_C^2 = f_{CA}^2 + f_{BC}^2 - 2f_{CA}\cdot f_{BC}\cdot\cos 120^\circ$$
$$= (3f_0)^2 + (6f_0)^2 + 2(3f_0)(6f_0) \times \frac{1}{2} = 63f_0^2$$

$$F_A : F_B : F_C = \sqrt{19} : \sqrt{52} : \sqrt{63} \qquad \cdots(\text{答})$$

練習問題 1-4

他の 5 つの電荷のつくる電場のベクトル和をとればよい．図を参考にして，

$$E = \frac{1}{4\pi\varepsilon_0}\frac{q}{a^2}\cos 60^\circ \times 2$$
$$+ \frac{1}{4\pi\varepsilon_0}\frac{q}{(\sqrt{3}a)^2}\cos 30^\circ \times 2 + \frac{1}{4\pi\varepsilon_0}\frac{q}{(2a)^2}$$
$$= \frac{1}{4\pi\varepsilon_0}\left(\frac{5}{4} + \frac{1}{\sqrt{3}}\right)\frac{q}{a^2} \qquad \cdots(\text{答})$$

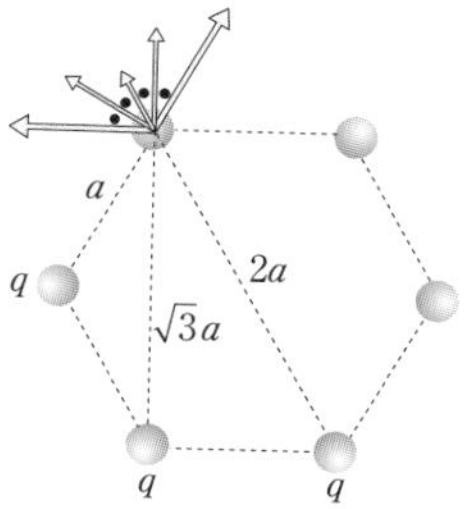

練習問題 1-5

$\left(\dfrac{r}{L}\right)^2$ は高次微小量だから省略して,

$$E_r = \frac{Q}{4\pi\varepsilon_0 r}\frac{1}{\sqrt{r^2+\left(\dfrac{L}{2}\right)^2}} = \frac{\lambda L}{4\pi\varepsilon_0 r}\frac{1}{\sqrt{r^2+\left(\dfrac{L}{2}\right)^2}}$$

$$= \frac{\lambda}{4\pi\varepsilon_0 r}\frac{1}{\sqrt{\left(\dfrac{r}{L}\right)^2+\dfrac{1}{4}}} \to \frac{\lambda}{2\pi\varepsilon_0 r}\,(L\to\infty)$$

証明終

別解 問題1-5の 解答 で,積分範囲を $\theta_0 \to \dfrac{\pi}{2}$ としてもよい.

$$E_r = \frac{\lambda}{2\pi\varepsilon_0 r}\int_0^{\pi/2}\cos\theta\, d\theta$$

$$= \frac{\lambda}{2\pi\varepsilon_0 r}[\sin\theta]_0^{\pi/2} = \frac{\lambda}{2\pi\varepsilon_0 r}$$

練習問題 1-6

問題1-6の結果が使える.リングの半径を r:0〜R と連続的に変化させ,リングのつくる電場を加え合わせればよい.

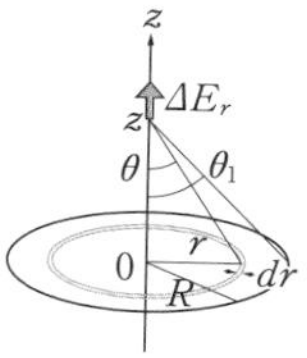

$$2\pi r\lambda = \sigma 2\pi r dr$$

$$\therefore\ \lambda = \sigma\, dr$$

の関係があるので,

$$E = \sum \Delta E_r = \int_0^R \frac{zr\sigma\, dr}{2\varepsilon_0(z^2+r^2)^{3/2}}$$

ここで,$r = z\tan\theta$ と置換すると,

$dr = z\dfrac{d\theta}{\cos^2\theta}$,$r:0\to R \Leftrightarrow \theta:0\to\theta_1$ の対応があるので,

$$E = \int_0^{\theta_1}\frac{z^2\tan\theta\,\sigma z\dfrac{d\theta}{\cos^2\theta}}{2\varepsilon_0 z^3(1+\tan^2\theta)^{3/2}}$$

$$= \frac{\sigma}{2\varepsilon_0}\int_0^{\theta_1}\sin\theta\, d\theta = \frac{\sigma}{2\varepsilon_0}(1-\cos\theta_1)$$

$$= \frac{\sigma}{2\varepsilon_0}\left(1-\frac{z}{\sqrt{R^2+z^2}}\right) \qquad \cdots(\text{答})$$

ただし,ここで,

$$R = z\tan\theta_1 \Leftrightarrow \cos\theta_1 = \frac{z}{\sqrt{R^2+z^2}}$$

を用いた.

$R\to\infty$ の極限では,電場は $E = \dfrac{\sigma}{2\varepsilon_0}$ となり,(1-10)式と一致する.

練習問題 1-7

半径 R の球を多数の薄い球殻の集合体と解釈すれば,問題1-7の結果が適用できる.

$$E = \sum_{i=1}^{N}\frac{q_i}{4\pi\varepsilon_0 r^2} = \frac{\sum_{i=1}^{N}q_i}{4\pi\varepsilon_0 r^2} = \frac{Q}{4\pi\varepsilon_0 r^2} \qquad \cdots(\text{答})$$

練習問題 1-8

電荷分布のもつ球対称性から,電気力線の伸びる方向は,円の中心から放射状に広がる向きのみが可能である.また,その密度も均等でなくてはならない.球の中心からの距離を x とする.

球の中心から距離 $x(<a)$ の位置の電荷密度を $\rho = kx$ とすると,全電荷が Q より,

$$Q = \int_0^a \rho(x)4\pi x^2 dx = 4\pi k\int_0^a x^3 dx = \pi k a^4 \cdots ❶$$

i) $0 \leqq r < a$ のとき,ガウスの法則より,

$$4\pi r^2\cdot E_{\text{in}} = \frac{\int_0^r \rho(x)4\pi x^2 dx}{\varepsilon_0} = \frac{\pi k r^4}{\varepsilon_0}$$

$$\therefore\ E_{\text{in}} = \frac{kr^2}{4\varepsilon_0} \quad \cdots ❷$$

❶,❷式より,

$$E_{\text{in}} = \frac{Qr^2}{4\pi\varepsilon_0 a^4} \qquad \cdots(\text{答})$$

ii) $a < r$ のとき,ガウスの法則より,

$$4\pi r^2\cdot E_{\text{out}} = \frac{Q}{\varepsilon_0} \qquad \therefore\ E_{\text{out}} = \frac{Q}{4\pi\varepsilon_0 r^2}$$

$\cdots$(答)

電場の大きさを横軸に距離をとって描くと次のようになる．

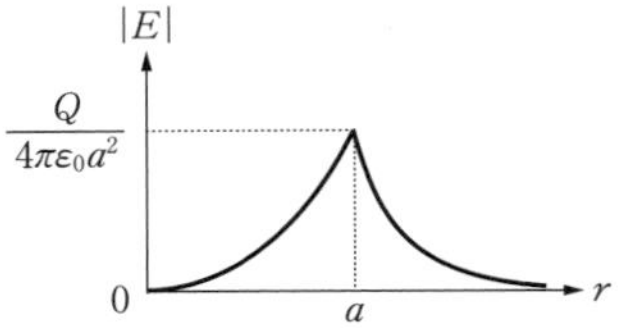

練習問題 1-9

電荷密度 ρ の球体の中心を原点に一致させ，電荷密度 $-\rho$ の球体の中心を $\boldsymbol{r}_{\mathrm{B}} = (\delta, 0, 0)$ にとる．

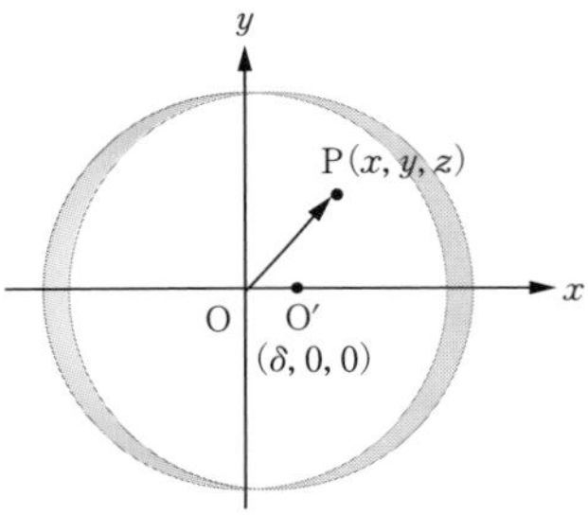

負球体が自身の内部につくる電場は，**問題** 1-8 の結果より，

$$E_{-} = \frac{-\rho}{3\varepsilon_0}(\boldsymbol{r} - \boldsymbol{r}_{\mathrm{B}})$$

一方，正球体のつくる電場は，

$$E_{+} = \frac{\rho}{3\varepsilon_0}\boldsymbol{r}$$

従って，　合成電場は，

$$E_{\text{内部}} = E_{+} + E_{-} = \frac{\rho}{3\varepsilon_0}\boldsymbol{r}_{\mathrm{B}} \qquad \cdots(\text{答})$$

これより，球体内部には，x 軸正の向きに一様な電場ができることが分かる．

球体の外部では，再び**問題** 1-8 の結果より，電気双極子のつくる電場に一致する（☞**練習問題 1-14**）．　…(答)

練習問題 1-10

(1) $\theta_1 = 90°$，$\theta_2 = 180°$，$\theta'_1 = 0°$ を，**問題** 1-10 の結果に代入して，

$$-q\cos 90° + 2q\cos 180° = -q\cos 0° + 2q\cos\theta_2$$

$$\therefore\ \cos\theta_2 = -\frac{1}{2} \Leftrightarrow \theta_2 = 120° \qquad \cdots(\text{答})$$

(2) $\theta_2 = 180°$，$\theta'_1 = 0°$，$\theta'_2 = 90°$ を代入して，

$$-q\cos\theta_1 + 2q\cos 180° = -q\cos 0° + 2q\cos 90°$$

$$\therefore\ \cos\theta_1 = -1 \Leftrightarrow \theta_1 = 180° \qquad \cdots(\text{答})$$

これより，$2q$ の電荷から出て，$-q$ の電荷に届くのは，$2q$ の電荷の左半分から出た力線であり，右半分から出た力線は，無限にまで達する．その様子を次の力線図に示す．

$-q$, $2q$（電荷の近く）

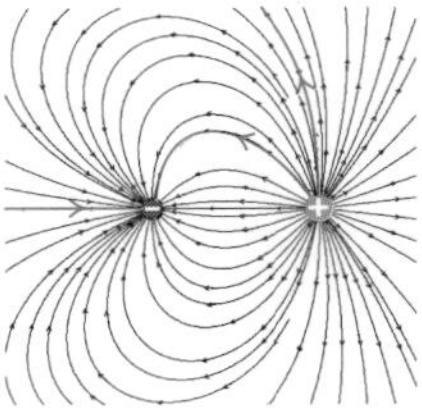

$-q$, $2q$（十分離れて）

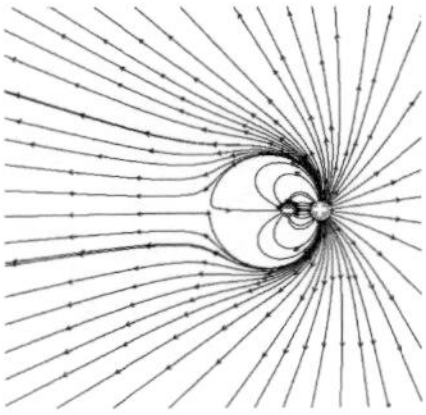

(3) $\theta_1 = 135°$，$\theta'_1 = 0°$，$\theta'_2 = 135°$ を代入して，

$$-q\cos 135° + Q\cos 180° = -q\cos 0° + Q\cos 135°$$

$$\therefore\ Q = \frac{\sqrt{2}+1}{\sqrt{2}-1}q = (3 + 2\sqrt{2})q \fallingdotseq 6q \qquad \cdots(\text{答})$$

このときの力線図も次に示す．

$-q$, $6q$ の電気力線

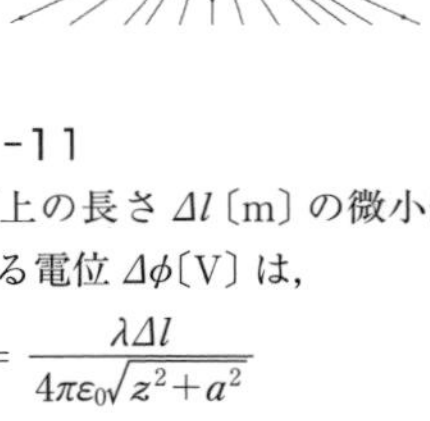

練習問題 1-11

(1) リング上の長さ Δl〔m〕の微小線分が P 点につくる電位 $\Delta\phi$〔V〕は，

$$\Delta\phi = \frac{\lambda\Delta l}{4\pi\varepsilon_0\sqrt{z^2 + a^2}}$$

全ての微小部分の寄与を考えて，

$$\phi(\mathrm{z}) = \Sigma\Delta \to \int_0^{2\pi R} \frac{\lambda}{4\pi\varepsilon_0 (z^2 + R^2)^{1/2}} dl$$

$$= \frac{\lambda}{4\pi\varepsilon_0(z^2+a^2)^{1/2}}\int_0^{2\pi a} dl$$

$$= \frac{\lambda a}{2\varepsilon_0(z^2+a^2)^{1/2}} \qquad \cdots(答)$$

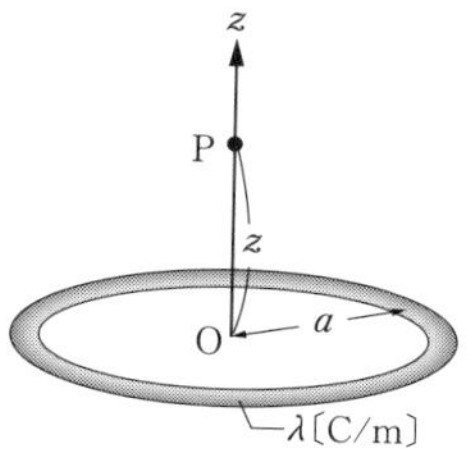

練習問題 1-12

問題 1-⑫のように，初めに電位 ϕ を求め，(1-20)式を用いて電場を求める方法もあるが，一様球殻電荷は球対称性をもつので，ガウスの法則でまず電場を出して，その結果が点電荷のつくる場と同じであることを利用して電位を求めるのがもっとも効率がよい．

i）$r > R$ のとき，ガウスの法則より，

$$E_{外}\cdot 4\pi r^2 = \frac{q}{\varepsilon_0} \qquad \therefore\ E_{外} = \frac{q}{4\pi\varepsilon_0 r^2}$$

これは点電荷のつくる電場と一致する．したがって電位は，

$$\phi_{外} = \frac{q}{4\pi\varepsilon_0 r}$$

ii）$r < R$ のとき，ガウスの法則より，

$$E_{内}\cdot 4\pi r^2 = 0 \qquad \therefore\ E_{内} = 0$$

これより，球殻内部は等電位である．$r > R$ の領域での電位との連続性より，

$$\phi_{内} = \phi_{外}(R) = \frac{q}{4\pi\varepsilon_0 R} \quad (一定)$$

練習問題 1-13

(1) $\boldsymbol{E} = -\nabla\phi = -\nabla c(x^2+xy)$

$$= -c\begin{pmatrix} \frac{\partial}{\partial x}(x^2+xy) \\ \frac{\partial}{\partial y}(x^2+xy) \\ \frac{\partial}{\partial z}(x^2+xy) \end{pmatrix} = -c\begin{pmatrix} 2x+y \\ x \\ 0 \end{pmatrix}$$

…(答)

(2) $\boldsymbol{E} = -\nabla\phi = -\nabla\frac{c}{r^2} = \frac{2c}{r^3}\nabla r$

$$= \frac{2c}{r^3}\frac{\boldsymbol{r}}{r} = \frac{2c\boldsymbol{r}}{r^4} \qquad \cdots(答)$$

練習問題 1-14

$$\boldsymbol{E} = -\nabla\phi = -\nabla\frac{qdz}{4\pi\varepsilon_0 r^3} = -\frac{qd}{4\pi\varepsilon_0}\nabla\left(\frac{z}{r^3}\right)$$

ここで，

$$\nabla\left(\frac{z}{r^3}\right) = \frac{1}{r^3}\nabla z + z\nabla(r^{-3})$$

$$= \frac{1}{r^3}\hat{\boldsymbol{z}} - 3zr^{-4}\nabla r$$

$$= \frac{1}{r^3}\hat{\boldsymbol{z}} - 3zr^{-4}\hat{\boldsymbol{r}}$$

（∵ Appendix (A-11)）

より，

$$\boldsymbol{E} = -\frac{qd}{4\pi\varepsilon_0}\left(\frac{1}{r^3}\hat{\boldsymbol{z}} - 3zr^{-4}\hat{\boldsymbol{r}}\right)$$

$$= \frac{1}{4\pi\varepsilon_0}\left(\frac{3qdz\boldsymbol{r}}{r^5} - \frac{qd\hat{\boldsymbol{z}}}{r^3}\right)$$

$$= \frac{1}{4\pi\varepsilon_0}\left\{\frac{3(\boldsymbol{p}\cdot\boldsymbol{r})\boldsymbol{r}}{r^5} - \frac{\boldsymbol{p}}{r^3}\right\} \qquad \cdots(答)$$

$r \to (0, 0, \infty)$ の極限では，

$$\boldsymbol{E}_z = \frac{1}{4\pi\varepsilon_0}\left(\frac{3qdz^2}{r^5} - \frac{qd}{r^3}\right)\hat{\boldsymbol{z}} \to \frac{qd\hat{\boldsymbol{z}}}{2\pi\varepsilon_0 z^3}$$

$\boldsymbol{r} \to (\infty, 0, 0)$ の極限では，

$$\boldsymbol{E}_x = -\frac{qd\hat{\boldsymbol{z}}}{4\pi\varepsilon_0 x^3}$$

いずれも距離の3乗に反比例するので急速に0に収束する．

練習問題 1-15

等電位線の密集度が電場の強さに比例しているので，右側の隙間の電場の方が強い．本数と対称性の制約を満たすように描くと電気力線の様子は図のいずれかになる．等電位線と電気力線は直交し，電位の低い向きに向かう．

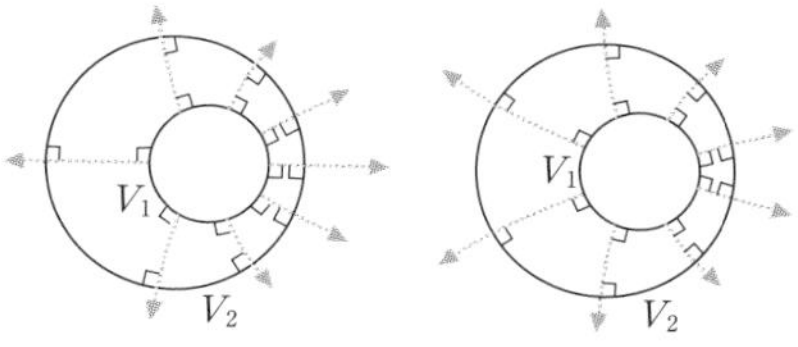

練習問題 1-16

(1) 荷電粒子の速度の大きさを u とすると，力学的エネルギー保存則より，

$$\frac{1}{2}mu^2 + \frac{qQ}{4\pi\varepsilon_0}\frac{1}{r} = \frac{1}{2}mv^2$$

$$\therefore\ u = \sqrt{v^2 - \frac{qQ}{2\pi m\varepsilon_0 r}} \quad \cdots(答)$$

(2) 荷電粒子が静止する位置を求めたいので，$u = 0$ として，

$$v^2 - \frac{qQ}{2\pi m\varepsilon_0 r} = 0 \Leftrightarrow r = \frac{qQ}{2\pi m\varepsilon_0 v^2} \quad \cdots(答)$$

Chapter 2　導体と誘電体

練習問題 2-1

$0 < r < a$ では，一様電荷分布の球体だから，ガウスの法則より，

$$4\pi r^2 E(r) = \frac{Q}{\varepsilon_0} \times \left(\frac{r}{a}\right)^3 \quad \therefore\ E(r) = \frac{Qr}{4\pi\varepsilon_0 a^3}$$

電場と電位の関係より，

$$\begin{aligned}\phi(r) - \phi(a) &= \int_r^a E(r')dr' \\ &= \int_r^a \frac{Qr'}{4\pi\varepsilon_0 a^3}dr' = \frac{Q}{8\pi\varepsilon_0 a^3}[r'^2]_r^a \\ &= \frac{Q}{8\pi\varepsilon_0 a^3}(a^2 - r^2)\end{aligned}$$

$r = a$ で電位が連続より，

$$\begin{aligned}\therefore\ \phi(r) &= \frac{Q}{8\pi\varepsilon_0 a^3}(a^2 - r^2) + \phi(a) \\ &= \frac{Q}{4\pi\varepsilon_0}\left(\frac{1}{2a} - \frac{r^2}{2a^3}\right) \\ &\quad + \frac{Q}{4\pi\varepsilon_0}\left(\frac{1}{a} - \frac{1}{b} + \frac{1}{c}\right) \\ &= \frac{Q}{4\pi\varepsilon_0}\left(\frac{3}{2a} - \frac{1}{b} + \frac{1}{c} - \frac{r^2}{2a^3}\right) \quad \cdots(答)\end{aligned}$$

練習問題 2-2

無限遠基準の導体の電位は，帯電量に比例する．比例定数は導体固有の定数である．つなぐ前の導体 1，2 の電荷をそれぞれ $C_1\phi_1$，$C_2\phi_2$ とおく．つないだ後の導体 1 と導体 2 それぞれの電荷を Q_1, Q_2 とし，共通の電位を ϕ とする．まず，電荷保存則より，

$$Q_1 + Q_2 = C_1\phi_1 + C_2\phi_2 \quad \cdots①$$

各電荷は，

$$Q_1 = C_1\phi, \qquad Q_2 = C_2\phi \quad \cdots②$$

①，②式より，

$$\phi = \frac{C_1\phi_1 + C_2\phi_2}{C_1 + C_2} \quad \cdots(答)$$

移動した電気量は，

$$|Q_1 - C_1\phi_1| = \frac{C_1C_2}{C_1 + C_2}|\phi_1 - \phi_2| \quad \cdots(答)$$

練習問題 2-3

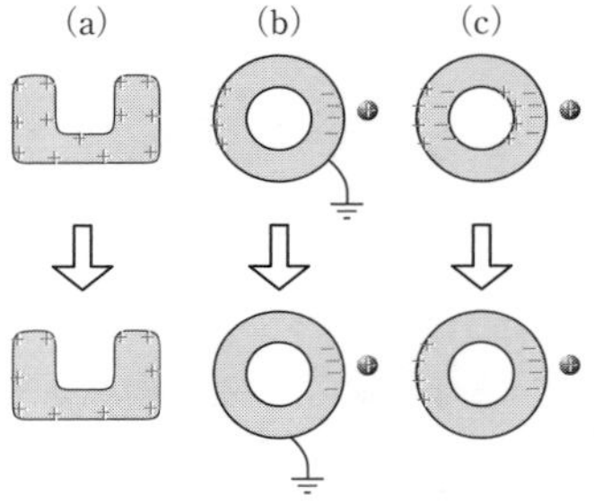

〈説明〉

(a) 導体の凹型表面には電荷は現れない．

(b) アースされている場合，静電誘導で現れる正の電荷は地球に逃げる．

(c) 導体中の電荷を含まない内部空洞の表面に電荷は分布できない．

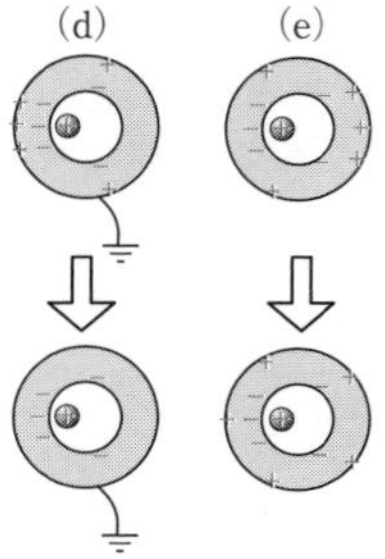

(d) アースされている場合，静電誘導で現れる正の電荷は地球に逃げる．

(e) 空洞の内部に電荷があり，その位置が中央ではない場合，導体面に近い部分の電場が大きくなるので電荷も多く集まる．導体の外部は，静電遮蔽の効果で，内部空洞中で

の電荷の位置には無関係に，内部空洞の中心に位置する仮想的な電荷をつくるような電場が出現する．

練習問題 2-4

(1)

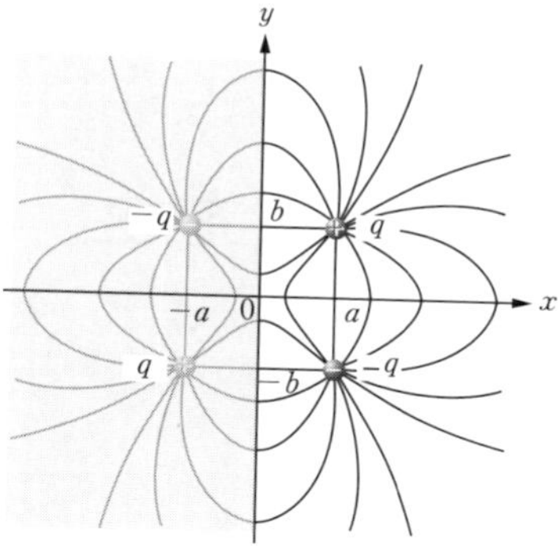

点 $(-a, \pm b, 0)$ にそれぞれ鏡像電荷 $\mp q$（複号同順）を配置すると，$x=0$（y-z 平面）が電位 0 面になることは明らか．表面が y-z 平面に一致する導体で第 2, 3 象限を埋めても，第 1, 4 象限の電場は変化しない．電気力線の様子を描くと上図のようになる．参考までに，導体がないときの電気力線も同時に薄い色で描いてある．導体平面と電気力線が直交していることに着目したい．

(2) 点 $\mathrm{P}(x, y, z)$ $(x>0)$ での電位は，

r_1：P と $(a, b, 0)$ との距離

r_2：P と $(-a, b, 0)$ との距離

r_3：P と $(-a, -b, 0)$ との距離

r_4：P と $(a, -b, 0)$ との距離

とすると，

$$\phi = \frac{q}{4\pi\varepsilon_0}\left(\frac{1}{r_1} - \frac{1}{r_2} + \frac{1}{r_3} - \frac{1}{r_4}\right)$$

この電位による電場は，

$$\boldsymbol{E} = -\nabla\phi = -\frac{q}{4\pi\varepsilon_0}\nabla\left(\frac{1}{r_1} - \frac{1}{r_2} + \frac{1}{r_3} - \frac{1}{r_4}\right)$$

で求められる．たとえば，x 成分を計算すると，

$$E_x = -\frac{\partial}{\partial x}\phi$$

$$= -\frac{q}{4\pi\varepsilon_0}\frac{\partial}{\partial x}\left(\frac{1}{r_1} - \frac{1}{r_2} + \frac{1}{r_3} - \frac{1}{r_4}\right)$$

ここで，

$$\frac{\partial}{\partial x}\frac{1}{r_1} = \frac{\partial}{\partial x}\frac{1}{\sqrt{(x-a)^2 + (y-b)^2 + z^2}}$$

$$= -\frac{1}{2}\frac{2(x-a)}{\{(x-a)^2 + (y-b)^2 + z^2\}^{3/2}}$$

$$= -\frac{x-a}{{r_1}^3}$$

同様に，

$$\frac{\partial}{\partial x}\frac{1}{r_2} = -\frac{x+a}{{r_2}^3}, \quad \frac{\partial}{\partial x}\frac{1}{r_3} = -\frac{x+a}{{r_3}^3},$$

$$\frac{\partial}{\partial x}\frac{1}{r_4} = -\frac{x-a}{{r_4}^3},$$

の関係を使うと，

$$E_x = \frac{q}{4\pi\varepsilon_0}\left(\frac{x-a}{{r_1}^3} - \frac{x+a}{{r_2}^3} + \frac{x+a}{{r_3}^3} - \frac{x-a}{{r_4}^3}\right)$$

E_y，E_z についても同様に計算すればよい．結果のみ示しておく．

$$E_y = \frac{q}{4\pi\varepsilon_0}\left(\frac{y-b}{{r_1}^3} - \frac{y-b}{{r_2}^3} + \frac{y+b}{{r_3}^3} - \frac{y+b}{{r_4}^3}\right)$$

$$E_z = \frac{q}{4\pi\varepsilon_0}\left(\frac{z}{{r_1}^3} - \frac{z}{{r_2}^3} + \frac{z}{{r_3}^3} - \frac{z}{{r_4}^3}\right)$$

練習問題 2-5

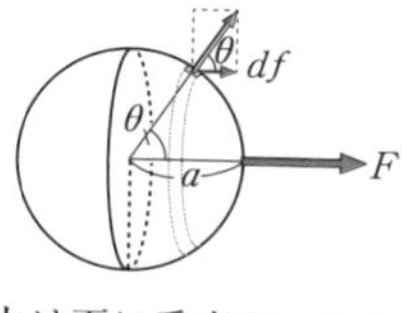

電荷表面密度は，$\sigma = \dfrac{Q}{4\pi a^2}$ である．図の $\theta \sim \theta + \Delta\theta$ に相当する帯状部分の微小面積 dS に作用する静電気力は面に垂直で，このうち，切断面に平行な成分は全体で消し合うので，垂直な成分のみ総和をとると，

$$df = \frac{\sigma^2}{2\varepsilon_0}dS\cos\theta = \frac{\sigma^2}{2\varepsilon_0}\cdot a(d\theta)2\pi a\sin\theta\cdot\cos\theta$$

$$= \frac{\pi\sigma^2 a^2}{2\varepsilon_0}\sin 2\theta\, d\theta$$

これより合力 F は，

$$F = \int df = \int_0^{\pi/2}\frac{\pi\sigma^2 a^2}{2\varepsilon_0}\sin 2\theta\, d\theta$$

$$= -\frac{\pi\sigma^2 a^2}{2\varepsilon_0}\left[\frac{1}{2}\cos 2\theta\right]_0^{\pi/2} = \frac{\pi\sigma^2 a^2}{2\varepsilon_0} = \frac{Q^2}{32\pi\varepsilon_0 a^2}$$

…(答)

練習問題 2-6

(1) 共軸円筒に電荷を与えると，(1-15)式より，両極板間の電場は，

$$E_r \cdot 2\pi r = \frac{\lambda}{\varepsilon_0} \qquad \therefore\ E_r = \frac{Q/l}{2\pi\varepsilon_0 r}$$

これより，両極板間の電圧は，

$$V = \int_a^b E_r dr = \frac{Q}{2\pi\varepsilon_0 l}\int_a^b \frac{1}{r}dr = \frac{Q}{2\pi\varepsilon_0 l}\ln\frac{b}{a}$$

電気容量の定義より，

$$C = \frac{Q}{V} = \frac{2\pi\varepsilon_0 l}{\ln(b/a)}\ \text{〔F〕} \qquad \cdots(答)$$

(2) $d \to 0$ の極限では，

$$C = \frac{2\pi\varepsilon_0 l}{\ln\dfrac{a+d}{a}} = 2\pi\varepsilon_0 l\frac{1}{\ln\left(1+\dfrac{d}{a}\right)} \fallingdotseq \frac{2\pi\varepsilon_0 l}{\dfrac{d}{a}}$$

$$= \frac{\varepsilon_0(2\pi al)}{d}$$

となり，平行板コンデンサーの容量と一致する．

練習問題 2-7

(1)「C_1」と「C_1 と C_2 の並列合成」との直列合成となっているので，合成容量は，「和分の積」ルールを適用して，

$$C_{ab} = \frac{C_1(C_1+C_2)}{C_1+(C_1+C_2)} = \frac{C_1(C_1+C_2)}{2C_1+C_2} \cdots(答)$$

(2) 図のように，点線で囲まれた部分の合成容量をそれぞれ，C_n，C_{n+1} とすると，(1)の結果より，漸化式

$$C_{n+1} = \frac{C(C+C_n)}{2C+C_n}$$

が得られる．この数列 $\{C_n\}$ の極限値を C_∞ とおくと，

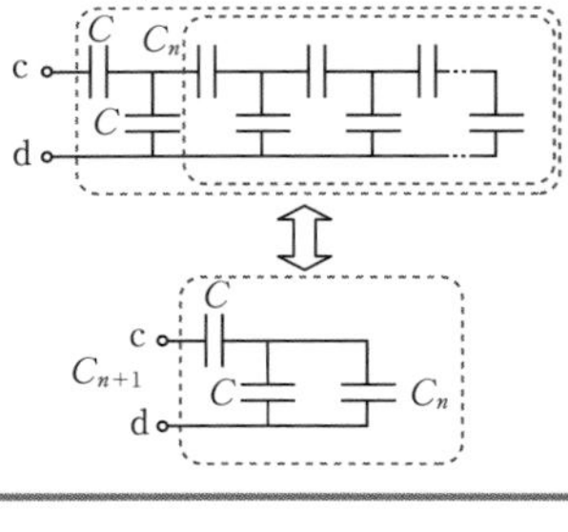

$$C_\infty = \frac{C(C+C_\infty)}{2C+C_\infty} \Leftrightarrow C_\infty{}^2+CC_\infty-C^2=0$$

$$\therefore\ C_\infty = \frac{-1+\sqrt{5}}{2}C \qquad \cdots(答)$$

練習問題 2-8

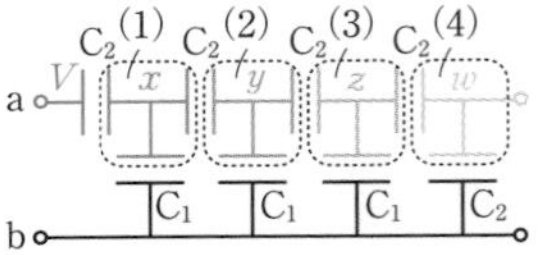

図のように，端子 b に対して端子 a に電圧 V をかけたとき，破線で示された領域(1), (2), (3), (4)の電位を x, y, z, w とすると，各領域内の電荷保存則より，

$$\begin{cases} (1):2\mu(x-V)+2\mu(x-y)+1\mu(x-0)=0 \\ (2):2\mu(y-x)+2\mu(y-z)+1\mu(y-0)=0 \\ (3):2\mu(z-y)+2\mu(z-w)+1\mu(z-0)=0 \\ (4):2\mu(w-z)+2\mu(w-0)=0 \end{cases}$$

$$\Leftrightarrow \begin{cases} (1):5x-2y=2V \\ (2):-2x+5y-2z=0 \\ (3):-2y+5z-2w=0 \\ (4):-z+2w=0 \end{cases}$$

上の 4 元 1 次方程式を解くと，

$$x = \frac{1}{2}V$$

合成コンデンサーに蓄えられている電荷は，a 端子が接続している極板上の電荷のことであり，$2\mu(V-x) = V\mu$ より，

$$C = \frac{2\mu(V-x)}{V} = 1\ \mu\text{F} \qquad \cdots(答)$$

練習問題 2-9

導体球に外から正の点電荷を近づけると，静電誘導が起き，近づく側の導体球表面に負の電荷が現れる．鏡像法（問題 2-4）の結果によると，点電荷の O からの距離が r のとき，鏡像電荷 $-q'\left(=-\dfrac{Rq}{r}\right)$ を，O からの距離位置 $\dfrac{R^2}{r}$ の位置に置き，さらに正の鏡像電荷 q' を球の中心に置けばよい．点電荷の O からの距離が r のとき，電場は，

$$\boldsymbol{E}(r) = \frac{(R/r)q}{4\pi\varepsilon_0}\left\{-\frac{1}{(r - R^2/r)^2} + \frac{1}{r^2}\right\}\frac{\boldsymbol{r}}{r}$$
$$= \frac{Rq}{4\pi\varepsilon_0}\left\{\frac{-r}{(r^2 - R^2)^2} + \frac{1}{r^3}\right\}\frac{\boldsymbol{r}}{r}$$

球の外にある点電荷は，鏡像電荷がつくる電場から力を受ける．中心 O と点電荷を通る直線上を無限遠方から，O からの距離 d の点に向かって電荷 q を運ぶ仕事は，

$$W = \int_{\infty}^{d} - q\boldsymbol{E}(r')\cdot dr'$$
$$= -\frac{Rq^2}{4\pi\varepsilon_0}\int_{\infty}^{d}\left\{\frac{-r'}{(r'^2 - R^2)^2} + \frac{1}{r'^3}\right\}dr'$$

積分を実行すると，

$$W = \frac{Rq^2}{8\pi\varepsilon_0}\left(-\frac{1}{d^2 - R^2} + \frac{1}{d^2}\right) \qquad \cdots(答)$$

練習問題 2-10

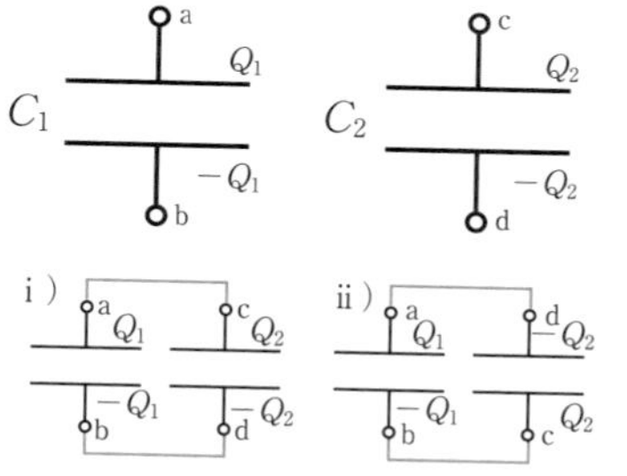

いずれも合成容量は $C_1 + C_2$ で，i) の場合，蓄えられている電気量は $Q_1 + Q_2$ で，ii) の場合，蓄えられている電気量は $|Q_1 - Q_2|$ だから，それぞれ静電エネルギーは，

$$U_{\mathrm{i}} = \frac{(Q_1 + Q_2)^2}{2(C_1 + C_2)} \qquad \cdots(答)$$

$$U_{\mathrm{ii}} = \frac{(Q_1 - Q_2)^2}{2(C_1 + C_2)} \qquad \cdots(答)$$

これより，

$$U_{\mathrm{i}} - U_{\mathrm{ii}} = \frac{2Q_1Q_2}{C_1 + C_2} > 0 \qquad \therefore\ U_{\mathrm{i}} > U_{\mathrm{ii}} \quad \cdots(答)$$

接合前の静電エネルギーは，

$$U_0 = \frac{{Q_1}^2}{2C_1} + \frac{{Q_2}^2}{2C_2}$$

$$\therefore\ U_0 - U_{\mathrm{i}} = \frac{(C_1Q_2 - C_2Q_1)^2}{2C_1C_2(C_1 + C_2)} \geqq 0$$

以上をまとめると，$U_0 \geqq U_{\mathrm{i}} > U_{\mathrm{ii}}$ …(答)

失われたエネルギーは，ジュール熱になる．

練習問題 2-11

地球は大きな半径の導体球とみなせる．地球表面の電荷密度を σ〔C/m^2〕とすると，

$$E〔\mathrm{V/m}〕= \frac{\sigma}{\varepsilon_0} \qquad \therefore\ \sigma = \varepsilon_0 E$$

地表の電荷を Q_{E}〔m〕とすると，$Q_{\mathrm{E}} < 0$ で

$$Q_{\mathrm{E}}〔\mathrm{m}〕= -\sigma \times 4\pi R^2$$
$$= -4\pi\varepsilon_0 ER^2$$
$$= -\frac{1}{9.0\times10^9}\times100\times(6.4\times10^3\times10^3)^2$$
$$\fallingdotseq -4.6\times10^5〔\mathrm{C}〕 \qquad \cdots(答)$$

さらに，電場のエネルギー密度は，

$$u = \frac{1}{2}\varepsilon_0 E^2 = \frac{1}{2} \times 8.9 \times 10^{-12} \times 100^2$$
$$\fallingdotseq 4.5 \times 10^{-8}〔\mathrm{J/m^3}〕 \qquad \cdots(答)$$

練習問題 2-12

(2-19)式より，

$$P(r) = D(r) - \varepsilon_0 E(r)$$
$$= \frac{Q_0}{4\pi r^2} - \varepsilon_0\frac{Q_0}{4\pi\varepsilon r^2} = \left(1 - \frac{\varepsilon_0}{\varepsilon}\right)\frac{Q_0}{4\pi r^2} \qquad \cdots(答)$$

誘電体の外側の表面上に現れる分極電荷の分布密度は，

$$\sigma_{\mathrm{P}}(b) = P(b) = \left(1 - \frac{\varepsilon_0}{\varepsilon}\right)\frac{Q_0}{4\pi b^2}〔\mathrm{C/m^2}〕 \quad \cdots(答)$$

誘電体の内側の表面上に現れる分極電荷の分布密度は，

$$\sigma_{\mathrm{P}}(a) = -P(a) = -\left(1 - \frac{\varepsilon_0}{\varepsilon}\right)\frac{Q_0}{4\pi a^2}〔\mathrm{C/m^2}〕 \qquad \cdots(答)$$

練習問題 2-13

半径 r の球面をガウス曲面に選び，電束密度に関してガウスの法則より，

$$D(r)\times4\pi r^2 = Q \qquad \therefore\ D(r) = \frac{Q}{4\pi r^2} \quad \cdots(答)$$

電場と電束密度の関係より，

$$E(r) = \frac{D(r)}{\varepsilon} = \frac{Q}{4\pi\varepsilon r^2} \qquad \cdots(答)$$

練習問題 2-14

(A)は直列だから，直列合成容量の式に代入すると，

$$C_{\mathrm{A}}=\frac{\dfrac{\varepsilon_1 S}{d_1}\cdot\dfrac{\varepsilon_2 S}{d_2}}{\dfrac{\varepsilon_1 S}{d_1}+\dfrac{\varepsilon_2 S}{d_2}}=\frac{\varepsilon_1\varepsilon_2 S}{\varepsilon_1 d_2+\varepsilon_2 d_1}$$

(B)は並列だから，直列合成容量の式に代入すると，

$$C_{\mathrm{B}}=\frac{\varepsilon_1 S_1}{d}+\frac{\varepsilon_2 S_2}{d}$$

結果が一致することが示された．

練習問題 2-15

2 種類の誘電体の境界面上での電場の面に平行な成分が連続でなくてはならない．この場合，全領域で球対称性をもつものは電場となる．半径 $r(a<r<c)$ の円筒面について，電束密度に関するガウスの法則より，

$$\pi rl\cdot\varepsilon_1 E(r)+\pi rl\cdot\varepsilon_2 E(r)=\lambda l$$

$$\therefore\ E(r)=\frac{\lambda}{\pi(\varepsilon_1+\varepsilon_2)r}$$

これより，極板間の電位差 $\Delta\phi$ は，

$$\Delta\phi=\int_a^c E(r)dr=\frac{\lambda}{\pi(\varepsilon_1+\varepsilon_2)}\int_a^c\frac{1}{r}dr$$

$$=\frac{\lambda}{\pi(\varepsilon_1+\varepsilon_2)}\ln\frac{c}{a}$$

これより合成容量は，

$$C=\frac{\lambda l}{\Delta\phi}=\frac{\lambda l}{\dfrac{\lambda}{\pi(\varepsilon_1+\varepsilon_2)}\ln\dfrac{c}{a}}=\frac{\pi(\varepsilon_1+\varepsilon_2)l}{\ln\dfrac{c}{a}}$$

…(答)

練習問題 2-16

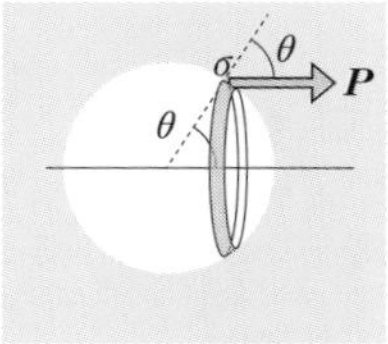

空隙の図の位置に面密度 $\sigma=P\cos\theta$ の面電荷が現れるが，この角度依存性をもつ電荷密度分布は，正の一様電荷球と負の一様電荷球の中心を僅かに $\delta(>0)$ だけずらすことで実現できる(☞p.41)．このとき，この電荷によって空隙内部に，分極ベクトルと平行で，一様な電場ができ，その強さは，$E=\dfrac{P}{3\varepsilon_0}$ となる．

Chapter 3　電流と磁場

練習問題 3-1

円筒間に電圧 V をかけたとき，軸から距離 r の位置の電場の強さを $E(r)$ とすると，電流密度と電場の比例関係より，

$$2\pi rl\sigma E(r)=I\qquad\therefore\ E(r)=\frac{I}{2\pi rl\sigma}$$

電場と電位の関係より，

$$V=\int_a^b E(r)dr=\frac{I}{2\pi l\sigma}\int_a^b\frac{1}{r}dr$$

$$=\frac{I}{2\pi l\sigma}[\ln r]_a^b=\frac{I}{2\pi l\sigma}\ln\left(\frac{b}{a}\right)$$

$$\therefore\ R=\frac{\ln(b/a)}{2\pi l\sigma}\qquad\cdots(\text{答})$$

練習問題 3-2

(1) 電流密度の定義より，

$$j=\frac{I}{S}\qquad\cdots(\text{答})$$

(2) 電流密度は電場に比例し，比例係数は電導率(抵抗率の逆数)である．

$$j=\sigma E\Leftrightarrow\frac{I}{S}=\frac{1}{\rho}E\quad\therefore\ E=\frac{\rho I}{S}\ \cdots(\text{答})$$

(3) 抵抗は，長さに比例し断面積に反比例する．比例係数を抵抗率という．

$$R=\rho\frac{d}{S}\qquad\cdots(\text{答})$$

(4) 平行板コンデンサーの容量の基本式を用いる．

$$Q=CV=\frac{\varepsilon S}{d}Ed=\frac{\varepsilon S}{d}\frac{\rho I}{S}d=\varepsilon\rho I\ \cdots(\text{答})$$

練習問題 3-3

方位磁針の N 極が示す方向に地球磁場の S 極があるので，地球磁場の N 極は南極にある．あるいは，方位磁針はその場所での磁力線の向きを示す．磁力線は南側から北側に向いているので，磁力線の出所は南極にあり，そこに地球磁場の N 極があると説明してもよい．

南極がN極となる磁力線が発生するための電流の向きは北極側から見て時計回りである．一方，地球の自転の向きは反時計回りである．すなわち，電流の回転の向きは，地球の自転の向きと逆向きである．

練習問題 3-4

辺PQ，SRにはたらく力の合力は0である．
辺PS，QRの位置の磁場はそれぞれ，

$$B_1 = \frac{\mu_0 I}{2\pi l},\quad B_2 = \frac{\mu_0 I}{2\pi(l+a)}$$

直線電流から離れる向きを正として，それぞれの辺にはたらく力は，

$$F_1 = -iB_1 b = -\frac{\mu_0 iIb}{2\pi l},\quad F_2 = iB_2 b = \frac{\mu_0 iIb}{2\pi(l+a)}$$

合力は，

$$F_1+F_2 = -\frac{\mu_0 iIb}{2\pi l} + \frac{\mu_0 iIb}{2\pi(l+a)} = -\frac{\mu_0 iIab}{2\pi l(l+a)}$$

…(答)

コイルは，$\dfrac{\mu_0 iIab}{2\pi l(l+a)}$ の力で直線電流に引き寄せられる．

練習問題 3-5

問題 2-5より，コイルに加わる力は，切り取った端点を直接結ぶ電流にかかる力と同じになるので，$F = IBa$ …(答)

$N = 6$ の場合

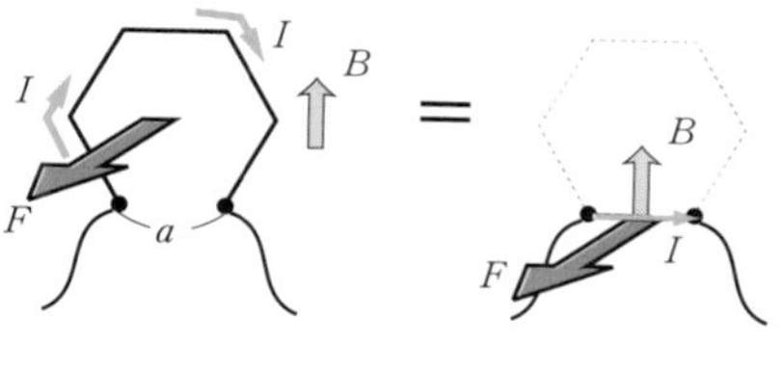

練習問題 3-6

電子の回転周期を T とする．半径 r の円軌道を回転する電子は，電流 $I = \dfrac{e}{T}$ に相当する．
これより，電子の磁気モーメントは

$$m = I\pi r^2 = \frac{e}{T}\pi r^2 = \frac{1}{2}er\frac{2\pi r}{T}$$

$$= \frac{1}{2}erv = \frac{1}{2}e\frac{m_e rv}{m_e} = \frac{eL}{2m_e}$$

…(答)

ベクトル表示すれば，

$$\boldsymbol{m} = -\frac{e\boldsymbol{L}}{2m_e}$$ となる．

練習問題 3-7

運動方程式は，

$$m\frac{v^2}{r} = evB \qquad \therefore\ mv = erB(=p)$$

運動エネルギーは，

$$K = \frac{p^2}{2m} = \frac{(erB)^2}{2m}$$

$$= \frac{1.6\times10^{-19}\times(12\times10^{-2})^2\times(8\times10^{-3})^2}{2\times9.1\times10^{-31}}e〔\mathrm{J}〕$$

$$= 8.1\times10^4〔\mathrm{eJ}〕= 81〔\mathrm{keV}〕$$

…(答)

練習問題 3-8

$x \leqq 0$ では半径 $r = \dfrac{mv}{qB}(=a)$ の時計回りの円運動を，$x \geqq 0$ ではローレンツ力の向きが逆になるので反時計回りで，半径 $r = \dfrac{mv}{2qB}(=a/2)$ の円運動を，$0 \leqq x \leqq a$ では等速直線運動をする．運動の軌跡は図のようになる．

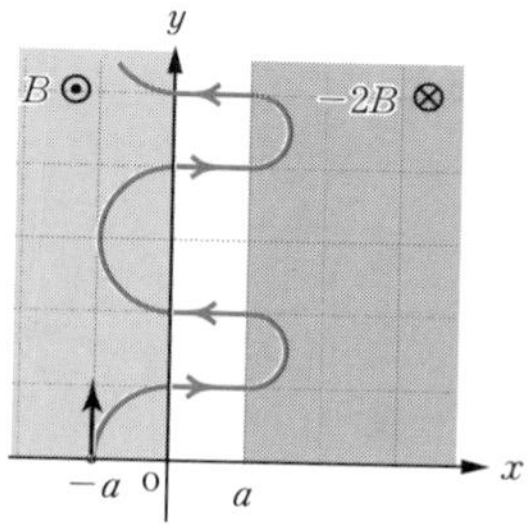

練習問題 3-9

荷電粒子1が荷電粒子2の位置につくる磁場は，

$$\boldsymbol{B}_{2\leftarrow1} = \frac{\mu_0 q v_0}{4\pi}\hat{\boldsymbol{x}} \times \frac{\boldsymbol{r}_2 - \boldsymbol{r}_1}{|\boldsymbol{r}_2 - \boldsymbol{r}_1|^3}$$

$$= \frac{\mu_0 q v_0}{8\sqrt{2}\pi a^3}\hat{\boldsymbol{x}}\times(-a\hat{\boldsymbol{x}}+a\hat{\boldsymbol{y}}) = \frac{\mu_0 q v_0}{8\sqrt{2}\pi a^2}\hat{\boldsymbol{z}}$$

荷電粒子2に作用するローレンツ力は，

$$\boldsymbol{F}_2 = q_2(v_0\hat{\boldsymbol{y}}) \times \boldsymbol{B}_{2\leftarrow1}$$

$$= q_2(v_0\hat{\boldsymbol{y}}) \times \frac{\mu_0 q_1 v_0}{8\sqrt{2}\pi a^2}\hat{\boldsymbol{z}} = \frac{\mu_0 q_1 q_2 {v_0}^2}{8\sqrt{2}\pi a^2}\hat{\boldsymbol{x}} \quad \cdots(答)$$

同様に，荷電粒子 1 が受けるローレンツ力は，

$$\boldsymbol{F}_1 = \frac{\mu_0 q_1 q_2 {v_0}^2}{8\sqrt{2}\pi a^2}\hat{\boldsymbol{y}} \quad \cdots(答)$$

となる．

このときのクーロン力の大きさは，

$$F_{\mathrm{E}} = \frac{1}{4\pi\varepsilon_0}\frac{q_1 q_2}{2a^2}$$

ローレンツ力の大きさ

$$F_{\mathrm{L}} = |\boldsymbol{F}_1| = |\boldsymbol{F}_2| = \frac{\mu_0 q_1 q_2 {v_0}^2}{8\sqrt{2}\pi a^2}$$

と比較すると，

$$\frac{F_{\mathrm{L}}}{F_{\mathrm{E}}} = \frac{\varepsilon_0 \mu_0 {v_0}^2}{\sqrt{2}} = \frac{1}{\sqrt{2}}\frac{{v_0}^2}{c^2} \quad \cdots(答)$$

ここで，$\varepsilon_0\mu_0 = \dfrac{1}{c^2}$（$c$ は真空中の光速）を用いた．

結果考察：

・$\boldsymbol{F}_1 + \boldsymbol{F}_2 \neq 0$ だから，ローレンツ力のみの考察では，作用反作用の法則は成立していない．

・非相対論的な速度では，$\dfrac{{v_0}^2}{c^2} \ll 1 \Leftrightarrow F_{\mathrm{L}} \ll F_{\mathrm{E}}$

練習問題 3-10

(1) 2 つの円の中心からの距離は，それぞれ $b + x$，$b - x$ となるので，(3-25)式より，

$$B = \frac{\mu_0 a^2 I}{2}\left[\frac{1}{\{a^2 + (b+x)^2\}^{3/2}} + \frac{1}{\{a^2 + (b-x)^2\}^{3/2}}\right] \quad \cdots(答)$$

(2) $\dfrac{x}{b} \ll 1$ のとき，[ ] 内の第 1 項は，

$$\frac{1}{\{a^2 + (b+x)^2\}^{3/2}} = \frac{1}{\{a^2 + b^2 + 2bx + x^2\}^{3/2}}$$

$$= \frac{1}{(a^2 + b^2)^{3/2}}\left(1 + \frac{2bx + x^2}{a^2 + b^2}\right)^{-3/2}$$

$\dfrac{2bx + x^2}{a^2 + b^2} \ll 1$ とできるので，$\dfrac{2bx + x^2}{a^2 + b^2}$ の 2 次の項まで近似して，

$$\fallingdotseq \frac{1}{(a^2 + b^2)^{3/2}}\left\{1 - \frac{3}{2}\frac{2bx + x^2}{a^2 + b^2} + \frac{1}{2}\cdot\left(-\frac{3}{2}\right)\cdot\left(-\frac{3}{2} - 1\right)\left(\frac{2bx + x^2}{a^2 + b^2}\right)^2\right\}$$

$$= \frac{1}{(a^2 + b^2)^{3/2}}\left\{1 - \frac{3}{2}\frac{2bx + x^2}{a^2 + b^2} + \frac{15}{8}\left(\frac{2bx + x^2}{a^2 + b^2}\right)^2\right\}$$

同様に [ ] 内の第 2 項は，

$$\frac{1}{\{a^2 + (b-x)^2\}^{3/2}} \fallingdotseq \frac{1}{(a^2 + b^2)^{3/2}}\left\{1 - \frac{3}{2}\frac{-2bx + x^2}{a^2 + b^2} + \frac{15}{8}\left(\frac{-2bx + x^2}{a^2 + b^2}\right)^2\right\}$$

以上より，

$$B = \frac{\mu_0 a^2 I}{2(a^2 + b^2)^{3/2}} \times \left\{2 - \frac{3x^2}{a^2 + b^2} + \frac{15}{4}\frac{4b^2x^2 + x^4}{(a^2 + b^2)^2}\right\}$$

$$= \frac{\mu_0 a^2 I}{2(a^2 + b^2)^{3/2}}\left\{2 + \frac{-3(a^2 - 4b^2)x^2}{(a^2 + b^2)^2} + (x^4 \text{の項})\right\}$$

となる．x の偶数次項しかないので，$x = 0$ の近傍は極値をもつ．さらに，$a = 2b$ …(答) とすることで，x^2 の係数まで 0 にでき，原点近傍での B の変化は極めて小さく抑えられる．

練習問題 3-11

導線 a の電流 I は磁場をつくらない．(3-23)式より，導線 b の電流 I のつくる磁場は，紙面表から裏に向かって，

$$B_{\mathrm{b}} = \frac{\mu_0 I}{4\pi(d/\sqrt{2})}\left(\cos 0 + \cos\frac{\pi}{4}\right)$$

$$= \frac{\sqrt{2}\mu_0 I}{4\pi d}\left(1 + \frac{\sqrt{2}}{2}\right)$$

導線 c の電流 $2I$ のつくる磁場は，紙面表から裏に向かって，

$$B_{\mathrm{c}} = \frac{\mu_0 \cdot 2I}{4\pi(d/\sqrt{2})}\left(\cos\frac{\pi}{4} + \cos 0\right)$$

$$= \frac{2\sqrt{2}\mu_0 I}{4\pi d}\left(1 + \frac{\sqrt{2}}{2}\right)$$

合成磁場は，紙面表から裏に向かって，

$$B = \frac{3\sqrt{2}}{4}\left(1 + \frac{\sqrt{2}}{2}\right)\frac{\mu_0 I}{\pi d} \quad \cdots(答)$$

練習問題 3-12

次のそれぞれの場合について，アンペールの法則を当てはめる．

i）$r < a$ のとき

$$2\pi r B(r) = \mu_0 I \times \left(\frac{r}{a}\right)^2$$

$$\therefore\ B(r) = \mu_0 I \times \left(\frac{r}{a}\right)^2 \times \frac{1}{2\pi r}$$

$$= \frac{\mu_0 I}{2\pi a^2} r \qquad \cdots(答)$$

ii）$a < r < b$ のとき

$$2\pi r B(r) = \mu_0 I$$

$$\therefore\ B(r) = \frac{\mu_0 I}{2\pi r} \qquad \cdots(答)$$

iii）$b < r < c$ のとき

$$2\pi r B(r) = \mu_0 \left(1 - \frac{x^2 - b^2}{c^2 - b^2}\right) I$$

$$\therefore\ B(r) = \frac{\mu_0 I}{2\pi r} \frac{c^2 - x^2}{c^2 - b^2} \qquad \cdots(答)$$

iv）$c < r$ のとき

$$2\pi r B(r) = \mu_0 (I - I) = 0$$

$$\therefore\ B(r) = 0 \qquad \cdots(答)$$

練習問題 3-13

板の外の空間にある図の点線で示した閉路①についてアンペールの法則を用いる．対称性から磁場 B_1, B_2 は y 軸に平行より，

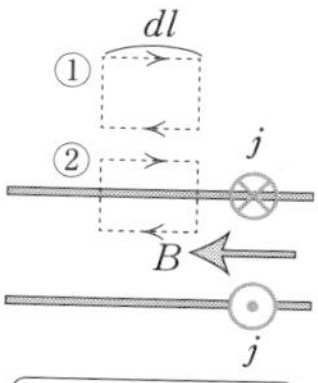

+z から見た図

$$B_1 dl - B_2 dl = 0$$

$$\therefore\ B_1 = B_2$$

板の外は場所によらず磁場は等しい．さらに十分遠くでは磁場は消えるので，$B_{外} = 0$ といえる．

また，導体板間の磁場 B は，再び対称性から，y 軸負の向きであり，閉路②についてアンペールの法則を適用すると，

$$B dl = \mu_0 j dl \iff B = \mu_0 j \qquad \cdots(答)$$

練習問題 3-14

円形の磁化電流 $i = \int M dl$ が流れていると考えて，

$$i = \frac{4}{\pi} \times 10^5 〔\mathrm{A/m}〕 \times 0.2 \times 10^{-2} 〔\mathrm{m}〕$$

$$= \frac{8}{\pi} \times 10^2 〔\mathrm{A/m}〕$$

これより，

$$B = \frac{\mu_0 i}{2r} = \frac{4\pi \times 10^{-7}}{2 \times 10^{-2}} \times \frac{8}{\pi} \times 10^2 = 1.6 \times 10^{-2} 〔\mathrm{T}〕$$

…(答)

練習問題 3-15

無限に長いソレノイドコイルの外側には磁場はない．図の経路にアンペールの法則を適用すると，

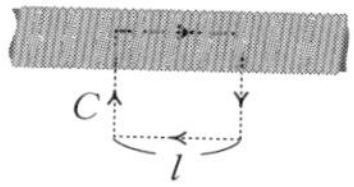

$$\oint_C \boldsymbol{H} \cdot d\boldsymbol{l} = Hl = nlI \quad \therefore\ H = nI \qquad \cdots(答)$$

磁束密度は，

$$\boldsymbol{B} = \mu \boldsymbol{H} \quad \therefore\ B = \mu n I \qquad \cdots(答)$$

磁化は，

$$\boldsymbol{B} = \mu_0 (\boldsymbol{H} + \boldsymbol{M})$$

$$\Rightarrow\ \boldsymbol{M} = \frac{\boldsymbol{B}}{\mu_0} - \boldsymbol{H} \quad \therefore\ M = nI\left(\frac{\mu}{\mu_0} - 1\right)$$

…(答)

磁化率は，

$$\boldsymbol{M} = \chi_m \boldsymbol{H} \quad \therefore\ \chi_m = \frac{\mu}{\mu_0} - 1 \qquad \cdots(答)$$

Chapter 4　電磁誘導

練習問題 4-1

永久磁石の運動する向きに，引きずられるように移動を開始する．

解釈：永久磁石の進行する方向にある導体板上の任意の閉回路は，永久磁石の進行に伴い，貫く磁束が増加する．磁束の変動に伴い，上から見て反時計回りのうず電流が流れ，導体板表面にN極の磁極の電磁石が並んだような状態になる．逆に永久磁石の後方には，上から見て時計回りのうず電流が流れ，S極の磁極の電磁石が並んだような状態になる．このため，導体板は永久磁石から，移動と同じ向きの力を受けることになり，移動を開始する．…(答)

練習問題 4-2

(定性的説明)　非磁性的な金属パイプに沿って磁石が落下すると，うず電流が発生し，ブレーキの作用をするために落下スピードが鈍る．事実，絶縁体の場合，うず電流が流れないので自由落下となる．すなわちうず電流の流れにくさ，つまりパイプの抵抗率と，落下時間には逆相関があるといえる．このルールを適用すると，銅パイプの落下時間が長かったということより，銅の方が抵抗率が小さい(答)と判断できる（☞第 2 章 p.38 図 2-1-1 参照）．

(定量的説明)　磁石の終端速度を v_∞ とすると，うず電流回路の起電力は終端速度に比例すると考えられるので，$v_{\mathrm{emf}} = Kv_\infty$ $(K > 0)$ とかける．一方，磁石が等速で落下しているとき，いずれの場合も重力とつり合っているので，うず電流 i による磁気モーメント $m = iS$（S：電流回路の面積）は等しくなる．面積はパイプの断面積と考えると共通だから，電流が同じ値となる．オームの法則より，

$$i = \frac{v_{\mathrm{emf}}}{R} \quad \therefore\ R = iKv_\infty \propto v_\infty$$

これより，抵抗率が終端速度に比例すると結論づけられる．銅の方が明らかに終端速度は遅いので，抵抗率は小さい(答)という結論になる．

練習問題 4-3

コイルを貫く鎖交磁束は，

$$\Phi^* = NBA$$

コイルに発生する誘導起電力は，ファラデーの法則より，

$$\phi = -\dot{\Phi}^* = -NA\dot{B}$$

与えられた条件（$\phi = \phi_0 \sin\omega t$）を用いると，

$$B = -\frac{1}{NA}\int \phi dt$$

$$= -\frac{1}{NA}\int \phi_0 \sin\omega t dt = \frac{\phi_0}{NA\omega}\cos\omega t \quad \cdots(答)$$

（積分定数は 0 とした）

練習問題 4-4

y-z 平面上で，磁束密度の大きさは，

$$B(y) = \frac{\mu_0 I}{2\pi y}$$

時刻 t での正方形コイルを貫く磁束は，

$$\Phi = \int_{vt}^{vt+a} B(y) a dy = \frac{\mu_0 Ia}{2\pi}\int_{vt}^{vt+a}\frac{dy}{y}$$

$$= \frac{\mu_0 Ia}{2\pi}\log\frac{vt+a}{vt}$$

これより，誘導起電力は，

$$\Phi_{\mathrm{emf}} = -\dot{\Phi} = -\frac{\mu_0 Ia}{2\pi}\frac{d}{dt}\left(\log\frac{vt+a}{vt}\right)$$

$$= -\frac{\mu_0 Ia}{2\pi}\frac{\dfrac{v^2t - v(vt+a)}{(vt)^2}}{\dfrac{vt+a}{vt}} = \frac{\mu_0 Ia^2}{2\pi(vt+a)t}$$

…(答)

〈考え方 2〉でも同じ結果が得られる．

練習問題 4-5

起電力を ϕ とすると，

$$\phi = -N\dot{\Phi}$$

このとき回路に流れる電流 i は，

$$i = \frac{\phi}{R} = -\frac{N}{R}\dot{\Phi}$$

この間，回路を移動する電荷は，

$$\Delta Q = \int_1^2 idt = \int_1^2 \frac{\phi}{R}dt = -\frac{N}{R}\int_1^2 d\Phi$$

$$= -\frac{N}{R}(\Phi_2 - \Phi_1) \quad \cdots(答)$$

練習問題 4-6

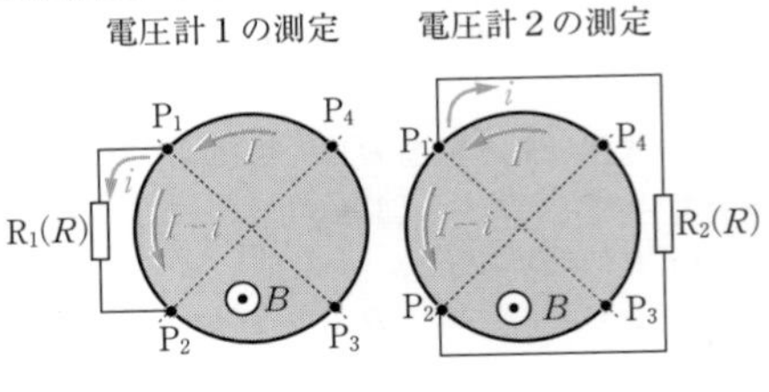

(電圧計 1 での測定)

上の左の図より，回路方程式は，

$P_1 \to P_2 \to P_3 \to P_4 \to P_1$：

$$-\phi = \frac{3}{4}rI + \frac{1}{4}r(I - i) \quad \cdots①$$

$P_1 \to R_1 \to P_2 \to P_3 \to P_4 \to P_1$：

$$-\phi = \frac{3}{4}rI + Ri \quad \cdots②$$

①，②式より，

$$i = -\frac{4\phi}{16R + 3r}$$

これより，電圧計の読みは，

$$V_1 = -Ri = \frac{4R}{16R + 3r}\phi \qquad \cdots(答)$$

(電圧計2での測定)

前図左より，回路方程式は，

$P_1 \to P_2 \to P_3 \to P_4 \to P_1$：

$$-\phi = \frac{3}{4}rI + \frac{1}{4}r(I - i) \quad \cdots①$$

$P_1 \to R_2 \to P_2 \to P_3 \to P_4 \to P_1$：

$$0 = \frac{3}{4}rI + Ri \quad \cdots③$$

①，③式より，

$$i = \frac{12\phi}{16R + 3r}$$

これより，電圧計の読みは，

$$V_2 = -Ri = -\frac{12R}{16R + 3r}\phi \qquad \cdots(答)$$

この結果は，リング上で電位が定義できないことを示している．

練習問題 4-7

1. 流れる …(答)

問題 4-7で求めた起電力が生じるため．

2. 流れない …(答)

磁石の磁気の原因が，直流電流が流れるソレノイドと同じであると考えると，電流の流れているソレノイドを軸の周りに回転しても何も起こらないように，円筒形磁石を円筒軸の周りに回転させても磁場に変化がないため．

3. 流れる …(答)

磁石が回転しているかどうかは磁場に影響を与えない．磁石の回転を止めて考えると 1. の金属円盤が磁場に対して回転している場合と同じである．

練習問題 4-8

コイル1のつくる磁場は，コイル2の中心で，

$$\boldsymbol{B} = -\frac{\mu_0 I_1 a^2}{2(a^2 + l^2)^{3/2}}\hat{\boldsymbol{y}}$$ (☞ p.84)

コイル2内はこの磁束密度で一定と近似して，

$$\Phi = \iint \boldsymbol{B}\cdot d\boldsymbol{S} = \frac{\mu_0 I_1 a^2 \pi b^2}{2(a^2 + l^2)^{3/2}}$$

$$\therefore\ M = \frac{\pi\mu_0 a^2 b^2}{2(a^2 + l^2)^{3/2}} \qquad \cdots(答)$$

練習問題 4-9

2つの円筒間の磁束線は，円筒軸を中心とする同心円を描く．中心軸から距離 r での磁束密度 $B(r)$ は，アンペールの法則より，

$$\int B(r)dl = \mu_0 I \quad \Leftrightarrow \quad B(r)\cdot 2\pi r = \mu_0 I$$

$$\therefore\ B(r) = \frac{\mu_0 I}{2\pi r}$$

円筒間の空間を貫く磁束は，円筒の軸の向きを z 軸にとると，

$$\Phi = \iint B(r)drdz$$

$$= l\int_a^b B(r)dr = l\int_a^b \frac{\mu_0 I}{2\pi r}dr = \frac{\mu_0 Il}{2\pi}\log\frac{b}{a}$$

これより，自己インダクタンスは，

$$L = \frac{\mu_0 l}{2\pi}\log\frac{b}{a} \qquad \cdots(答)$$

練習問題 4-10

一方の導線から距離 x の位置の磁束密度は，

$$B = \frac{\mu_0 I}{2\pi x} + \frac{\mu_0 I}{2\pi(D - x)}$$

幅 dx，長さ l の微小帯状領域を考えると，この領域の磁束 $d\Phi$ は，$d\Phi = Bldx$ で，これらを導線間の空間で足し合わせると，

$$\Phi = 2\int_r^{D-r} Bldx$$

$$= 2\int_r^{D-r} \frac{\mu_0 I}{2\pi x}ldx$$

$$= \frac{\mu_0 Il}{\pi}\int_r^{D-r}\frac{1}{x}dx = \frac{\mu_0 lI}{\pi}\log\frac{D - r}{r}$$

$$\therefore\ \frac{L_i}{l} = \frac{\mu_0}{\pi}\log\frac{D - r}{r}$$

これより，単位長さ当たりの(外部)自己インダクタンスは，

$$L_{外} = \frac{\mu_0}{\pi}\log\frac{D - r}{r}$$

内部自己インダクタンスは，2本分で

$$L_{内} = \frac{\mu}{8\pi} \times 2 = \frac{\mu}{4\pi}$$

合計で,

$$L = L_{外} + L_{内} = \frac{\mu_0}{\pi}\log\frac{D-r}{r} + \frac{\mu}{4\pi}$$

$$= \frac{1}{4\pi}\left(4\mu_0\log\frac{D-r}{r} + \mu\right) \qquad \cdots(答)$$

練習問題 4-11

コイル 1 に電流 I_1 を流すと，コイル 1 を貫く鎖交磁束 $\Phi_1 = L_1I_1$ の一部がコイル 2 を通るので，その比率を $k_1(\leqq 1)$ とすると,

$$\Phi_2 = k_1\Phi_1 = k_1L_1I_1$$

これより，相互インダクタンス M は,

$$M = k_1L_1 \quad \cdots ①$$

コイル 1 とコイル 2 を入れ替えてこの議論を繰り返すと，定数 $k_2(\leqq 1)$ を用いると，相互インダクタンス M は,

$$M = k_2L_2 \quad \cdots ②$$

ともかける．①，②より,

$$M^2 = k_1k_2L_1L_2$$

$k_1k_2 \leqq 1$ だから,

$$M = \sqrt{k_1k_2L_1L_2} \leqq \sqrt{L_1L_2} \quad 証明終$$

$\sqrt{k_1k_2} = k$ $(0 \leqq k \leqq 1)$ を結合係数という．k が 1 に近いと密結合，0 に近いと疎結合という．

練習問題 4-12

コイルの内部磁界は,

$$H = nI$$

単位長さあたりのエネルギーは，磁場のエネルギー密度の式(☛(4-14)式)より,

$$U = \int\frac{\mu H^2}{2}dS = \frac{1}{2}\mu n^2I^2S$$

一方，コイルの磁気エネルギーの式は,

$$U = \frac{1}{2}LI^2$$

両式を比較して,

$$L = \mu n^2S \qquad \cdots(答)$$

練習問題 4-13

発電機内のローターコイルの自己誘導を無視しているからである．(答)ローターコイルの鎖交磁束は，ステーター（外部磁石）の磁束と，自己誘導からくる磁束の総和となる．

$$\Phi^* = BS\cos\omega t + LI$$

$$\therefore\ \phi^{\mathrm{emf}} = -\frac{d\Phi^*}{dt} = \phi_0\sin\omega t - L\dot{I}$$

これより，とくべき回路方程式は,

$$RI = \phi^{\mathrm{emf}} = \phi_0\sin\omega t - L\dot{I}$$

$$L\dot{I} + RI = \phi_0\sin\omega t$$

となる．この方程式の解法は，交流回路で扱う．

練習問題 4-14

閉回路 BCQP の面積を S とする．起電力は,

$$\phi = -\frac{d\Phi}{dt} = -\frac{d(BS)}{dt} = -\frac{d(Blvt)}{dt} = -Blv$$

t 秒後の回路の抵抗は $(l + 2vt)r$ だから，電流は,

$$i = \frac{\phi}{(l + 2vt)r} = -\frac{vBl}{(l + 2vt)r}$$

これより，電流の向きは反時計回りで，強さは $\dfrac{vBl}{(l + 2vt)r}$ である． …(答)

アンペール力は，運動を妨げる向きに大きさ

$$|i|\,Bl = \frac{v(Bl)^2}{(l + 2vt)r} \qquad \cdots(答)$$

練習問題 4-15

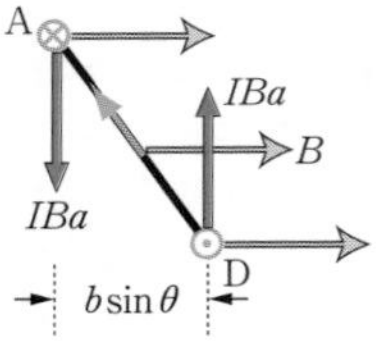

BC および DA にはたらくアンペール力は相殺する．図はコイルを吊り下げている方向から見た図である．辺 AB，および CD にはたらくアンペール力が偶力となる．そのモーメントの大きさは,

$$N = IBa\cdot b\sin\theta = abIB\sin\theta \qquad \cdots(答)$$

Chapter 5　電気回路

練習問題 5-1

図の等電位線上の点(同じマークで表示)は 1 点に束ねて等価回路に描きなおすと，並列抵抗回路の直列合成とみなせるので,

$$r_{\mathrm{ab}} = \frac{1}{3}r + \frac{1}{6}r + \frac{1}{3}r = \frac{5}{6}r〔\Omega〕 \qquad \cdots(答)$$

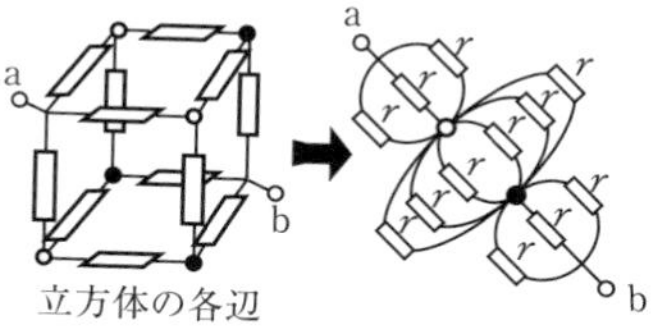

立方体の各辺

練習問題 5-2

左の 3 つの抵抗を，△ 接続 → Y 接続変換して，

$$R = \frac{6}{10} + \frac{5 \times \frac{5}{2}}{5 + \frac{5}{2}} = \frac{3}{5} + \frac{5}{3} = \frac{34}{15}\Omega \quad \cdots(答)$$

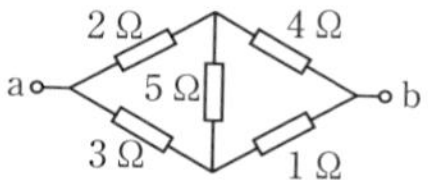

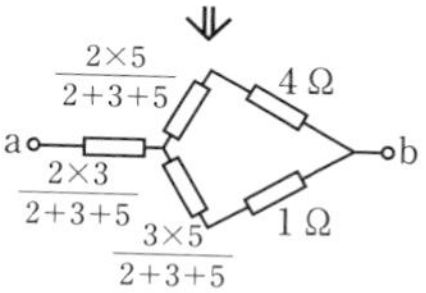

練習問題 5-3

【方法 1】

図の 2 通り考えられる．いずれも電圧計と電流計を直接接続するところがポイントである．

図の接続 3 の場合，電圧計の読みを V_3，電流計の読みを I_3 とし，$\frac{V_3}{I_3} = R_3$ と表すと，

$$r_V = R_3$$

となり，3 個の条件式が得られたので，R，r_V，r_A の全てが決定する（実際は，接続 1 は不要）．

同様に，図の接続 4 の場合，電圧計の読みを V_4，電流計の読みを I_4 とし，$\frac{V_4}{I_4} = R_4$ と表すと，

$$r_A = R_4$$

となり，3 個の条件式が得られる（実際は，接続 2 は不要）．

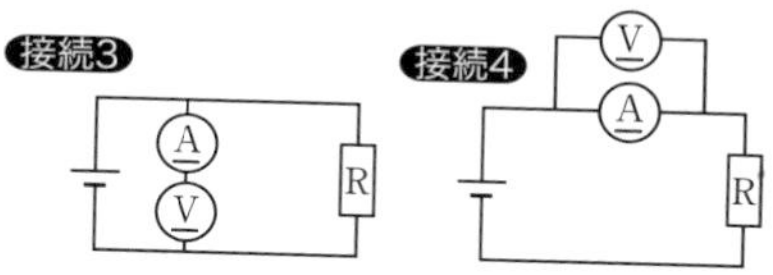

［結論］：内部抵抗の分からない電流計と電圧計を用いて未知抵抗の抵抗値を決定するには，接続 1&接続 4 の組み合わせか，接続 2&接続 3 の組み合わせの実験をすれば十分であるということ．こうすれば，誤差評価も不要になる．ただし，途中で電圧計や電流計の測定レンジを切り替えてはならないので（内部抵抗を変えることになる），最初から適当なレンジを固定したまま測定することが必要となる．　…(答)

【方法 2】

電流計と電圧計を直接接続する上記の方法以外に考えられる方法としては，もう一つダミーの未知抵抗を用意し，接続 1，接続 2 を 2 回繰り返すことで，未知数，$r_A, r_V, R, R_{ダミー}$ に関する 4 つの方程式が得られるので，これらを解けば，全て値が決定する．　…(答)

練習問題 5-4

a, b 端子に，電圧 V をかけると，図のように回路に電流 i_1, i_2, i_3 が流れたとする．

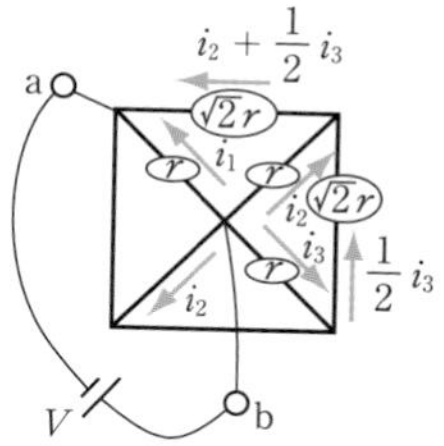

キルヒホッフの電圧則より，

$$\begin{cases} ri_1 - \sqrt{2}r\left(i_2 + \frac{1}{2}i_3\right) - ri_2 = 0 \\ ri_2 - \sqrt{2}r \times \frac{1}{2}i_3 - ri_3 = 0 \\ ri_1 = V \end{cases}$$

これを解くと，

$$i_1 = \frac{V}{r}, \quad i_2 = \frac{\sqrt{2}}{4}\frac{V}{r}, \quad i_3 = \frac{\sqrt{2}-1}{2}\frac{V}{r}$$

回路に流れ込む電流は，$i = i_1 + 2i_2 + i_3$ だから，合成抵抗 R は，

$$R = \frac{V}{r} = \frac{V}{i_1 + 2i_2 + i_3} = \frac{2(2\sqrt{2} - 1)}{7}r \quad \cdots(答)$$

練習問題 5-5

等価回路に変形していくと，図のようになる．

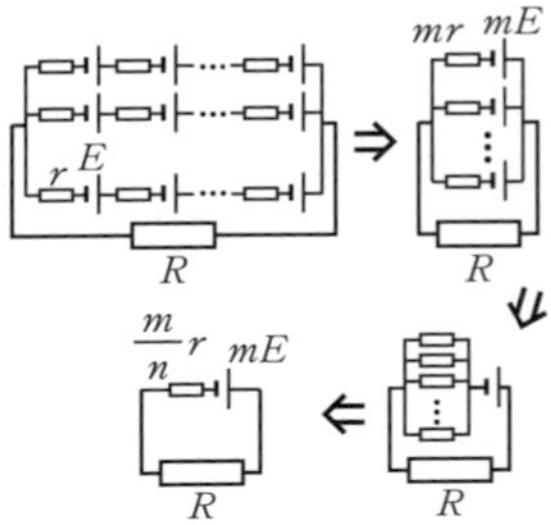

オームの法則より，抵抗 R を流れる電流 I は，

$$I = \frac{mE}{\frac{m}{n}r + R} \quad \cdots(答)$$

練習問題 5-6

電球 P_1 にかかる電圧を V，電流を I とすると，回路方程式より，$V + 100I = 120$ …①

①のグラフと，電球の V-I 特性グラフの交点より，$(V, I) = (50\ \mathrm{V}, 0.7\ \mathrm{A})$ …(答)

ブリッジ回路の平衡条件より電球 P_2 にも $120 - 50 = 70\ \mathrm{V}$ がかかっているので，ふたたび電球の V-I 特性グラフより，右上の電球に流れる電流は，0.77 A となり，

$$R_X = 50 \div 0.77 = 65\ \Omega \quad \cdots(答)$$

練習問題 5-7

▶抵抗の場合：$V = RI \propto I$

V-t グラフを縦に拡大・縮小したものとなる．

▶コイルの場合：$V = L\dot{I} \propto \dot{I}$

接線の傾きを縦軸にとると V-t グラフとなるようなグラフを描く．

▶キャパシターの場合：$V = \dfrac{1}{C}\int I\,dt$

V-t グラフの接線の傾きを縦軸にとったようなグラフを描く．

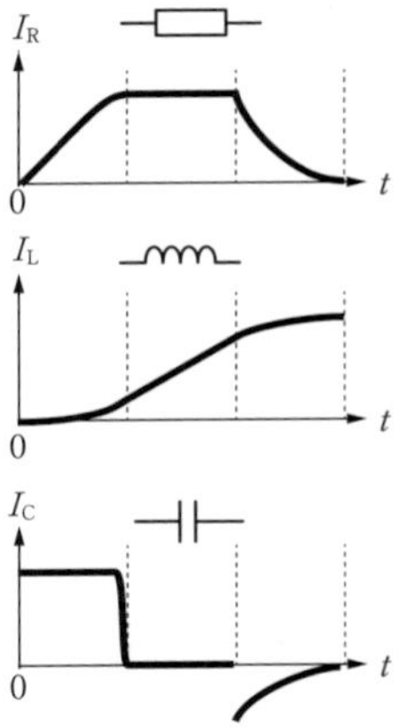

…(答)

練習問題 5-8

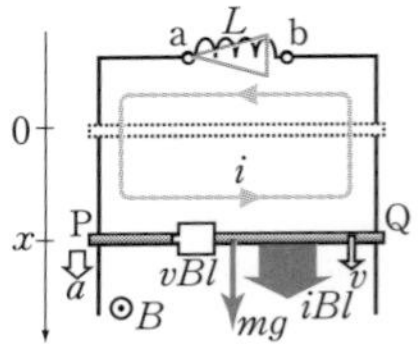

反時計回りの電流を i とすると，

運動方程式：　$m\dot{v} = mg + iBl$ …①

回路方程式：　$L\dot{i} + vBl = 0$ …②

②式は $\dfrac{d}{dt}(Li + xBl) = 0$ と書けるので，

$Li + xBl =$ 定数 となる．

初期条件，$i(0) = 0$，$x(0) = 0$ を考慮すると，定数 $= 0$ となるので，

$$Li + xBl = 0 \qquad \therefore\ i = -\frac{Bl}{L}x$$

これより，①式は，

$$m\dot{v} = -\frac{(Bl)^2}{L}x + mg \quad \cdots③$$

③式は，運動が単振動…(答) となることを表している．

練習問題 5-9

回路を流れる電流は $\dfrac{V}{R + r}$ で，外部抵抗での

消費電力は，

$$P_{\mathrm{R}} = \left(\frac{V}{R+r}\right)^2 R$$

相加相乗平均定理を用いると，

$$P_{\mathrm{R}} = \frac{V^2}{R+\dfrac{r^2}{R}+2r} \leqq \frac{V^2}{2\sqrt{R\dfrac{r^2}{R}}+2r} = \frac{V^2}{4r} \quad \cdots(\text{答})$$

となり，等号成立は，$R = r$ のときである．

練習問題 5-10

p.158 ①式より，

$$\dot{I}\,\Big|_{t=0} = \frac{V_0 - RI}{L}\Big|_{t=0} = \frac{V_0}{L}$$

時定数の定義より，

$$\frac{V_0}{L}\tau = I_\infty$$

$$\therefore\ \tau = \frac{L}{V_0}I_\infty = \frac{L}{V_0} \times \frac{V_0}{R} = \frac{L}{R} \qquad \text{証明終}$$

このとき次元は，$\left[\dfrac{L}{R}\right] = \dfrac{[L]}{[R]} = \dfrac{[\mathrm{V/As^{-1}}]}{[\mathrm{V/A}]} = [s]$

p.159 ②式より，

$$\dot{V}\,\Big|_{t=0} = \frac{V_0 - V}{RC}\Big|_{t=0} = \frac{V_0}{RC}$$

時定数の定義より，

$$\frac{V_0}{RC}\tau = V_\infty$$

$$\therefore\ \tau = \frac{RC}{V_0}V_\infty = \frac{RC}{V_0} \times V_0 = RC \qquad \text{証明終}$$

また次元は，$[RC] = [\mathrm{V/A}][\mathrm{C/V}] = [\mathrm{C/A}] = [s]$

練習問題 5-11

図の矢印の向きに電流 I をとると，回路方程式は，

$$L\dot{I} + R_2 I = 0$$

この微分方程式は，TypeA に相当し，その一般解は，

$$I = I(0)e^{-\frac{R_2}{L}t} \quad : I(0)\ \text{は未定定数}$$

初期条件「$t = 0$ で $I = I_0$」を考えると，

$$I = I_0 e^{-\frac{R_2}{L}t}$$

これより，発生するジュール熱 J は，

$$J = \int_0^\infty R_2 I^2 dt$$

$$= R_2 I_0^2 \int_0^\infty e^{-2\frac{R_2}{L}t} dt$$

$$= R_2 I_0^2 \left(-\frac{L}{2R_2}\right)\left[e^{-2\frac{R_2}{L}t}\right]_0^\infty = \frac{1}{2}LI_0^2 \cdots(\text{答})$$

練習問題 5-12

電気振動が起こる．電気振動の周期は，

$$T = 2\pi\sqrt{LC} \qquad \cdots(\text{答})$$

初期条件は，$t = t_0$ で

$$q = q_0$$

$$I_{\mathrm{L}} = I_{\mathrm{R}} - I_{\mathrm{C}} = \frac{V - q_0/C}{R} - 0 = \frac{V - q_0/C}{R}$$

回路のエネルギー保存則より，

$$\frac{1}{2}LI_{\max}^2 = \frac{1}{2}L\left(\frac{V - q_0/C}{R}\right)^2 + \frac{{q_0}^2}{2C}$$

$$\therefore\ I_{\max} = \sqrt{\left(\frac{V - q_0/C}{R}\right)^2 + \frac{{q_0}^2}{LC}} \qquad \cdots(\text{答})$$

練習問題 5-13

出発の回路方程式は，

$$L\dot{I} + RI = \phi_0 \sin\omega t$$

これは，RL 直列回路に交流電圧をかけた場合に相当するので，回路インピーダンスを求めれば解決する．回路のインピーダンスは，

$$\boldsymbol{Z} = R + j\omega L$$

複素電流は，

$$\boldsymbol{I} = \frac{\phi_0 e^{j\omega t}}{\boldsymbol{Z}} = \frac{\phi_0 e^{j\omega t}}{R + j\omega L}$$

$\boldsymbol{Z} = R + j\omega L = Ze^{j\phi}$ とすると，回路に流れる電流は，

$$I = \frac{\phi_0}{Z}\sin(\omega t - \phi) \qquad \cdots(\text{答})$$

ただし，

$$Z = \sqrt{R^2 + (\omega L)^2}, \quad \phi = \tan^{-1}\frac{R}{\sqrt{R^2 + (\omega L)^2}} \qquad \cdots(\text{答})$$

力率は，$\cos\phi = \dfrac{R}{Z} = \dfrac{R}{\sqrt{R^2 + (\omega L)^2}} \quad \cdots(\text{答})$

練習問題 5-14

回路の複素インピーダンス $\boldsymbol{Z}$〔Ω〕は，

$$\boldsymbol{Z} = \frac{(R + j\omega L) \times \dfrac{1}{j\omega C}}{(R + j\omega L) + \dfrac{1}{j\omega C}} = \frac{\dfrac{L}{C} - \dfrac{R}{\omega C}j}{R + \left(\omega L - \dfrac{1}{\omega C}\right)j}$$

分子の複素数を $\boldsymbol{Z}_1$，分母の複素数を $\boldsymbol{Z}_2$ とし，

その偏角をそれぞれ，ϕ_1，ϕ_2とすると，

$$\tan\phi_1 = \frac{-R/\omega C}{L/C} = -\frac{R}{\omega L}$$

$$\tan\phi_2 = \frac{\omega L - 1/\omega C}{R} = \frac{1}{R\omega C}(\omega^2 LC - 1)$$

$$\boldsymbol{I} = \frac{\boldsymbol{V}}{\boldsymbol{Z}}$$

$$\arg(\boldsymbol{I}) = \arg(\boldsymbol{V}) - \arg(\boldsymbol{Z})$$

より，電流位相の遅れϕは，

$$\phi = \arg(\boldsymbol{V}) - \arg(\boldsymbol{I}) = \arg(\boldsymbol{Z}) = \phi_1 - \phi_2$$

だから，

$$\begin{aligned}\tan\phi &= \tan(\phi_1 - \phi_2)\\ &= \frac{\tan\phi_1 - \tan\phi_2}{1 + \tan\phi_1\tan\phi_2}\\ &= \frac{-\frac{R}{\omega L} - \frac{1}{R\omega C}(\omega^2 LC - 1)}{1 - \frac{R}{\omega L}\frac{1}{R\omega C}(\omega^2 LC - 1)}\\ &= -\frac{\omega}{R}\{R^2 C + (L\omega)^2 C - L\} \quad \cdots(\text{答})\end{aligned}$$

練習問題 5-15

回路のインピーダンスZ〔Ω〕は，

$$Z = \frac{V_{\mathrm{AC}}}{I_{\mathrm{AC}}} = \frac{100}{25} = 4\,\Omega \quad \cdots①$$

電流の電圧に対する位相の遅れをϕとすると，電力が，

$$P = V_{\mathrm{AC}} I_{\mathrm{AC}} \cos\phi$$

$$2.0 \times 10^3 = 100 \times 25 \cos\phi$$

これより，力率は，

$$\cos\phi = 0.8 \quad \cdots(\text{答}) \quad \cdots②$$

回路の抵抗は，①，②式より，

$$R = Z\cos\phi = 4 \times \frac{4}{5} = 3.2\,\Omega \quad \cdots(\text{答}) \quad \cdots③$$

回路のリアクタンスは，①，③式より，

$$X = \sqrt{Z^2 - R^2} = \sqrt{4^2 - \left(\frac{16}{5}\right)^2} = 2.4\,\Omega \cdots(\text{答})$$

Chapter 6　マクスウェル方程式と電磁波

練習問題 6-1

時刻tで，点電荷と点$\mathrm{P}(x, y, z)$の距離が$r = \sqrt{(x - vt)^2 + y^2 + z^2}$であることを用いると，P点での電位$\phi$は，

$$\phi = \frac{q}{4\pi\varepsilon_0 r} = \frac{q}{4\pi\varepsilon_0\sqrt{(x - vt)^2 + y^2 + z^2}}$$

電束密度$\boldsymbol{D}$は，

$$\begin{aligned}\boldsymbol{D} = \varepsilon_0\boldsymbol{E} &= -\varepsilon_0\nabla\phi = -\varepsilon_0\frac{q}{4\pi\varepsilon_0}\nabla\left(\frac{1}{r}\right)\\ &= -\frac{q}{4\pi}\left(-\frac{\boldsymbol{r}}{r^3}\right) \quad (☞\text{数学公式(A-11)})\\ &= \frac{q}{4\pi r^3}(x - vt, y, z)\end{aligned}$$

これより，変位電流密度$\boldsymbol{i}_{\mathrm{d}}$は，

$$\begin{aligned}\boldsymbol{i}_{\mathrm{d}} &= \frac{\partial D_x}{\partial t}\\ &= \frac{q}{4\pi r^5}[\{2(x - vt)^2 - y^2 - z^2\}\hat{\boldsymbol{x}}\\ &\qquad + 3y(x - vt)\hat{\boldsymbol{y}} + 3z(x - vt)\hat{\boldsymbol{z}}]\end{aligned}$$

…(答)

練習問題 6-2

問題 6-2の結果より，

銅：

$$\sigma : \varepsilon_0\omega = 6 \times 10^7 : 8.8 \times 10^{-12} \times 2\pi \times 50$$

$\approx 1 : 4.6 \times 10^{-17}$ 倍　…(答)

ガラス：

$$\sigma : \varepsilon_0\omega \approx 10^{-15} : 8.8 \times 10^{-12} \times 2\pi \times 50$$

$\approx 1 : 2.8 \times 10^6$ 倍　…(答)

練習問題 6-3

2つの微分方程式は，

$$\frac{\partial E_z}{\partial y} + \frac{\partial B_x}{\partial t} = 0 \quad \cdots①$$

$$\frac{\partial B_x}{\partial y} + \varepsilon_0\mu_0\frac{\partial E_z}{\partial t} = 0 \quad \cdots②$$

$\dfrac{\partial}{\partial y}$①$-\dfrac{\partial}{\partial t}$②を考えると，

$$\left(\frac{\partial^2 E_z}{\partial y^2} + \frac{\partial^2 B_x}{\partial y\partial t}\right) - \left(\frac{\partial^2 B_x}{\partial t\partial y} + \varepsilon_0\mu_0\frac{\partial^2 E_z}{\partial t^2}\right) = 0$$

$$\Leftrightarrow \quad \frac{\partial^2 E_z}{\partial y^2} = \varepsilon_0\mu_0\frac{\partial^2 E_z}{\partial t^2} \quad \cdots(\text{答})$$

これが求めるE_zの波動方程式である．

同様に，

$$\frac{\partial E_z}{\partial y} + \frac{\partial B_x}{\partial t} = 0 \quad \cdots③$$

$$\frac{\partial B_x}{\partial y} + \varepsilon_0\mu_0\frac{\partial E_z}{\partial t} = 0 \quad \cdots④$$

$\varepsilon_0\mu_0 \times \dfrac{\partial}{\partial t}$ ③ $-$ $\dfrac{\partial}{\partial y}$ ④を考えると,

$$\varepsilon_0\mu_0\left(\frac{\partial^2 E_z}{\partial t\partial y}+\frac{\partial^2 B_x}{\partial t^2}\right)-\left(\frac{\partial^2 B_x}{\partial y^2}+\varepsilon_0\mu_0\frac{\partial^2 E_z}{\partial y\partial t}\right)=0$$

$$\Leftrightarrow\quad \frac{\partial^2 B_x}{\partial y^2}=\varepsilon_0\mu_0\frac{\partial^2 B_x}{\partial t^2} \qquad \cdots(答)$$

これが求める B_x の波動方程式である.

練習問題 6-4

□ $\nabla\cdot(f\boldsymbol{A}) = \nabla f\cdot\boldsymbol{A} + f(\nabla\cdot\boldsymbol{A})$

証明：

$$\begin{aligned}
左辺 &= \frac{\partial(fA_x)}{\partial x}+\frac{\partial(fA_y)}{\partial y}+\frac{\partial(fA_z)}{\partial z}\\
&= \frac{\partial f}{\partial x}A_x+f\frac{\partial A_x}{\partial x}+\frac{\partial f}{\partial y}A_y+f\frac{\partial A_y}{\partial y}\\
&\quad +\frac{\partial f}{\partial z}A_z+f\frac{\partial A_z}{\partial z}\\
&= \left(\frac{\partial f}{\partial x},\frac{\partial f}{\partial y},\frac{\partial f}{\partial z}\right)\cdot(A_x, A_y, A_z)\\
&\quad +f\left(\frac{\partial A_x}{\partial x},\frac{\partial A_y}{\partial y},\frac{\partial A_z}{\partial z}\right)\\
&= \nabla f\cdot\boldsymbol{A} + f(\nabla\cdot\boldsymbol{A}) = 右辺
\end{aligned}$$

□ $\nabla\times(f\boldsymbol{A}) = (\nabla f)\times\boldsymbol{A} + f(\nabla\times\boldsymbol{A})$

証明：

$$\begin{aligned}
左辺\,x\,成分 &= \frac{\partial(fA_z)}{\partial y}-\frac{\partial(fA_y)}{\partial z}\\
&= \frac{\partial f}{\partial y}A_z+f\frac{\partial A_z}{\partial y}-\frac{\partial f}{\partial z}A_y-f\frac{\partial A_y}{\partial z}\\
&= \frac{\partial f}{\partial y}A_z-\frac{\partial f}{\partial z}A_y+f\left(\frac{\partial A_z}{\partial y}-\frac{\partial A_y}{\partial z}\right)\\
&= \{(\nabla f)\times\boldsymbol{A}+f(\nabla\times\boldsymbol{A})\}_x\\
&= 右辺\,x\,成分
\end{aligned}$$

y, z 成分についても同様である.

練習問題 6-5

極板間の電場は，上極板から下極板の向きに,

$$E=\frac{Q}{\varepsilon_0\pi r^2}$$

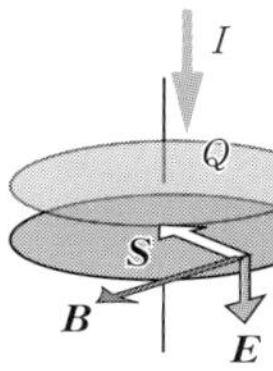

キャパシタの側面での磁場は，変位電流がつくる磁場で,

$$H=\frac{I}{2\pi r}=\frac{\dot{Q}}{2\pi r}$$

これより，ポインティングベクトルは，キャパシターの中心に向かう向きに,

$$S=EH=\frac{Q}{\varepsilon_0\pi r^2}\frac{\dot{Q}}{2\pi r}$$

キャパシターの側面を通して侵入してくるエネルギーは単位時間当たり,

$$S\times 2\pi rd=\frac{dQ\dot{Q}}{\varepsilon_0\pi r^2}=\frac{Q\dot{Q}}{C}$$

一方，キャパシターの静電エネルギーは,

$$U=\frac{Q^2}{2C}$$

この時間変化率は,

$$\frac{dU}{dt}=\frac{d}{dt}\left(\frac{Q^2}{2C}\right)=\frac{Q\dot{Q}}{C}$$

以上より，キャパシターの側面全体から侵入するポインティングベクトルは，キャパシターの静電エネルギーの時間変化率に等しい.

練習問題 6-6

$$\begin{aligned}
〔\boldsymbol{S}〕&=〔\boldsymbol{E}\times\boldsymbol{H}〕=〔\boldsymbol{E}〕\times〔\boldsymbol{H}〕\\
&=〔\mathrm{V/m}〕\times〔\mathrm{A/m}〕=〔\mathrm{VA/m^2}〕\\
&=〔\mathrm{W/m^2}〕=〔\mathrm{J/(m^2\cdot s)}〕
\end{aligned}$$

証明終

練習問題 6-7

この振動数をもつ電磁波の波長は,

$$\begin{aligned}
\lambda &= \frac{c}{f}=c\times 2\pi\sqrt{LC}\\
&= 3\times10^8\times2\pi\sqrt{10\times10^{-6}\times1000\times10^{-12}}\\
&= 188\ \mathrm{m}
\end{aligned}\qquad\cdots(答)$$

練習問題 6-8

$f(x)$, $g(x)$ を微分可能な任意関数として，$\alpha f(x-vt)+\beta g(x+vt)$ の形で表されるものを選ぶ.

① $y(x,t)=Ae^{x^2-v^2t^2}=Ae^{(x-vt)(x+vt)}$

⇑

$f(x^2-(vt)^2)$ の形

② $y(x,t)=A\dfrac{1-\sin^2(ft+kx)}{1+\sin^2(ft-kx)}$

⇑

$\dfrac{g(x+vt)}{f(x-vt)}$ の形

③ $y(x,t)=\dfrac{1}{(x+3t)^2}-\dfrac{1}{(x-3t)^2}$

$$= -\frac{1}{(x-3t)^2} + \frac{1}{(x+3t)^2}$$

⇑

$f(x-vt)+g(x+vt)$ の形

④ $y(x,t) = Ae^{-(x-vt)^2}$

⇑

$f(x-vt)$ の形

以上より，波動方程式の解となるのは，

③と④ …(答)

練習問題 6-9

次元解析をすると，

$$[\varepsilon_0\mu_0] = \left[\frac{\mathrm{F}}{\mathrm{m}}\cdot\frac{\mathrm{H}}{\mathrm{m}}\right] = \left[\frac{\mathrm{C/V}}{\mathrm{m}}\cdot\frac{\mathrm{V/(A/s)}}{\mathrm{m}}\right]$$

$$= \left[\frac{\mathrm{(As)/V}}{\mathrm{m}}\cdot\frac{\mathrm{V/(A/s)}}{\mathrm{m}}\right] = \left[\left(\frac{\mathrm{s}}{\mathrm{m}}\right)^2\right]$$

$$\therefore \left[\frac{1}{\sqrt{\varepsilon_0\mu_0}}\right] = \left[\frac{\mathrm{m}}{\mathrm{s}}\right]$$

証明終

練習問題 6-10

p.191 の⑩式は，⑨式で $E_y \to E_z$，$B_z \to -B_y$ と文字の入れ替えをすれば得られるので，⑨式の結果を利用して，

$$-B_y = \frac{1}{v}g(x-vt) - \frac{1}{v}h(x+vt)$$

$$\therefore B_y = -\frac{1}{v}g(x-vt) + \frac{1}{v}h(x+vt)$$

証明終

練習問題 6-11

(6-24)式を参考にすると，電磁波の磁場は x 軸方向の成分しかもたず，その位相は電場と同期していて，振幅は電場の $\frac{1}{v}$ 倍だから，

$$B_x = \frac{E_0}{\omega/k}\sin(ky-\omega t) = \frac{k}{\omega}E_0\sin(ky-\omega t)$$

練習問題 6-12

(6-23)式の結果を利用すると，$\boldsymbol{B} = (B_y, B_z)$ で，

$$B_z = \frac{E_y}{c} = \frac{E_0}{c}\sin(kx-\omega t),$$

$$B_y = -\frac{E_z}{c} = -\frac{E_0}{c}\sin\{(kx-\omega t)+\phi\}$$

i) $\phi = 0$ のとき，

$$\boldsymbol{B} = \frac{E_0}{c}\{-\sin(kx-\omega t), \sin(kx-\omega t)\}$$

…(答)

ii) $\phi = \frac{\pi}{4}$ のとき，

$$\boldsymbol{B} = \frac{E_0}{c}[-\sin\{(kx-\omega t)+\pi/4\},$$
$$\sin(kx-\omega t)]$$

…(答)

iii) $\phi = \frac{\pi}{2}$ のとき，

$$\boldsymbol{B} = \frac{E_0}{c}\{-\cos(kx-\omega t), \sin(kx-\omega t)\}$$

…(答)

練習問題 6-13

入射する媒質の誘電率を ε とする．問題 6-⑬で求めた反射率の式より，

$\varepsilon_1 \to \varepsilon_0$，$\mu_1 \to \mu_0$，$\varepsilon_2 \to \varepsilon$ として，$\sqrt{\varepsilon/\varepsilon_0} = n$ を使うと，

$$r = \left(\frac{\sqrt{\varepsilon_0/\mu_0} - \sqrt{\varepsilon/\mu_0}}{\sqrt{\varepsilon_0/\mu_0} + \sqrt{\varepsilon/\mu_0}}\right)^2 = \left(\frac{\sqrt{\varepsilon} - \sqrt{\varepsilon_0}}{\sqrt{\varepsilon} + \sqrt{\varepsilon_0}}\right)^2$$

$$= \left(\frac{\sqrt{\varepsilon/\varepsilon_0} - 1}{\sqrt{\varepsilon/\varepsilon_0} + 1}\right)^2 = \left(\frac{n-1}{n+1}\right)^2$$

…(答)

練習問題 6-14

光のポインティングベクトルの大きさは，

$$S = \frac{1〔\mathrm{J/s}〕}{\pi \times (0.005\times 10^{-3})^2〔\mathrm{m^2}〕}$$

$$\fallingdotseq 1.3 \times 10^{10}〔\mathrm{J/(m^2\cdot s)}〕$$

直線偏光電磁波の場合，$S = \frac{\varepsilon v E_0{}^2}{2}$ となるので，

$$\therefore E_0 = \sqrt{\frac{2S}{\varepsilon v}} = \sqrt{\frac{2\times 1.27\times 10^{10}}{8.85\times 10^{-12}\times 3.0\times 10^8}}$$

$$= 3.1\times 10^6〔\mathrm{V/m}〕$$

…(答)

また，磁場に関しては

$$B_0 = \frac{E_0}{c} \fallingdotseq 1.0\times 10^{-2}〔\mathrm{T}〕$$

…(答)

練習問題 6-15

ポインティングベクトルの大きさのことだから，問題 6-14の結果を用いると，

$$\overline{S}=\frac{\varepsilon_0 c{E_0}^2}{2}$$
$$=\frac{8.85\times10^{-12}\times3.0\times10^{8}}{2}(1.0\times10^{-3})^2$$
$$\fallingdotseq 1.3\times10^{-9}\text{〔W/m}^2\text{〕}$$

また，磁場に関しては

$$B_0=\frac{E_0}{c}=\frac{1.0\times10^{-3}}{3.0\times10^{-8}}\fallingdotseq 3.3\times10^{-12}\text{〔T〕}$$

…(答)

参考図書&お勧め書籍

大学初学年用の，電磁気学の入門書という観点から選択した．

■砂川重信『電磁気学　初めて学ぶ人のために』 培風館

高校で物理を専攻していない人を想定した大学初年度レベルの電磁気学というスタンスをしっかり守って書かれているので，電磁気学の入門書としてお勧めである．ページ数も多くないので，最後まで読み通す負担は少ない．

■前野昌広『よくわかる電磁気学』 東京図書

途中を省略しない丁寧な説明が特徴．3D イラストが式の意味するところをイメージとして捉えやすくなるような工夫がしてある．筆者のサポート HP もある．

■後藤憲一他 2 名『基礎　物理学演習』 共立出版

大学の教養課程用の総合演習問題集であり，力学，流体，光学，熱学，電磁気学，といった古典物理学のテーマのみならず，相対性理論，量子論，原子核，素粒子といった現代物理学のテーマまで広く扱った，コンパクトな物理演習書である．

■永田博義『基礎から学ぶ電気回路計算』 オーム社

電気回路について学習してみたい人向けの入門書である．

■ Feynman・Leighton・Sands『The Feynman Lectures on Physics, Volume II』 mainly electromagnetism and matter

カルテックのサイトでオンライン版 “The Feynman Lectures on Physics” も無料で公開されている．

翻訳版

Ⅲ 電磁気学（原書Ⅱ-1～21）宮島龍興訳 ISBN 4000077139

Ⅳ 電磁波と物性[増補版][注 3]（原書Ⅱ-22～42）戸田盛和訳 ISBN 4000068334

Appendix で扱った電磁気を理解するための数学知識のまとめに関しての書籍

■田崎晴明『数学：物理を学び楽しむために』 www.gakushuin.ac.jp/~881791/mathbook/

高校数学の知識を前提にして，大学生が学ぶべき数学を解説している．途中計算も省略することなくわかりやすく解説．上記 URL で pdf ファイルを半永久的に公開している．

■ HARRY LASS『VECTOR AND TENSOR ANALYSIS』

International student edition McGRAW-HILL BOOK COMPANY, INC. (TOKYO) KOGAKUSHA COMPANY, LTD.

ベクトル解析の自習書としてお薦めです．説明は簡潔で，物理のいろいろな分野への応用例も同時に学べるようになっている．練習問題も数多くのっている．

索　引

●著者紹介

田邉 久（たなべ ひさし）

1950 年山口県下関市生まれ.
東京大学教養学部卒. 同相関理化学大学院光物性専攻.
2021 年まで河合塾物理科講師. 河合塾主催の東大・東工大オープン模試のプロジェクトチーフ歴任.
難しそうなことを, やさしいことと気付かせ, 物理好きを増やすべく粉骨砕身努力している.

趣味

- 囲碁（自称四段, 実力永世二段）
- カラオケ（ド演歌からカンツォーネまで）
- 物理の問題創作（イラストレータを自在に操り, 視覚に訴える問題作りにこだわる）
- 実験器具の DIY と演示（河合塾主催の「実験屋台」の実験装置の製作担当）

著書

- 『磁気』（河合出版「こだわってシリーズ」), 『リズム物理』（プラトー出版）

大学《だいがく》 1《いち》・2年生《にねんせい》のためのすぐわかる電磁気学《でんじきがく》

2022 年 6 月 25 日　第 1 刷発行

Printed in Japan

著　者　田邉 久

発行所　東京図書株式会社
〒102-0072　東京都千代田区飯田橋 3-11-19
電話●03-3288-9461
振替●00140-4-13803
ISBN 978-4-489-02381-1
http://www.tokyo-tosho.co.jp/